长 城·聚 落 丛 书

张玉坤 主编

社区结构与传统聚落

林志森 张玉坤 张楠 著

中国建筑工业出版社

图书在版编目（CIP）数据

社区结构与传统聚落/林志森，张玉坤，张楠著. —北京：中国建筑工业出版社，2017.12
（长城·聚落丛书/张玉坤主编）
ISBN 978-7-112-21665-9

Ⅰ.①社… Ⅱ.①林… ②张… ③张… Ⅲ.①社区—建筑设计—研究 ②聚落环境—研究 Ⅳ.①TU984.12 ②X21

中国版本图书馆CIP数据核字（2017）第316725号

本书旨在探讨传统聚落中的社区结构与聚落空间形态之间的互动与变迁，包括：探讨中国传统聚落形态的历史过程中实存空间与社会空间的互动与变迁；探讨中国传统社区的空间特质，探求传统聚落的位序观与境域观及主体性表达；探讨中国当代聚居环境中社区传统的重建策略，通过社区的建设寻求居住环境中主体性回归的途径。

本书适于建筑历史、城乡规划和遗产保护等领域的专家学者及有关爱好者阅读参考。

责任编辑：杨　晓　唐　旭
责任校对：王　烨

长城·聚落丛书
张玉坤　主编
社区结构与传统聚落
林志森　张玉坤　张楠　著
*
中国建筑工业出版社出版、发行（北京海淀三里河路9号）
各地新华书店、建筑书店经销
北京锋尚制版有限公司制版
北京建筑工业印刷厂印刷
*
开本：787×1092毫米　1/16　印张：17¾　字数：366千字
2018年12月第一版　2018年12月第一次印刷
定价：78.00元
ISBN 978－7－112－21665－9
（31521）

编者按

长城作为中华民族的伟大象征，具有其他世界文化遗产所难以比拟的时空跨度。早在两千多年前的春秋战国之际，为抵御北方游牧民族的侵扰和诸侯国之间的兼并扩张，齐、楚、燕、韩、赵、魏、秦等诸侯国就已在自己的边境地带修筑长城。秦始皇统一中国，将位于北部边境的燕、赵和秦昭王长城加以补修和扩展，形成了史上著名的“万里长城”。汉承秦制，除了沿用已有的秦长城，又向西北边陲大力增修扩张。此后历代多有修建，偏于一隅的金王朝也修筑了万里有余的长城防御工事。明代元起，为防北方蒙古鞑靼，修筑了东起辽宁虎山、西至甘肃嘉峪关的边墙，全长八千八百多千米，是迄今保存最为完整的长城遗址。

国内外有关长城的研究由来已久，早期如明末清初顾炎武（1613.07—1682.02）从历史、地理角度对历代长城的分布走向进行考证。清末民初，王国维（1877.12—1927.06）对金长城进行了专题考察，著有《金界壕考》；美国人W·E·盖洛对明长城遗址进行徒步考察，著有《中国长城》(The Great Wall of China，1909)；以及英国人斯坦因运用考古学田野调查的方法对河西走廊的汉代长城进行考察等。国内学者张相文的《长城考》(1914)、李有力的《历代兴筑长城之始末》(1936)、张鸿翔的《长城关堡录》(1936)、王国良的《中国长城沿革考》(1939)、寿鹏飞的《历代长城考》(1941)等均属民国时期的开先之作。改革开放之后，长城研究再度兴盛，成果卓著，如张维华《中国长城建制考》(1979)、董鉴泓和阮仪三《雁北长城调查简报》(1980)、罗哲文《长城》(1982)、华夏子《明长城考实》(1988)、刘谦《明辽东镇及防御考》(1989)、史念海《论西北地区诸长城的分布及其历史军事地理》(1994)、董耀会《瓦合集——长城研究文论》(2004)、景爱《中国长城史》(2006)等。同时，国家、地方有关部门和中国长城学会进行了多次长城资源调查，为长城研究提供了可靠的资料支持。概而言之，早期研究多集中在历代长城墙体、关隘的修建历史、布局走向及其地理与文化环境，近年来逐步从历史文献考证向文献与田野调查相结合，历史、地理、考古、保护实践等多学科相融合的方向发展，长城防御体系的整体性概念逐渐形成。丰富的研究成果和学术进步，对长城研究与保护贡献良多，也为进一步深化和拓展长城研究打下坚实基础。

聚落变迁一直是天津大学建筑学院六合建筑工作室的主导研究方向。2003年，工作室师生赴西北地区进行北方堡寨聚落的田野调查，在明长城沿线发现大量堡寨式的防御性聚落，且尚未引起学界的广泛关注。自此，工作室便在以往聚落变迁研究的基础上，开启了“长城军事聚落”这一新分支，同时也改变了以单个聚落为主的建筑学研究方法。在研究过程中，课题组坚持整体性、层次性、系统性的研究思路和原则，将长城防御体系与军事聚落视作一个巨大时空跨度的统一整体来考虑，在这一整体内部还存在不同的规模层次或不同的子系统，共同构成一个整体的复杂系统。面对巨大的复杂系统，课题组采用空间分析(Spatial Analysis)的研究方法，以边疆军事防御体系和军事制度为线索，以遗址现场调查、古今文献整理为依托，对长城军事聚落整体时空布局和层次体系进行研究，以期深化对长城的整体性、层次性和系统性的认识，进一步拓展长城文化遗产构成，充实其完整性、真实性的遗产保护内涵。基于空间分析方法的技术需求，课题组自主研发了“无人机空—地协同”信息技术平台，引进了“历史空间信息分析”技术，以及虚拟现实、地理定位系统等技术手段。围绕长城防御体系和海防军事聚落、建筑遗产空—地协同和历史空间信息技术，工作室课题组成员承担了十几项国家自然科学基金项目和科技支撑计划课题，先后指导40余名博士生、硕士生撰写了学位论文，科学研究与人才培养相结合为长城・聚落系列研究的顺利开展提供了有力支撑和保障。

“六合文稿”长城・聚落丛书的出版，是六合建筑工作室中国长城防御体系和传统聚落研究的一次阶段性总结汇报。先期出版的几本文稿，主要以明长城研究为主，包括明长城九边重镇全线和辽东镇、蓟镇、宣府镇、甘肃镇，以及金长城的防御体系与军事聚落和河北传统堡寨聚落演进机制的研究；后期计划出版有关明长城防御体系规划布局机制、军事防御聚落体系宏观系统关系、清代长城北侧城镇聚落变迁、明代海防军事聚落体系，以及中国传统聚落空间层次结构、社区结构的传统聚落形态和社会结构表征与聚落形态关系的分析等项研究内容。这些文稿作为一套丛书，是在诸多博士学位论文的基础上改写而成，编排顺序大体遵循从宏观到微观、从整体到局部的原则，研究思路、方法亦大致趋同。但随时间的演进，对研究对象的认识不断深化，使用的分析技术不断更新，不同作者对相近的研究对象也有些许不同的看法，因而未能实现也未强求在写作体例和学术观点上整齐划一，而是尽量忠实原作，维持原貌。博士生导师作为作者之一，在学位论文写作之初，负责整体论文题目、研究思路和写作框架的制定，写作期间进行了部分文字修改工作；此次文稿形成过程中，又进行局部修改和文字审核，但对属于原学位论文作者的个人学术观点则予以保留，未加干预。

在此丛书付梓之际，面对长城这一名声古今、享誉内外的宏观巨制，虽已各尽其力，却仍惴惴不安。一些问题仍在探索，研究仍在继续，某些结论需要进一步斟酌，瑕疵、纰漏之处在所难免。是故，谓之“文稿”，希冀得到读者的关注、批评和教正。

在六合建筑工作室成员进行现场调研、资料搜集、文稿写作和计划出版期间，得到了多方的支持和帮助。感谢国家自然科学基金的大力支持，“中国北方堡寨聚落基础性研究”（2003—2005）项目的批准和实施，促使工作室启动了长城军事聚落研究，其后十几个基金项目的批准保障了长城军事聚落基础性、整体性研究的顺利开展；感谢中国长城学会和长城沿线各省市地区文保部门专家在现场调研和资料搜集过程中所给予的无私帮助和明确指引；感谢中国建筑工业出版社对本套丛书编辑出版的高度信任和耐心鼓励；感谢天津大学领导和建筑学院、研究生院、社科处等有关部门领导所给予的人力物力保障和学校“985”工程、“211”工程和“双一流”建设资金的大力支持。向所有对六合建筑工作室的研究工作提供帮助、支持和批评建议的专家学者、同仁朋友表示衷心感谢。

目　录

绪 论

在中国传统的社会文化脉络中，伦理道德概念与思维体系一直是由儒家思想所主宰，宗教信仰中大半只用现成的道德伦理准则来作为奖惩的判断，而本身并不对道德本原作哲学性探讨[①]。在民间社会里，人们与大传统的儒家伦理思想并不直接扣连，他们靠那些正统的神明崇拜发挥了社群整合的力量，并借助社群生活的体验，维持了伦理规范、人际关系与天人之间的和谐。然而，在近代中国社会变革中，儒家伦理思想受到极大的冲击，民间信仰也偏离终极关怀和社会伦理层面。特别是近年来，随着商品经济的发展，个人功利现实思想的急剧膨胀，致使人际关系疏离，伦理道德所赖以维持的体系也日渐动摇。

随着社会民主化和市民化进程的演进，城市空间的社会化越来越表现为公共空间的成长。由于城市规划实际上是对公共空间的人为安排，因此它对于空间社会学研究可谓形成了一种“路径依赖”。即它必须依赖于空间社会学所揭示的空间的居所、场所意义，人的空间行为倾向，对空间的使用和偏好等现象，才能对城市予以人性化的设计，达到计划、经济、生态、社会和环境一体化发展的要求。正如William G. Flanagan所说：“当我们从人的经验和行为这方面来考虑城市时，我们最有可能想到的是赋予城市生活以特色的公共空间……这是一些内在地具有社会性张力的空间。在这些空间里，环境成功地安排依赖于对知识的雇用，即怎样引导你自己和怎样在公众中策略地移动。”[②]

随着新型城镇化建设和乡村振兴战略的实施，中国正面临着社会发展过程中复杂的社会文化转型等问题，建筑学的学术视野也应该突破城乡二元对立的思维局限，不仅要注重空间发展和人居环境的各种问题，更应将社会发展纳入研究的范畴。对于聚落的研究，不仅要关注实存空间因素，而且要研究社区范围内的社会、文化和思想意识中非物质空间因素，并且重视探究其组成的社会空间的结构和模式，研究聚落内部社会空间基础及社会空间系统。社区是联系实存空间与社会空间的桥梁，从社区结构入手进行传统聚落形态研究是目前阶段性较为可行的研究路径之一。

① 李亦园．李亦园自选集［M］．上海：上海教育出版社，2002：218.
② William G. Flanagan. Urban Sociology: Images and Structure [M]. Boston, MA: Allyn & Bacon, 2002: 6.

一、概念界定

（一）聚落与聚落形态

1．聚落

聚落（settlement）是一定人群的定居之所，《辞海》将“聚落”一词解释为“人聚居的地方”，聚落并不以尺度或规模为界限。聚落是“在一定地域内发生的社会活动和社会关系，特定的生活方式，并且有共同的人群所组成的相对独立的地域生活空间和领域。”①它既是一种空间系统，也是一种复杂的经济、文化现象和发展过程；它是在特定的地理环境和社会经济背景中，人类活动与自然相互作用的综合结果。正是由于自然生态系统、经济技术系统、社会组织系统和文化观念系统的共同作用，使不同的聚落包含了不同的意义，具有不同的品格气氛②。聚落来源于人类的聚集，在早期社会中，人类孤弱无助，由于人的本能，引起了人类的聚集，并开始建立自己的聚居区域，从事共同的劳动，产生了聚落的雏形。聚落的产生和发展导致了人类社会的飞速发展，它可以是一个城市，也可以是一个乡镇，或者简单的村落③。

“聚落”是一个发展的概念。“聚落”一词，在中国起源很早，最早出现在《汉书・沟洫志》中，“贾让奏：（黄河水）时至而去，则填淤肥美，民耕田之，或久无害，稍筑室宅，遂成聚落……”这里“聚”是指聚集，“落”是指落地生根和定居之意。在传统的观念中，宫室的落成完工，并不是工程的结束，而是一个生命的开始，是一个新的定居点的选定和境域营造的开始。故《尔雅・释诂》曰：“落，始也。”在古代，“落”也指宫室始成时的祭礼，相当于现在的“落成”典礼。《左传・昭公七年》载：“楚子成章华之台，愿与诸侯落之。”晋代的杜预注：“宫室始成，祭之为落。”祭祀仪式不仅表达对于宫室建造完工的庆典，更

---

① 余英．中国东南系建筑区系类型研究［M］．北京：中国建筑工业出版社，2001：116．

② 余英，陆元鼎．东南传统聚落研究：人类聚落学的架构［J］．华中建筑，1996（4）．

③ 不同学科、不同学者，甚至不同研究视角，关于聚落（settlement）都有不同表述。如英国地理学家P・哈吉特（Peter Haggett）认为：“聚落是人类占据地表的一种具体表现，是形成地形的重要组成部分。”（转引自张光直《谈聚落形态考古》，载同著《考古学专题六讲》，北京：文物出版社，1986年）社会学家G・R・威利界定聚落为：“人类将他们自己在他们所居住的地面上加以处理的方式。它包括房屋、房屋的安排方式，并且包括与共同体生活有关的其他建筑物的性质与处理方式。”（转引自张光直《考古学中的聚落形态》，载于《华夏考古》2002年第1期。）考古学家张光直认为，考古学的“聚落所指的是一种处于稳定状态、具有一定地域并延续一定时间的史前文化单位”。（张光直著，吴加安、唐际根译《聚落》，《当代考古学理论与方法》，西安：三秦出版社，1991年）我国一些学者将聚落定义为：“一个由多种物质要素和自然要素构成的综合系统。它原本是指有别于都邑的农村居民点，现代含义上则是所有居民点的通称，即人类生活地域中的村寨城镇”（杨大禹著《云南少数民族住屋——形式与文化研究》，天津：天津大学出版社，1997年，第134页）；或称“聚落是一个十分复杂的文化综合体”。（张驰著《长江中下游地区史前聚落研究》，北京：文物出版社，2003年）

是对聚落繁荣、族群兴旺的祈愿。《诗·小雅·斯干序》郑玄笺："宣王于是筑宫庙群寝，既成而衅之，歌《斯干》之诗以落之。"《斯干》是一首西周奴隶主贵族在举行宫室落成典礼时所唱的歌辞，首先通过对宫室的环境、营造场景以及建筑形象的描绘，如"约之阁阁，椓之橐橐"、"如跂斯翼，如矢斯棘，如鸟斯革，如翚斯飞"、"殖殖其庭，有觉其楹"等，描述入居此室之后将会寝安梦美，最后借助太卜对宫室主人梦的解析，表达对美好生活的良好祝愿和歌颂。

在汉代，"聚"是有别于里伍体系的"里"这一乡村组织的自然聚落。"聚"指乡以下的自然聚居地，与"里"的规模大致相当，但不具备行政与法律意义，更不是基层编制单位。在《史记·武帝本纪》中记有"一年所居而成聚，二年成邑，三年成都"。这里"聚"单指村落，是一种近乎相对独立的较小聚居单位，是"邑"和"都"的开始，"聚"、"邑"、"都"均是规模不同的聚落。随着社会的不断发展，逐步形成了对聚落的三种聚居形态，即"大聚为都会""中聚为大郡""小聚为村落"。无论对"聚落"如何解释，其共同点均强调它所体现的聚居社会与实质空间环境。由此可见，聚落是各地区经过居民长期以来选择、积淀，有一定历史和传统风格的聚居环境系统，具有历史性、典型性、完整性、客观性和可用性①。人类聚落由不同层次的空间构成，大到区域、地景和都市，小到村落及院落，彼此间相互关联构成有机的整体。

在英语语境中，"聚落"具有更宽泛的涵义。根据Webster英文字典的定义，"settlement"包括下列涵义：（1）定居的活动或过程；（2）合法的持有活动；（3）地方或村落；（4）社会团体；（5）调停差异的一种协议。②因此，聚落不仅包括单纯的空间形式，还包括制度、活动和价值观的认同。诺伯格·舒尔茨也将聚落定义为："人们邂逅的场所，在这里大家可以交换商品、观念和情感"。③20世纪50～60年代希腊学者道萨迪亚斯（C. A. Doxiadis）提出"人类聚居学"（Ekistics），即英文中"Science of Human Settlement"的概念，这里"Settlement"（聚落）范围包括村落、城镇两部分。

因此，"聚落"一词的含义涵盖区域比较大，可以囊括人类聚居的一切社会生活与生产空间，上至城市、城市群，下至乡村集镇都可称之为聚落。聚落是由功能空间、社会空间和意识空间三位一体，重层结构的统一形态。法国人文地理学家邵尔（Max Sorre）和德国地理学家舒瓦茨（G. Schwarz）均主张把聚落分为三个种类型，即乡村、城市和似城聚落（City-like Settlement）④。值得注意的是，城乡聚落的划分并没有通用的标准。在美国，超过2500人以上的连续性聚落

① 李晓峰. 乡土建筑——跨学科研究理论与方法［M］. 北京：中国建筑工业出版社，2005：201.

② Webster's New World Dictionary of the American Language (second college edition) "settlemellt", 1984: 1078.

③ Norberg-Schulz, C.. The Concept of Dwelling [M]. N.Y.: Rizzoli/ Electa, 1985.

④ 沙学浚. 城市与似城聚落［M］. 台北：台湾编译馆，1974:4.

就算城市；而在日本，超过3万人才算城市。另外，有些国家划分乡村聚落和城市聚落的主要依据，并不是聚落规模的大小，而是聚落的地位或职能，如意大利规定，凡非农业人口占产业人口总数50％的聚落，就被划分为城市①。中国规定，县及县以上机关所在地，或常住人口在2000人以上，其中非农业人口占50％以上的聚落，都是城镇②。

在人类历史上，聚落有一个从低级到高级的发展过程，即从小自然村（hamlet）、村庄（village）、镇（town），到城市（city）、大都市（metropolis）大都市区（metropolitan area）、集群城市或城市群（conurbation）和城市带或城市连绵区（megalopolis）。其中“村落”被认为是典型传统意义上的聚落，是集镇聚落和城市聚落形态的初始状态。后工业化阶段，尤其是在20世纪50年代之后，在城市高度发展的基础上出现了大都市区、城市群和城市带，这是工业化阶段人口大规模聚集的产物。

在上述从低级到高级的聚落体系中，前两种为典型的农村型聚落，后五种为典型的城市型聚落，镇为两种聚落的交界点，兼具两者特征，相当于“似城聚落”。在中国的建制中，镇分为两类：集镇（乡镇、村镇）和建制镇。集镇属乡村聚落，而建制镇则是一种最低层次的城市型聚落。因此，聚落体系又可以分为两种基本的类型，即由小自然村到集镇的乡村聚落体系以及由建制镇至城市带的城市聚落体系（或称城镇聚落体系）。

2．聚落形态

《辞海》（1979年版，缩印本）中的解释是：“形态”即形状和神态，也指事物在一定条件下的表现形式。形态的概念根植于西方古典哲学思维和由其衍生出的经验主义哲学，其中包含两点重要的思路：一是从局部到整体的分析过程，复杂的整体被认为是由特定的简单元素构成，从局部元素到整体的分析方法是适合的并可以达到最终客观结论的途径；二是强调客观事物的演变过程，事物的存在有其时间意义上的关系，历史的方法可以帮助理解研究对象包括过去、现在和未来在内的完整的序列关系。作为西方社会与自然科学思想的重要部分，“形态学”（Morphology）一词来源于希腊语Morphe（形）和Logos（思想），最早用于生物学的研究，之后被广泛应用于传统历史学、人类学等领域的研究。文化地理学的开创者索尔（Carl O. Sauer）在“景观的形态”一文中指出：形态的方法是一个综合的过程，包括归纳和描述形态的结构元素，并在动态发展的过程中恰当地安

①（美）H·J·德伯里．人文地理：文化社会与空间［M］．王民，等译．北京：北京师范大学出版社，1988：189．

②《国务院关于城乡划分标准的规定》，国秘字第203号，1955年．

排新的结构元素①。

聚落形态（Settlement Pattern）一词源于人文地理学20世纪40年代的研究，当时的美国著名考古学家戈登·威利（G. R. Willy）将聚落或居址形态看作是人类活动与生态环境相互作用的反映，可以了解先民的文化生态学和适应方式；之后，威利认识到聚落和居址形态在研究古代社会结构和政治体制演变上的巨大潜力。他将聚落形态定义为："人类将他们自己在他们所居住的地面上处理起来的方式。它包括房屋、房屋的布置方式，以及其他与社团生活相关的建筑物的性质和处理方式。"②威利在聚落考古上的开拓性工作受到考古学界的高度评价，称其为"考古学文化功能分析的战略性起点"。

到了20世纪70年代，美国考古学家欧文·劳斯（I. Rouse）将聚落形态扩展为"人们的文化活动和社会机构在地面上分布的方式。这种方式包含了社会、文化和生态三种系统，并提供了它们之间相互关系的记录"。生态系统反映了人们对环境的适应和资源的利用，文化系统指人们的日常行为，社会系统则是指各类组织性群体、机构和制度③。

聚落形态具有"历史性"和"渐变性"的特征。聚落在历史中不断发展与更新，而形成文脉，聚落形态因持续的演变而体现着发展，并与当代发生关联。聚落形态的历史特征使其成为特定文化的载体。日常生活的印迹在不断的积淀中凝固成具有一定含义的形式，这种形式传递着某种概念，表达着某种象征。它在特定的环境中展示着自己，并且，作为一种存在，它在不断地与其环境进行相互作用的同时，发展着自己。由此，形式获得了自主，并被赋予了意义。

中国传统聚落形态研究思想的学术源头，可以追溯到我国《考工记》的相关记载。如《周礼·考工记》有："匠人营国，方九里，旁三门，国中九经九纬……左祖右社、前朝后市……经涂九轨，环涂七轨，野涂五轨"等内容。在城市平面布置上初步划分了不同的功能用地，规定了不同性质建筑物的位置和道路系统、道路宽度等，在城市建设上也有严格的等级。在《管子》一书中，比较全面地反映了当时在城市建设和规划中的因地制宜、讲究实际的思想。在城址选择上．注重自然条件，"非于大山之下，必于广川之上，高毋近阜，而用水足，下毋近水，而沟防省"（《乘马》）；并强调立基于农业和兵力来源，"地之守在城，城之守在兵，兵之守在人，人之守在粟，故地不辟则城不固"（《权修》），"夫国城大而田野浅狭者，其野不足以养其民；城域大而人民寡者，其民不足以守其城"（《入观》）。在城的功能布置上，提出了要按居民的职业划分居住用地，"凡仕者近宫，

① (美) Carl O. Sauer. Morphology of Landscape. [M]. Berkely: University of California Press, 1974: 315-350.
② 王巍．聚落形态研究与文明探源［J］．郑州大学学报：哲学社会科学版，2003（03）：9-13.
③（美）欧文·劳斯．考古学中的聚落形态［J］．潘艳，陈洪波译．南方文物，2007（03）：94-98.

不仕与耕者近门，工贾近市”等；在规划手法上提出“城郭不必中规矩，道路不必中准绳”；城市建设不求形式上的方正宏大。当时，齐国都城临淄即按此规划思想进行建设。

20世纪70年代以来，随着城市研究的深入和各学科之间的交叉，地理学派和人文学派的学者将形态学引入城市的研究范畴，其目的在于将城市视为一有机体加以观察和研究，以了解其生长机制，建立一套对城市发展分析的理论。一些关注城市空间类型演变和“文脉”研究的建筑师也逐渐意识到城市历史和城市形式（urban form）在城市形态发展演变中的重要性，开始使用“城市形态（urban morphology）”这个词汇——但是他们对于城市形态的理解不同于传统的地理学。他们运用类型学的研究方法，关注城市形态的类型构成，形成了城市形态研究体系中一个新的学术方向——类型形态学（Typo-morphology），拓展和丰富了城市形态研究的领域和内容。在研究内容上，“逻辑”的内涵属性与“表现”的外延共同构成了城市形态的整体观。

广义的聚落形态强调了“社会过程”的概念。凯文·林奇（Kevin Lynch）在讨论什么是城市形态这个问题时，并没有立即给出直接诉诸文字的城市形态定义，他把城市回溯到“聚居形态”和“人类聚落”的层面，指出：“最基本的问题是决定哪些才是人类聚落的组成因素：仅仅是静止不动的物体呢，还是也包括活生生的生命，人的行为活动呢，社会结构呢，经济体系呢，生态环境呢，空间的限定及其意义呢，每日每季的规律性变化呢，社会世俗的变化呢……城市的概念不断扩大，已经涉足其他很多的领域中，想要找一个边界来界定其范围就不是那么容易的了。”他还指出，“我们把人类聚落视作为人们活动所作的空间组织，视为人、物、信息流通所形成的空间路径，视作为满足上述活动而对空间而作的重大修改，包括圈地、表面、通道、氛围以及物体。此外，对聚落的描述还要包括这些空间分配上周期性和世俗性的变化、对空间的控制方案以及人对聚落的认知，而后两者才是主宰我们社会与心灵的内容。”①

林奇的论述无疑是有关广义城市形态“社会过程”性质的极佳注解。聚落形态研究要求在社会过程中探讨物质空间形态受社会历史环境变动影响下的演变过程及规律，只有这样才能对聚落空间形态做出解释，对人居环境的未来发展做出合理预测，为城乡规划与环境设计提供理论参考。

在本书中聚落形态可以被定义为社会系统作用于聚落所表现出的物质与精神形态，是构成聚落所表现的发展变化着的空间与物质形式的特征。这种发展变化是聚落有机体内外矛盾相互作用的结果。聚落形态表现为三维空间，带有时间因素，这是建筑学领域的聚落形态研究区别于考古学的关键所在。聚落形态的品质往往取决于构成其“边界”的形态和“中心”的要素以及构成聚落的各种其他要

① （美）凯文·林奇. 城市形态［M］. 林庆怡，陈朝晖，邓华译. 北京：华夏出版社，2001：33.

素的聚集方式。

3．聚落的层次

在聚落考古学界，加拿大考古学家布鲁斯·特里格（Bruce G. Trigger，又译为炊格尔）提出了聚落形态研究的三个层次[①]。

第一个层次是个别建筑。个别建筑一方面反映了当地的气候环境及技术和建筑材料所允许的条件，另一方面则反映了社会发展的特点。

第二个层次是社区布局。一般来说社区相当于一个聚落或村落。社区的规模很大程度受制于生态环境因素，但其布局则很大程度上受家庭和亲属制度的影响。在原始的血缘社会中，聚落形态的布局常以亲属关系的远近而聚合或进行季节性的分裂，内部建筑和结构区别不是很明显；但是在复杂社会中，不同社会阶层生活在划定的区域里，不同的宗教群体和族群也可能如此。拥有财富的不同可以明显从这些不同群体所居住的房屋反映出来。此外，在简单社群的聚落里，专门手工业生产可以在一个地点或村落的层次上发展，而复杂社会的手工业生产可能有更为严密的组织，出现集中的作坊和大规模的原料供应和储藏，并与市场和贸易网的安置关系密切。

第三个层次是聚落的区域形态。在简单社会中社群和遗址的分布形态一般依自然资源和条件而定，而在复杂社会中，聚落的区域布局越来越多地会取决于经济和政治因素而非生态因素，聚落大小明显因为其重要程度不等而表现出明显的等级差别。一个区域里一个大的中心和周围一大批中小型聚落的分布，反映了后者对于前者的从属地位。如果要研究一个区域里社会的复杂化过程，可以将聚落形态的同时性和历时性特点进行整合研究，从而追溯其演进的具体轨迹，并判断其社会发展的层次。

建筑学界的聚落研究也很重视聚落层次的划分。道萨迪亚斯从社区角度强调："为要获得解决聚居问题的正确途径，我们必须理解所有功能活动中都存在着等级层次。例如，一个只有几个人的小聚落与一个大型聚落，有完全不同的功能和完全不同的概念，因此在处理每一大型聚居的问题时，首先必须了解聚居在整个等级层次结构中的位置。"[②]日本学者将聚落比较具体地分为五个层次：（1）家屋层次；（2）居住群层次；（3）居住域层次；（4）集落域层次；（5）集落间层次。[③]张玉坤将由聚落和住宅所构成的居住空间分为四个基本层次：（1）区域形态（聚落的空间分布及其相互间的关系）；（2）聚落（住宅及其他

① (加) B.G. Trigger. Time and Tradition [M]. Edinburgh: Edinburgh University Press, 1978. 转引自陈淳．聚落形态与城市起源研究［M］//孙逊，杨剑龙．阅读城市：作为一种生活方式的都市生活．上海：生活·读书·新知三联书店，2007：196-213.

② 吴良镛．广义建筑学导论［J］．建筑师，1989（12）：29.

③ 日本建筑学会．图说集落［M］．东京：都市文化社，1989：146.

单体建筑设施，它们之间的关系）；（3）住宅（住宅的组成部分及其相互间的关系）；（4）住宅的组成部分或构件本身[①]。

为研究得方便，本书沿用了张玉坤的聚落层次划分的方法，研究对象主要集中在第二个层次，相当于特里格所指的社区布局。当然我们更多关注的是复杂社会的聚落形态，拥有复杂的社会群体、系统的社会制度和丰富的审美心理，也形成多元的聚落景观，研究中自然会或多或少地涉及作为聚落组成要素的单体建筑及聚落的区域分布等层次的内容，为了让论证更为集中而不流于宽泛，所有涉及其他层次的内容也尽量为论证社区结构与聚落形态而进行取舍。

（二）社区与社区结构

1．社区

“社区”一词最早源于拉丁语，意指“共同的东西”或“亲密伙伴关系”。德国社会学家滕尼斯（F. Tonnies）早在1887年就将“社区”一词纳入社会学的研究范畴。滕尼斯用韦伯的“理念型”方法构建了“社区”（Gemeinschaft）和“社会”（Gesellschaft）这两个社会学概念。他认为，社区是指那些由具有共同价值取向的同质人口组成的，关系亲密，出入相友，守望相助，疾病相抚，富有人情味的社会关系和社会团体。在滕尼斯看来，社区是由自然意志形成的，以熟悉、同情、信任、相互依赖和社会粘着为特征的社会共同体组织；而社会则是由理性意志形成的，以陌生、反感、不信任、独立和社会连接为特征的社会结合体组织。按照滕尼斯的两分法，农村即是“社区”，城市便是“社会”[②]。美国学者查尔斯·罗密斯（C. P. Loomis）在翻译滕尼斯的著作《Gemeinschaft und Gesellschaft》时，把德语gemeinschaft翻译为英语的community，该词源于拉丁语communis，意为伴侣或共同的关系和感情。

自滕尼斯诠释社区概念以来，社区一词在许多领域得以广泛应用，其涵义也发生了许多变化。社区本身的复杂性、多样性和动态性，加之不同学者在研究视角和方法论上的差异，使得至今还难以找到一个能为国内外学者普遍认同的社区定义。20世纪80年代，美籍华裔社会学家杨庆堃（Ching Kun Yang）统计出不同的社区定义已达140余种。其中，20世纪40年代，美国人类学家C·阿伦斯伯格（Conrad M. Arensberg）和S·金布尔（Solon T. Kimball）指出，社区“是将文化与社会联系起来的一个主要环节，也许还是决定性环节”，它使人看到“文

① 张玉坤. 聚落·住宅：居住空间论［D］. 天津：天津大学，1996：34.
② 夏学銮. 中国社区建设的理论架构探讨［J］. 北京大学学报：哲学社会科学版，2002（1）：127-134.

化社会个性之间的联系，是文化的缩影"[①]。当时对社区的概念尚未考虑地域的因素。美国社会学家乔治·希勒里（George A. Hillery）认为："社区是指包含着那些具有一个或更多共同性要素以及在同一区域保持社会接触的人群。"[②]此后，芝加哥大学社会学家罗伯特·E·帕克（Robert Ezra Park）提出："社区的基本特点可以概括为：一是按区域组织起来的人口；二是这些人口不同程度地与他们赖以生息的土地有着密切的关系；三是生活在社区中的每个人都处于一种相互依赖的互动关系。"[③]他开始强调社区的地域性，强调社区主体及他们之间的互动。美国学者罗吉斯（Everett M. Rogers）和伯德格（Rabel J. Burdge）认为：社区是一个群体，它由彼此联系、具有共同利益或纽带、具有共同地域的一群人组成，社区是一种简单群体，其成员之间的关系是建立在地域的基础之上[④]。他们强调的是共同利益、共同地域和简单群体。

中文的"社区"一词，是20世纪30年代中国社会学者由英语"Community"翻译而来，其本意是指共同的东西和亲密的伙伴关系。我国社会学界在定义"社区"这一概念时，一般指聚集在一定地域范围内的社会群体和社会组织，是根据一套规范和制度结合而成的社会实体，是一个地域社会生活共同体。[⑤]它至少包括以下特征：有一定的地理区域，有一定数量的人口，居民之间有共同的意识和利益，并有较密切的社会交往。

尽管"社区"的概念是从西方的语境中转译过来的，这是中国学者为了实现中西方的学术对话而做的工作。但是，中国社区发展不能说与历史传统毫无关系，在中国传统社会中，这样的社会共同体早就存在，而"社区"一词，也是根源于中国语言的基础之上。"社区"概念在中国社会研究中发生了重要变化。首先，在概念的翻译时，社会学界先辈充分考虑了中国传统基层社会的特色和文化传承。"社区"包含着"社"和"区"两个方面的意义，前者将"社区"这个共同体与中国"社"的传统相联系；后者则强调"社区"的地域性特征。20世纪80年代以来，在中国社会学恢复与重建的过程中，我国社会学界把社区的概念从微观引向宏观，使社区研究成为一种对社会进行全面的、整体的和综合性的研究方法，为社区研究注入了新的活力和时代气息[⑥]。20世纪90年代来，中国的社区建设运动逐步开展，社区研究与社区发展受到社会各界的关注和重视，社区研究也

---

① (美) Conrad M. Arensberg, Solon T. Kimball. Family and Community in Ireland [M]. Cambridge Mass: Harvard University Press, 1968.

② (美) George A. Hillery. Definitions of community: Areas of agreement [J]. Rural Sociology, 1955 (55): 111-123.

③ 方明，王颖. 观察社会的新视角：社区新论［M］. 北京：知识出版社，1991：15.

④（美）埃佛里特·M·罗吉斯，拉伯尔·J·伯德格. 乡村社会变迁［M］. 王晓毅，王地宁译. 杭州：浙江人民出版社，1988.

⑤ 王彦辉. 走向新社区：城市居住社区整体营造理论与方法［M］. 南京：东南大学出版社，2003：25.

⑥ 王颉. 社区研究十年［J］. 社会学研究，1989（3）.

显现出多学科合作的特点。

“社区”是一个具有广泛内涵的概念，大到国家，小到居住群体，都可称作“社区”，这反映了社区研究对象的广泛性和多样化。“社区是社会结构及空间环节的构成，城市社会结构变迁在其意义上就是城市社区的变迁，社区既是城市这一社会实体的存在，又是存在于这一实体内的社会结构及空间关系。所以很多西方学者认为社区是人、建筑、街道和社会关系构成的社会空间关系。”①总的来说，随着社区研究的发展，国内外绝大多数社会学家都比较认同，社区的社会学定义应当包括地域性、一定人群的社会互动与共同的联系纽带这3个共同要素，但可以确信，随着信息时代的来临，社区的地域性会不断被削弱，非地域性社区将愈加重要。

2．社区类型与社区结构

社区由特定的人群主体构成。滕尼斯曾将社区分为血缘社区、地缘社区和“精神”社区三个类型：

（1）血缘社区：亦称亲属社区，即由有共同血缘关系的成员构成的社区。

（2）地缘社区：亦即地理的或空间的社区。它以共同的居住区及对周围（或附近）财产的共同所有权为基础。邻里、村庄、城镇都是这种地区社区。

（3）精神社区：亦称非地区社区，这种社区内只包含为共同目标而进行的合作和协调行动，同地理区位没有关系。这种社区包括宗教团体和某种职业群体等②。

滕尼斯在提出“gemeinschaft”时并不强调其地域性，但是，社区研究经过100多年的发展，社区的地域性已渐渐成为社区的特征之一。美国社会学界在使用“community”这一概念的初始阶段，也不强调其地域性。随着美国经验社会学研究的兴起，许多社会学家在研究社会共同体的过程中发现，要具体研究城市、研究各类居民的共同体，必须从地域共同体着手，因而更多地看到了“关系”、“社会组织”同“地域”的相关性，在使用community一词时赋予其更多的“地域”含义。罗伯特·E·帕克认为，社区是“占据在一块被或多或少明确地限定了的地域上的人群汇集”③。从社区概念引入中文语境开始，社区就语境打上了地域的标志，费孝通将社区定义为“若干社会群体（家庭、民族）或社会组织（机关、团体）聚集在一地域里，形成一个在生活上互相关联的大集体”④。

从社区概念的演变过程可以看出，现代社区研究越来越趋向于将地缘作为

---

① 张鸿雁．侵入与接替：城市社会结构变迁新论［M］．南京：东南大学出版社，2000：214.
② 方明，王颖．观察社会的新视角：社区新论［M］．北京：知识出版社，1991：3.
③ R·E·帕克，等．城市社会学［M］．宋峻岭，等译．北京：华夏出版社，1987.
④ 费孝通．社会学概论［M］．天津：天津人民出版社，1984：213-214；吴鹏森．社区：具有相对独立性的地域社会——与丁元竹、江汛清同志商榷［J］．社会学研究，1992（02）：12-18.

社区研究的基本前提之一[①]，因此，滕尼斯将地缘社区作为一种社区类型并不十分准确。从中国社区传统的考察中我们可以发现，中国传统社区主要包含两大类型，即血缘社区与神缘社区。血缘社区表现为具有一套系统的宗法制度的宗族社区，而神缘社区主要以民间信仰为纽带，形成不同层次的祭祀圈，相当于滕尼斯所谓的精神社区。当然，这两种社区类型也并不一定以地缘为必要条件，但是，为了便于考察它们与聚落形态的关联度，必须以特定的地域为预设的前提。也就是说，本研究是以特定聚落为考察对象，而跨地缘的宗族组织及信仰圈更多地反映了聚落群之间的关系，已经超出本书的探讨范围。

（三）传统社区结构中的两条纽带

要认识中国传统社区的结构特征，必须将其置于异质的环境中进行比较，才能看清其根本特质。西方社会科学一般被认为具有普遍适应性的学说主张是：文明出现的主要表现是文字、城市、金属工业、宗教性建筑和伟大的艺术；文明的出现，也就是阶级社会的出现，这是社会演进过程中一个突破性的变化。就西方的一般学说而言，造成这一变化的主要因素有下述几点[②]。最常提到的是生产工具、生产手段的变化所引起的质变。这主要指金属器的出现，金属与生产手段的结合。这里尤其重要的是灌溉技术、水渠的建设；第二种因素是地缘的团体取代亲缘的团体。即在人与人的关系中，亲属关系愈加不重要，而地缘关系则愈加重要，最后导致国家的产生；第三种因素是文字的产生。产生文字的主要动机据说是在城乡分离的情况下，造成贸易的需要，就是加工前后的自然资源在广大空间的移动；第四种是城乡分离。城市成为交换和手工业的中心。在城乡分离的情况下，造成贸易的需要，就是加工前后的自然资源在广大空间的移动[③]。美国近代社会进化论者莱斯利·怀特（Leslie White）也把人类文化演进上最初的一次质变看成是由基于亲属制度的个人关系和地位的社会（Societas），朝向基于地域财产关系和契约的社会（Civiitas）的变化[④]。

与西方社会不同，中国文明发展过程中，社会的发展具有强烈的连续性，张光直指出："中国古代由野蛮时代进入文明时代过程中主要的变化是人与人之间关系的变化，而人与自然的关系的变化，即技术上的变化，则是次要

① 随着社会的进步和科学技术的发展，社区研究也出现了一些新的趋势。如随着网络深入社会，虚拟社区正成为社区研究的新课题，这种跨越地缘和空间关系的新的社区形态，已经超越了传统社区的范畴，不管是在社区认识上，还是研究方法上都亟待新的突破。

② 这一类的外文著作不胜枚举，可以下面三题为例：（1）V. Gordond Childe，Man Makes Himeself（1936年初版，New American Library版，1951年）自20世纪30年代以来产生的重大影响；（2）Robert McC Adams，The Evolution of Urban Society（Chicago: Aldine，1966）代表新一代的注重文化生态学的看法。（3）John E. Pfeiffer，The Emergence of Society（New York：Mc Graw-Hill，1977）是最新的综述报告。

③ 张光直. 考古学专题六讲［M］. 北京：文物出版社，1992：14.

④ Leslie White. The Evolution of Culture [M]. New York: Mc Craw-Hill, 1959.

的。”“中国文明产生中的许多新成分是人与人之间关系变化的结果。这种关系的变化，并不造成人与自然环境之间的隔绝。”[①]因此，中国文明产生之后，我们在文明社会中发现了很多所谓“蒙昧时代”和“野蛮时代”文化成分的延续。

中国文明发展过程中，亲属关系一直占据重要的地位。侯外庐也强调中国古代城市与以前氏族制度的延续性，他这样讲道：“氏族遗制保存在文明社会里，两种氏族纽带约束着私有制的发展。不但土地是国有形态，生产者也是国有形态。在上的氏族贵族掌握着城市，在下的氏族奴隶住在农村。两种氏族纽带结成一种密切的关系，都不容易和土地联结。这样形成了城市和农村特殊的统一。”[②]这种状况在中国大部分地区一直延续到封建社会末期。中国文明时代的亲族制度和国家的统一关系，形成中国古代的宗法制度。《左传》中讲的封建制度，就反映出中国古代亲族制度、氏族制度、宗族制度和国家政治之间的统一的关系。氏族或宗族在国家形成后不但没有消失、消灭或重要性减低，而且继续存在，甚至重要性还加强了。以血缘关系为纽带的宗族社会，宗族的功能不仅在于祖先的祭祀，同时也包含了地方事务管理、子孙后裔的教育培养以及族群的对外交涉，宗族活动都大大加强了地域社会的整合，从而促进社区的发展。

中国社会连续性的另一条线索就是信仰崇拜。从远古的母神崇拜到地母信仰，在定居之始转化为社土崇拜，周代分出“天”，此后分化为诸神信仰，这一系列的发展过程是一脉相承的。即使到了唐宋社会变革时期，南方的一些商业城镇也出现类似西方的地缘因素的抬升和城乡关系的分离，这种新的地缘关系也是通过民间信仰加以整合，这是传统商业城镇社区结构的主要特征之一。

1．血缘结构与中国传统社区

宗族作为中国传统社会最基本的、最亲近的社会关系，自古至今从不间断，但是，这种血缘结构也不是一成不变的，它大概经历了四个不同的形式：原始社会末期的家长氏族制、殷周时期的宗法宗族制、魏晋至唐代的世家大家族制及宋以后的封建家族制[③]。氏族—宗族—世家大家族—封建家族，标志着中国血亲群体的四个不同发展阶段，也是传统社区结构的四个不同发展时期。殷周时期的宗法制与分封制是不可分割的，表现在共同始祖的嫡系子孙（宗子），通过祖先祭祀来汇聚源自共同祖先的各支族人。春秋时期之后，随着封建制崩溃，宗法制度也渐趋瓦解，“封建制”血亲族群渐渐向“郡县制”的地域性族群转变[④]，所谓“人以群聚为郡”、“县者悬而不离”。《史记·商君传》也说：“集小都乡邑聚为县，置令丞，凡三十一县。”魏晋南北朝时期门阀士族得到发展，社会动荡推动

① 张光直. 考古学专题六讲［M］. 北京：文物出版社，1992：11-13.
② 侯外庐. 中国古代社会史论［M］. 石家庄：河北教育出版社，2000：22.
③ 徐扬杰. 中国家族制度史［M］. 北京：人民出版社，1992.
④ 侯外庐. 中国古代社会史论［M］. 石家庄：河北教育出版社，2000：294.

了宗族性统合的倾向，出现“一宗近将万室，烟火连接，比屋而居”[①]的世族豪门。唐末五代数百年的社会动乱更使得门阀士族遭到毁灭性的打击，以血缘为纽带的旧式宗族组织随之瓦解。宋以后复兴周代的宗法，在宋明理学家的大力提倡下，修族谱、选族长、设义田、奉始祖，宗族发展走向体制化。封建家族成为一种民间的地方宗族组织，负有传承思想文化和宗法教育的功能，对社区的整合起到不可替代的作用，甚至主导了中国的政治生活。

宗族制度是在礼法的催生下产生的，因而中国传统社会与家族之间存在着广泛的同一性，宗法伦理也成为社区群体组织的规范和准绳。在宗法伦理中，“孝”常与“悌”并称，共同在传统社区结构中构造了一个纵向和横向的社会网络的认同体系，从远古氏族到封建大家族，都是非常重要的。《论语·学而》曰：“弟子入则孝，出则悌，谨而信，泛爱众而亲仁。行有余力，则以学文。”在自然血亲关系中，“孝”即对长辈的孝敬，是家庭伦理中纵向的道德关系；“悌”即“善兄弟也”(《说文》)，是家庭伦理中横向的道德关系。“孝悌”是一种具体的道德伦理和道德情感培养的基本方法，由“孝悌”而培养和萃取道德情感的基本方面和心理基础推之于人伦关系，两者在基本道德情感上是同构的。汉代《孝经》所谓“教民礼顺，莫善于悌”，说的就是这个道理。从“入则孝，出则悌”到“谨而信，泛爱众而亲仁”，经历了一个从家庭自然血亲伦理关系到超越自然血亲的普通社会伦理关系的重大变化。在血缘结构的纵向体系中，由于子孙繁衍分支形成“辈分”；在横向体系中，通过兄弟分支形成“房份”，两者又归结与“五族”。以孝悌为核心的宗法伦理构成了主体在社会结构中的定向与认同。

2. 神缘结构与中国传统社区

和世界上其他文明一样，华人社区，不管是汉族还是少数民族的共同体中，都曾经广泛存在着共同的信仰，其祭祀仪式是促使当地居民形成社会共同体的重要契机，同时也被认为是共性存在的外部表现。这一事实，在我国的台湾、香港地区，以及新加坡等以汉族为主体，经济上已经完成现代化的社会中，大多还能得到证实[②]。近代以来，由于战乱等原因，特别是“五四运动”以来，中国内地某些共同体信仰被划入了封建迷信的范畴，使得很多地方，特别是北方地区，这种社区形态未能显现。但在江南及华南各省，以民间信仰及其祭祀仪式为纽带的社区形态得以保存，并在改革开放以后得到有不同程度的恢复，已经是不争的事实[③]。

①《通典》卷3，《食货·乡党》，转引自赵秀玲．中国乡理制度［M］．社会科学文献出版社，1998：197.

②（日）滨岛敦俊．近世江南总管考［M］//郑振满，陈春声．民间信仰与社会空间．福州：福建人民出版社，2003：183-221.

③（日）滨岛敦俊，片冈山，高桥正．华中、华南三角洲农村实地调查报告［R］．大阪大学文学部纪要第三十四卷，1994.

中国传统基层社会中广泛存在一种组织，叫作“会”。人类学者麻国庆将中国传统社会中的“会”归纳为如下几种类型：（1）民俗政治型的“会”；（2）经济型的“会”；（3）祭祀型的“会”[①]。从最初的“会”涵义来看，“会”是和祭祀活动相关的。以土地神及其他的地域主神为中心的善会、烧香会成为聚落中重要凝聚的力量。尽管在传统中国村落社会以村落为中心的公共事业比较少，但村落生活通过祭祀等，推进“村”的团结，事实上“会”成为中国传统聚落中的重要组织形式。麻国庆认为从民间政治的视角来看，传统中国农村社会存在着两种村落系统或类型，即以“会”为中心的北方村落社会和以“宗族”为中心的南方村落社会，即“会”型村落和“宗族”型村落。这种南北村落的性质划分只是相对的。就地域而言，北方同样广泛分布着“宗族”型村落，而南方虽然较少“会”型村落的存在，但是，民间信仰在社区中的纽带作用同样不可忽视。

社区中的神缘结构主要表现在祭祀型的“会”这种祭祀组织当中。台湾人类学者林美容通过对台湾汉族社会的调查研究，对“祭祀圈”与“信仰圈”这两个概念进行辨析[②]。她认为，“祭祀圈”和“信仰圈”是汉人社会以神明信仰（包含天、地、神、鬼）为中心而展开的两种不同类型的宗教组织。祭祀圈是为了共神信仰而共同举行祭祀的居民所属的地域单位，其内涵包括“共神信仰、地域单位、共同祭祀活动、共同祭祀组织、共同祭祀经费”等部分。祭祀圈有不同层级，如即角头性的、村庄性的、联装性的、乡领性祭祀圈等。而信仰圈是一种区域性的宗教祭典组织，以某地某个神的信仰及其分身之信仰为中心的区域性信徒之志愿组织，其作用在于形成一个文化上的区域系后，一个区域性的村庄联盟，或者只是造就某一个庙宇主神之影响范围与势力范围。祭祀型的“会”大概包含了“祭祀圈”与“信仰圈”两方面的涵义。

二、聚落形态相关研究的发展动态

（一）现象学领域关于场所的研究

在西方，由于自然科学的长足进步，科学理性与技术理性在很长时期内极大地影响着众多社会理论家和社会科学研究者，以至于在社会理论和社会科学研究中出现了以实证主义为代表的“科学主义”和与之相适应的定量研究方法。总体上说，在社会科学研究对象之性质这一重大问题上，实证主义者将社会现实的性质与自然科学家所研究的对象作为同质对象来看待。对此观点的怀疑和诘难，人们可以追溯到维科的时代，但真正地向实证主义宣战，应以胡塞尔现象学的诞生为标识。胡塞尔曾开宗明义地宣布，现象学是对“生活世界”探索的科学；而生

---

① 麻国庆．“会”与中国传统村落社会［J］．民族研究，1998（2）：8-11.

② 林美容．从祭祀圈到信仰圈：台湾民间社会的地域构成与发展［M］//李筱峰，张炎宪，戴定林，等．台湾史论文精选（上）．台北：玉山社，1988：289-319.

活世界的本质并不是由所谓的“事实（fact）”所构成，而是由生活于社会现实中人的意向性意识所决定[①]。正是从这个意义上说，西方有学者认为，现象学对社会科学产生的影响是革命性的，因为它从根本上改变了对社会科学研究对象之性质的观点。现象学对在建筑学领域同样产生了深远的影响。

1．海德格尔的存在论建构与诺伯格·舒尔茨的场所理论

现象学将注意力集中在人类生活空间的尺度的研究上。海德格尔（Martin Heidegger）认为空间在本质上为的是形成房间，从而获得它的界限，这界限不是终止的意思，而是像古希腊人所说的某些事物开始存在是由于它的相对位置，因此，空间之所以能获得它们自身的存在是由于位置关系，而不是个别孤立地作为空间。

现象学落实到建筑上时，主要是针对空间来做讨论。诺伯格·舒尔茨（C. Norberg-Schulzc）从任何空间知觉均有其意义并必须与更稳定的图式体系相对应这一认识出发，论述了人在世界上为自身定位所必需的基本空间概念，从而引导出“存在空间”这一概念。诺氏的“存在”概念源于存在主义哲学，特别是海德格尔的存在概念，即“人在世界内存在”，而我们视觉世界的图像具有永恒的初始性，而不是简单和不确定的客观结果。他认为空间实际上与实体是不可分割的，所以他一方面抨击空间加时间的看法，另一方面，坚决反对把建筑空间视作抽象数学空间的方法，因为数学是把空间抽象化，而现象学则是把空间具体化，两者所呈现的是一种对立的关系，而存在空间的基本立足点就是具体性。在诺伯格·舒尔茨的思想里，就如同海德格尔的想法一样，他认为：空间是从地点（位置，location），而不是“空无”本身获得存在的。当我们说起人与空间，听起来似乎人与空间是二元的，但空间并不是与人相对立的东西，它既不是一种外来实体，也不是一种内在体验，人的存在具有空间性，也就是说当你说人的时候，事实上已经离不开空间，不再将人的一切屏除在现象之外。人的存在是通过某一确定的空间且不能脱离其空间尺度。

舒尔茨的另一重要创举是“场所理论”，以场所（或住居dwelling）概念取代空间（space）的概念，认为场所即赋予人一个“存在的立足点”（existential foothold）[②]，是城市之所以成为人类主要的聚居环境所必须具备的人类生存环境的普遍理论。而城市与城市之间之所以千差万别，但仍然如同容器一般承载着人类生活公共领域、私有领域以及半公共领域的各种人类生活、习俗风尚，形成不同的道德标准与价值衡量，使生活在这里的人形成对于家园的基本意象，这是个落地生根、落而成之的过程。

---

① 沃野．论现象学方法论对社会科学研究的影响［J］．学术研究，1997（8）：42-45.

②（挪）诺伯格·舒尔茨．场所精神：迈向建筑现象学［M］．施植明译．台北：田园城市文化事业公司，1995.

在诺伯格·舒尔茨的思想体系中，场所意义的基本点在于人这一主体所赋予的中心图式。其关于图式的概念系出自皮亚杰（Jean Piaget）的发生认识论，认为图式可以定义为对某一情景的典型反应，它们是通过个人和环境互相影响而发展形成的，在这一过程中，个人的活动或“实践”集合成为一致的整体。在自然情况的知觉下，人类的空间是以自我为中心的。然而，由于图式的发展，却不仅表示可以利用中心概念建构一般的组织，而且更表示了固定的中心可外化成为环境中的参考点。这种需求相当强烈，以至于人类自古以来即认为整个世界是被中心化了的。

按照舒尔茨的场所理论，场所的诸阶段形成一个结构化的整体，并与存在的结构相对应。“人与物理、精神、社会、文化的诸对象相关联而存在，与这些对象的相遇，是在用具、住房、城市、景观各个阶段发生。”[①]在城市阶段，他认为城市空间由形态关系（morphology）、拓扑关系（topology）和类型关系（typology）三种关系构成。形态关系是指城市所呈现出来的造型，在建筑物中尤其指结构细部的造型，是领悟城市空间（场所）精神的来源；拓扑关系是指空间秩序以及建筑物的空间组织，一种建成环境的群化关系，是主要领悟场所的途径；类型关系指城市中建筑的不同类型，它表明了城市的历史积淀，同样构成了领悟场所的因素。城市空间既与城市整体、构成城市的建筑物等所有实体的造型有关联，又同这些实体构成的相对位置相联系，同时还与这些实体因时间叠加所形成的类型有关系。作为立足点的人则以上述关系相沟通。这就是舒尔茨的场所理论揭示的。

不论是舒尔茨在场所精神中所提到的种种观念，如方向感，认同感等，还是海德格尔定居的观念，都是强调人的重要性，甚至海德格尔还提到天—地—人—神四位一体（fourhold）的观念，所以他们都认为，空间有其本质存在，而这个本质也就是空间的精神，而构成这精神的主要元素就是人，正是人的活动使空间成为一个有意义的场所。

2．爱德华·瑞尔夫的场所与非场所

人们的信仰使场所不断特征化，因此往往地理学家不仅希望理解为何场所感是人类意识中的一个事实，更想理解是什么导致人们建立起对场所的信仰。加拿大地理学家爱德华·瑞尔夫（Edward Relph）在其所著的《场所与非场所》（Place and Placelessness）一书中，对场所现象进行了多方面的研究，着重强调了人作为场所的经验的主体，其观念和意愿对场所特性的影响，同时研究了非场所性的产生因素以及其对场所的影响力。[②]

---

① （挪）诺伯格·舒尔兹．存在·空间·建筑［M］．尹培桐译．北京：中国建筑工业出版社，1990：48．

② Relph E. place and placelessness [M]. London, UK: Pion, 1976.

在讨论场所与空间的关系时，瑞尔夫强调知觉空间是以观察者为中心的空间，有其内容和意义并且是不能与人们的经验和意图相隔离的。引用苏珊·朗格关于吉普赛帐篷的描述："从字面上看，帐篷位于一个场所之中，从文化上看，帐篷本身就是一个场所"①，吉普赛帐篷有其功能区域和符号价值，并且有效地成为了中心和象征。因此在论述场所的本质时，瑞尔夫讨论了场所与地点、景观、时间和社区的关系，以及私密和个人的场所、归属感和对场所的关怀、家作为人类存在的中心、场所的苦闷等问题。

在场所与地点的关系中，瑞尔夫认为，尽管大部分场所是固定的，但地点或位置均非场所必要和充分的条件。它表明场所是以人为中心的，移动或游牧都不能排除场所与人的关联。在讨论"场所的苦闷"时，瑞尔夫通过"乡愁"（nostalgia）来说明人与场所之间关联的重要性。但与场所关联的未必都是值得快乐的经验，场所既可能是人们生活的中心，也有可能是压抑和囚禁之地。

瑞尔夫从现代地理学的起源来审视场所的概念和内涵，这些认识对认知地域和民族观念的发展与时代精神的融合，以及社会形态、经济结构、生活方式的演变与场所营造之间的关系有着很大的启发作用。

（二）地理学领域关于聚落的研究

在地理学上，聚落属于人文地理学的范畴。西方地理学界从20世纪40年代开始，以科尔等人为代表开始了对农村居住方式的研究，这一时期的研究重点集中在农村聚落的景观特征（主要是住宅研究），对聚落的类型与成因的研究还没有展开。进入20世纪，法国人文地理学者德芒戎（Albert Demangeon）的研究代表了当时农村聚落研究的一个新的高度。1920年他发表了《法国的农村住宅》一文，对法国农村的居住形式与农业职能的关系进行了探讨，他认为："确定和划分农村住宅类型，不要根据他们的物质，而要根据他们的内部布局，根据他们在人和物之间建立的关系，也就是根据他们的农业职能。"②1927年，他又在《地理学年鉴》上发表了《农村居住形式地理》，对村落集中与分散的聚落形态加以了重视，也进一步强调了农业制度、农业经济对居住形式的影响。1939年，德芒戎发表了《法国农村聚落的类型》一文，从聚落形态的角度对农村聚落的类型加以区分，他将村落类型分为长型村庄、块型村庄、星型村庄、趋向分散阶段的村庄，并分析了不同村落类型的形成与自然条件、社会条件、人口条件、农业条件之间的关系，这些理论对后来的聚落形态研究都具有范式的意义，也埋下了人文地理学之花的种子，等待空间研究"文化转向"春天的来临。

---

①（美）苏珊·朗格. 艺术问题［M］. 滕守尧译. 北京：中国社会科学出版社，1983：123.
②《地理学年鉴》，XXIX，1920：352～375。该文和《农村居住形式地理》、《法国农村聚落的类型》皆收录在《人文地理学问题》一书中（商务印书馆，1999版）。

中国的聚落地理研究，较早的有台湾学者胡振洲的《聚落地理学》[①]。胡振洲主要以台湾地区的聚落形态为研究对象，对聚落的类型进行了更加严密的区分，并且将聚落类型与聚落的环境、生产方式、文化形态相联系。他从产业的角度将集居型聚落分为：农业聚落、矿业聚落、工业聚落、宗教聚落、牧业聚落、文化聚落、行政聚落、军事聚落等类型，同时，它的研究也充分考虑了地域的差异性，具有一定参考价值，但是，美中不足的是，他忽视了商业聚落的类型。

中国大陆的人文地理学直到20世纪80年代以后才得到恢复。这一时期农村聚落地理研究的最重要的著作是金其铭的《中国农村聚落地理》[②]，该书对我国农村聚落的房屋形式，聚落位置、形式、规模及分类进行了系统的研究，尤其是他将我国的村落按地域划分为11个聚落区：东北农村聚落区、长城沿线农村聚落区、黄土高原聚落区、华北农村聚落区、北方牧业聚落区、西北农村聚落区、青藏高原农村聚落区、长江中下游农村聚落区、江南丘陵农村聚落区、东南沿海农村聚落区、西南农村聚落区，并且分析了不同类型的聚落区的各自特征。这种分类方法首次将长城沿线作为一个独立的聚落区，即使是今天也有很高的参考价值。

1979年，侯仁之出版了《历史地理学理论与实践》，该书探讨了北京城早期聚落的形成及其与环境之间的关系，同时还探讨了统万城兴衰的环境背景，对历史地理学尤其是历史聚落地理的研究进行了理论上的探讨，开创了中国古代城市聚落地理学的研究。此后，陈桥驿1980年在《地理学报》上发表了《历史时期绍兴地区聚落的形成和发展》一文，探讨了绍兴地区历史时期聚落的形成和发展过程，它指出聚落的发展过程“实际上也就是生产发展的过程，聚落的地域类型，也就反映了地域的差异，此外，聚落形成以后并非固定不变的，而是随着生产发展而不断发展变迁的，聚落的发展变迁，主要是由于人们组织生产的方便，是生产不断发展的结果。”[③]

从20世纪90年代开始，历史地理的有关学者在历史聚落地理研究方面取得了丰硕的成果，尤其是历史时期农村聚落的研究受到了学者们的高度重视，1993年尹钧科发表了《北京郊区村落的分布特点及其形成原因的初步研究》一文，不久他又出版了《北京郊区村落发展史》一书。该书汇集了多年来北京郊区村落研究的成果[④]，作者用文献考证和实地考察相结合等方法，探讨了从先秦到当代北京郊区村落发展的状况，作者尤其重视环境及人的社会活动对村落发展的作用，如在讨论明时期郊区村落的发展时，作者充分考虑了移民、军屯、修建陵墓、养战马备边防等活动对村落形成的影响。

复旦大学历史地理的部分学者则对不同区域的村落景观进行了探索性的研

① 胡振洲. 聚落地理学［M］. 台北：三民印书局，1975.
② 金其铭. 中国农村聚落地理［M］. 南京：江苏科学技术出版社，1989.
③ 陈桥驿. 历史时期绍兴地区聚落的形成和发展［J］. 地理学报，1980，35(1)：14-23.
④ 尹钧科. 北京郊区村落发展史［M］. 北京：北京大学出版社，2001.

究，王建革《华北平原内聚型村落形成的地理和社会影响因素》从地理和社会环境两方面分析了华北平原村落的内聚性特征的形成原因，他认为“促使华北内聚型村落发展的不但是生态地理因子，社会因子的影响也很明显，特别是动乱时期，平原防御不但有利于村庄在形态上内聚，也会由此引起社会网络上的变化。”[①]可以说是对历史农村聚落研究的进一步深化。

2001年，余英对地理学领域关于聚落的研究从三大方面进行总结，指出“地理学的研究已经从村落空间形态分析转向人—地关系与村落社会的论述，尤其着重于区域的历史地理学研究。”[②]此后的聚落研究的重点着重在社群与社会结构和聚落形态的关系，具体研究方法多引用西方地理学的观点。

但是，自从“科学”一词出现以来，西方知识界的“精英”使用理性的模式来理解我们所处的空间区位，而司空见惯地把“迷信”的空间理解与“理性”的空间理解对立起来。西方地理学是现代理性论的重要组成部分，自传入中国以来，它便已致使我们远离我们的乡土传统，形成一种与我们自己的历史产生断裂的思维和言语“习惯”。直到“后现代思潮”的出现，我们才有机会来反思“理性—非理性”二分法的局限，把“乡下人”的观念与“摩登时代”的文化并置起来思考问题。[③]

人文地理学这个学科之所以有它的独特地位，是因为从事此学科研究的学者宣称他们与一般地理学家不同，能够对人和文化的情神加以关注。然而，在一个世纪的实践中，人文地理学者不但没能真正兑现他们原本许诺的人文关切，而且还不断复制着欧洲中心主义的理性论。理性论主要表现在两种思考方式上：第一是认为受科学训练的“知识者”可以站在“充分客观”的角度理性地认识研究对象的本质，第二是认为“知识者”和被研究者均是“理性人”，他们的认识和实践均由一种所谓的“实际的理念”促成。[④]

在不同的学科，这两种思考方式造成了不同的流派。就人文地理学界而论，它们所业已形成的认识论形态包括广为学者尊崇的“物质文化论”和“经济空间秩序论”。前一种思考方式以索尔的“文化景观”（Culture Landscape）为代表，它一方面强调文化传统、技术手段对文化景观形成的作用，强调文化地理学可以促使地理学者把关注点从物质世界转向人文世界，另一方面强调把人文世界当成可以用分析物质世界的方法来理解的实证世界，从而使这一学派的学者们把文化视为完全脱离于人的社会生活和观念形态的物化世界。后一种思考方式十分注重文化的“经济基础”的“经济空间秩序”，其主要代表人物是勒施（August

① 王建革．华北平原内聚型村落形成中的地理与社会影响因素［J］．历史地理，2000（16）．
② 余英．中国东南系建筑区系类型研究［M］．北京：中国建筑工业出版社，2001：8.
③ 王铭铭．空间阐释的人文精神［J］．读书，1997（05）：58.
④ (美) Marshall Sahlins. Culture and Practical Reason [M]. Chicago: University Of Chicago Press, 1972.

Losch)。它的立论是人文世界的地理空间，起源于经济上富有理性的人对于自身的生产和消费地点的选择。换言之，人文世界的空间秩序等于人的经济活动的空间秩序，社会、政治和观念的空间表述均由经济的空间秩序决定。

无论持“物质文化论”还是“经济空间秩序论”的看法，地理学者都犯了一个把地理空间和人对立起来的错误①。虽然文化地理学者注意到人工的造物构成地理景观的重要组成部分，但是他们却没有认识到作为文化产物的景观离不开人的创造力和想象，以及人的主体活动在景观文化的形成过程中的意义。他们把景观与主体的生活世界分割开来，使之成为完全被客体化的对象。相比之下，经济地理学者在处理人和地理景观相互关系的过程中较尊重人的能动性。不过，他们在主体和资源之间划出一条过于绝对的界线，把主体完全当成利用自然地理资源获取自身福利的理性动物。二者均把主体（包括认识论主体和文化创造主体）排除在空间秩序的构筑过程之外。

对现代实证地理学的后现代反思充分表明，实证地理学对空间的想象是权力的格局和话语权力的要素，它貌似“客观”而事实上却隐含了知识主体的意识形态②。对地理学中理性认识论和理性空间解释的反思包含了“非正统”地理学的因素，而形形色色“非正统”地理学也就是试图在地理学者和特定区位空间中的被研究者之间寻求沟通的桥梁。人类学家吉尔兹（Clifford Geertz）的“本土观念”理论和哲学家米歇尔·福柯（Michel Foucault）的权力理论被视为新人文地理学的主要思想源泉。对于不同解释体系的尊重及对空间的社会—权力的强调，为我们进一步反思理性和实证地理学提供了重要的依据。

（三）“空间—社会”理论研究

1．人类学领域的研究

人类学对于空间的研究，可以说是由来已久，早在19世纪初的时候便触及空间上的问题。摩尔根在《古代社会》一书中讨论美国印第安人的空间与亲属间的关系，对于后来功能论的研究及家屋空间的探讨奠定了民族志的基础，但他并没有赋予空间研究在理论上的意义。直到迪尔凯姆学派之后，有关空间的研究才具有社会科学理论上的意义。

人类学对空间的研究，真正把它当成一种理论问题来看是从法国社会学家迪尔凯姆（Emile Durkheim，又译为涂尔干）开始的。迪尔凯姆与马塞尔·毛斯（Marcel Mauss）都认为，人类的分类源自社会的集体表征，也就是说，我们对社会现象从事概念上的分类时，这种分类往往来自它社会分类本身。时间与空间

① 王铭铭．空间阐释的人文精神［J］．读书，1997（05）：59.

② (英) Edward Soja. Postmodern Geographies: the Reassertion of Space in Critical Social Theory [M]. London: Verson, 1990.

等最基本的抽象概念或分类概念，更与社会组织非常紧密地结合在一起。比如，半部族制的澳洲土著社会里，将空间分成两类，刚好与它的半部族制的社会相结合。虽然他们提出的理论，有关空间分类与社会分类之间的因果关系及心灵的机制与感情的基础尚未能澄清，但他们的研究却也带动后来许多有关空间分类与社会分类的一些经验性的研究。其中毛斯与伯莎特（H. Beuchat）关于爱斯基摩人（Eskimo）的分析，大概是人类学中最早把空间当作一个主要研究对象的研究，这研究影响非常深远[①]。他们把空间当成社会与文化的建构，这想法一直影响到后来整个人类学对空间的研究，其主要的看法是来自有关爱斯基摩人的家屋及聚落的分析结果。

结构论的奠定者列维·斯特劳斯（C. Levi-Strauss）没有直接去处理空间的问题，但已经零散地提到空间的特质可帮助我们掌握当地人的社会结构观念。20世纪80年代以后，布厄迪（P. Bourdieu）的实践论对以往空间的研究展开强烈的批评，认为那是建立在能指（signifier）与所指（signified）的象征概念上。正如列维·斯特劳斯及结构语言学在处理象征系统时，往往只建构二元对立的观念，完全没有人的地位。到了实践论便强调皮尔斯（C. S. Peirce）的看法，认为这种象征符号本身并不是只有二元的这种能指和所指（signifier，signified）所构成的，而是由三个元素（sign，object，interpretant）所构成；由人为主体去解释空间象征系统是更重要的。

人类学的理论到实践论后尚有许多问题，而最主要可分为两点：一是实践论研究的问题越来越复杂，因它不仅要找出空间结构是什么，同时要知道使用者如何去理解，甚至去改变这样的空间结构。因此，在这样的情况下，它的研究越来越细腻。同时，它的研究主题也越来越狭小，可能只去研究几个家屋或一个仪式的空间。不再像迪尔凯姆那样去研究整个社会，如讨论中国原来的社会组织及空间概念有何关联，到最后所关注的问题越来越小，反而没有早期迪尔凯姆研究问题所具有的深层与巨视的眼光，因为迪尔凯姆真正想要回答的问题是：到底人类知识是怎么来的；这种知识背后的心智基础是什么。另一个实践论所产生的问题，就是从迪尔凯姆或毛斯开始其实就已经假定一个问题：空间基本上是人类社会文化的建构。但因此，空间本身就被简化为社会文化而没有它的独特性：它只是每个社会用以建构的不同系统而已。如此就会限制人类学在这方面对空间性质了解的可能性。[②]

国内人类学对村落的研究就目前而言，基本上没有超越费孝通、杨懋春、林

---

① M. Mauss, H, Beuchat. Ecology, Technology, Society: Seasonal Variations of Eskimo Morphology, 1906 (new translation by instructor excerpted from M. Mauss & H. Beuchat. Seasonal Variations of the Eskimo: A Study in Social Morphology, Translated by James J. Fox. London: Routledge & Kegan Paul Books, 1979).

② 黄应贵. 人类学的空间研究［M］//郭肇立. 聚落与社会. 台北：田园城市文化事业有限公司，1998：67-91.

耀华等人的研究，虽然近年来王铭铭和景军等人在人类学实地调查的基础上大量将地方文献纳入人类学研究之中，但是在村落研究方面，并没有什么实质性的突破。[①]相对来说，台湾的人类学家在村落研究上的成就引人注目。1971年，由美国耶鲁大学人类学系教授暨台湾中研院历史语言研究所兼任研究员张光直（Kwang-chih Chang）筹划实施“台湾省浊水、大肚两溪流域自然与文化史科际研究计划”（简称浊大流域人地研究计划），该计划包括对地形学、地质学、动物学、植物学、土壤学、考古学、民族学等七个学科的调查研究，并于1972年7月正式启动。这项研究的重点在于描述与分析浊水、大肚两溪流域汉人的开垦史、土著的迁徙与汉化的过程，以及各族群对于各种自然资源之利用的差异与变迁。因此台湾的民族学家们在人类学研究基础上融进了历史的纬度，历史和人类学相互渗透，可将之称为历史人类学。

最有代表性的是庄英章的林纪铺研究。该项研究从历史分析的角度探讨了林纪铺从明郑时代到日本强占台湾时代以及光复以后的经济与社会发展，在历时性的变化中探讨了聚落社区的发展与宗族组织、祭祀公业、神明会、庙宇等之间的关系，对超村际的宗教活动、村内的宗教活动、祭祀圈与地域组织的关系也进行了讨论。除了庄英章以外，施振民从祭祀圈与社会组织的关系入手探讨了彰化平原聚落的发展模式；日本的学者如石田浩、冈田谦等人的研究都涉及移民、庙宇组织、祭祀圈等与中国台湾地区村落形成的关系，取得了引人注目的成就。另一位人类学者林美容则以草屯镇为中心，探讨了草屯镇的祭祀圈与地方组织形成的关系。尤其值得注意的是，林美容将土地公庙看作是聚落发展的指针，将土地公庙作为一个村落正式形成的标志，[②]对本书探讨商业城镇中的社区整合与民间信仰的关系有一定的借鉴意义。

国内的历史学者在区域史研究过程中也开始有意识地将人类学的研究方法融进了历史研究。罗一星在《明清佛山经济发展与社会变迁》一书中，用人类学的方法探讨了龙翥祠与佛山社区形成的关系，强调了中心庙宇在社区形成与整合过程中的作用，他认为：“龙翥祠自明以后成为九社的祭祀中心，而九社构成了明初的龙翥祠的基本祭祀圈。龙翥祠的存在，是佛山以九社为基础的社区存在发展的重要因素，它从地域上整合了九社，从精神上保护着九社，也从时间上积淀着成为更大范围、更高层次的社区祭祀中心的传统习俗。”[③]几乎与罗一星研究同时，陈春声、刘志伟等人通过对樟林乡村神庙系统的考察，探讨了樟林社区的形

① 黄忠怀．整合与分化：明永乐以后河北平原的村落形态及其演变［D］．上海：复旦大学，2003：8．

② 庄英章．林记埔：一个台湾市镇的社会经济发展史［M］．上海：上海人民出版社，2000．

③ 罗一星．明清佛山经济发展与社会变迁［M］．广州：广东人民出版社，1994：42．

成与发展，[①]郑振满则通过对莆田江口平原的神庙祭典的考察，探讨了江口平原村落社区发展的模式。[②]

随着人居环境科学的发展，社会人文因素对物质形态空间的深层影响越来越受到人们的关注。吴良镛指出："由于人居环境科学研究的对象以人为本，涉及社会及其复杂性和不确定性，增加了研究的困难，因此内容上还要加强人文的研究，包括历史、社会、文化、民俗等方面的研究。"[③]

2．社会学领域的研究

"空间与社会"的问题研究肇始于20世纪60年代晚期，依赖"马克思主义地理学"与"新都市社会学"的发展，遵循着人文地理学界与社会学界兴起的"空间与社会"思潮的演变轨迹，统辖20世纪以来都市与区域发展规划以及建筑设计与环境和行为研究的成果，构成了"空间—社会理论"的知识图景。尤其是加入了建筑符号学、后现代空间论题、女性主义地理学以及新文化地理学等知识与话语场域后，其概念、理论和方法论体系愈益视野宏阔，空间从而也成为构成了浓缩和聚焦现代社会一切重大问题的符码和社会生活经验现实的表征。

1）"空间—社会"理论研究的开端

在社会学的早期研究中，马克思、恩格斯以及迪尔凯姆等虽然没有提出某种系统的空间理论，但我们还是可以在他们的作品里发现一些空间与社会的内在联系。如恩格斯于1873年发表的《论住宅问题》中针对19世纪的曼彻斯特社会居住空间模式的研究中，他在划分穷人与富人两大社会阶层的基础上，将其投影到城市空间，目的是揭示城市内在的社会贫富现象。迪尔凯姆在《宗教生活的基本形式》中，赋予空间以更清晰的位置，他发现空间是一个重要的社会要素，它可以根据源于社会的标准进行划分。在图腾崇拜和宗教仪式中，空间安排会折射出主导性的社会组织模式。[④]

在早期社会学家中，德国学者滕尼斯是最早主张城市生活具有自身特点和研究价值的社会学家。在《共同体与社会》1887年一书中，他把社会生活的组织形式分为两种不同类型，即以乡村为特征的礼俗社会和以城市为特征的法理社会。德国社会学家、哲学家格奥尔格·齐美尔（Georg Simmel）则开创了对城市居民社会心理特征研究的先河。他在《社会学：关于社会化形式的研究》一书中以专章"社会的空间和空间的秩序"讨论社会中的空间问题。他指出："空间从

① 陈春生，陈文慧．社神崇拜与社区地域关系：樟林三山国王的研究［M］//张炳武．中国历史社会发展探奥．沈阳：辽宁人民出版社，1994；陈春生．从"游火帝歌"看清代樟林社会［J］．潮学研究，1993（1）；陈春生．乡村神庙系统与社区历史的演变［M］//叶显恩，卞恩才．中国传统社会经济与现代化．广州：广东人民出版社，2001.
② 郑振满．神庙祭典与社区发展模式：莆田江口平原的例证［J］．史林，1994.（4）：33-47，111.
③ 吴良镛．建筑·城市·人居环境［M］．石家庄：河北教育出版社，2003：546.
④ 高峰．空间的社会意义：一种社会学的理论探索［J］．江海学刊，2007（02）：44-48.

根本上讲只不过是心灵的一种活动，只不过是人类把本身不结合在一起的各种感官意向结合为一些统一的观点的方式。”[①]在这里，他已经发现了社会行动与空间特质之间的交织。

与齐美尔差不多同时代的美国芝加哥学派在空间研究方面最早形成了系统理论——人类生态学（人文区位学）。这一理论把社区看作是一种生态秩序，并借用生物学的生态理论来研究社区环境的空间格局及其相互依赖关系。人类生态学家将城市视为一个相互依赖的共生社区独立地加以研究，他们把城市空间看作一种纯粹的自然现象，城市空间区位结构和社会结构的形成是竞争和选择的自然结果，人类通过群体的发展适应迅速变化的城市环境。在空间与社会的关系方面，人类生态学基本以经济行为涵盖社会行为，社会行动和空间结构之间的复杂关系被简化为经济关系。“这种具有美式社会学风格的研究过分注重物质性的空间和欧洲风格的过分抽象的空间研究一起形成早期空间社会研究的两个极端。”[②]

2）“空间的生产”理论

米歇尔·福柯发现，城市的设计实际上暗含着一种巧妙的统治目标，存在着一种城市的权力政治，即权力是借助城市中的空间和建筑布局来实现和发挥作用的。无论是单个的建筑——医院、工厂、学校，还是一片建筑群——街区、城市，都可以被设计作为统治之用，建筑变成了政治学的技术。我们看到，一个个井然有序的城市空间就完全变作一个统治机器。城市在这个意义上仅仅是一种非人格化的物质机器，它将空间的管理能力发挥到了极端[③]。

“我们生活于其中的空间，将我们从自身中抽取出来。这种空间撕抓和噬咬着我们，这是一个异质性的空间，这是一个可以安置各种个体和事物的空间”[④]，福柯对于空间的创造性解释在于揭示了一种关于异位的异质性和关系性的空间，以及对于空间、知识和权力的社会学考察，福柯走的是一条整合性的路径，而不是一种解构性的路径，在对话语现实的空间化描述以及对权力的相关效应的解释性说明的同时，仍然抓住时间和历史不放。意识到人类在根本上是空间性的存在者，人类总是忙于空间与场所、疆域与区域、环境与居所的生产，这里包括“生产的空间性过程”或“制造地理的过程”，因此在20世纪90年代后期出现了跨学科的空间转向[⑤]。

在20世纪90年代后期，出现了一种都市社会空间经验研究的端倪。都市经验研究的勃兴与跨学科的空间性转向是并置的，以列斐伏尔（H. Lefebvre）、爱德

① （德）格奥尔格·齐美尔．社会是如何可能的：齐美尔社会学文选［M］．林荣远译．桂林：广西师范大学出版社，2002：252.
② 叶涯剑．空间社会学的缘起与发展［J］．河南社会科学，2005（5）：73—77.
③ （法）米歇尔·福柯．空间、知识、权力［M］//包亚明．后现代性与地理学的政治．上海：上海教育出版社，2001：1—18；（法）米歇尔·福柯．规训与惩罚［M］．刘北成，杨远缨译．北京：生活·读书·新知三联书店，2003.
④ (法) Michel Foucault. Of Other Space [J]. Diacritics, 1986, 6(1): 22-27.
⑤ 潘泽泉．空间化：一种新的叙事和理论转向［J］．国外社会科学，2007.（04）.

华·索亚（亦译作苏贾：Edward W. Soja）、曼纽尔·卡斯特（Manuel Castells）、大卫·哈维（David Harvey）、朱克英（亦译作沙朗·佐京，Sharon Zukin）[①]、彼得·桑德斯（Peter Saunders）、詹姆逊（Jamson）[②]等为代表的西方学者在空间研究中的学术努力直接促成了近两个世纪以来有关空间的第一次重大的学术转向，也为社会空间视角的城市研究提供了理论支持[③]。大卫·哈维指出，对于"什么是空间"的问题应该代之以"不同的人类实践如何创造与使用不同的空间概念"，空间是包含在客体之中，客体只有在其本身之中包含并且表现了与其他客体的关系时，此客体才会存在[④]。

人们在经验研究中开始关注社会性、历史性和空间维度的同质性及相互关联性，关注城市空间对人的意义以及创造容纳社会生活的场所的行为，大量学者开始对城市空间的地理性历史进行新的描述。作为一种结构化的存在，城市空间既是物质空间，同时也是行动空间和社会空间；既是人类行为实现的场所和人类行为保持连续性的路径，又是对现有社会结构和社会关系进行维持、强化或重构的社会实践的区域。在这里，城市空间作为一个可重构的结构体，是社会建构的实践场所，是作为工业文明的标志和象征，也是作为集体意识与消费行为的表达场所，这样，空间维度为理解城市恐惧、公共空间的权力的变异、差异性空间的社会建构、不平等的异质性对待和社会的叙事性分类注入了新的思想和诠释的新模式。同时，以社会空间为演绎逻辑的空间实践，促成了一种以"发现事实"为主要特征的经验研究。[⑤]

3）"第三空间"理论

20世纪后半叶，在空间研究成为后现代显学以前，对空间的思考大体呈现两种向度：空间或被视为具体的物质形式，可以被标示、被分析、被解释；或被解释为精神的建构，是关于空间及其生活意义表征的观念形态。后现代地理学家爱德华·索亚将其概括为"第一空间"和"第二空间"[⑥]。第一空间是指空间形象的物质性，是"真实"的空间，是一套物质化的空间性实践，强调空间中的物体，在根本上是一种唯物主义方式，被物理地或经验地意识为形式的过程，其认识对象在于感知的、物质的空间，这里的空间可以采用观察、实验等经验手段来直接

① 如果说列斐伏尔指出了空间是考察人类生活的不可缺少的重要维度，那么朱克英则深入发掘了空间维度的文化意义。

② 詹姆逊的空间化思考实现了对晚期资本主义的空间批评，提出超空间这一后现代概念，以建筑、文化、绘画和电影进行空间分析，并建构认知测绘美学作为晚期资本主义的拯救之途，从而将后现代建筑意义上的空间用法投射到后现代这一晚期资本主义文化逻辑的叙述中，他的理论贡献构成了更大范围的社会理论的空间转向的一部分。

③ 包亚明．游荡者的权力［M］．北京：中国人民大学出版社，2004：230-242.

④ (英) David Harvey. Time-space Compression and the Postmodern Condition [M]// David Harvey. The Condition of Post-modernity. Oxford: Blackwell, 1989: 284-307.

⑤ 潘泽泉．空间化：一种新的叙事和理论转向［J］．国外社会科学，2007（04）．

⑥（美）爱德华·W·索亚．重描城市空间的地理性历史——《后大都市》第一部分导论［M］//包亚明．后大都市与文化研究．上海：上海教育出版社，2005：12.

把握。第二空间指涉一种思想性或观念性领域，是一种想象的“构想性空间”，是一种“思维的图示”，在那里存在着一种主体性想象和“构想性的社会现实”，是一种“空间中的思想”。“第二空间认识论”倾向于主观性，是思想性和观念性领域，是用精神对抗物质，用主体对抗客体，其注意力是集中在构想的空间而不是感知的空间。可以说，第二空间形式从构想的或者说想象的地理学中获取观念，进而将观念投射到经验世界。

二元区分的思考模式削弱了空间及人类空间其他形式的复杂性和活力，把生活空间的特殊性简约为某种固定的形式，人类生活内在的、动态的充盈问题的空间被固化。有些学者则开始反省空间与地方这些概念本身的意涵，并试图提出新的研究方向。如格雷戈里（Derek Gregory）在第四版《人文地理学辞典》的“空间”条目里，归纳了欧美学界对空间概念的反省：（1）松动三组根深蒂固的二元论，即时间与空间的二元分立，绝对空间与相对空间的二元论，以及真实、物质、具体空间与非真实、想象、象征空间的二元论。（2）指出空间与时间是透过行动与互动而生产或建构的。（3）空间与时间不能固着于固定的区隔、量度的间距，或是规律的几何学，空间必然会引致多元与多重性，涉及了张力与转变，动态与流动。（4）空间的生产不能脱离自然的生产。[①]爱德华·索亚在《第三空间：去往洛杉矶和其他真实和想象地方的旅程》一书中也提出了“第三空间”概念，在把空间的物质维度和精神维度同时涵括在内的同时，又超越了前两种空间，呈现出极大的开放性，向一切新的空间思考模式敞开了大门。

爱德华·索亚的“第三空间”是一种既真实又想象化的存在，既是结构化的个体的位置，又是集体经验的结果，这里的空间具有空间性、社会性、历史性[②]；第三空间力求抓住观念、事件、外观和意义的事实上不断位移的社会背景；第三空间“有一种相关的、内隐的历史和社会维度，为历史性和社会性的历史联姻注入新的思考和解释模式”；第三空间“本身就是植根于这样一个重新组合极为开放的视野”。[③]这种空间的理论成果为探索空间的差异性或异质性，以及空间的边缘性提供了一种理论依据，第三空间既是对第一空间和第二空间认识论的解构，又是对它们的重构。用爱德华·索亚的话来说即是，“它源于对第一空间、第二空间二元论的肯定性解构和启发性重构，不仅是为了批判第一空间和第二空间的思维方式，也是为了通过注入新的可能性来使它们掌握空间知识的手段恢复活力，这些可能性是传统的空间科学未能认识到的。”[④]

---

① (英) Derek Gregory. “Space” [M]// Johnston, R.J., Derek Gregory eds. The Dictionary of Human Geography. Oxford: Blackwell, 2000: 767-772.

②（美）爱德华·W·索亚. 重描城市空间的地理性历史——《后大都市》第一部分导论［M]//包亚明. 后大都市与文化研究. 上海：上海教育出版社，2005：12.

③（美）爱德华·W·索亚. 重描城市空间的地理性历史——《后大都市》第一部分导论［M]//包亚明. 后大都市与文化研究. 上海：上海教育出版社，2005：13.

④（美）爱德华·W·索亚. 重描城市空间的地理性历史——《后大都市》第一部分导论［M］//包亚明. 后大都市与文化研究. 上海：上海教育出版社，2005：15.

“第三空间”认识论在质疑第一空间和第二空间思维方式的同时，也在向前者注入传统空间科学未能认识到的新的可能性，来使它们把握空间知识的手段重新恢复青春活力。为此，爱德华·索亚强调在第三空间里，一切都汇聚在一起：主体性与客体性、抽象与具象、真实与想象、可知与不可知、重复与差异、精神与肉体、意识与无意识、学科与跨学科等，不一而足。“第三空间”鼓励人们用不同方式去思考空间的意义底蕴，思考地点、方位、方位性景观、环境家园、城市及人文地理等相关概念，力求抓住观念、事件、外观和意义的事实上不断变化位移着的社会背景。“第三空间”试图探讨人类生活的历史性、社会性和空间性的“三维辩证法”。这样，空间性的维度将会在历史性和社会性的传统联姻中注入新的思考和解释模式，这将有助于我们在经验研究中思考历史、社会和空间的共时性、物质性及其相互依赖性。

4）20世纪90年代空间研究的“文化转向”

在社会学诞生后的很长一段时间里，“‘文化’一直都只是‘结构’的一个不起眼的配角”①，但是，随着文化社会学的兴起，文化被赋予比社会结构更高的重要性②。20世纪90年代，空间研究领域也出现了“文化转向”，文化研究与空间研究实现了融会贯通。“文化研究”以及社会科学普遍的“空间转向”之后，出现了“新文化地理学”③。

肇始于英国新左派对教条主义的马克思主义以及精英高级文化之资产阶级预设的反省，文化研究如今已经成为范围广阔的研究领域，关切主题包含了意识形态与意义的产生和阅读、语言与再现的形构、知识与权力的关联、青少年与通俗文化的活力、消费与休闲时尚、影像与数字文化、身体与空间，以及认同政治和文化政治等。随着前述20世纪80年代空间议题的崛起，以及后现代风潮的空间语汇，文化研究学者也注意到了各种空间议题，诸如地方形象的再现、城市的象征经济、消费空间等。文化研究的文选和教科书里，也开始安排有空间与地方的章节④。

另一方面，空间相关领域如建筑学、都市研究和人文地理学，也大量借取文化研究（以及后现代与后殖民论述）的概念和主题，不仅使得既有的文化地理学有了质量上的转变，从而宣告“新文化地理学”出现，也影响其他次领域对文化议题的关注，例如经济地理学对文化产业的日益重视，或是消费地理与观光地理

---

① (英) Margaret S. Archer. Culture and Agency: The Place of Culture in Social Theory [M]. Cambridge: Cambridge University Press, 1988: 1.

② (美) Kellner, Douglas. The Postmodern Turn: Positions, Problems, and Prospects [M]// George Ritzer, eds. Frontiers of Social Theory: The New Synthesis. New York: Columbia University Press, 1990: 269.

③ 李蕾蕾. 当代西方“新文化地理学”知识谱系引论［J］. 人文地理，2005（02）：77-83.

④ During, Simon, eds. The Cultural Studies Reader. London: Routledge, 1993; Giles, Judy, Tim Middleton. Studying Culture: A Practical Introduction. Oxford: Blackwell, 1999; Barker, Chris. Cultural Studies: Theory and Practice. London: Sage, 2000.

对于文化概念的新理解。近来文化地理学方面文选与教科书的陆续出现，也显示这种文化转向已经累积了一定能量[①]。

在20世纪70年代初，作为一个经过修饰的阿尔都塞主义者，卡斯特虽然未忽略社会实践的重要性，但是，实践的主体确实深陷于重重机械性结构的网罗中，沦为失去主体意图的被动作用者。卡斯特试图以空间结构重新界定“都市”（urban）的概念。为了掌握社会空间形式的特殊性，卡斯特以阿尔都塞式的理论角度阐释空间：“空间是一种物质产物，关系着其他的物质元素——在其他之间，人，它自己具有特殊的社会关系，给予空间（以及其他所组合的元素）一种形式、一种功能、一种社会意涵。所以，它并非仅是社会结构部署之场合，而是所指定的社会中每个历史整体之具体表现。然后，就像对待其他真实对象的相同方式一般，建构问题，以掌握其存在与转化，以及，与历史现实之其他元素相联结的特殊性。这意味着即使是一个不清楚的理论，空间的理论也得是一个一般性社会理论的整合部分。”[②]

3. 社会学的聚落研究

人类聚居行为和群体生活形成社会。社会学是一门研究人类的社会行为从而探寻社会变迁过程和规律的科学。社会学与文化人类学相互包容和叠合，对于揭示人类聚居环境的社会现象，包括社会内部人的活动及其与社会环境对应的结构关系的探讨，是其他学科不可替代的。因此社会学的研究成果可以为人类聚居环境的多学科研究提供重要的理论依据和方法论基础[③]。在此背景下的聚落研究则是在社会制度与社会结构、营造行为与社会行为相统一的理论预设下，着重考察与分析社会成员的行为方式、营造信念以及社会组织、制度变迁的社会—空间意涵。

盖迪斯（P. Geddes）被认为是最早将社会学与人类聚居环境研究相结合的研究者。他承继了法国社会学家拉伯雷的学说，提出了著名的“地点—工作—人”的空间模式。20世纪初，以帕克为代表的美国芝加哥学派将人际互动、群体冲突、贫民、犯罪等问题作了大量的实证研究，使社会学实现了从理论研究走向解决问题的实效研究。第二次世界大战后，美国社会学家伯吉斯（Z. W. Burgess）发展了帕克的学说，进而创立了以研究城市人与环境为主要内容的

① Jackson, Peter. Maps of Meaning: An Introduction to Cultural Geography. London: Unwin Hyman, 1989; Crang, Mike. Cultural Geography. London: Routledge, 1998; Anderson, Kay, and Fay Gale, eds. Cultural Geographies (2nd edition). London: Longman, 1999; Mitchell, Don. Cultural Geography: A Critical Introduction. Oxford: Blackwell, 2000.

② Mannuel Castells. The Urban Question，Cambridge［M］. Mass: The MIT Press ，1972: 115，转引自夏铸九. 建筑论述中空间概念的变迁：一个空间实践的理论建构［J］. 马克思主义与现实，2008（1）：139.

③ 李晓峰. 乡土建筑：跨学科研究理论与方法［M］. 北京：中国建筑工业出版社，2005：6-7.

“城市结构—功能”理论，对社会学的发展做出了重要贡献[①]。

中国乡土环境的社会学研究，首推费孝通于20世纪30年代在英国留学时撰写的《江村经济》(Peasant Life in China)，这是一篇以“功能主义”为指导思想，通过“局内观察法”对传统聚落进行田野调查(20世纪20～40年代)，研究当年中国农村、农民生活的论文，在国内外社会学和人类学领域产生过广泛的影响。[②]之后数十年，费孝通一直致力于小城镇与农村变迁及发展研究，成果丰硕。其中重要观点是倡导小城镇建设，力图开创中国特色的乡村城镇化道路。稍后的杨懋春则以山东台头村为研究对象，其目的是要“描绘出一幅整合的总体的画面”，他没有把日常生活中的重要方面诸如经济、社会、政治、宗教、教育分别详加描述，而是以初级群体（即家庭）中个体之间的相互关系为起点，然后扩展到次级群体（即村落）中初级群体的相互关系，最后再扩展到一个大地区（主要指乡镇）中次级群体之间的关系。[③]在他的论著中，对村落社会结构的研究尤其值得注意。如果说费孝通的研究更加重视村落中社会经济活动的话，杨懋春的研究则更加重视存在于家庭和村庄之间的各种过渡性的集团——宗族、邻里，还有以相似的社会或经济地位为基础或以学校为基础的家庭联合以及宗教团体，重视村落内部的结构、组织、村庄的领导以及村际间的关系。

另一个值得注意的是林耀华对福建的义序和黄村的研究，在1935年出版的《义序的宗族研究》一书中，他用功能学派的研究方法，详细地分析了华南宗族型村庄中，宗族祠堂及有关的宗族组织在村落社区的社会功能。林耀华认为宗族祠堂是宗族的外显性符号，是团结宗族的强有力的核心，祠堂组织在华南宗族聚居型的村落具有多重功能，“宗祠祭祀，是为家族的宗教的功能，迎神赛会，是为宗教的娱乐的功能；族政设施，是为政治的法律的功能；族外交涉，是为政治的社交的功能。”[④]林耀华通过对影响村落社会结构的主要要素——宗族的分析，对聚落研究的深化无疑有着重大的意义。

早期关于乡村社会结构及乡村人口的研究，还有许仕廉的《中国人口问题》(1930)、陈翰笙的《广东农村生产关系与生产力》(1934)等。这些研究多在社区实证分析的基础上，结合大量史料，努力构建出一种与西方都市的法理社会完全不同的社区结构模式。

近20年来，随着改革开放的深入，中国乡村社会发生了巨大变化，乡村社会结构变迁加剧。这方面的研究代表性成果有：陆学艺的《当代中国农村与中国农民》(1991)、王沪宁的《当代中国村落家族文化》(1991)、王晓毅的《血缘与

---

① 李立. 乡村聚落：形态、类型与演变，以江南地区为例［M］. 南京：东南大学出版社，2007：2.

② 费孝通. 江村经济［M］. 北京：商务印书馆，2001.

③ 杨懋春. 山东台头：一个中国村庄［M］. 张雄，沈炜，秦美林译. 苏州：江苏人民出版社，2001.

④ 林耀华. 义序的宗族研究［M］. 北京：生活·读书·新知三联书店，2000：48.

地缘》(1993)、郑杭生的《当代中国农村社会转型的实证研究》(1996)以及唐军的《蛰伏与绵延：当代华北村落家族的生长历程》(2001)等。这一系列著述从不同角度探讨了当代中国乡村社会文化和社会结构等问题，对于我们认识中国乡土建筑在社会转型中的生存状态具有重要意义。

2003年，郑振满、陈春声主编的《民间信仰与社会空间》力图把民间信仰作为理解乡村社会结构、地域支配关系和普通百姓生活的一种途径，特别是通过这种研究加深对民间信仰所表达的"社会空间"之所以存在的历史过程的了解，揭示在这些过程中所蕴涵和积淀的社会文化内涵，将民间信仰研究上升为中国传统社会研究的方法。

(四)人居环境科学对聚落的研究

人类聚居科学理论是20世纪下半叶在国际上逐渐发展起来的一门综合性学科群。它强调把人类聚居作为一个整体，从政治、社会、文化、技术等各个方面，全面地、系统地、综合地加以研究。近百年来，随着科学技术创造出巨大的生产力，促进城乡大发展，同时也为人类生存环境提出巨大挑战，人们开始对社会、经济、环境问题，对人居环境科学的学术发展问题进行进一步的整体思考。国际建协自1946年至今举行了20余次国际会议。从其议题的变化中，我们可以看出这样的发展趋势①：

(1)从住宅与城市的具体技术问题，走向对建筑与国家发展等战略问题的研究；

(2)从单纯的建筑走向人—建筑—环境的综合研究；

(3)将建筑和城市与明日世界的发展密切结合起来；

(4)对21世纪建筑学的未来进行探索等。

由此可见，人们的建筑观在不断的发展之中，随着社会学领域对空间研究的进一步深入，建筑学的内容也会不断吸收这些研究成果，从而推动人居环境科学更加关注社会进步与人的主体发展。

基于对国际、国内人类聚居环境发展历史与现实问题的思考，吴良镛在道萨迪亚斯的"人类聚居学"的启发下，创立"广义建筑学"理论(图0-1)。1993年，吴良镛等人提出发展"人居环境科学"(The Sciences of Human Settlements)的主张，强调"人"是人居环境的主体与核心，人居环境研究也是以满足"人类居住"需要为其目的。吴良镛将人居环境划分为五个系统：自然系统、人类系统、社会系统、居住系统和支撑系统，并指出人居环境科学是一个开放的系统，从不同的研究方面有不同的学科核心和学科体系。在"广义建筑学"的基础上，吴良镛先生指出建筑、地景、城市规划三学科的融合构成人居环

① 吴良镛."人居二"与人居环境科学[J].城市规划，1997(3)：4-9.

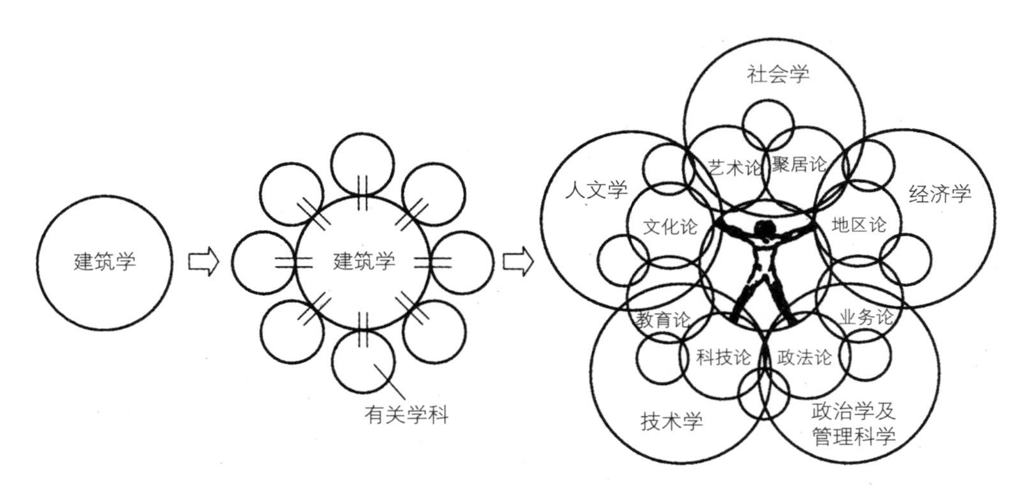

图0-1 从传统建筑学走向“广义建筑学”
（资料来源：吴良镛. 国际建协《北京宪章》[M]. 北京：清华大学出版社，2002：225.）

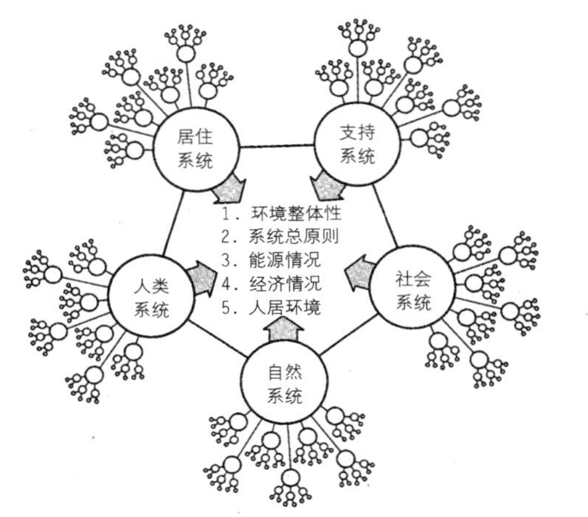

图0-2 人居环境系统模型
（资料来源：吴良镛. 人居环境科学导论[M]. 北京：中国建筑工业出版社，2001：40.）

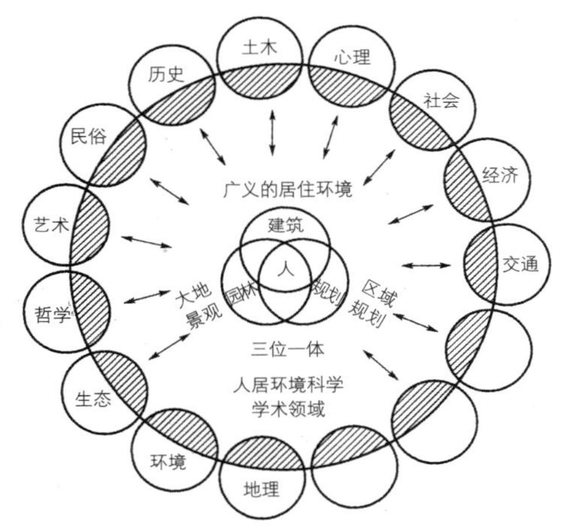

图0-3 开放的人居环境科学创造系统示意图
（资料来源：吴良镛. 人居环境科学导论[M]. 北京：中国建筑工业出版社，2001：82.）

境科学大系统的“主导专业”（leading discipline）。人居环境科学的发展离不开多种相关学科的有机融合与借鉴，只有系统地借助相关学科的理论成果与实践经验，才能创造性地解决人居环境建设中的复杂问题①（图0-2、图0-3）。

“人居环境”的形成与人类社会生活密切相关，人居环境空间承载着丰富的“意义”，不同的社会等级、行为仪式、伦理文化必然反映到建筑与空间布局当中，这种升华于物质空间的精神文化内涵，是“人居环境”与纯粹的自然生态环境相区别的本质特征。“空间—社会”理论研究及现代城市规划的理论发展与实

① 吴良镛. 人居环境科学导论[M]. 北京：中国建筑工业出版社，2001：131.

践都表明，人居环境的科学发展离不开对自然环境的谦和态度以及对人类社会文化的尊重。

1．国外聚落研究动态

1）西方聚落理论的发展

西方传统聚落的研究涉及面广，并多与相关学科交叉，很多用到社会科学研究的基本方法，学术研究成果相当丰厚。总体而言，西方聚落理论的发展，可分为三个阶段。

（1）早期的建筑艺术。多畅谈形塑都市实质空间的轴线（axis）、端景（vista）、意象（image）。此学派的代表作为：19世纪凯米罗·西蒂（Camillo Sitte）所著的《都市计划的美学原理》，主张城市设计基础应该是艺术，城市设计的艺术是城市生活的表观，这种表观不能由城市，而应由规划师、建筑师来承担。同时，重视城市规划科学方面的研究者认为：城市设计应该是城市使用功能以定量分析、分类，划分不同的功能分区，统计人口增长和密度，并对城市的发展做出预测，这些观点被归纳在《雅典宪章》之中。依这种理论所形成的城市结构后来被亚历山大称为树形结构。这时期的规划理论只认识到城市环境的表层结构，片面强调艺术性或科学性，这是受当时社会发展条件和思维水平所决定的。

（2）1959年，凯文·林奇所著的《The Image of the City》一书出版，此书具有划时代的意义，它揭开了环境的社会使用研究的序幕。1961年，简·雅各布阐明了组成聚落内在结构的群体无意识过程，发表《美国城市的消亡与生长》，她认为城市随着人的生活发展而生长，人工规划阻碍了城市的自然生长，她着眼于街道，重新认识城市。她认为安全是首要的，其次还要接触和同化孩子。1968年，奥斯加·纽曼研究了美国居住区的犯罪问题之后，出版《可防卫的空间》，从心理学角度提出了领域与私密、自然监视等概念。

人们对城市结构使用层次的发现，较为明确地被克里斯朵夫·亚历山大在《城市并非树形》一文中所概括，他与现代城市规划理论唱反调，只认定城市内在使用层次的决定性，他写作了《形式的合成纲要》、《建筑的永恒之道》、《图式语言》和《俄勒冈实验》等著作。

（3）重视意义方面的研究，是当前欧洲建筑界的一个特色，如建筑符号学的发展。著名建筑评论家查尔斯·詹克斯重新定义建筑，认为建筑是利用形式上的象征，如材料、空间，利用一些手段，如结构、经济、技术及机能等来说明象征，如生活方式、价值观、机能等。舒尔兹也对建筑符号学进行了深入的研究，他反对只停留在视觉、符号、剪影上谈论建筑语言，他把建筑语言深入到存在层次，提出了存在空间的概念，以本体论方法认识建筑和功能主义相反，存在主义者感兴趣于意义和形式，他接受和发展了阿尔多·罗西的形式学。罗西的宗旨是城市应该被意象为一种艺术，建筑师的任务是创造其形态（form）。

后现代主义的共性就是对形态感兴趣，里卡多·波菲尔（Ricardo Boffill）也认为建筑学所真正考虑的就是形态学（morphology），建筑形态的目标就是使“生活形式直观化”（to make a form of life visible）。它表达了人类存在于世界上的方式。

西方学者对中国民居研究中以美国纽约州立大学那仲良（Knapp Ronald G.）的成果最为显著。他分别编著了《中国家居住宅：民间信仰，象征和家庭纹饰》①、《中国古民居》②和《住屋、家庭与家族：中国人的生活与存在》③等一系列关于中国传统建筑研究的成果。其中，《中国家居住宅：民间信仰，象征和家庭纹饰》认为中国传统民居作为生活的象征符号，富含意义，是自觉行动的结果。文章通过日常生活揭示了住宅是体现中国家族历程的活力的动态实体。作者认为所有中国住宅的空间和结构充满了意义，反映了中华文化的基本形态。这本书探讨了民间信仰和家庭装饰品之间跨越时空和社会阶层的复杂联系。另一本编著《住屋、家庭与家族：中国人的生活与存在》通过荟萃人类学、建筑学、艺术学、地理学、历史学等领域知名学者的研究成果，探讨和分析中国民居的功能、社会和象征性的属性。它超越简单澄清中国房屋、家庭和家族的不同性质的泛泛而谈，探索主题涉及作为生活组成部分的中国园林、建房仪式（house-building ritual）与建筑环境、建筑美学、家具和建筑的内在关联、家的建构与发展、性别与家庭空间、族系（lineage）在礼仪及社会空间建构中的作用、建筑空间分隔的功能和意义、家庭空间和隐私等内容。通过探索中国家族的组织构成以及生存空间的营造方式，该书令人信服地指出清新而有见地、深入而广泛地理解中国人的生活和存在的意义。

法国近三十年来的汉学研究对中国的人居环境给予极大的关注，部分成果结集作为《法国汉学》第九辑出版④。其中程艾兰（Anne Cheng）、皮埃尔·克莱芒（Pierre Clement）、贾永吉（Michel Cartier）等从中国传统聚落形态的发展中的不同表现形式，以及人们对空间环境概念的不同认识进行研究，从中总结中国传统聚居环境的发展规律。

2）东亚聚落研究动态

20世纪60年代，日本建筑界开始对现代建筑理论进行反思，对传统空间意象的重视也悄然兴起。原广司（Hiroshi Hara）可以称得上是这股潮流的旗手，他主要从事聚落的探访与考察以及用数理的方式进行空间的解析，从而默默发展出

① （美）Knapp Ronald G.. China's Living Houses: Folk Beliefs, Symbols, and Household Ornamentation [M]. Honolulu: University of Hawaii Press, 1999.

② （美）Knapp Ronald G.. China's Old Dwellings [M]. Honolulu: University of Hawaii Press, 2000.

③ （美）Knapp Ronald G., Lo Kai-Yin, eds. House, Home, Family: Living and Being Chinese [M]. Honolulu: University of Hawaii Press, 1999.

④《法国汉学》编委会. 法国汉学（第九辑）：人居环境建设史专号［M］. 北京：中华书局，2004.

为数不少且极具学术价值的建筑理论。从1972年开始，原广司带领着他的学生藤井明（Akira Fujii）等人先后对世界40多个国家的500多座聚落进行调查与探访①，历时二十多年，最终完成的《世界聚落的教示100》与《聚落探访》这两本经典建筑著作。

藤井明的《聚落探访》通过广泛的聚落调查与分析，阐述了其选址、聚落形态与住居形态等。当中清楚地记录着每一个曾经探访过的聚落，在严谨的实地测量之下，绘制出该聚落的各种建筑基本图，并透过数理解析的方式来研究该聚落的空间构成与组织。这本书某种程度上提供了一个关于聚落空间考察的方法论架构，而让读者得以系统地进行对聚落的观察与阅读。而原广司的《世界聚落的教示100》，则是以这些聚落调查的资料作为基础，进行更深层次地整理与解读，而针对当中曾发现的空间、生活与环境的现象归纳出100个类似模式语言（pattern language）的要点来加以解说。

近年来，日本建筑学会每年举办的优秀论文评选中都会有大量关于传统聚落研究的论文出现，如1996年新井清水的《ロイミ·アカ族にみる住空間の変容に関する考察ータイ山岳民族の住居・集落に関する研究》详细论述了ロイミ·アカ族由于各种自然不幸事件、宗教信仰等因素对其聚落和民居空间形态的影响，及适应上述因素而采取的对传统民居样式的变化和继承②；1998年大岛亮子的《ラフ·ニ族の住居・集落空間の構成と変容に関する研究～ジャトブー村の事例を通して～》论述了ラフ·ニ族（外迁徙来的民族）在固定安住以后，其村落选址、民居及聚落空间构成形态③等。

日本学者对中国传统聚落的研究成果也很丰富，其中有佐佐木大的《彝族平頂土掌房における住様式の持続と変容——中国雲南省・伝統的陸屋根住居の空間構成に関する研究》，通过对中国彝族典型民居形式土掌房进行大量的调研，来研究其基本样式及变异，从而更好地掌握其空间构成形态。④茂木计一郎编著的《中国民居研究：中国东南地方居住空间探讨》对中国东南地区民居空间进行了较为系统的论述。

韩国传统聚落研究也取得丰硕的成果，如韩国成均馆大学李相海（Sang-hae Lee）从传统村落的选址、村落空间组织与景观布置、传统民居的平面与建筑形式及民居空间组织与传统信仰四个角度较全面地阐释韩国传统聚落及民居形

①（日）藤井明．聚落探访［M］．宁晶译．北京：中国建筑工业出版社，2003：9.

②（日）新井清水．ロイミ·アカ族にみる住空間の変容に関する考察—タイ山岳民族の住居・集落に関する研究．日本建筑学会，1996.

③（日）大岛亮子．ラフ·ニ族の住居・集落空間の構成と変容に関する研究～ジャトブー村の事例を通して～．日本建筑学会，1998.

④（日）佐佐木大．彝族平頂土掌房における住様式の持続と変容——中国雲南省・伝統的陸屋根住居の空間構成に関する研究．日本建筑学会，2002.

态[①]。韩国学者韩弼元（Pilwon Han）通过对朝鲜半岛南部的四个典型农村宗族聚落（Sangsa，Wontuh，Yeondong & Dorae）的个案研究，于1991年完成博士学位论文《农村同族空间构造特性变化研究》。该论文将农村宗族聚落空间结构分为两个基本关系：第一是“整体空间”（global space）和“要素空间”（elemental spaces）之间的关系；第二是要素空间本身之间的关系。它们包括建筑物的位置关系；“整体空间”和“要素空间”之间的空间序列关系；空间之间的互动关系；要素空间之间的层级关系，以此阐明韩国农村宗族聚落的空间结构，并指出韩国农村宗族聚落的基本特征不在于多变的要素空间，而在于不变的空间结构[②]。2000年韩弼元延续空间结构研究路线，发表了一篇关于韩国宗族聚落与中国水村（Chinese water village）比较研究的论文，将韩国宗族村落的典型社会设施——亭子（Jeongja）与中国滨水村落中的骑楼和廊桥的建筑特征进行比较分析，认为亭子是外向而超越聚落领域的；而骑楼和廊桥是内向于聚落内部的。研究表明，社会设施的建筑特征揭示了聚落领域界定的方法。宗族村落比滨水村落具有更清晰的边界。然而，宗族村落通过亭子沟通它的境域与外部环境；而后者主要通过骑楼及廊桥与村落道路形成整体，将滨水村落组织在一个明确的聚落空间之中[③]。韩弼元还从韩国传统村庄的社区礼仪空间入手，通过东河回村（Hahoe village）的实例研究，揭示礼仪空间在领域和礼仪行为方面与村落空间紧密关联，旨在澄清礼仪空间的建筑特色，并阐明仪式空间和村落空间的内在联系[④]。

2．国内聚落研究动态

国内建筑学领域的聚落空间研究可大致分为两类：一种是建筑史学研究，专注于纪念性建筑物的测绘与保存工作；另一种是传统聚落的社会结构与社会空间的研究。前者的工作接近艺术考古学，关于建筑的研究偏重于物质形态，忽略人与社会时空关系的事实；后者的研究虽综合了人类学者与人文地理学的分析方法，却往往忽略了基本的建筑形式意义与空间美学的探讨。

20世纪70年代末，中国台湾学者林会承发表了《清末鹿港街镇结构》，从人类学的角度切入聚落空间的研究，基本上摆脱了先前的形式主义的传统建筑观，加强社会结构的研究，重新分析了鹿港聚落的社会结构与空间组织，对当时的台

① (韩) Sang-hae Lee. Traditional Korean Settlements and Dwellings [M]// Ronald G. Knapp, eds. Asia's Old Dwellings: Tradition, Resilience, and Change. New York: Oxford University Press, 2003.

② (韩) Pilwon Han.The Spatial Structure of the Traditional Settlements: A Study of the Clan Villages in Korea Rural Area [D]. Seoul: Seoul National University, 1991.

③ (韩) Pilwon Han. A Comparative Study of the spatial Structures of Korean Clan Villages and Chinese Water Villages [J]. Journal of the Architectural Institute of Korea, 2000, 16(4).

④ (韩) Pilwon Han. A Study on the Architectural Characteristics of the Communal Ritual Space in the Hohoe Village [J]. Journal of the Architectural Institute of Korea, 2006, 22(12).

湾建筑学界起到一种启发性的作用①。20世纪80年代，中国大陆开始尝试跨领域的建筑学研究。陈志华在《漫谈建筑社会学》(1989)中就曾倡导重视建筑社会学研究，指出建筑社会学基本内容是阐明建筑同社会生产和科学技术、各种社会制度、社会意识、社会问题的关系；阐明建筑的社会化生产同其本身发展的关系，其研究方法应是动态的历史研究。此后陈志华做了一系列乡土建筑研究，社会学思想方法一直成为其主要理论基础。

20世纪90年代，受国际思潮的影响，国内传统聚落研究得到明显的拓展，研究方法和观念开始从关注单体民居走向聚落整体。1990年，彭一刚的《传统村镇聚落景观分析》首先在中国台湾地区付梓，1992年在中国大陆出版。该书从自然因素、社会因素、美学等角度阐释传统聚落形态的形成过程，强调聚落形态的美感不仅根植于朴素的自然美，更在于"它和人们的生活保持着最直接和紧密的联系"②。此后，基于社会学等跨学科的传统聚落研究成果时有发表。如沈克宁的《富阳县龙门村聚落结构形态与社会组织》，通过对于浙江省原富阳县(现富阳市)龙门村的具体分析，来揭示传统聚落形态与社会组织结构之间的关系，指出中国传统村落的构成原则在于它深刻的社会组织内涵③。王其钧从民俗文化的角度论述了宗法、禁忌和习俗对民居形制的多方面的影响和制约，指出在传统民居一天天消失的今天，我们不应只去测绘民居建筑本身，而应同时挖掘记录当时民俗文化对于民居形式的制约，这样才能使我们更深刻理解传统民居的空间意蕴与场所精神④。李秋香通过对诸葛村等聚落的考察与研究，论述了血缘型的农业村落逐步解体，向商业化的地缘村落转化的过程中，村落与建筑如何打上社会变迁的种种烙印⑤。台湾学者阎亚宁的《台湾移民变迁社会的建筑衍化》论述了社会变迁的基本形态以及为研究建筑动态变迁过程而提出的合理的研究框架⑥。1996年张玉坤就居住空间与社会结构的关系进行考察，完成了博士论文《聚落·住宅：居住空间论》，提出聚落的内部组织是"附着在自然环境和社会整体结构之上的实体单位，具有生物的、经济的、政治的、文化的各种属性……外部的社会环境对聚落和住宅的影响表现了不同规模不同性质的社会单位之间的相互作用关系。"⑦这些著作的完成，标志着中国传统聚落研究的框架初步建立。

进入21世纪以来，随着对"聚落"理解的深化，聚落研究已不仅局限于乡村，城市也被纳入聚落研究的范畴。诸葛净的《江南古市镇南翔研究》论述在南翔镇的历史变迁过程中，宗教和经济生产方式在宋元和明清两个历史阶段所起的

---

① 郭肇立. 聚落与社会[M]. 台北：田园城市文化事业有限公司，1998：10.
② 彭一刚. 传统村镇聚落景观分析[M]. 北京：中国建筑工业出版社，1992：3.
③ 沈克宁. 富阳县龙门村聚落结构形态与社会组织[J]. 建筑学报，1992(2)：53-58.
④ 王其钧. 宗法、禁忌、习俗对民居形制的影响[J]. 建筑学报，1996(10)：57-60.
⑤ 李秋香. 诸葛村聚落研究简述[J]. 建筑师，1998(4)
⑥ 阎亚宁. 台湾移民变迁社会的建筑衍化[M]//台湾"文化建设委员会"，台湾省文献委员会. 林衡道教授纪念文集. 1998：181-198.
⑦ 张玉坤. 聚落·住宅：居住空间论[D]. 天津：天津大学，1996：144.

不同主导作用，以及受其支配下的市镇运作机制、社会分层与聚落外在形态的关系[①]。李梦雷、李晓峰的《社会学视域中的乡土建筑研究》是关于社会学与乡土建筑研究综论[②]，此后，李晓峰出版了《乡土建筑：跨学科研究理论与方法》，对传统乡土建筑跨学科研究理论和方法进行探讨，试图从社会结构（组成）、社会文化和社会变迁等几个方面对传统聚落进行社会学考察，以把握乡土建筑的发展规律[③]。同时，聚落研究的视野也得到进一步拓展，一些学者开始把目光投向国外。单军等人通过对意大利阿尔贝罗贝洛（Alberobello）的雏里聚落的起源、建造、功能、形式以及聚落形态的研究，引出从新的视角对传统乡土进行当代解读的话题，特别对乡土建筑中使用者与设计者的关系及当代乡土实践中的建筑师角色定位问题进行了深入的探讨。[④]郁枫通过对德中两处世界遗产聚落——德国吕德斯海姆（Rudesheim）和安徽宏村的空间尺度及肌理的比较研究，描述了传统聚落经历旅游产业化转型，从而引发相应社会空间变革的特殊状态，并探讨传统聚落的旅游产业化转型过程的“空间重构”问题[⑤]。

王鲁民在多年聚落研究的基础上，提出“极域”（Polar-Area）的概念，认为聚落空间是一个与社会生活组织密切相关的系统，一个完整的聚落内往往存在有能够维系聚落完整性和稳定性的关键性公共空间，称之为“聚落极域”[⑥]。并通过对中国传统社会中村落、集镇和城市等三种不同的类型中的极域进行比较，探索不同类型的聚落中的聚落极域特征及其形成的一般规律。“极域”的起源可以追溯到史前时期人类定居之初“立柱而居”的习俗，下文将对该问题进一步深入探讨。

3．社区理论研究回顾

1）国外社区建设经验回顾

西方国家对城市居住社区的研究可以推溯到法国的空想社会主义者傅立叶（Charkes Fourier）的“共营村庄（phalanstery）”，随即欧文等于1817年提出“新协和村（Village of Harmony）”。19世纪末英国社会活动家E·霍华德（Ebenezer Howard）提出的“田园城市”，1922年法国建筑师勒·柯布西埃（Le Corbusier）在《明日的城市》中提出的“集中主义城市”都从居住社区的区位选择、要素组成、人口规模、社会关系等方面进行越来越细致、深入的研究。1929年美国建筑师C·A·佩里提出的“邻里单元”（Neighbourhood Unit）成为影

① 诸葛净．江南古市镇南翔研究［J］．建筑师，2001（12）．
② 李梦雷，李晓峰．社会学视野中的乡土建筑研究［J］．华中建筑，2003（4）．
③ 李晓峰．乡土建筑：跨学科研究理论与方法［M］．北京：中国建筑工业出版社，2005：86．
④ 单军，王新征．传统乡土的当代解读：以阿尔贝罗贝洛的雏里聚落为例［J］．世界建筑，2004（12）：81-84．
⑤ 郁枫．当代语境下传统聚落的嬗变：德中两处世界遗产聚落旅游转型的比较研究［J］．世界建筑，2006（5）：118-121．
⑥ 王鲁民，张帆．中国传统聚落极域研究［J］．华中建筑，2003（04）：98-99．

响至今的居住社区规划原型。

第二次世界大战以后的西方旧城更新实践大体经历了从“清除贫民窟——邻里重建——社区更新”的转变，指导旧城更新实践的基本理念也发生了相应的变化：从主张进行目标单一、内容狭窄的大规模改造的“现代主义”，逐渐转变为主张进行目标广泛、内容丰富的人居环境建设的“住区可持续发展”（Sustainable Human Settlements）。

在这样的历史背景下，对传统居住区的研究在战后并未引起西方学者应有的重视。最初，为了疗治战争创伤并解决紧迫的住房问题，各国曾普遍开展了以大规模改造为主要特征的“城市更新”运动。该运动从一开始就受到以物质规划（physical design）为核心的现代主义城市规划和建筑理论的深刻影响，把城市看作一个静止的事物，寄希望于建筑师和规划师绘制的宏大的形体规划蓝图，以实现诗一般美妙的理想模式。然而，大规模的城市改造并未取得预期成果，反而使许多传统住区受到严重破坏，给历史性城市留下不少难以挽回的损失，加剧了西方城市中心区严重的衰败现象。

20世纪50年代末之后，早期城市规划理论和实践逐渐受到质疑和批判，主要包括对城市形象缺乏多样性和复杂性全面和深入认知的批判、对假设物质环境能够决定社会生活质量的物质决定论的质疑，以及对大规模清除城市贫民窟和建设新城过程中重视物质环境而忽视社会问题的关注等。20世纪60年代以后，许多美国学者开始从不同角度对以大规模改造为主要形式的“城市更新”运动进行反思。其中最为著名的有美国城市学家L·芒福德（Lewis Murnford）的《城市发展史：起源、演变和前景》（1961），建筑师C·亚历山大（Christopher Alexander）《城市并非树形》（1965）等。这些论著从不同立场和学术角度指出大规模计划和物质规划来处理城市复杂的社会、经济和文化问题的致命缺陷，使建筑界和整个社会重新审视城市中历史街区的地位和价值。美国学者简·雅各布（Jane Jacobs）在《美国大城市的死与生》（1961）一书中敦促人们：“从城市漫游者的观点看，正被夷为平地的贫民区比精心规划设计过的地区有更多更有意义的成分表现了生活。城市需要传统的街道、宜人的小街区、古老的房子，而不只是千篇一律的方格网络和庞大的建筑”。20世纪60年代后期，欧美、日本等国的城市更新，基本摒弃了推倒重建的方法，从大规模清除贫民窟转向小规模整治和区域改善，使城市更新进入一个新的阶段。

1966年意大利建筑师阿尔多·罗西（Aldo Rossi）的《城市建筑》为欧洲城市的改造奠定了新的理论基础。他指出了前现代时期城市的质量，几何要素和基础设施的意义。城市建设的理想不再是经典现代主义的柯布西耶式的了，而是要迎来老城的复兴，要发现老城的居住潜能。以此书的思想为先导，社会学家、建筑师和城市规划师开始了大范围的对主流的现代化住宅区的反思。

20世纪70年代，工业化的急速发展带来的环境污染、交通拥挤、城市衰败等问题越来越引起人们的不满。对现实的忧虑和对未来的憧憬迫使人们冷静地反省工业文明的成就带给城市的破坏，重新认识曾经被抛弃了的文化价值观念，西方社会重新确立了以人文主义思想为主导、人文精神与科学精神相融合的新格局①。这一变化同样对建筑科学领域产生影响，社会空间开始引起西方国家城市规划与设计领域的关注，从而标志着一个城市空间研究新时代的开始。从社会发展的角度，依托并着眼于以社区的发展来谋求社会发展，将社区发展置于社会发展目标之中已日益成为人类的共识，并形成新的世界趋势。英国当代社会学家安东尼·吉登斯（Anthonv Giddens）指出："社区这一主题是新型政治的根本所在。"他以一位社会理论家、政治家的视角，阐述了社区建设在当今社会发展中的深远意义。他认为："社区建设不仅仅意味着重新找回已经失去的地方团结形式，它还是一种促进街道、城镇和更大区域的社会和物质复苏的可行办法。"②

随着20世纪后期以人文主义思想为主导、人文精神与科学精神相融合的新格局的形成，西方学者在城市社区空间结构理论研究的内容和方法上，呈现以下特征：（1）越来越集中到日常生活的城市社会——空间系统上；（2）不仅要研究社区物化空间因素，而且要研究社区乃至城市范围内的社会、文化和思想意识中非物质空间因素，并且重视探究其组成的社会空间的结构和模式；（3）多从人类生态学的角度研究城市内部社会空间基础及社会空间系统。③

2）国内社区研究现状

关于社区的研究，我国起步较晚。1933年燕京大学邀请芝加哥大学教授罗伯特·帕克来校讲学，他强调"社会"与"社区"的差异④，以费孝通为首的一些燕京大学学生将"Community"译为中文的"社区"，"社区"逐步成为社会学的一个专门概念。1935年，英国功能学派人类学创始人之一的布朗（Redcliffe Brown）到燕京大学讲学。吴文藻选择了功能主义学派的研究方法作为社区研究的最主要方法，倡导要把社会学和人类学结合起来。正如吴文藻在自传中所说的"把社会学理论和方法与文化人类学或社会人类学结合起来，对中国进行社区研究，并认为，这种做法与我国国情最为吻合"⑤。以吴文藻为代表的一批研究者开创的以社区研究为特征的"中国社会学派"，以社区为视角观察中国社会，曾经被早期社会人类学的中国学派当作方法论的立业之基，并取得了卓有成效的学术

---

① 徐千里．创作与评价的人文尺度［M］．北京：中国建筑工业出版社，2000.

②（英）安东尼·吉登斯．第三条道路：社会民主主义的复兴［M］．郑戈译．北京：北京大学出版社，2000.

③ 王彦辉．走向新社区：城市居住社区整体营造理论与方法［M］．南京：东南大学出版社，2003：10.

④ 在此之前，燕京大学的社会学者仍习惯地把"Community"和"Society"都翻译为"社会"。帕克在这次讲学中强调"Community is not Society"（社区不是社会）。

⑤ 吴文藻．吴文藻自传［J］．晋阳学刊，1982（06）：23.

成果①。

社区研究在很长一段时间主要以社会学和人类学为主导力量，近年来开始出现多学科并举的格局。目前包括社会学、地理学、管理学、生态学和建筑学等在内的众多学科对社区展开了富有成果的研究。社会学重在研究社区社会结构以及发生于社区的各种社会现象与社会活动；地理学从地理空间的角度探讨社区的空间结构、形态以及各空间要素之间的相互关系；管理学则主要集中在社区管理体系以及社区日常运作情形；生态学又从生态社区的理念出发，探讨社区的环境与生态问题等②。随着近年人居环境研究“逐渐由单一学科而走向综合人居环境的研究”，建成环境（built environment）作为由社会、经济、文化等多层次因素共同作用而形成并不断发展的社会—空间统一体才渐渐为人们所认识。物质形态空间是多层次要素的载体与物化形式，相互之间具有不可分割的联系。这正是建筑学研究越来越广泛引入社区概念及相关理论的重要原因之一。

近年来，社区建设引起政府的重视，并做出了有效的探索。如1998 年深圳市相关管理部门颁布了《深圳市老住宅区整治实施规定》，成立了以市领导挂帅的物业管理委员会，制定了一个用10亿元、整治30多个老区的方案。1999年深圳市政府工作报告提出：“有计划地改造老住宅区，重点地区、重要地段和重点项目的规划设计实行国际招标，切实提高我们的城市规划水平，塑造国际性城市的整体形象。”③时任深圳市住宅局《住宅与房地产》杂志社社长助理兼常务副总编的吴文思通过对美国洛杉矶社区的考察，借鉴美国经验，提出根据可持续发展的原理，城市的变化有赖于政府、市场、社区的互相作用。三方各有职责，只有三方统一协调行动，一个城市才有可能达到可持续发展的目的（图0-4）。他认为，在社区建设中，政府的任务是制定规则以保证“公共利益”和长期目标的实现；市场则为发展提供必需的资源。吴文思特别强调：“政府和市场有时影响道德规范，但大多时候它们依赖

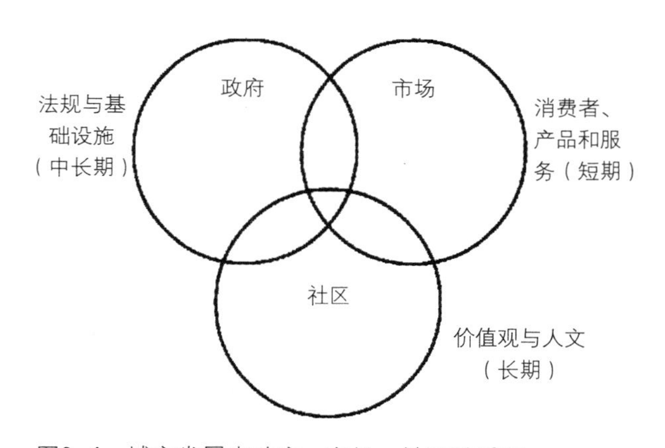

图0-4 城市发展中政府、市场、社区关系图
〔资料来源：吴文思. 借鉴美国经验，搞好社区重建［J］. 特区理论与实践，2000（05）：61〕

① 朱冬亮. 中国社会学和人类学的百年发展与互动［J］，厦门大学学报：哲学社会科学版，2006（04）92-99.

② 陈力. 古城泉州的铺境空间：中国传统居住社区实例研究［D］. 天津：天津大学，2009：24.

③ 李子彬的政府工作报告：1999年3月23日在深圳市第二届人民代表大会第六次会议上，引自深圳市干部网上学院网站（http://www.szii.gov.cn/study_garden/law/szgb.html）.

道德和文化的力量。社区才是规范社会长期方向、影响城市形态、土地和基础设施使用倾向的主要力量。向可持续发展的转变只能通过扎根社区、认真对待地方文化的途径实现。只有社区最贴切地了解人民的需要，才能寻求到新途径，从而动员居民参与。”[①]夏学銮在《中国社区建设的理论架构探讨》一文中提出：“中国社区建设拟采用三个实施模式，这就是社区重建模式、政府授权模式和社区自治模式。”[②]这对于当前中国正在构建和谐社区社会从互动系统方面，提供了系统的价值理论认识。

随着城市化程度的提高，我国社区研究的重心逐渐从单纯的乡村社区研究向城市转移，城市社区越来越受到广泛的关注。严格说来，“城市社区”的概念并不符合滕尼斯社区概念的本义。按照滕尼斯，以传统农村生活方式为特征的共同体叫“社区”(或礼俗社会)，而以现代城市生活方式为特征的结合体叫“社会”(或法理社会)。他还认为，社区是缓慢进化、自然生长的产物，并不是理性规划和建设的结果，一旦进入理性规划和建设的阶段，社区就不是社区而变成社会了。“城市社区”是运用社区研究的方法，以城市地域空间为研究对象的社区研究新领域。

城市社区研究不仅拓宽了社区研究的新领域，也对传统的城市规划的思维模式提出了挑战，由此还衍生了“社区规划”的新概念。近二十年来，我国城市社区规划的类型主要包括：以街道、城区为地域单元的综合性行政社区规划；以创建文明社区为重点目标的行政社区规划；全市的社区发展规划；不同地域单元的社区建设指标体系研究；城市规划部门对社区规划的系统研究等[③]。目前国内社区规划的实践尚处于起步阶段，社区规划角色构成中的各方面都不够成熟，规划方法和社区信息资源库也处在探讨和建构当中。

总体而言，目前的社区研究往往因过分依赖国外的社区理论，缺乏对中国传统社区的真正认识。特别是在传统文明的发展过程，中国并未出现像西方国家那种由地缘团体取代血缘团体的现象，因此中国传统社区与西方也存在很大的差异。在西方社区理论的话语体系的误导下，甚至有些学者认为中国缺乏社区的传统[④]。这些认识的偏差不仅不利于正确认识中国传统社区的本来面目，甚至会错误地指导社区建设，造成不可挽回的损失。

---

① 吴文思. 借鉴美国经验，搞好社区重建[J]. 特区理论与实践，2000(05)：59-61.

② 夏学銮. 中国社区建设的理论架构探讨[J]. 北京大学学报：哲学社会科学版，2002(1)：127-134.

③ 吴铎. 社区与社区发展规划[M]//徐中振. 上海社区发展报告. 上海：上海大学出版社，2000：91-97.

④ 周大鸣. 以政治为中心的城市规划：由中国城市发展史看中国城市的规划理念[M]//孙逊，杨剑龙. 都市、帝国与先知. 上海：生活·读书·新知三联书店，2006：96.

4．存在的不足与可能性

人居环境科学对聚落的研究多重视聚落的结构与环境的关系，对建筑风格及其特征比较关注，一方面，这些研究虽然以聚落研究为单元，却大多集中在现时聚落的状态，缺乏对聚落历时性的考察。它对聚落与民居建筑文化的某一时间点的状态研究，它选取的是一个切面。在这样的研究中，聚落与民居建筑文化研究的各个层面——物质层（人工构筑物、人工自然）、心物层（构筑技术、构筑制度、构筑语言、构筑艺术等）以及心理层（构筑思想、构筑观念、构筑艺术），呈现的是一个停滞的均质性体系，反映的是一个静止的画面，从其本质上说，可以称之为一种“照相式”的研究方法。它的缺憾在于“无法获得聚落主体即人的社会生活与空间的对应关系，它更多地强调了研究对象的‘器物层’的一面，而忽略了作为空间主体的人的个人生活。”①

另一方面，自笛卡尔以来的卡尔特基昂坐标系在数学领域中被广泛应用，并且它的实用性也早已被承认，获得了世界标准的地位。在建筑领域，笛卡尔坐标系也作为最资深的坐标体系而被认知，空间概念在现代建筑领域也占据了统治地位。密斯将空间中所含有的一切意义都从空间当中排除掉，通过将行为投射到残留下来的空间骨架，即坐标系上，从而确立能够适应各种情况且行之有效的设计方法。②同时，人的主体性在现代空间中也迷失了方向。在此学术氛围下，聚落研究往往也过度关注建筑本体的研究，而忽视其中作为主体的人与空间的关系。

1）“建筑空间本体论”质疑

18世纪中至19世纪初，“空间”一词开始零星出现在一些建筑论文中。如1777年杰拉丁（R. L. Gerardin）在《论风景构图和在居民区修饰自然的方法》一文中关于空间的评论：“在一个小小的空间里，堆集起各个地区的作品和每个世纪的纪念物。”奥古斯特·舒瓦齐（Auguste Choisy）在《建筑历史》中“空间造型”的提出，但其含义仍没有超出二度面积之外。霍雷肖·格里诺（Horatio Greenaugh）的“空间和形的一种科学布置”、康斯坦·笛福（Constant Defoe）的“空间布局”的空间含义也基本如此。

空间与建筑及建筑物第一次直接在概念上的接触，直到19世纪德国哲学家的著作中才出现。黑格尔的《艺术哲学》是一个典型的例子：“建筑物如同限制和围合的一个限定的空间”，哥特建筑是“必要的精神生活的集中，它因而将自身关进空间的关系中”③。这种多少有些神秘的空间概念显然与建筑关系不大，它只是一种针对艺术批评的哲学（美学）概念，一种哲学史上的空间概念。而英、

① 李东，许铁铖．空间、制度、文化与历史叙述：新人文视野下传统聚落与民居建筑研究［J］．建筑师，2005（03）：8-17.

②（日）藤井明．聚落探访［M］，宁晶译．北京：中国建筑工业出版社，2003：8.

③（英）彼得·柯林斯．现代建筑设计思想的演变1750-1950［M］．英若聪译．北京：中国建筑工业出版社，1987.

法在建筑方面的空间概念则几乎全部来自德国艺术史角度的建筑——空间观。①

1893~1914年间，奥古斯特·施马索夫（August Schmarsow）提出空间是一切建筑形式内在动力的思想。而此时，非欧几何及爱因斯坦的相对论所带来的时间—空间观念正以种种方式“成为先锋艺术动感空间形式的理论基础”。从那时起，空间已经成为建筑思维不可分割的组成部分，以至于我们如果不强调主体的时空变化似乎就无法思考建筑②。

尽管现代建筑的先驱者密斯·凡·德·罗（Mies Van der Rohe）的重要言论中几乎没有涉及空间一词，但其大量作品无疑已显示出空间概念在建筑创作中的突破性介入，比如巴塞罗那展览馆、范思沃斯住宅。人们通常认为：密斯创造了一种新的建筑空间，赋予了传统欧氏几何三维空间一个新的向度——时间，从而将对建筑的感受从单视点转变成多元、流动的视点，并将建筑设计从立面造型转变成连续的、立体的空间安排。密斯的“流动空间”以其清晰的结构形式、干净强烈的尺度、透明的外覆面一起构成了一种新的建筑伦理观，其象征性并不指向王权、圣意、统一、超自然，而指向平等与民主。

在中国，对于建筑的本体的探讨由来已久，有学者强调“空间”在中国传统城市设计中的主导作用，认为“中国传统建筑和城市设计的实质就是把各种空间组织成一个理想的体系，以满足社会不同的要求。因此空间的设计和组织是中国传统建筑和城市设计的最根本内容”。③而把空间作为建筑的本质，在某种程度上已经成为中国建筑学界的“共识”，甚至是不容置辩的“真理”④，一些建筑师明确提出：“空间是建筑的本质，空间是建造活动的出发点，也是它的终极目的。”⑤

王鲁民对这种不加争辩的认同进行批判，认为这种观点“使人忘记了一个更为重要的事实，那就是，如果离开了物，我们就无法确切地描述空间，甚至无法确切地想象空间。在日常经验中，空间是人们把自己孤立起来才能确切想象的东西，一旦人们进入特定的场所进行活动时，空间就立刻地隐退了。”他同时提出建筑是“行为支撑物体系”的观点，指出：“如果把空间作为建造的目的，只能使对建筑的具体使用要求，对建筑的营造，对建筑的使用过程和建筑在其存在过程中意义的积累等的探讨，不再是建筑思考的自然组成部分，是远离了生活经验的概念武断的产物。”⑥

其实，在西方，随着英雄时代的终结，空间概念似乎也随着英雄的逝去而悄

① 张庆顺，胡恒．建筑史中的空间概念史［J］．重庆大学学报：社会科学版，2003（2）：91-93.
②（美）肯尼思·弗兰普敦．建构文化研究论：19世纪和20世纪建筑中的建造诗学［M］．王骏阳译．北京：中国建筑工业出版社，2007：1.
③ 仲德崑．“中国传统城市设计及其现代化途径”研究提纲［J］．新建筑，1991（1）.
④ 王鲁民．空间还是行为支撑物体系：对建筑的另一种思考纲要［J］．建筑师，2004（05）：69-71.
⑤ 张毓峰，崔燕．建筑空间形式系统的基本构想［J］．建筑学报，2002（9）：55-57.
⑥ 王鲁民．空间还是行为支撑物体系：对建筑的另一种思考纲要［J］．建筑师，2004（05）：69.

悄隐入黑暗，建筑学的内容逐渐转向了大城市。就像让·努维尔（Jean Nauvel）所说：规划、设计、分区制等概念已被“重复”、“替换”、“启示”等新的控制性概念所取代。空间概念越来越不重要，并只集中于评论家的评论文章之中，失去了在建筑现实创作中的位置。这个时候，空间的含义也发生了变化，有了两个不同的分叉：一个作为建筑的一个抽象代用词，仅用于建筑设计的评论，显得肤浅而无意义，类似于它最早出现于建筑文献中所指的含义——建筑的装饰；另一个则返归到它的哲学含义，并与另一些模糊的概念（场所、事件等）一起被构筑成某些新的建筑（空间）理论，比如舒尔茨（Christina Norberg-Schulz）的“新传统”与屈米（Bernard Tschumi）的“事件说”①。

2）自我认同危机与主体迷失

所谓“认同”（identity），查尔斯·泰勒指出：“认同是由承诺（Commitment）和自我确认（identification）所规定的，这些承诺和自我确认提供了一种框架和视界，在这种框架和视界之中自我能够在各种情景中尝试决定什么是善的，或有价值的，或应当做的，或者我支持或反对的。换言之，它是这样一种视界，在其中，我能够采取一种立场。”②人在文化与空间环境中通过认同获得方向和定位，反之，就会出现不知所措的认同危机。

早在1956年举办的现代建筑国际会议中，“认同”就成为建筑师与规划师思考的新的关键性概念。认同具有重要的意义是因为“缺乏认同”被视为是造成城市严重恶化的问题所在。对都市认同的问题的反省对现代运动的教条与原则构成了敏锐的攻击。1959年召开的最后一届现代建筑国际会议，会场中充满了对认同的诉求以及人本主义相关的一些其他的概念，例如核心与簇群等。这些概念虽然从自然界的模型中获得灵感，但却超乎某种有机的形式主义，“核心”如同心脏一般，是事物最初的与最深层的基础所在；然而“簇群”则不仅仅只是像一串葡萄或一束花一样，而是活生生的人的集结，透过彼此的互动让每个个体都可以获得意义，成长为更大的人类群体中不可分割的一部分③。

认同的前提是必须设立一个“他者”。自我认同是在“他性”的比照中得以呈现的。正如美国著名的国际政治学家亨廷顿（Samunel P. Huntington）指出的：“任何层面上认同只能与‘其他’——与其他的个人、部落、种族或文明——的关系中来界定。”④与之相应，也存在多层面的，不同角度建构的“他者”。这

① 张庆顺，胡恒. 建筑史中的空间概念史［J］. 重庆大学学报：社会科学版，2003（2）：91-93.

②（加）Charles Taylor. Sources of the self：The Making of the Modern Identity［M］//陶东风. 社会转型与当代知识分子. 上海：生活·读书·新知三联书店，1999：7.

③（西）伊格拉西·德索拉·莫拉莱斯. 差异：当代建筑的地志［M］. 施植明译. 北京：中国水利水电出版社，2007：71.

④（美）亨廷顿. 文明的冲突与世界秩序的重建［M］. 周琪，等译. 北京：新华出版社，1998：134. 亨廷顿指出：“文化认同的日益凸现，很大程度上是个人层面上社会经济现代化的结果，这一层面上的混乱和异化造成了对更有意义的认同的需要；在社会层面上，非西方社会能力和力量的提高刺激了本土认同和文化的复兴。”

种比照界面的存在根源，来自现代性强迫性，对中国来说，某种意义上存在“被迫现代化”的事实。

近百年来，中西文化的比较在各种场合或隐或显地进行着。几代中国人为寻求民族自我不断探索，但是，“‘五四运动’以来的中国现代史几乎成了一部中国人对自己民族文化、民族哲学痛自刻责的清算的历史”，[①]总体而言，“不了解自己比不了解西方，问题还严重……对自己文化的了解，多受近代历史经验的影响，有体验的局限，以致‘否定太多，自知不足’。这使得我们的文化主体日渐式微、迷失。目前，连对传统的肯定大多是靠外来的观点或别人的眼睛，真是不堪。文化的比较成了‘自失之比’，每次翻到最后的底牌，赫然又是对别人的依赖。”[②]“过度依赖”与“缺乏原创”都是主体迷失的现象。中西比较应有历史演变与体系异同的观念，尤应注意根源性的“天人关系”（人神关系）、“思想特性”等，否则浮面或单点的比较，容易失之肤浅或偏颇。张再林也提出，中西哲学之间应该是一种“问答逻辑”的关系，应该“互为本体”[③]。

在建筑学领域，今天的建筑患了“失忆症”，正在失去知觉，失去记忆，它们很少能够进入诗的领域，或能够唤醒世界潜意识的意象。当代建筑热衷于视觉冲击，缺少直觉和恍惚的话语，缺少一些悲情、伤感和回忆的情绪。“建筑学应该再次追问它在物质性和实用性上的功能和存在，使之能触及人类深层意识触及梦和情感——如同塔可夫斯基、帕拉斯玛和梅洛·庞蒂揭示的那样，使之成为艺术实践中不可或缺的风景。”[④]人类器官正在失去知觉的今天，“影像感知”越来越多地代替“真实感知”，“影像空间”更多地取代“真实空间”，艺术愈来愈多地依赖于复制。复制本身已变为一种艺术，正如同本雅明（Walter Benjamin）所说的，机器复制使艺术从仪式中解放出来成为另一种实践[⑤]。而复制的先天不足在于主体的缺席，亦如詹姆逊（Fredric Jameson）所认为：复制的核心是主体的丧失，即“主体之死”[⑥]。

3）走向自明的境域观

聚落作为社会共同体依靠制度得以存续，制度作为体系渗透到聚落的空间当中。在聚落共同体内部有社会制度，在家族里有家族制度，在社区中有社区制度。它们作为社会的体系而成立，通过有效地发挥作用防止外敌的侵入，并且防患内部的瓦解。在中国，人们以“堪舆理念”表达这种空间图式，而印度教的

---

① 张再林．中西哲学比较论［M］．西安：西北大学出版社，1997：37.

② 王镇华．合院的格局与弹性——生命的变常与建筑之弹性格局［J］．新建筑，2006（01）.

③ 张再林．中西哲学比较论［M］．西安：西北大学出版社，1997：37.

④ 周凌．空间之觉：一种建筑现象学［J］．建筑师，2003（5）：53-61.

⑤（德）瓦尔特·本雅明．机器复制时代的艺术［M］//（德）瓦尔特·本雅明．经验与贫乏．王炳钧译．天津：百花文艺出版社，1999：268．这里的“仪式”向“实践”转化指的是艺术的社会功能发生变化。它不再建立在礼仪膜拜的基础上，而是建立在“政治”的根基上。

⑥（美）詹姆逊．晚期资本主义的文化逻辑［M］．北京：生活·读书·新知三联书店，1997：451.

玛那萨拉（Manasara）则以曼陀罗的图式表达他们的空间观念。玛那萨拉的基本形是以方位为标准进行布置的，以东、西、南、北的方位轴为基准。沿着这些轴线决定聚落的门和道路形式（图0－5）。通过将人为的空间与宇宙的秩序重合叠加，最终实现印度教的小宇宙，排除邪气，保证土地的安宁①。

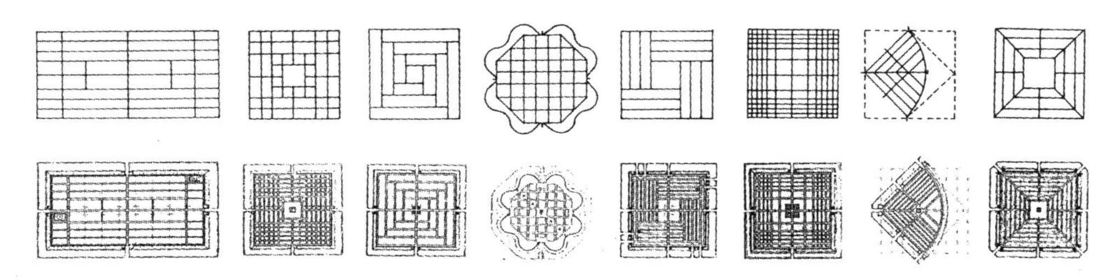

图0－5 玛那萨拉的8种基本空间图式及对应的聚落形态
〔资料来源：（日）藤井明. 聚落探访［M］. 宁晶译. 北京：中国建筑工业出版社，2003：22.〕

中国与其他第三世界国家一样，无论是主流或批判性的知识，都由欧美输入居多，只是近年来亦步亦趋，时间差正在缩小，空间领域的研究也是如此。反思各学科有关空间研究的学术取向，国内的区域规划除了偏执于实证量化及技术操控外，虽讲求均衡发展，却脱离不了经济发展的现代化意识形态，并且缺乏执行机制，而终究只是个落空的想象。而地理学界大多专注于自然地理课题，尽管近年来“新文化地理学”出现在一定程度上改变了缺乏人文地理的传统，但是地理学常嵌埋于国族意识形态之中，既脱离本地现实，也无批判的视野。哲学上的空间研究解决了空间的普遍性和本体性问题，却无法凿通生活本身，无法“嵌入”到“在场”的日常生活情境之中，作为对经验现实问题进行研究的社会科学需要一种互异的切入角度来演绎日常生活中的空间实践和深层底蕴②。

反观建筑学的学术处境，尽管建筑学具有整合自然科学与人文科学的潜质，但在传统工科思维的束缚下，建筑学一直处于一个较为尴尬的境地③。在技术与设计追随发达国家风尚之余，由于建筑特有的艺术性传统，加上建筑史学对传统建筑、古迹和民居等文化遗产的关切，人居环境科学研究保留了较多人文因素，从而为科学精神与人文精神的真正融合提供契机。以现象学式的主体感知与地方感开始转向对地方、认同及权力关系的关联的研究；传统的人在空间（环境）中的行为活动研究也慢慢走上人类主体与认同之形构的空间性研究的征程④。

建筑学是一个涉及面很广的学科，关于社会、工程、技术、人类行为、审美

① （日）藤井明. 聚落探访［M］. 宁晶译. 北京：中国建筑工业出版社，2003：21.
② 潘泽泉. 空间化：一种新的叙事和理论转向［J］. 国外社会科学，2007（04）.
③ 如在学术地位的评价中，建筑学的学术杂志很难在工科的SCI（科学引文索引）、EI（工程索引）、ISTP（科技会议录索引）等三大检索占有一席之地，也少有在人文社会科学的SSCI（社会科学引文索引）及A&HCI（艺术与人文引文索引）受到关注。
④ 王志宏. 空间的社会分析（讲义）：导论［EB/OL］. http://cc.shu.edu.tw.

艺术等方面，其学术研究也表现为多视角、多方面的探索。聚落本身蕴含了实存空间与社会空间两方面的内容，最有可能在空间研究方面取得实质性的成果。“建筑学的永恒使命是去创造能体现人类存在的物化隐喻建构，人类生存于斯的存在。”[①]正如阿尔多·罗西（Aldo Rossi）在《城市建筑学》中说道：“不同的时间和空间观念与我们的历史文化息息相关，因为我们生活在我们自己营建的地景之中。并且，无论在任何情况下都以之为参照。”[②]通过对聚落的研究，把握聚落中“事物”的意义，理解人类栖居的本质，如果有一天在我们广袤大地之中，唤醒了人们的共同记忆——如同阿尔多·罗西所说的集体记忆，那么我们便找到了一条通向自明境域的未来之路。

三、学术取向

（一）面向实事本身

现象学的奠基人胡塞尔（Edmund Husserl）提出“面向实事本身”这个现象学原则。胡塞尔以感知模式为定向解释事物[③]（thing）之自在存在，感知的对象在其意义中相互指引。对哲学来说，主体所关涉的一切是作为某种“自在地”持存的东西向他显现出来的，从而主体是与这一切相对立或者对抗的。一般来讲，事物的自在存在是通过主体的表象活动才得以实现的。事物是向我们显现为自在存在的事物。事物总是在某个意义指引的网络中，在某个“境域”中与我们照面的。通过其中所包含的意义指引，这些境域就为我准备了可能性，即我能如何继续我当下的知觉。[④]

但我们不是在纯粹的事物知觉中体验到这种活动性的，而不如说，只是由于事物作为“器具”在它们得到使用的某个境域中与我们照面，用《存在与时间》的话来讲，事物作为某种“上手之物”在作为“因缘联系”[⑤]的世界中与我们照面，我们才经验到这种活动性。

传统聚落的空间秩序是经过岁月的长久累积酝酿而成的，聚落内部观察到的物理性质的现象、被特殊赋予意义的事物和被认知的事物，这里统称为事物。事物应有的状态是解读空间秩序时的重要突破口[⑥]，因此我们的注意力应该放在认知它们并解读其意义之所在。

在传统聚落中，共同体的纽带是在“事物”的配置、排列、规模、装饰、形

---

① 周凌．空间之觉：一种建筑现象学［J］．建筑师，2003（05）．
② （意）阿尔多·罗西．城市建筑学［M］．黄士钧译．北京：中国建筑工业出版社，2006．
③ “实事”，德语原文为Sache，也可以译为“事情”、“东西”、“事物”等。英文译作“thing”。
④ （德）克劳斯·海尔德．海德格尔通向“实事本身”之路［J］．孙周兴译．浙江学刊，1999（2）：81-90．
⑤ 英译本作“context of relevance”，可译为“关联语境”。
⑥ （日）藤井明．聚落探访［M］．宁晶译．北京：中国建筑工业出版社，2003：16．

态等方面被表现出来的。制度、信仰、宇宙观等在本质上是属于不可视的领域范围，通过作为“事物”被表现出来，并被转换成可视的世界，就可以将共有的价值观、生死观、连带感等形式深深印入共同体每一个成员的意识当中。这就是所谓的共同幻想。通过将共同幻想作为“事物”进行形象化，可以使它变得更加强韧。[③]在传统聚落的内部充满着这种被赋予了意义的“事物”。读解它们所包含的意义，可以反过来从“事物”的角度来推测聚落的制度、信仰、宇宙观等，这就是本书进行聚落研究的出发点。

（二）他者的目光

人类学家强调要从被研究者的观点出发来理解他们的文化，而且拒绝用我们自己的范畴将被研究的文化切割成零星的碎片[①]。克利福德·吉尔兹认为“我们必须谨守严格，以当地文化持有者的观点来看待事物的戒律”去解释他们的文化，但“你不必真正去成为特定的文化持有者本身而理解他们”[②]。在20世纪的末期，我们开始对“理性”、“科学认识”等概念提出反思，这种反思所要建构的是一种文化并置观，它力图使不同的解释体系和社会—空间体系并存于同一个学术语境之中。对于建筑学中这种文化并置观的确立，聚落的研究可以做出很大贡献。当前，他们亟须做的工作应该是：在时空坐落中的主体与聚落的场域之间寻求对话的途径，使自身的人文精神获得充分的发挥。而对被研究者的空间解释体系的尊重，以及对空间认识论的反思，将是促成对话和实践人文精神的重要前提。

这就要求我们借鉴人类学的田野调查的方法，尽可能地到实地去，以“他者的目光”洞察当地的社会活动、交换关系及宗教仪式等，从内部了解当地社会。因此有必要长时间地生活居住在那里，成为聚落的一名非正式成员。这是准确地把握某个社会的结构组织而不可欠缺的方法。从“当地人的观念”入手解释聚落的社会—空间体系，我们所发现的将不再是远离于生活的聚落体系，而是一幅有关空间的符号和社会逻辑交织的图像。

建筑学专业的聚落研究，关注的侧重点及研究取向与人类学不同，我们不可能也不应该简单重复人类学者的常年的周期性的田野调查，因此，我们也不排除另外一种方法，即以过客的眼睛来观察事物，以尽量广泛的聚落为研究对象，比较不同地点的丰富多彩的聚落形态。通过积极借鉴人类学和社会学丰富的研究成果，考虑到聚落的丰富多样的形式、广泛的分布，以及受近代化的影响而不断变化的样态，从而避免博而浅、认识事物停留在问题表面上的危险。在交通工具发达的今天，这种方法仍是行之有效的。

---

① 王铭铭. 人类学是什么［M］. 北京：北京大学出版社，2002：20.

②（美）克利福德·吉尔兹. 地方性知识［M］. 王海龙，张家瑄译. 北京：中央编译出版社，2004：72-74.

（三）聚落作为整体境域

聚落空间并非脱离人的观念解释体系和社会生活世界的外在因素，而是人的观念和社会组织的内在组成部分。人文地理学家邓肯（James S.Duncan）指出，人对空间景观的解释可以分为三类：（1）处在一定空间场合内部的人对空间的解释；（2）处在该空间场合之外的人对该空间的解释；（3）研究者的解释。如何沟通这三类不同的解释是人文地理学者的新任务。[①]一些社会理论家已经强调指出，对于人来说，空间更多地具有社会性和权力符号意义。因而，对地理空间的社会科学解释必须充分注意到它对社会构造和权力生成的作用。这种观点同样适用于对人类聚居环境的研究，传统聚落形态的研究不应仅停留在物质空间形态的层面上，更应深入社会文化、经济与政治层面之中，观照作为空间主体的个人、群体及其“日常生活”的意义，将聚落作为整体境域进行解读。

聚落作为整体境域，不仅仅体现在形态与意义的关联性，更体现在聚落的历史发展过程。因此，在考察传统聚落形态时，我们必须尽可能地站在历史的时空中，了解和掌握当时当地的信息，包括物质方面、经济方面、制度方面以及精神方面的历史状况。在历史的进程中，一座住宅可能几易其主，也可能几易其用；一个村落，可能发生宗姓的彼消此长，甚至宗姓更替。这些历史中隐藏的细节，在我们所看到的聚落的现存状态中不易被察觉。传统聚落不只是一种物质形态，也不是一种静态的文化遗产，它是一种动态的文化过程，是通过传统与现代、稳定和变革、保留与创造的相互作用生成的，是对历史和场所保留的同时，通过变革和创新与当代意义发生关联。因此，聚落作为整体境域的研究取向，是在时间发展的纵轴中，横向考察聚落形态与社会空间的互动与变迁，从“社会—空间”过程的角度认识传统聚落的空间形态及其意义，提出对当代社区建设具有指导意义的传承策略。

人居环境科学及地域文化的内涵极其宏阔，对其进行全面详尽的论述，所面临的困难不仅在于个人研究的时间、精力以及理论素养等方面。为使本书既具有理论研究的系统性和高度，又将研究落到实处，本书分别选取宗族聚落（Clan Settlements）、商业聚落为研究重点，并对宗族聚落的位序观和商业聚落的境域观进行理论阐释，解析聚落形态演进过程中空间与社会的互动与变迁。

四、研究目标和框架

（一）研究目标

自20世纪70~80年代开始，发达国家的社会发展相继开始了“非制度化”、

① (美) James S. Duncan. The City as Text: the Politics of Landscape Interpretation in the Kandyan Kingdom [M]. Cambridge: Cambridge University Press, 2004.

“非中心化”、“非理性化”和社会组织“解构”过程。虽然20世纪的社会现代化过程为人类创造了无比光辉灿烂的物质文明，但是这种光辉一直是在黑暗的背景上闪烁。一方面是饥肠辘辘的穷人，一方面是大量倾倒在江海中的“过剩”牛奶；一方面是摩天大楼，一方面是贫民窟；一方面是丰富的物质财富，一方面是贫困的精神家园……所有这些都是以物的法则为中心的社会法则所造成的①。

在中国城市化快速发展的今天，中国开始经历资本主义工业化国家早期城市化过程中产生的大量的诸如居住拥挤、环境恶化、社会治安恶化等社会问题，早期的城市规划理论也不得不进行重大的理论定位思考。1954年，《杜恩宣言》指出要按照城市、乡镇、村庄的不同特性去研究人类居住问题。1984年，美国麻省理工学院提出，要研究“活的街市生活”，研究“街市生活如何得益于街市环境的空间特色，反之，街市生活又如何赋予这些空间特色以特殊的意义”②。这就是将传统聚居空间作为社会结构的历史和人文的凝结，研究怎样使建筑获得和谐的人文特色，以整体性的风貌，使空间的历史文脉和居住者的空间情感都得以延续。而要解决这些社会问题，必须转向以人为本的社区法则。这种规划定位就导致空间社会学转向从居住者的角度研究空间的意义。因此，一些学者也提出，“对乡土传统这种动态性和可适应的理解，不仅可以使我们拓展乡土研究的领域，也为乡土传统如何应对现在和未来的挑战打下了思想基础。同时，我们需要在未来的研究和教育中强调一种整体的方式，这种方式不仅结合了不同领域的视野和方法，而且还结合了对未来住房、城市设计或灾后反应的研究。这种结合实践的学习和参与的方法，将会构成一种新型的建筑教育和实践的起点。只有这样，才能把积累的乡土知识、技术和经验运用于不断变化的环境和文脉中，也只有这样，乡土建筑才不会消亡。”③

本书研究的目的在于探讨传统聚落中的社区结构与聚落空间形态之间的互动与变迁，以期达到以下目标：

（1）探讨中国传统聚落形态在历史过程中实存空间与社会空间的互动与变迁；

（2）探讨中国传统社区的空间特质（identify），探求传统聚落的位序观与境域观及主体性表达；

（3）探讨中国当代聚居环境中社区传统的重建策略，通过社区的建设寻求居住环境中主体性回归的途径。

---

① 夏学銮. 中国社区建设的理论架构探讨［J］. 北京大学学报：哲学社会科学版，2002（1）：127-134.

② 段进. 城市空间发展论［M］. 南京：江苏科技出版社，1999：12.

③ 汪原. 迈向新时期的乡土建筑［J］. 建筑学报，2008（07）：20-22.

（二）研究框架

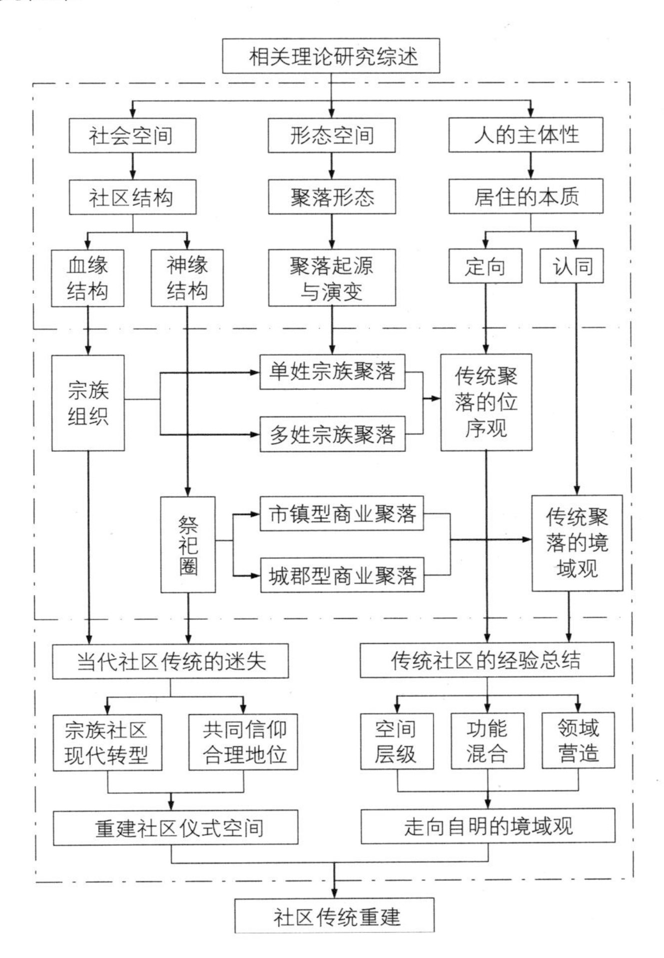
相关理论研究综述
社会空间
形态空间
人的主体性
社区结构
聚落形态
居住的本质
血缘结构
神缘结构
聚落起源与演变
定向
认同
宗族组织
单姓宗族聚落
多姓宗族聚落
传统聚落的位序观
祭祀圈
市镇型商业聚落
城郡型商业聚落
传统聚落的境域观
当代社区传统的迷失
传统社区的经验总结
宗族社区现代转型
共同信仰合理地位
空间层级
功能混合
领域营造
重建社区仪式空间
走向自明的境域观
社区传统重建

第一章　社稷：中国传统聚落发生的原点

远古人类从游徙走向定居经历了漫长的过程，这个过程充满对神秘世界的探索与联想，濡染了远古人类对于宇宙空间的混沌认识，也孕育了原始母神崇拜的萌芽。尽管定居过程与农业生产不具有必然的相关性，但是，二者是聚落发生的共同前提，它们都与土地息息相关，由此产生了对土地的崇拜。由于远古人类对自然的认识水平的局限，种种自然现象令他们感到迷惑与恐惧。社土崇拜是中国先民的普遍遗俗，古代“社”与“稷”并称，是中国传统聚落发生的原点，同时也是主体获得的定向与认同的根基。吴良镛曾经强调，“为自觉地把研究推向更高境界，要注意追溯原型，探讨范式。建筑历史文化研究一般常总结过去，找出原型（prototype），并理出发展源流，例如中国各地民居的基本类型、中国各种建筑的发展源流、聚居形式的发展以及城市演变等。找出原型及发展变化就易于理出其发展规律”[①]。本章将通过对中国传统聚落原点的追溯，厘清早期聚落形态的演变过程，并引出对中国传统社区结构的探讨。

第一节　原始崇拜与前聚落（游群）时代

一、前聚落时代

人类从自然界分离出来大约始于200万～300万年前，在人类聚落产生以前，他们过着逐水草兽群而居的游徙生活，利用天然的洞穴或者巢穴以求遮雨御寒。《墨子·辞过》曰：“古之民未知为宫室时，就陵阜而居，穴而处。”《庄子·盗跖》载：“古者禽兽多而人少，于是皆巢居以避之，昼拾橡栗，暮栖树上，故命之曰：有巢居之民。”在中国境内，迄今已发现不少史前人类栖居痕迹的洞穴，如辽宁营口金牛山岩洞遗址、贵州桐梓岩灰洞遗址、浙江建德乌龟洞遗址、北京周口店龙骨山“山顶洞”遗址、宁夏灵武水洞沟遗址等，时间跨度大约在100万年左右[②]。据考古学家鉴定，“北京人”在距今70万年至20万年以前在洞穴中生活了近40万年之久；13层有文化遗物的堆积厚度大体在30～40米，其中第10～3层均发现用火的遗迹。火的使用说明人类在改善洞穴住居条件、饮食条件、防卫能力甚至工具制造上取得了长足的进展。“第三层大石灰岩面上两堆灰烬，仿佛使人看到几十万年前的篝火”[③]。这“几十万年前的篝火”也就是后世的火崇拜和占

---

① 吴良镛. 论中国建筑文化研究与创造的历史任务［J］. 城市规划，2003（1）：12—16.
② 中国科学院自然科学史所. 中国古代建筑技术史［M］. 北京：科学出版社，1986：7.
③ 张森水. 中国旧石器时代文化［M］. 天津：天津科学技术出版社，1987：291.

据住宅中心的火塘的渊薮[①]。在其他原始洞穴的考古发现也说明，在永久性聚落出现以前，洞穴已经成为礼俗活动的圣地。人类早期的这种礼仪性的汇聚地点，是早期聚落发展的最初胎盘[②]。

事实上，从北京山顶洞遗址文化层的分析也可以看出，他们从遥远的海滨捡回稀珍的海蚶壳，遗址中发现的赤铁矿，最近的产地也在数百里之遥的宣化。这么大范围的活动汇集于一处，说明山顶洞已经成为“北京人”在旧石器时代相对固定的聚居之地。这种不畏路途遥远的集聚，除了北京山顶洞自然环境适合居住外[③]，应当有着更为深层的精神因素的吸引。这种相对固定的聚居地，由于人类对其认识仅限于洞穴本身，对空间的认识尚处于混沌的状态，权且将这个时期称为前聚落时代。

原始人十分关心死者的安葬问题，并且希望死者“再生”。这种原始的宗教信仰，促使游徙不安的古人类必须寻求一个固定的汇聚地点，以祭祀死者，在技术条件成熟的条件下，他们建立了永久性的人工化的聚居地。前聚落时代的人类在不安定的游徙生活中，首先获得永久性住地的是死去的先人[④]。这种死者墓地对生者的活动聚集，大约和农业发明以及实际的生活需求一样，有力地推动了人类永久性居住的形成[⑤]。

过去的学者一般将农业的出现与人类的定居联系起来，美国考古学家肯特·弗兰纳利（Flannery K. V.）在对中美洲和近东村落起源的比较研究中，注意到自更新世结束后，村落在世界各地逐渐独立出现，他指出“村落、农业和定居生活三个变量并非必然密切相关，农业不一定有定居生活和村落，定居生活不一定需要农业和采取村落的形式，而村落的存在不一定需要农业和全年的定居生活。”[⑥]比如，在近东前8000年的人们已经完全定居，但是缺乏驯养动植物的证据。在中美洲，人们在前5000年已经栽培了四五种农作物，但是在后来的3500年里仍然采取流动性很大的生活方式，无法定居下来。弗兰纳利的研究为我们提供了许多启发性的见解，张玉坤也指出：“穴居，特别中国地域内的穴居，多不是随遇而居的临时性遮蔽，而是从选址上经过原始人缜密考虑的固定住所。只有在此基础上才能理解‘穴居而野处’并非泛泛而论，而是针对固定的住所——洞穴之家与野外临时性的随遇而居这两种不同的居住形式分别而言的。”[⑦]

① 张玉坤．聚落·住宅：居住空间论［D］．天津：天津大学，1996：45.
② 吴必虎，刘筱娟．景观志［M］．上海：上海人民出版社，1998：137.
③ 张森水．中国旧石器时代文化［M］．天津：天津科学技术出版社，1987：45.
④（美）刘易斯·芒福德．城市发展史：起源、演变和前景［M］．北京：中国建筑工业出版社，2005.
⑤ 吴必虎，刘筱娟．景观志［M］．上海：上海人民出版社，1998：138.
⑥ 陈淳．聚落形态与城市起源［M］//孙逊，杨剑龙．阅读城市：作为一种生活方式的都市生活．上海：生活·读书·新知三联书店，2007：209.
⑦ 张玉坤．聚落·住宅：居住空间论［D］．天津：天津大学，1996：47.

距今12000～10000年，中国北方和南方大体同步进入新石器时代，许多地方出现了原始农业和早期聚落。随着距今七八千年前的裴李岗、磁山、老官头、兴隆洼等地初具规模的村落遗址的考古发现，中国翻开了聚落时代的新篇章。

二、母神崇拜

剖析原始意象或原始类型，是解开原始思维神秘性的必要和重要途径。荣格的学生，德国学者埃利希·诺伊曼认为，“大母神”（the Great Mother）原型“是人类从集体无意识到自我意识过渡的心理进程中形成的一个原始意象或象征群，是人类无意识开始分化的心理意象中的一个占统治地位的原型象征。”①在原始低下的生产力状态下，自然环境的种种超理解的“神秘力量”使人类的先民对大自然产生敬畏和崇拜。在与大自然恶劣环境的斗争中，人类自身的繁衍成为一种神圣而严峻的使命，由此而产生了母神崇拜的，其遗迹在考古中不断被发现，如奥地利的维伦多夫（Willendorf）、法国的洛塞尔（Lothaire）及捷克的摩拉维亚（Moravia）等地均发现了旧石器时代的维纳斯（Venus）女神像（图1-1）。

虽然中国境内尚未发现旧石器时代类似的“艺术品”，但是，20世纪70年代以来，辽宁省喀左县东山嘴祭祀遗址出土的女神像和辽宁省牛河梁“女神庙”的考古挖掘（图1-2），以及青海乐都原始社会墓地出土的人像彩陶壶上塑绘的裸体女像（图1-3），都以5000年前的实物证据证实了我国远古时代女性神灵崇拜

图1-1　维伦多夫的维纳斯（资料来源：http://witcombe.sbc.edu/willendorf/）

图1-2　辽宁东山嘴红山文化时期妇女造像（资料来源：吴诗池《中国原始艺术》）

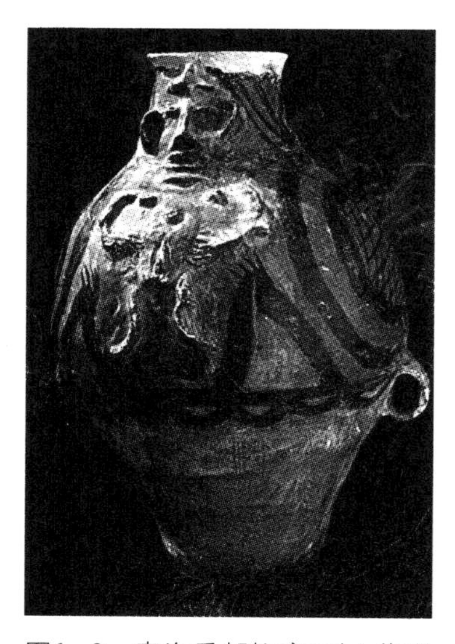

图1-3　青海乐都柳湾I型人像彩陶壶（甘肃省博物馆藏）

① 边缘人．大母神的启示[J]．民俗研究，1993（03）．

和祭祀礼仪的存在。我们相信，中国的母神崇拜的起源，可以追溯到人类漫长的穴居时代。赵毅等学者认为，辽宁红山文化东山嘴、牛河梁遗址出土的裸体女神像即为土地神像，而牛河梁女神庙即为土地神庙。这一提法有一定的合理性。从考古调查来看，最早的土地神是女神[①]。她们的性质应与旧石器时代的“维纳斯女神”相同。

大母神原型与人类的生命意识和生殖意识的萌生是分不开的。“当时的意识形态的核心观念在于将女性的生育能力同大地的生产能力相认同，使大母神信仰向地母信仰方向演进。”[②]故《易·系辞下》有“天地之大德曰生”。在中国先民的集体无意识中，宇宙万物的出现是作为“道”的大母神“生”的结果，“道”是大母神原型的隐喻表现[③]。人类思维在劳动中不断发展进化，而这种文化演化过程，则蕴含着决定先民在原始的意象和信条中的一种思想。“这些意象和信条比有历史记载的人类更古老，是人类从早期遗传下来的，世代永存，构成了人类精神生活的基础。”[④]

第二节　定居过程与聚落演化

尽管人类定居生活并不一定采取农业的生产方式，但是，二者却是相辅相成、相互促进的。农业生产效率提高使长期定居成为可能，而定居使人们对自然环境与资源有了新的认识，提高了农业生产力，也促进了建筑技术的发展。居住方式由游徙转化为定居，人类营造了原始聚落，树立其领域的观念，强化了人们的集体意识，产生了“族群”的观念，也为更大规模的社会组织的出现奠定了基础。

中国境内的新石器文化遗址分布十分广泛，各区域文化表现出多元性特征，为中华文化的区域发展奠定了基本格局。从区域范围来看，新石器文化在黄河流域的分布比长江流域较为密集，近年来的考古发掘和研究也比较集中和系统。这支文化的发展可以分为仰韶文化和龙山文化前后两个时期。从这两个时期的聚落形态的考古发掘可以看出，人类的定居过程伴随着人类对于大自然的不断认识，特别是辨方正位及时间周期的认识的不断提高，都大大推动了定居过程和聚居环境的发展。

---

① 赵毅，王彦辉．土地神崇拜与道教的形成［J］．学习与探索，2000（1）：129-132.

② 萧兵，叶舒宪．老子的文化解读［M］．武汉：湖北人民出版社，1994：181.

③ 林志森，关瑞明．中国传统庭院空间的心理原型探析［J］．建筑师，2006（6）：83-87.

④（瑞）C·G·荣格．人生的各阶段［M］//杨楹．精神的脉络．福州：福建人民出版社，2000：102.

一、远古社会形态的三个阶段

关于由史前走向国家的这种社会形态的发展过程，摩尔根的《古代社会》提出的“血婚制家族”、“伙婚制家族”、“偶婚制家族”、“专偶制家族”、氏族、胞族、部落、部落联盟、军事民主制等理论模式，在考古学界产生过广泛的影响。今天看来，摩尔根的部落联盟和军事民主制的理论模式，存在明显的局限性。20世纪60年代以来，著名人类学家塞维斯（Elman R. Service）等人提出了“酋邦”（Chiefdom）社会这样的结构类型，并按照社会进化的观点把民族学上的各种社会加以分类，认为原始政治组织发展必然经过游团（bands，地域性的狩猎采集集团）、部落（tribes，一般与农业经济相结合）、酋邦（chiefdoms，具有初步不平等的分层社会）和早期国家（early states，阶级社会）四个阶段。

就聚落形态而言，由于游团社会尚处于前聚落时代，人类的居址形态以天然洞穴为主。人类定居以后，聚落形态经历一个由简单向复杂演进的过程。通过对早期聚落的复杂程度及层级划分的分析可以看出，与聚落演变密切相关的社会形态主要是部落、酋邦和早期国家三个阶段。

1．部落社会

部落社会因其经济上自给自足和政治上自治的性质，使得地域上的聚落布局呈均匀地分布，大小基本相差不大，没有起主导作用的政治或经济中心。摩尔根曾经对美洲印第安人的祖先崇拜的考察发现，部落不仅是社会单位，同时又是祭祀单位[①]。可见，在聚落起源之始，便伴随着信仰与祭祀的过程。

2．酋邦社会

美国人类学家菲曼（Gary M. Feinman）指出，“酋邦”一词只是指代那些社会政治结构比较相似的社群组织，而各个社群组织的具体特征则不尽相同[②]。由于部落的聚合使得一些起管辖和再分配作用的聚落成为重要的政治和经济中心，因此，酋邦阶段的聚落形态至少出现两个层次的等级[③]。此外，酋邦在聚落形态上还表现为出现了大型的建筑物，特别是那些从事宗教活动的祭祀中心，其数量一般少于聚落的数量，而劳力投入则需要多聚落之间的合作。

---

①（德）恩格斯．家庭、私有制和国家的起源［M］.

②（美）Feinman, G.M. Demography, Surplus, and Inequality: Early Political Formations in Highland Mesoamerica [M]//Timothy K. Earle, eds.Chiefdoms: Power, Economy and Ideolgy. New York: Cambridge University Press, 1991: 229−262.

③（美）Creamer W., Haas J. Tribe versus Chiefdom in Lower Central America [J]. American Antiquity, 1985, 50(4): 738−754.

3．早期国家

早期国家的管辖和聚落层次超过了酋邦。弗兰纳利指出，近东的酋邦一般表现为2~3个聚落层次的等级，而早期国家的聚落层次至少有4个等级：城市、镇、大村落和小村落。他还特别强调，“管辖等级”和“聚落等级”含义并不相同，前者指社会系统管辖级别的数量，如果没有文献资料的帮助，一般很难从考古学上进行分辨；而后者是指社群规模级别的数量，一般可以从聚类矩形图上或从考古学对一些建筑发掘所显示的不同级别的管辖机构上反映出来①。

将“酋邦”这一概念第一次介绍给中国大陆史学界的是已故的张光直，他把“游团”、“部落”、“酋邦”、“国家”这些概念及其所代表的社会发展阶段，与中国考古学文化的各个发展阶段相对应，认为仰韶文化相当于部落阶段，龙山文化相当于酋邦阶段，从夏商周三代到春秋、战国、秦汉相当于国家阶段②。此后，国内学术界陆续有人应用酋邦制这一模式来解释中国文明的起源和国家的形成。如谢维扬认为，中国历史上从黄帝到尧舜禹的传说时代不属于“联盟”的部落，而属于“联合”的酋邦时代，夏代早期国家的形成就是经过夏代之前的酋邦制发展而来的③。童恩正也认为考古学上的龙山文化时期亦即传说中的“五帝”时期，属于酋邦制发展阶段，以夏王朝为界，中国由史前到文明、由部落到国家也是经由酋邦制发展而来的④。但是，也有学者持不同看法，如张学海通过分析远古聚落群的产生发展过程、基本特征和性质，指出中国远古社会早期阶段是部落，晚期阶段大都是古国，认为酋邦和消亡阶段的部落无大区别，中国不必单独划分酋邦时期⑤。

进化论者假设文化和社会的发展有一个进化的过程，在此过程中，聚落的形态是具有进化意义的种种变量之一。表1-1显示的是麦克奈尔（Charles W. McNett Jr.）所构想出的聚落形态的社会文化伴存形式⑥。当然，人类文化及聚落形态的演变与社会的进化过程并不一定完全相同，这一点张光直早已做出批评⑦。

① 陈淳．聚落形态与城市起源［M］//孙逊，杨剑龙．阅读城市：作为一种生活方式的都市生活．上海：生活·读书·新知三联书店，2007：202.
② 张光直．中国青铜器时代［M］．北京：生活·读书·新知三联书店出版社，1983：49-54.
③ 谢维扬．中国国家形成过程中的酋邦［J］．华东师范大学学报，1987（5）；谢维扬．中国早期国家［M］．杭州：浙江人民出版社，1995.
④ 童恩正．中国北方与南方古代文明发展轨迹之异同［J］．中国社会科学，1994（5）.
⑤ 张学海．聚落群再研究：兼说中国有无酋邦时期［J］．华夏考古，2006（02）：102-112.
⑥ (美) Charles W. McNett Jt. A Settlement Pattern Scale of Cultural Complexity [M]//R. Naroll, R. Cohen, eds. A Handbook of Method in Cultural Anthropology. New York: Natural History Press, 1970: 872-886.
⑦ 张光直．考古学专题六讲［M］．北京:文物出版社，1992：1-24.

聚落形态与社会—文化的伴存形式（依据麦克奈尔，1970）　　表1-1

聚落形态	经济	政治	宗教	社会
在拥有的领地内作有限度的游居	个人财产通常限于采食方面，在主人死后便毁掉；财富共享；土地共有	由具有亲属关系的家庭或相好的家庭组成群队，其首领只是顾问性的	众多模糊的信仰，有萨满治病祈福	无地位差别
有中央基地的游居，一年中有部分时间在中央基地定居，初步的游牧；动物与人杂处	规模相当的共同体；若有剩余物资的话，也不为任何群体所专用	首领是共同体的象征	萨满教，更加关注死亡，集体祭礼从无到有	依能力大小来定地位
半定居村落，地力、环境资源耗尽后迁居，骑着马打猎	家族土地所有制；有剩余物资，但实行再分配；有些村落手工业专门化	氏族、胞族通常是组织的基础，头人是共同体的代理人	更加正规，有更多的生老病死仪式和公益仪式，萨满有很大的权力	依剩余物资的分配来定地位
初级的核心形态；半自给村落，或仪式——经济中心及卫星村	分化的游牧；家畜放牧；土地私有制，职业分工专门化	在以亲属制为基础的体制中酋长具有强制性权力	形式化，有教士、庙宇公益仪式，有众神	依财产来区分阶层
高级的核心形态，具有永久性的行政中心	上层阶级控制较多的剩余物资	由国王控制的等级化的诸行政中心；法律和政治取代了亲属组织	由等级化的教士主持庙宇仪式、祭祀众神	世袭阶级
超核心的整合；基元进一步整合成国家，有代表性的是以征服方式形成的	商业化，大规模货物流通，更多的财富积累，纳税	统治者拥有绝对权力；政府控制人口；常备军	统治者与诸神合一	下层阶级人数众多，有许多奴隶

二、中国早期聚落形态演化

尽管对于中国远古社会是否为酋邦社会的争论还将继续，早期国家起源于何时也未定论，不过，这不是本书所关注的焦点。事实上，社会的发展有一定的过程，国家的形成绝非一日之功，正如张光直所言，中国文明发展过程中，社会的发展具有强烈的连续性，作为国家起源标志之一的城邑的产生和发展也是一个循序渐进的过程，两者之间未必是一种一一对应的关系。但是，聚落形态反映了一定时期的社会形态，对于史前社会生活的推测，聚落考古的发现是最有力的依据。王震中提出了早期聚落“由大体平等的农耕聚落形态发展为社会初步分层的中心聚落形态，再发展为都邑国家形态”这样的“聚落形态演进三阶段”说[①]，虽然回避了中国是否存在酋邦的问题，但大致反映了早期聚落发展的历程。本书

① 王震中. 中国文明起源的比较研究［M］. 西安：陕西人民出版社，1994.

参照社会的历史发展进程，借用德国地理学家许瓦茨“似城聚落”的概念[①]，将中国早期从部落社会到早期国家三个阶段的聚落划分为环壕聚落、似城聚落和城市聚落三个类型，重点在于考察早期聚落的发生及演化过程与祭祀的关联性。

（一）环壕聚落——部落社会的聚落形态分析

环壕聚落是指在聚落范围内设有封闭式环状壕沟的聚落遗址。根据现有的考古资料，中国环壕聚落的出现至少可以追溯到公元前6000～公元前5000年的兴隆洼文化时期，如内蒙古赤峰兴隆洼、辽宁阜新查海、河北迁西的东寨和西寨等。总体而言，环壕聚落可以看作是部落社会的聚落形态特征，它们大多呈圆形或近似圆形，聚落的地域分布也相对均匀，这是与缺乏主导作用的政治或经济中心的部落社会结构相对应的。

需要特别指出的是，环壕聚落以环状壕沟为特征，但是，也并不排除壕沟内侧具有土垄式围墙或栅栏等辅助设施的存在，甚至有些环壕聚落已经有意识地进行垒土筑墙。如位于湖南澧县县城西北10公里的城头山环壕聚落，已经发现完整的垒筑土墙，据最新发掘成果确定早期城墙始筑于大溪文化一期，距今约6100年，为目前中国发现的最早史前古城墙[②]。城头山城址由护城河、城垣、城门和城内夯土台基等几部分组成。护城河由自然河道及人工河道连接而成，现尚存西城壕和一段东城壕。城垣基本上呈圆形，城外圆直径325~340米，内圆直径314~324米，城址面积约9万平方米，护城河宽35~50米（图1-4）。城垣外紧贴护城河，城垣外坡陡内坡缓，外墙坡度为50度，内墙坡度为15度。墙底宽约20米，顶部残宽约7米。城垣的东、南、西、北四边城垣各有一个缺口，应为城门。城内中心部位较高，周边较低。卵石路面内高外低，使东门兼有排水功能。城头山城垣叠压在屈家岭文化早期晚段的地层上，而又被屈家岭文化中期地层所叠压，故其筑成的时代上限为屈家岭文化早期晚段，下限为屈家岭文化中期，绝对年代为距今4800年左右。从城内文化堆积分析，城垣的使用可延续至屈家岭文化晚期或更晚。考古发掘不仅发现炭化稻谷、数十种植物籽实竹和芦苇编织物以及木质船桨、船艄等，还发现古稻田、灌溉水沟及储水坑等遗迹[③]，说明当时的稻作经济已经较为发达。

城头山遗址东部发现面积近40平方米的黄土台及大量祭祀坑。祭坛偏西南部位发现一个极为规整的圆坑，直径近1米，深0.25米，边直底平，正中置一长

① 许瓦茨于1959年在《聚落地理学通论》中提出“似城聚落”的概念，用于描述介于城市与乡村之间过渡型的聚落形态。（沙学浚. 城市与似城聚落［M］. 台北：国立编译馆，1974：4.）本文借此概念用来指代龙山时代出现的介于环壕聚落与城池聚落之间的聚落形态，与许瓦茨的“似城聚落”有很大差异。

② 郭伟民. 城头山城墙、壕沟的营造及其所反映的聚落变迁［J］. 南方文物，2007（2）：76-88.

③ 湖南省文物考古研究所. 澧县城头山古城址1997-1998年年度发掘简报［J］. 文物，1999（6）：4-17.

径近30厘米的椭圆砾石，考古学者认为这是“社祭”祭坛，并从祭坛坡面留下的大量草灰等线索推测其祭祀观念中包含“敬天礼地”的宗教内涵。这种宗教已经脱离了早期巫术的特点，由泛灵的多神崇拜向以天地为中心膜拜对象的礼制转变，这种宗教已从“人人为巫”的原始宗教中脱胎出来，演变成了以公共祭祀为特点的具有礼制特点的公共宗教控制体系[①]。

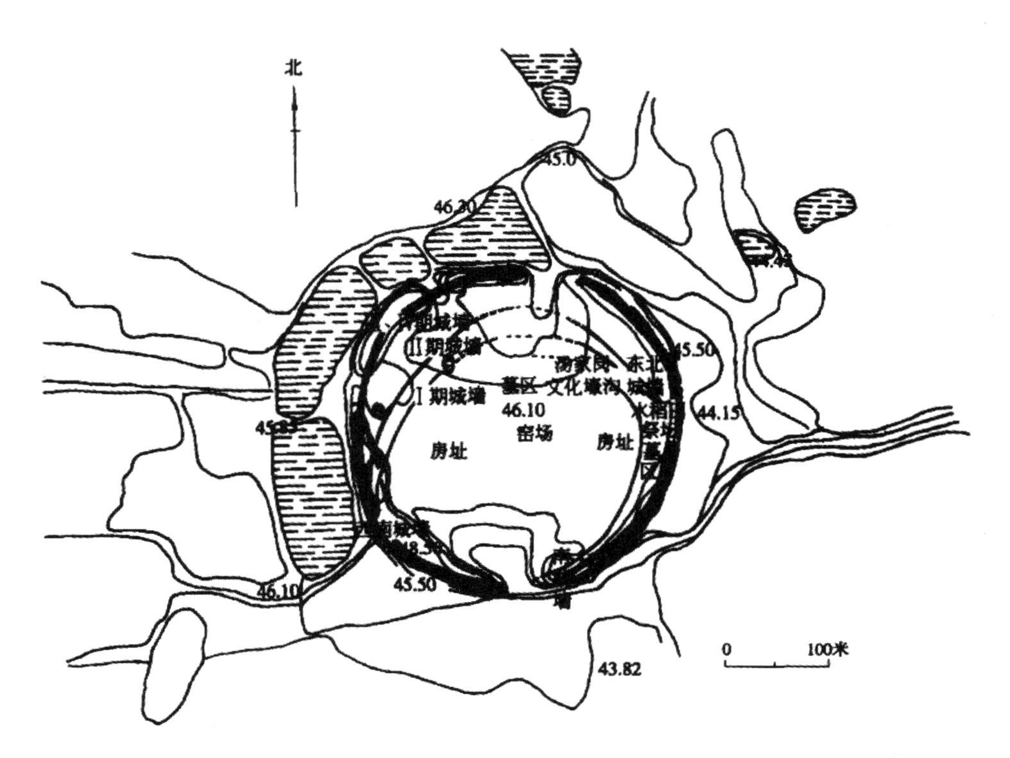

图1-4　城头山聚落主要遗址分布图

〔资料来源：郭伟民. 城头山城墙、壕沟的营造及其所反映的聚落变迁［J］. 南方文物，2007（2）：77.〕

在黄河流域，公元前5000～公元前3000年的仰韶文化聚落，其农业经济已经成为主要的生产方式，定居也已相当稳定。根据在黄河流域进行的普查得知，仰韶文化遗址多位于沿河两岸的台地上，许多是在河流的汇合口一带。这样的位置既便于生活用水以及制陶、农耕生产用水，又便于渔猎和采集经济的发展（图1-5）。通过对发掘遗物的分析，当时的农业已经成为主要的生产门类，农耕地大多集中在遗址附近接近水源的地方。同时，河流的汇合口联系着河谷之间的交通，利于聚落之间的往来[②]。

半坡遗址是仰韶文化前期聚落的典型之一，位于渭水支流的浐河东岸阶地

① 郭伟民. 城头山城墙、壕沟的营造及其所反映的聚落变迁［J］. 南方文物，2007（2）：76-88.

② 西安半坡博物馆. 仰韶文化纵横谈［M］. 北京：文物出版社，1988：46.

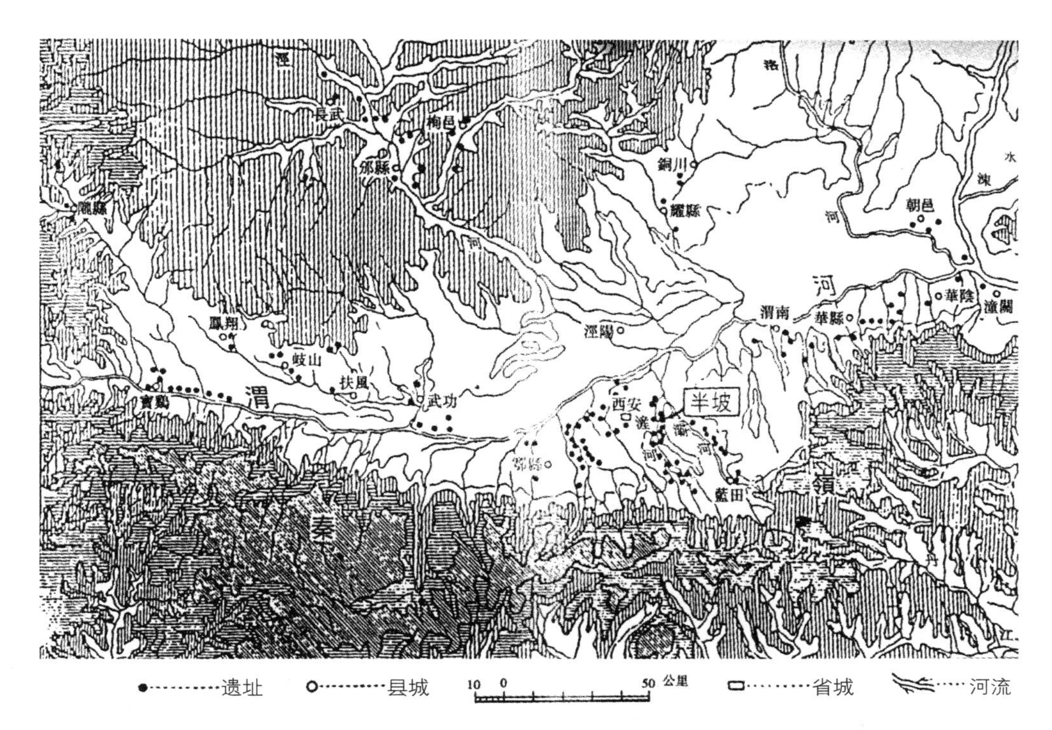

图1-5　关中仰韶文化遗址分布地形图
（资料来源：中国科学院考古研究所等. 西安半坡. 北京：文物出版社，1963：3）

上，分为居住区、生产区（仓储、陶窑）和墓葬三区，总面积约5万平方米，其中居住区约占60%。仰韶前期是母系氏族社会的繁荣阶段，聚落依据亲缘关系形成一个严格的社会组织。婚姻形态以对偶婚为主，但仍保存着群婚的残余。聚落布局具有一定的拓扑关系，即在不规则的空间组织中，保持了生存需求所确定的围合性①。半坡的“大房子”F1属仰韶晚期，即新石器时代中期②，面积约160平方米，从其坐西朝东的朝向布置可以看出，“房屋朝向与天地四方的契合基本达到了精确化的程度。这种精确化不是偶然的巧合或粗糙经验的产物，而是人类掌握了测算时空方位技术的体现。”③（图1-6、图1-7）可以推测，当时的半坡先民已经初步掌握了“辨方正位”的技能。

《山海经·东山经》中载：“衈用鱼”④，从半坡遗址出土的彩陶纹饰可以推测半坡聚落中存在这种鱼祭的习俗（图1-8），赵国华认为这是半坡先民的“一种生殖崇拜的祭祀礼仪”，他还从祭场或祭坛形状及鱼祭祭品的摆设形状推测出半

① 常青. 建筑志［M］. 上海：上海人民出版社，1998：11.
② 萧默. 中国建筑艺术史［M］. 北京：文物出版社，1999：136.
③ 张玉坤，李贺楠. 史前时代居住建筑形式中的原始时空观念［J］. 建筑师，2004（6）：87-90.
④ 袁珂. 山海经校注［M］. 上海：上海古籍出版社，1980：105.

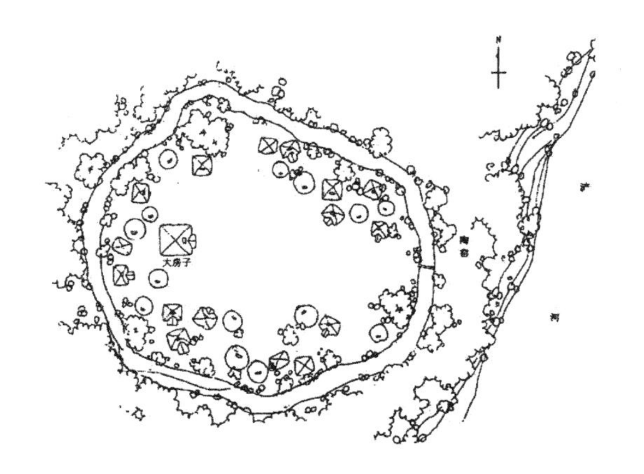

图1-6 陕西西安半坡聚落遗址平面
（资料来源：《西安半坡》，1963）

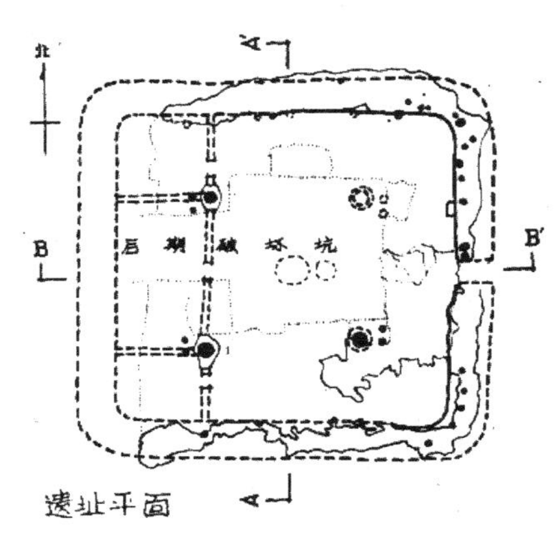

图1-7 “大房子”F1遗址平面复原图
（资料来源：《西安半坡》，1963）

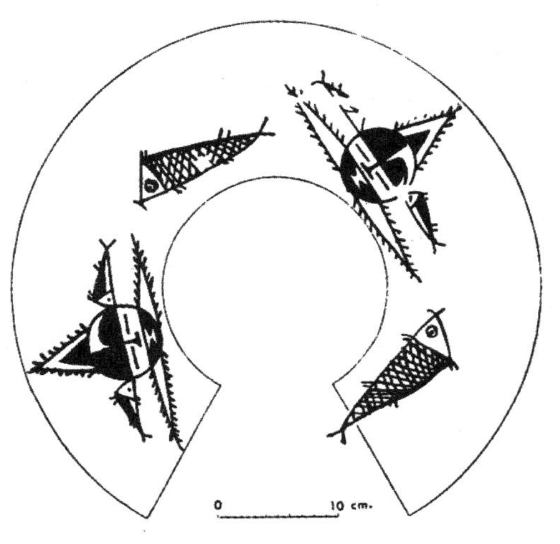

图1-8 半坡P.4691人面鱼纹彩陶盆①
右上：半坡P.4691人面鱼纹彩陶盆；左：盆内纹样展开图；右下：半坡人面鱼纹。

坡先民对数字“五”、“九”及中心方位的崇尚观念②。辽宁省喀左县东山嘴红山文化遗址出土的女神像及牛河梁“女神庙”遗址③，更直观地证实了人类定居之初对于“大母神”的崇拜和祭祀礼仪的存在，考古发掘早期三处祭坛呈椭圆形，中期一处呈圆形，可以认为是迄今为止发现的祭坛之滥觞。

① 图1-10～图1-15均源自毕硕本，裴安平，闾国年.基于空间分析方法的姜寨史前聚落考古研究［J］. 考古与文物，2008（1）：11-17.
② 赵国华. 生殖崇拜文化论［M］. 北京：中国社会科学出版社，1990：109-144.
③ 郭大顺，张克举. 辽宁省喀左县东山嘴红山文化建筑群址发掘简报［J］. 文物，1984（11）：1-11，98-99.

仰韶文化的另一个重要聚落遗址临潼姜寨，位于临潼城区北约1公里，南依骊山，北望渭水，西南为临河，处于临、渭两河交汇处的三角地带。这个三角地带，属临、渭二级阶地，这里正值山前的河谷平原，地势平坦，土质肥沃，依山傍水，水源充足，对于原始的锄耕农业和家畜用水都是很方便的，周围还有丰富的野生动物和植物资源可供渔猎和采集，当是新石器时代先民们居住和开展生产活动的良好场所。姜寨聚落总面积5.5万平方米，轮廓呈椭圆形，包括居住区、陶窑区和墓葬区三个部分，居住区、陶窑区和墓葬区由壕沟分割开来。

遗址内部住屋围绕的中心广场，是一个大致的圆形。居住区围绕中心广场而建，外面环以壕沟围护，约占1.8万～1.9万平方米。居住区绕中心广场布置成环形，可能南部有开口，与陶窑区相联系。大房屋位于广场外围，面向广场开门。住房的环形布置，全部面向广场开门，使得约有半数住房的日照、通风条件较差。这种优先保证总体的布置，首先是以共产制经济为基础的集体生活所决定的，即使得对偶住房都直接与社会活动的中心广场有方便的联系（图1-9）。因此，在建筑群的面貌上，明显地体现着团结向心的氏族公社组织原则[①]。姜寨的先民不仅把房屋围成近似圆形，而且把用地根据实用功能分区使用，萌发了聚落规划的思想[②]。

姜寨聚落形态具有三层环结构：第一层环（内环）为由五座“大房子”界定的中心广场；第二层环为居住区；第三层环即为墓葬区（图1-10）。与半坡遗址不同的是，姜寨遗址的住屋明显分为五个组团，各个组团分别有住屋所朝向的大房子一座。这表明姜寨聚落可能已经初步出现胞族化（phratry）特征。居住区房屋的布局比较整齐，其最大特点就是五个组团围成圆圈，房屋朝向具有向心性。从聚落布局上可以看出，姜寨是一个具有严密血缘秩序的部落，部落由五个胞族组成，而每个胞族又分为数个由若干对偶家庭组成的家族组成[③]。

通过对遗址中心广场剖面的参数分析，可以推断所谓的中心广场实为一个巨大的圆形中心洼地（图1-11）。该洼地直径约为46.25米，在姜寨一期原始地面上，该洼地深大于1.5米；在姜寨一期文化层堆积形成后，该洼地深大于2米（相对于一期文化层的顶界而言）[④]。

从居住区、壕沟、墓葬区的三环结构，呈近似正五边形布局的五个大房屋的排列方式以及周围生产用地的划分，考虑到F1附近有早期房屋F14、F15等存在，而建F1时很可能这几座房屋正被使用，所以F1位置的选择不会刚好在正五边形的顶点处（图1-12）。这一几何型布局反映出姜寨先民朴素的规划观念，体现了

① 严文明．仰韶文化研究［M］．北京：文物出版社，1989.

② 毕硕本，裴安平，闾国年．基于空间分析方法的姜寨史前聚落考古研究［J］．考古与文物，2008（1）：9-17.

③ 西安半坡博物馆．仰韶文化纵横谈［M］．北京：文物出版社，1988：22.

④ 毕硕本，裴安平，闾国年．基于空间分析方法的姜寨史前聚落考古研究［J］．考古与文物，2008（1）：11-17.

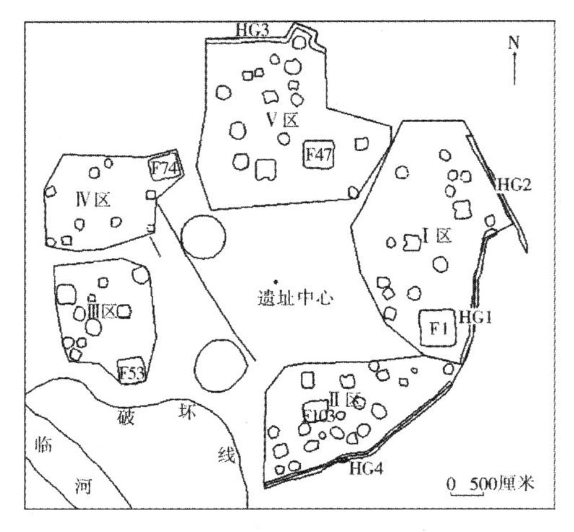

图1-9　姜寨聚落居住组团空间分布图

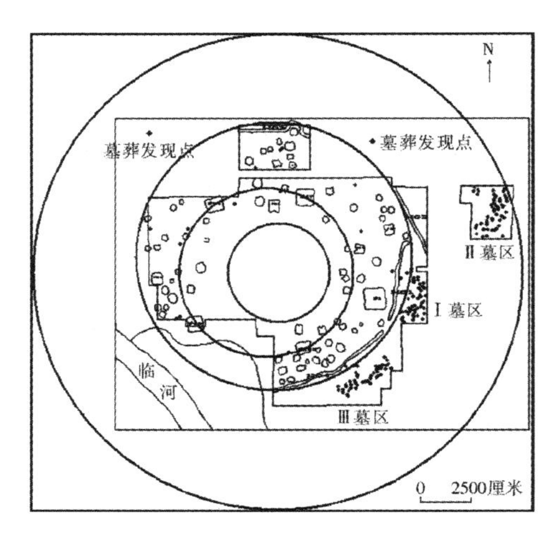

图1-10　姜寨聚落的三环结构示意图

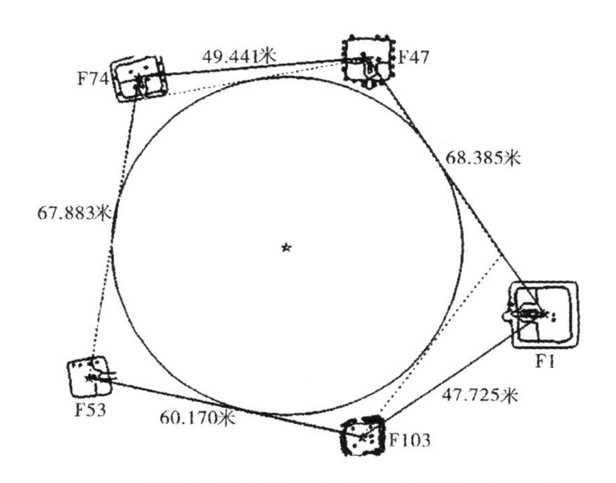

图1-11　姜寨聚落大房屋与中心地带的几何关系图

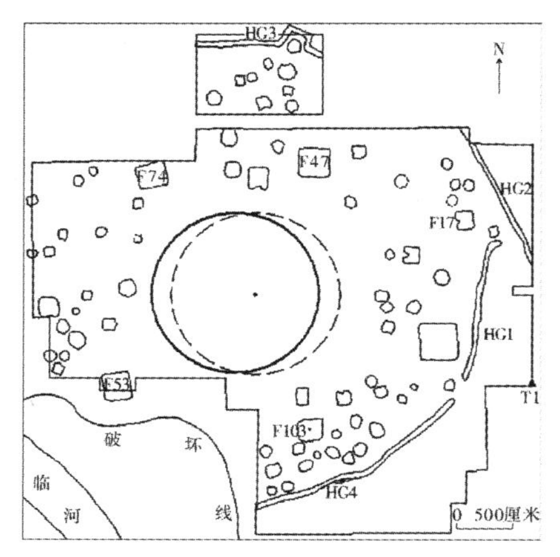

图1-12　推断的巨型圆形洼地

整体性与安全性、实用性与审美观的完美统一，也表现出姜寨先民已经具有朴素的几何思想和环境优化意识①。

姜寨出土的彩陶器具中有一件“五鱼彩陶盆”，其内壁底部绘有五条写意式鱼纹，赵国华认为这表示祭场或祭坛中央的五条鱼②。如果这种判断成立，则可以断定，姜寨中心洼地与祭祀仪式密切相关。同时可以看出，姜寨先民对于“中”和数字“五”的崇尚观念已更加明确。

（二）“似城聚落”——龙山时代的聚落形态分析

黄河流域新石器时代的第二个阶段曾经以“龙山文化”命名。考古学界将黄

① 毕硕本，裴安平，闾国年．基于空间分析方法的姜寨史前聚落考古研究［J］．考古与文物，2008（1）：11-17.

② 赵国华．生殖崇拜文化论［M］．北京：中国社会科学出版社，1990：111.

河流域的龙山文化分为11个地方类型（图1-13），年代从公元前2600年到公元前1900年①。由于龙山文化地域分布广泛，文化类型也有所差别，严文明提出以“龙山时代”的概念来代替“龙山文化”，具有较强的概括性②。

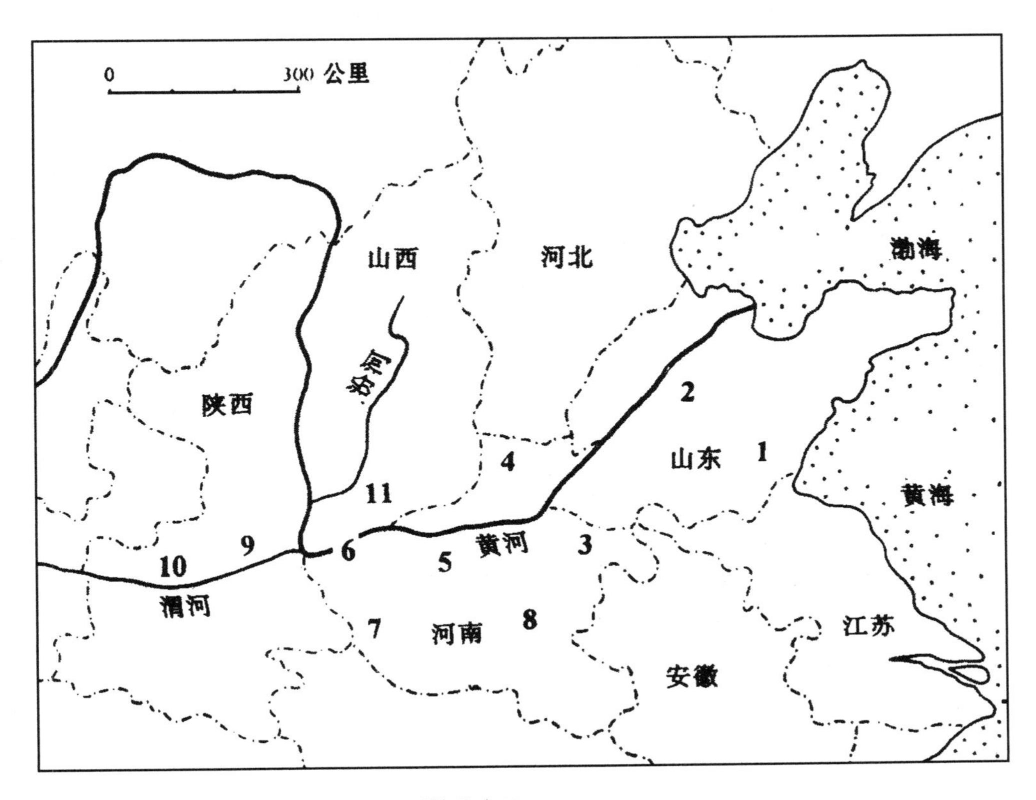

图1-13　黄河流域龙山文化主要类型的分布图

1．两城　2．城子崖　3．王油坊　4．后岗　5．王湾　6．三里河

7．下王岗　8．郝家台　9．客省庄　10．双庵　11．陶寺

〔资料来源：（澳）刘莉．龙山文化的酋邦与聚落形态［J］．星灿译．华夏考古，1998（1）．〕

自从张光直提出龙山时代相当于“酋邦”的社会发展阶段以来，龙山时代的聚落属于酋邦还是早期国家的争议就不曾间断。严文明主张龙山时代存在着许多不同规模和等级的古国。黄河流域的城址出现于龙山时代后期，公元前3000年其他两个地区出现的城址，即长江中游地区的夯土城和内蒙古中南部的石头城，年代均属龙山时代。他认为上述三大区域发现的20多座城址证明古文献中关于夏代之前已有“万国”的说法是可靠的。他预见将有更多的城被发现③。1996年，

①（澳）刘莉．龙山文化的酋邦与聚落形态［J］．星灿译．华夏考古，1998（01）：88-105.

② 严文明．龙山时代城址的发掘与中国文明起源问题的探索［C］．台湾台北历史语言研究所中国考古与历史大融合国际专题研讨会提交论文，R.O.C，1994年1月4日-8日。

③ 严文明．龙山时代城址的发掘与中国文明起源问题的探索［C］．台湾台北历史语言研究所中国考古与历史大融合国际专题研讨会提交论文，R.O.C，1994年1月4日-8日。

张学海《试论山东地区的龙山文化城》一文，也认为它们是已进入“古国”的文明时代，他把龙山文化的聚落划分为：都、邑、聚三个等级。在社会层面上，大汶口中晚期、陶寺、良渚等墓葬材料，已能反映出聚落内部贵族与平民之类的阶层分化以及聚落与聚落之间分化的问题①。王湾三期和陶寺类型被确认是二里头文化的直接前身，后者被认为是夏王朝的代表，后冈二期被认为是先商文化的主要来源之一②。

城市和都市化是复杂社会的重要标志，也是文明和国家起源研究的主要参照体系。把古国看作是高于氏族部落的独立政治实体，这一点已经得到学界的认可③，但是，是否一见城址就可以断定国家的存在是应该慎重对待的。早期国家是否已经形成，更应将城址与阶层、阶级分化的材料相结合进行分析，才能做出实质性的判断。龙山时代大小城址相对均衡分布在同一文化的腹地，更多地表现为一种相互戒备和对立的关系。从龙山时代的社会发展进程看，当时在各独立的文化区域内，尚没有实现政治上的统一，而是一种各自为政、割据自立的局面。即使聚落规模有大小差异和层级区分，但尚未形成“都—邑—聚”格局的政治金字塔结构。甚至还有学者指出，商代“不常厥邑”，汤以前共有八次迁徙，又阳甲前后五迁，虽然这个时期出现“城”的形态，但是很难判断是否已经存在强制性的权力。历史学家侯外庐认为，阳甲以前过的是游牧生活，是不可能发生都市的，阳甲之后十二帝在殷定居，也没有明显材料说明国家的成立④。他通过文献考证提出中国古代文明社会的形成，走的是“保留氏族制度的维新的路径”，“古代邦、封是一个字，邦在建立过程中就是封，‘封建’便是国家的起源……从周文王‘作邦’、‘肇国’以来，文明才在历史上有了始基。”⑤

近年来，美国耶鲁大学人类学家安·P·安德黑尔（Underhill A. P.）坚持认为，可用“酋邦”一词来概括龙山时代政权组织形式的特征，而这些城址是各个区域内等级式聚落的权力中心⑥。他认为龙山时代政治、经济、意识形态诸方面的冲突、演化进程与其他地区史前酋邦制的产生和发展并不完全相同。从这个角度来看，龙山时代实际上存在以良渚文化为代表的长江流域和以陶寺文化等为代表的黄河中下游两个文化区。

在短时间内，对于国家起源问题尚难定论，从另一个角度讲，社会发展过程也呈现区域的不均衡性，就龙山时代而言，不同区域也可能存在社会形态的差异。因此，为了避免陷入早期国家的起源的争论，本书借用“似城聚落”的概

① 张学海. 试论山东地区的龙山文化城［J］. 文物，1996（12）：40-52，1.
② 安金槐. 近年来河南夏商文化的考古新收获［J］. 文物，1983（3）；河南省文物研究所，中国历史博物馆考古部. 登封王城岗与阳城［M］. 北京：文物出版社，1992.
③ 曲英杰. 古代城市［M］. 北京：文物出版社，2003.
④ 侯外庐. 中国古代社会史论［M］. 石家庄：河北教育出版社，2000：87.
⑤ 侯外庐. 中国古代社会史论［M］. 石家庄：河北教育出版社，2000：89.
⑥（美）安·P·安德黑尔. 中国北方地区龙山时代聚落的变迁［J］. 陈淑卿译. 华夏考古，2000（1）：80-97.

念，作为龙山时代的聚落形态的统称。

1987年5~6月间，浙江省文物考古研究所在余杭安溪的瑶山发掘了一处良渚文化的祭坛遗址。瑶山北依天目山，东南临东苕溪，为一高出河面约30米的小土山。其南面为冲积平原，分布着由四十几处遗址组成的良渚文化遗址群，瑶山为该遗址群中的遗址之一[①]。祭坛建在小山顶上，平面略呈方形，每边长约20米，西边和北边还保留有石头砌成的护坡。坛面中心有一红土台，长约7.6米，宽约6米。围绕红土台有一灰土带，宽1.7~2.1米不等。灰土带外是黄褐土，上面有散乱的砾石，推测原先上面是铺砾石的。此祭坛所用的红土、灰土和砾石都需从别的地方搬运上去，工程量是不小的（图1-14）。

自1999年以来，中国社会科学院考古研究所、山西省考古研究所、临汾市文物局联合对陶寺遗址进行了新一轮发掘，发现并确认了陶寺早期小城、中期大城、中期小城、祭祀区、仓储区、宫殿遗址等，学术界倾向于将陶寺遗址与"尧都平阳"相联系，陶寺城址和史籍中"尧都平阳"的记载正相吻合（图1-15）。2003年，以中国社会科学院考古研究所山西队为主的考古工作者在山西襄汾县陶寺城址发掘了一处大型建筑基址，编号为IIFJT1。最可贵的是，考古工作者发现了一个有明确标识的观测点，从而确定为观测太阳以决定农时节气的观象台（图1-16），与《尚书·尧典》中关于尧"观象授时"的记载相吻合[②]，表明当时人们对于自然界的认识已经达到相当高的水准。众多天文学史专家一致认为该遗址与祭天和观测日出确定季节有关，并将其与祭祀活动结合起来[③]，由此可以看出"辨方正位"在古人的社会生活中的重要地位。

（三）城市聚落——早期国家的聚落形态分析

特里格认为，定义城市的关键应该着眼于那些联系周边广大农村、发挥一系列特殊功能的特征。早期文明被用城市来定义的范畴中，最大的一类城市是国家（city-state）的首都或地域国家（territorial state）的首都和省会，在它们之下是缺乏特殊功能的镇和村。然而，城、镇和村的分类至多只是人为根据聚落形态大小和功能级别所定的主观单位，而不是从结构或功能上进行定义的实体。无论城市具有何种功能，它们是早期文明社会中上层阶级以及非农业人口居住的地方。它们往往是高级的政治和管理中心，主要从事专业化的手工业生产、商贸、长途贸易、高层次教育、艺术和文化活动的地方[④]。本书以城市聚落来代表早期

① 周远廉，孙文良．中国通史·第二卷·远古时代［M］．上海：上海人民出版社，1996．

② 中国社会科学院考古研究所山西工作队，等．山西襄汾县陶寺城址祭祀区大型建筑基址发掘简报［J］．考古，2004（7）：9-24．

③ 江晓原，陈晓中，伊世同，等．山西襄汾陶寺城址天文观测遗迹功能讨论［J］．考古，2006（11）：81-94．

④ Trigger B. G. Understanding Early Civilization [M]. Cambridge: Cambridge University Press, 2003. 转引自陈淳．聚落形态与城市起源［M］//孙逊，杨剑龙．阅读城市：作为一种生活方式的都市生活．上海：生活·读书·新知三联书店，2007：208．

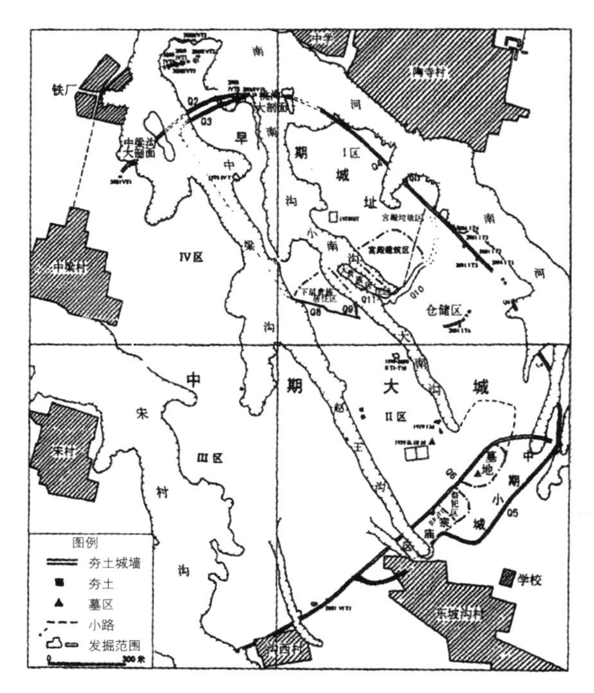

图1-15　陶寺文化城址平面图

〔资料来源：高江涛. 陶寺遗址聚落形态的初步考察［J］. 中原文物，2007（3）〕

图1-14　余杭瑶山祭坛发掘现场

（资料来源：http://www.china.com.cn/chinese/ch-gujian/yuan/1-6.htm）

图1-16　陶寺观象台发掘现场

〔资料来源：武家璧，陈美东，刘次沅. 陶寺观象台遗址的天文功能与年代［J］. 中国科学：G辑物理学 力学 天文学，2008（9）〕

国家聚落发展的新进展，但并不意味着早期国家的所有聚落形态均以城市的形态呈现。事实上，早期国家的聚落层级更加丰富，如商代聚落等级就其规模大小、文化内涵及其在聚落群中的经济地位、其本身的性质来划分，至少存在商王都城、方国都城和封建诸侯的都邑、大型村落及小聚落等层级①。

特里格指出，在一些主要中心里集中各种特殊功能能够取得明显的经济效益。比如，长途贸易者和专职冶炼工匠居住在同一个社区里，这对于工匠来说很容易从贸易者那里获得原料，并将他们的剩余产品通过贸易渠道出售。这种不同功能的聚集对于统治阶层而言也提供了方便，他们能够很容易获得想要的物品或服务，并能够监控各种专门的活动以提高他们的权力和福利。每个城市国家的最大社群总是位于城市的中心，这种中心位置可以降低在政体内部和外部运输和交流的代价。有些城市国家，特别是那些比较小的和高度集中的国家，只有一个管理中心。较大的或聚落形态比较分散的城市国家，其首都会有次一级的管理中心，以大约10公里的间距呈卫星状分布，而次一级的管理中心又被第三级中心所围绕。地域国家会存在层层相套和呈等级的无数中心，等级越高的中心数量越

① 陈朝云. 商代聚落体系及其社会功能研究［M］. 北京：科学出版社，2006：189.

少，而公共建筑越大，表明那里居住的人地位越高。庙宇、宫殿和市场也会随中心聚落等级的下降而规模变小或缺失。提供服务人员或侍从多居住在他们主人的附近，使得城市出现贫富区域的划分。①

河南偃师二里头遗址位于河南偃师西南约10公里的洛水南岸（洛水古道在其南），是研究中国古代国家与文明形成的最重要的早期遗址之一。一些学者认为二里头是夏都，但在获得更为可靠的文字材料的发现之前，我们还没有足够的证据去证实或否定文献中关于夏和早商的历史。近年考古发掘发现，最早出现于二里头的，是仰韶文化晚期和随后的龙山文化早期的几个小聚落，在龙山文化聚落废毁后数百年，才有新的人群即二里头文化的秉持者，于公元前1800年前后来此安营扎寨，后来发展为伊洛地区最大的中心。二里头文化持续了大约300年，一般被分为四期，但各期的精确时间跨度尚难确定②。考古学家推测，二里头文化第一至三期为夏代后期，第四期和偃师、郑州两座城址代表的二里岗文化为商代。这一论点主要是基于二里头显著衰败于第四期，同时堰师发展为设防城市的考古学材料。上述现象被认为是文献所载商灭夏这一历史事件的反映③。

二里头遗址分布面积约五六百万平方米，地面上有四块高地。其中最大的一块位于遗址中部，面积约12万平方米，为宫殿区，晚期筑有宫城。宫城总体略呈长方形，城墙沿着4条大路的内侧修筑。东、西墙的复原长度分别约为378米、359米，南、北墙的复原长度分别约为295米、292米，面积约10.8万平方米④。宫城内已探出数十座宫殿遗址，占地约8万平方米。在宫殿周围分布有各种建筑物，包括下层平民居住的半地穴式窝棚、平地而起的单间和多间房屋，还有宏伟壮观的宫殿或庙宇。手工业作坊种类齐全，规模大，主要从事青铜冶炼、制陶和制骨。墓葬等级分化明显，高级墓葬出土象征王权的礼器和精美陶器。贵族居址与墓葬交错分布，集中于宫殿区近旁的遗址东部和东南部。这一区域为不同等级的贵族所占据，使用时间最长，形成城市扩展的核心。遗址尚未发现有城墙（图1-17）。

祭祀区似乎位于宫殿区以北，这里分布着形制特殊的建筑及附属墓葬。二里头遗址似乎罕见统一安排死者的公共墓地。该遗址出土有单独的墓葬，或者由若干成排墓葬组成的小型墓群，遍布遗址各处，见于宫室建筑的院内、一般居址近旁、房基和路面以下。这些墓葬分布点似乎都没有被长期使用，墓葬和房址往往相互叠压。许宏等人根据人类学的发现推测，二里头遗址罕见有组织的、经正式

① Trigger, B. G. *Understanding Early Civilization* [M]. *Cambridge*: Cambridge University Press, 2003. 转引自陈淳. 聚落形态与城市起源［M］//孙逊，杨剑龙. 阅读城市：作为一种生活方式的都市生活. 上海：生活·读书·新知三联书店，2007：208.

② 许宏，刘莉. 关于二里头遗址的省思［J］. 文物，2008（1）：43-52.

③ 高炜，杨锡璋，王巍，等. 堰师商城与夏商文化分界［J］. 考古，1998（10）：66-79.

④ 中国社会科学院考古研究所二里头工作队. 河南堰师市二里头遗址宫城及宫殿区外围道路的勘察与发掘［J］. 考古，2004（11）：3.

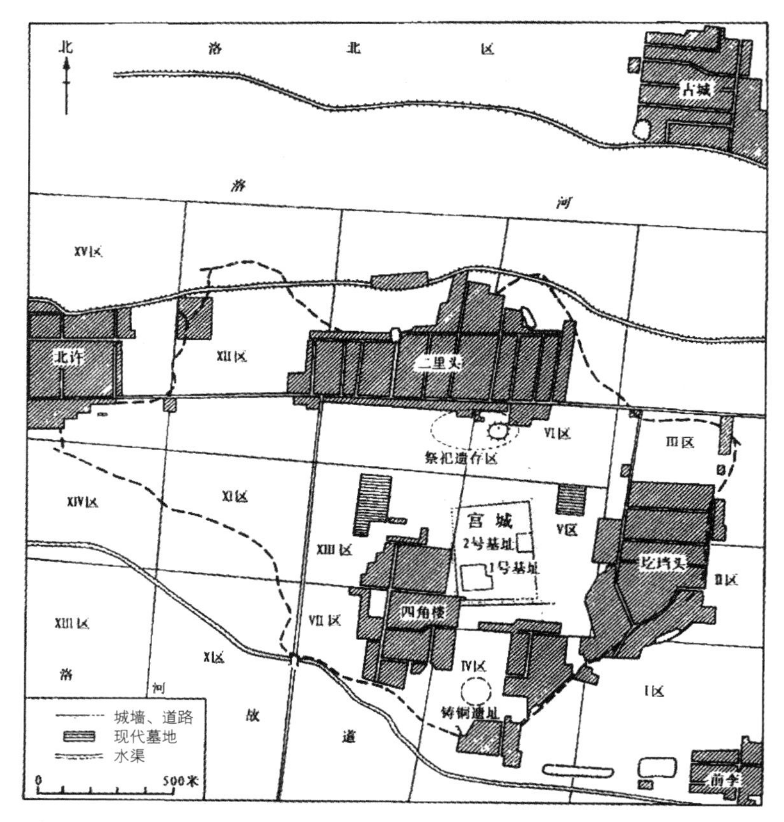

图1-17　河南偃师二里头遗址平面图

〔资料来源：许宏，陈国梁，赵海涛．二里头遗址聚落形态的初步考察［J］．考古，2004（11）：23-31.〕

规划的埋葬区域，可能暗寓着其缺乏一个总体性的直系血亲体系。他们认为，二里头遗址的人口是由众多小规模的、彼此不相关联的血亲集团所组成，同时它们又受控于一个城市集合体。这些人类群团究竟在多大程度上从事农业生产或者特殊的手工业专门化生产，还有待于进一步的发掘和研究①。

二里头宫殿区位于遗址中部的高地上，目前已发掘两座带有完整庭院的宫殿遗址。1号宫殿建于二里头第三期之初，庭院呈缺角横长方形，东西108米、南北100米，东北部折进一角（图1-18）。原地表不平，北高南低，在整个庭院范围用夯土筑成高出于原地表0.4~0.8米的平整台面。庭院中发现有人殉坑。院南沿正中有面阔八间（进深可能是两间）的大门，在东北部折进的东廊中间又有门址一处。院庭北部有殿堂一座，坐落在缩窄了的北部院庭正中，故比宫门稍偏西。殿堂东西面阔30.4米，八间，每间3.8米；南北进深11.4米，三间，下有土台基，高0.8米。殿堂南墙外的台基面较其他三面宽，说明殿堂以南向为正面。

① 许宏，刘莉．关于二里头遗址的省思［J］．文物，2008（1）：43-52.

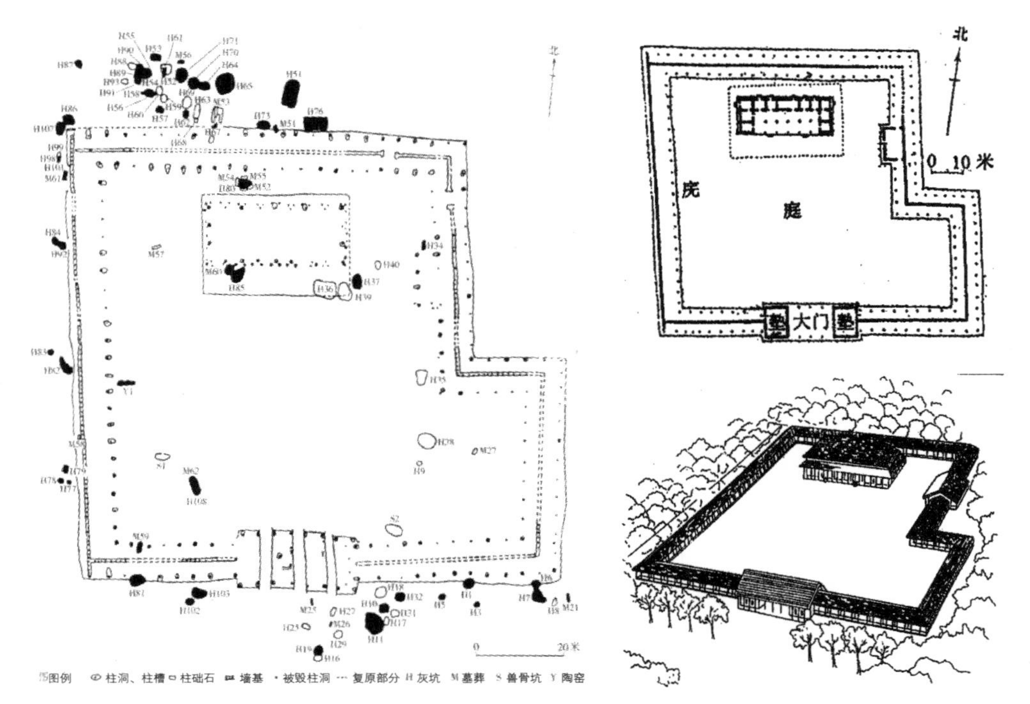

图1-18　二里头1号宫殿遗址四期至二里岗下层遗迹分布图及宫殿复原示意图
〔资料来源：左图：许宏，刘莉．关于二里头遗址的省思［J］．文物，2008（1）：43-52；右图：萧默．中国建筑艺术史［M］．北京：文物出版社，1999：158.〕

此即《考工记》和《韩非子》所记载商代以前宫殿的“茅茨土阶”①。

二里头聚落的衰败与距二里头以东约85公里的郑州商城的兴起在时间上大致相当。从铸铜技术和青铜器风格看，郑州商城显现出源自二里头遗址的极强的连续性②，表明这两个中心之间有着密切的关系。二里头遗址的衰落似乎是一个战略性的决定，包括工匠在内的二里头都邑的人口可能都被迁移至郑州地区③。

郑州商城位于河南郑州市区东部旧城及北关一带，已经具备完整的设防夯土城墙，其北垣长约1690米、东垣长约1700米、南垣长约1700米、西垣长约1870米（图1-19）。城内东北部为宫殿区，发现有较大面积的夯土建筑基址，北垣外发现有制骨作坊及冶铜作坊遗址，西垣外出土有方铜鼎。城址西北部为墓葬区及制陶区，西南角有窖藏坑，年代均属商代早中期④。此外，在商城南侧又发现夯土墙合计约5000米⑤，夯土中包含有商代陶片。《括地志》云：“郑州管城县城外，

① 萧默．中国建筑艺术史［M］．北京：文物出版社，1999：158.
② 朱凤瀚．古代中国青铜器［M］．天津：南开大学出版社，1995.
③ 许宏，刘莉．关于二里头遗址的省思［J］．文物，2008（1）：43-525.
④ 河南省博物馆，郑州市博物馆．郑州商代城址试掘简报［J］．文物，1977（1）：21-31，61，98；郑州商代城址发掘报告．文物资料丛刊(第一期).北京：文物出版社，1977.
⑤ 河南省文化局文物工作队．郑州二里冈［M］．北京：科学出版社,1959；陈嘉祥，曾晓敏．郑州商城外夯土墙基的调查与试掘［J］．中原文物，1991（1）：89-97.

古管国城也，周武王弟叔鲜所封。”曲英杰据此推断外城为周初管叔所筑。近年在郑州商代王城遗址发掘出一处以立石为中心的祭祀地，考古学家推定这是建造城市时祭祀土地神的遗址①。

偃师商城位于二里头遗址东北约6公里处，被认为是早商的都城，使用阶段进行了多次的扩建和翻修，根据城墙的建制分为大城和小城。大城南北长约1700米，东西宽约1240米，面积近200万平方米，小城南北长约1100米，东西宽约740米，面积为81万平方米。大城布局十分对称，发现城门5处，城墙外有护城河，宽20米，深约6米（图1-20）。城内有各种道路相连，城内和城外有供水和排水系统。宫殿区位于城的南部，总面积超过4.5万平方米，出土不下9座宫殿建筑基址，其中五号宫殿面积达9000多平方米。大城东北发现铸铜作坊的遗迹，但是青铜冶炼的状况仍了解不够。陶窑发现了10多座，都属二期，此外还发现加工骨器的遗迹，暗示附近存在骨器加工的作坊。墓葬共发现了100多座，但是大多数是小型墓葬，中型墓葬极少，尚未发现贵族墓地和王陵。②

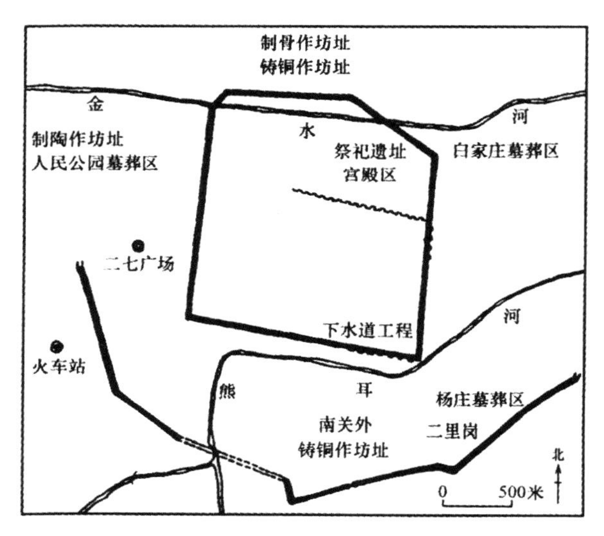

图1-19 郑州商城城址平面示意图
（资料来源：许宏. 先秦城市考古学研究［M］. 北京：北京燕山出版社，2000：56.）

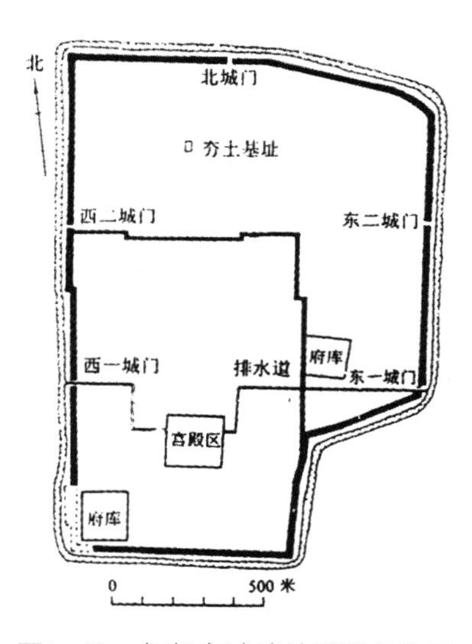

图1-20 偃师商城城址平面示意图
（资料来源：曲英杰. 古代城市［M］. 北京：文物出版社，2003：40.）

中国的城市与西方的早期城市存在很多方面的差别。张光直认为中国早期城市不是经济起飞的产物，而是政治权力的工具和象征。他进而根据商代考古材料列举了早期城市的主要特点：（1）夯土城墙、战车、兵器；（2）宫殿、宗庙和陵寝；（3）祭祀法器包括青铜器与祭祀遗迹；（4）手工业作坊；（5）聚落布局在

① 裴明相. 郑州商代王城的布局及其文化内涵［J］. 中原文物，1991（1）：82-88.
② 中国社会科学院考古研究所. 中国考古学：夏商卷［M］. 北京：中国社会科学出版社，2003.

定向与规划上的规则性。城市曾经被定义为非农业人口的聚居地，实际上在早期文明和工业前社会里，大量农业人口居住在城址之内[①]。从上述城址分析可以看出，在人类定居过程中，祭祀一直伴随着聚落的营造过程，从祭祀遗址的位置来看，其在聚落中日益显现其重要地位。

（四）早期聚落形态的“圆方之变”的社会意义解析

从中国的考古资料的历时性比较可以看出，从环壕聚落到早期城址，其平面形状有从以圆形为主到以方形或长方形为主的发展演变特点。在环壕聚落中，虽有个别聚落的环壕呈方形或长方形结构，但绝大多数则呈不甚规则的圆环状。源于环壕聚落的早期城址最初在平面结构上无疑会受到这一结构特点的影响。在时代相对较早的五六座城址中，西山仰韶晚期城址的平面略近圆形，城头山和走马岭屈家岭文化早中期的城址平面分别近于圆形和椭圆形。而在黄河流域近20座龙山时代城址中，除平面形状不明者外，多近方形或长方形。似可看出，时代略早，则城址平面近乎圆形的比例就略高一些[②]。从世界范围内的聚落形态考古资料分析也显示出同样的演变趋势。

关于方形城制，文化地理学家陈正祥曾指出：“中国城市的形态，绝大多数是方形的。在平原地带，特别是较小的城，形状常呈正方形。使用1：25000地形图，可在华北平原找到许多例子。正方形的城，包括的面积最大；中国人筑城，讲究以最低成本，取得较大面积，于是正方形便成为中国城的传统形制。纵观古代的国都，从西安、洛阳、开封到北京，所有的城都是方形的。北京一地，从战国时代燕国的蓟算起，曾建造过五个大规模的城，但都是方形的。”[③]陈正祥是在调查了古代二千五百多座城市以后，才得出了上述结论。但是，他用成本概念来解释这一现象，显然有些浮于表面。

聚落形态的“圆方之变”经历了一个漫长而复杂的过程。这种变化，恐怕难以简单归结为成本的控制，也不仅仅是地形地貌的影响。从环壕聚落到早期城址，人类经历了部落社会、酋邦社会和早期国家的发展过程，伴随着经济形态的转变、社会组织结构的变革及时空方位观念的进步。从社会组织结构方面看，方形和长方形结构更适于房屋成排分布的特点，有利于聚落的扩展。弗兰纳利确立了早期农业村落的两种居址类型，一种是圆形房屋的住宅，另一种是由较大的方形房屋组成的真正村落，并具体总结了这两类居址类型所反映的社会结构。（1）一般而言，在新石器时代社会里每人的居住的房屋面积大约为10平方米；（2）圆形房屋往往为流动或半流动社群的居址特点（从统计学上观察），而方形房屋一般为完全定居社群的居址特点（当然存在许多例外）；（3）尽管圆形房屋

① 张光直. 中国青铜器时代［M］. 北京：生活·读书·新知三联书店，1983：49.
② 钱耀鹏. 试论城的起源及其初步发展［J］. 文物世界，1998（01）：71-81.
③ 陈正祥. 中国文化地理［M］. 北京：生活·读书·新知三联书店，1983：77.

易于建造（常易于拆卸），但是对于方形房屋而言更易添加房间，以适应不断扩大的延伸或宗亲家庭。在不分层的社会里，这种早期村落存在一个弱点，即当一个村落里的人口达到一定数量时就会因矛盾和冲突难以管辖而分裂，比如亚马孙农业部落就缺乏维系一个不断增长群体规模的政治机制。因此，复杂社会所需要的强化农业生产不是受制于他们拥有的技术，而是缺乏真正的权威。所以，不分层的社会大都是生产力低下的社会，强化生产不在于新的农业系统，而是在于要么让人们多劳动要么让更多的人劳动。弗兰纳利指出，村落社会的成功是政治进一步演变的前提，后继的发展阶段——酋邦和国家是基于强化的生产、财产和地位的悬殊化[①]。30年后，弗兰纳利根据新的考古资料对上述观点做了一些补充和修正，认为从史前村落的发展来看还有一个重要的社群发展阶段，即经济专门化。他认为，正是这种经济专门化导致了居址形态继圆形房屋向方形房屋村落发展之后的第三个阶段——一种从核心家庭向延伸家庭的转变，其较大范围的劳力组合标志社会发展所导致的多种经济的发展[②]。这说明社会组织结构的转变，是聚落形态"圆方之变"的另一个影响因素。"方形城肇始于龙山文化时期，中原地区发现的几座龙山文化古城，城址平面均呈方形。其中平粮台与孟庄两处城址为正方形，其余则为长方形。方形城具有鲜明的华夏地域特色，代表了古代东方城制的结构形态。"[③]到了龙山时代晚期，大部分聚落已呈现方形的形态，而这一时期是中国社会发展史上一个开始转变的关键，其完成则直至夏代[④]。

在龙山原始聚落中，住屋的族群关系呈现分散化趋势，各住屋不再朝向一个中心，而是同一家族的住屋间密切了联系，入口相向。这似乎暗示了氏族制已在原始聚落中走向解体，并出现了超越聚落乃至聚落群的社会组织。《礼记·礼运》中说："今大道即隐，天下为家，各亲其亲，各子其子，货力为己，大人世及以为礼，城郭沟池以为固。"这可以看作是对父系氏族聚落家族制、私有化及"方城"的产生的社会学注解。方形城址的出现，正是适应这种社会组织结构而产生的。从技术层面讲，远古人类对于时空观念的进步也是不可忽视的，这一点是通过"辨方正位"来实现的，这一点将在下文中展开论述。另外，从文化层面来看，"天圆地方"的宇宙观念也左右着传统聚落形态的演进。美国宾夕法尼亚州立大学教授吉迪恩·S·格兰尼（Gideon S. Golany）也指出早期聚落中圆形和方

① Flannery K.V. The origin of the village as a settlement type in Mesoamerica and the Near East: A comparative study [M]// Ucko P. J., Tringham R. , Dimbleby G. W., eds. Man, Settlement and Urbanism. London: Duckworth, 1972, 23–53. 转引自陈淳. 聚落形态与城市起源［M］// 孙逊，杨剑龙. 阅读城市：作为一种生活方式的都市生活. 上海：生活·读书·新知三联书店，2007：196–212.

② Flannery K. V. The origin of the village revisited: from nuclear to extended households [J]. American Antiquity, 2002, 67(3): 417–433.

③ 马世之. 中原龙山文化城址与华夏文明的形成［M］//李学勤. 夏文化研究论集. 北京：中华书局，1996：104.

④ 刑义田，林丽月. 社会变迁［M］. 北京：中国大百科全书出版社，2005：32.

形不同的文化含义。他指出："圆形是远古聚落中最常见的空间形式之一，尤其是中东地区、地中海地区、东亚地区，乃至整个西方世界。而中国传统宇宙图式占主导地位的是平直对称的几何形式，如殷商的建筑，到了汉代早期，方形已牢牢嵌入当时的宇宙结构观念之中。"①这一点从东汉洛阳城内宫平面布置也可以得到很好的印证（图1-21）。

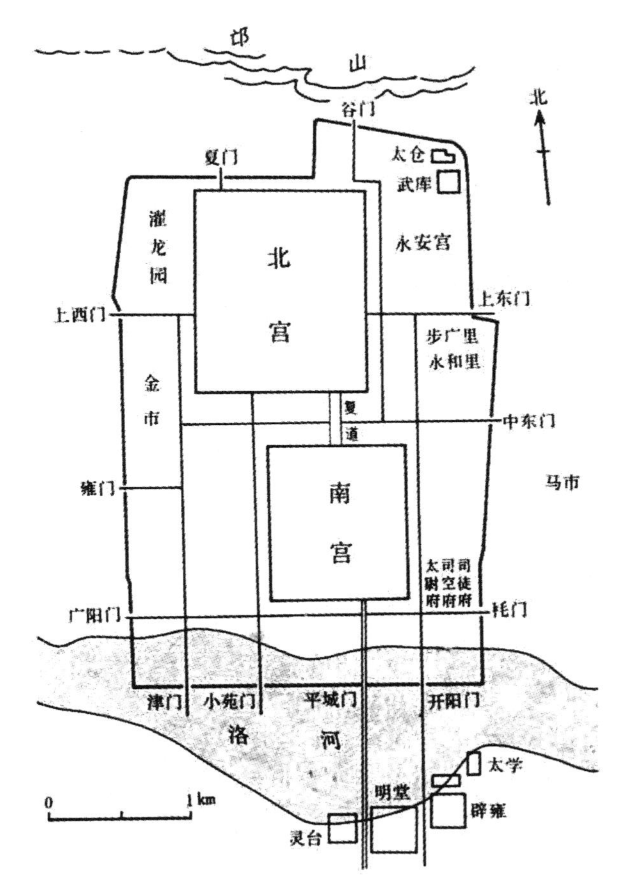

图1-21　东汉洛阳城内宫平面图
（资料来源：王仲殊. 汉代考古学概说［M］. 北京：中华书局，1984.）

第三节　中心方位与社土崇拜

从原始聚落的演化过程可以看出，"中"的方位在原始聚落中占据着重要的位置。不可否认，"中心"是一个相对的概念，在人类对时空观念尚未认识之前，中心只不过是一个以自我为原点的混沌感觉。通过辨方正位，人类对于空间方位有了辨识，由于中心方位有其位置的特殊性，从而产生对中心的崇拜，中心也往往成为祭坛之所在。社土崇拜的产生，是与中心崇拜息息相关的，它是人类居住

① Gideon S. Golany. *Urban Design Ethics in Ancient China*. The Edwin Mellen Press, 2001: 47.

形态迈向聚落的关键一步。

一、辨方正位与中心崇拜

（一）辨方正位

在远古人类形成空间方位观念的初始，他们对日常生活的观察及对时间与空间的感知，大多是基于对太阳运行轨迹的观察。太阳在空间上的东升西落，对应着时间上的昼夜交替；正午太阳位置在天空高度角和星相上的变化，对应着时间上的季节变迁，慢慢产生了东西二方位。《淮南子・天文训》："正朝夕，先树一表于东方，操一表却去前表十步，以参望日始出北廉；日直入，又树一表于东方，因西方之表，以参望日方入北廉，则定东方，两表之中与西方之表，则东西之正也。"通过在地面上立柱，观察和测量日影的变化，就可以直观便捷地了解太阳的运行轨迹，慢慢学会了利用"立竿测影"的方法去确定东西南北四个方位的方法。人类定居下来以后，"立竿测影"与居住聚落相结合，形成"立柱而居"的习俗[①]，其目的是为了在聚落营造中获得方向感及与宇宙的联系，即定向。

古代人类普遍存在立竿以测定方位的现象，在很多文化遗存印证了这一点。立竿测影是古代中国天文学观测天体位置、勘定地体方位、划分节气、定立时刻制度不可缺少的方法之一。确定方位和季节是一个整体，方法除了观星象就是看日影，而观星象则首先需要准确的方位概念，以东西南北作参照才能明确星象所处位置及变化规律；因而以日影定方位和季节是最基本的。

"辨方正位"在营国与营造中有很普遍的应用。《周礼》开篇："唯王建国，辨方正位，体国经野。"[②]而《冬宫・考工记》云："匠人建国，水地以悬，置槷以悬，视以景，为规，识日出之景与日入之景，昼参诸日中之景，夜考之极星，以正朝夕。""正朝夕"即确定东西方位，其法为以表（即槷）为中心画圆（规），日初出时标志表木投影与圆周的交点，日始入时再标志表木投影与圆周的交点，两点相连，就是正东西方向，而两点连线之中点与表的连线，则为正南北方向。"辨方正位"在营造的具体操作中，称之为"取正"与"定平"。根据《营造法式・看详》，取正之制用二物，即景表（日晷）和望筒。景表为直径1.36尺的圆石板，中央立表，以最短日影为正午；再以望筒昼望以南，夜望以北（极星），以确定四向（图1-22、图1-23）。

"惟王建国，辨方正位，体国经野，设官分职，以为民极"，其理念是必须建立以王为中心的等级空间，以明尊卑位序。"辨方"以"正位"，事实上包含了三层涵义：其一，即"方向"，四向四维，是人们确立时空观念的基础；其二，指

---

① 张玉坤，李贺楠．史前时代居住建筑形式中的原始时空观念［J］．建筑师，2004（6）．
② 林尹．周礼今注今译［M］．北京：书目文献出版社，1985．

图1-22　夏至致日图
（资料来源：清《钦定书经图说》，卷一）

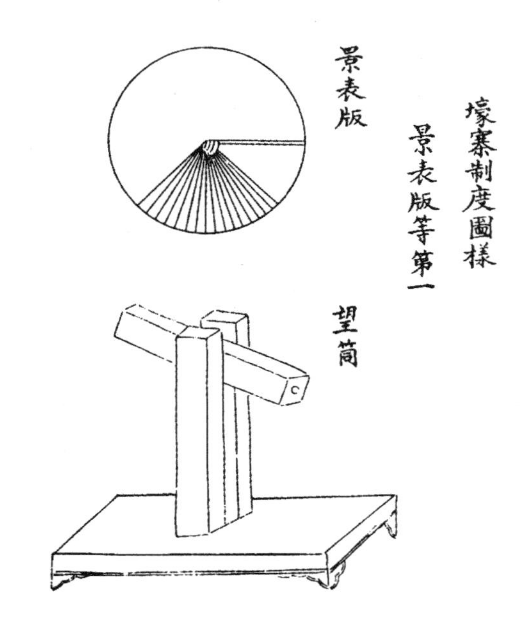

图1-23　宋《营造法式》中的测量工具
（资料来源：常青. 建筑志. 1998：260）

“方形”，这是居住建筑与聚落形态发生“圆方之变”的前提；其三，指“位序”，即空间位置的等级系统，是中国传统等级制度的物化表现。

所谓“辨方正位”，用今天的话来说，就是要把政治权力空间化。因为只有权力空间化了，才能体现王所建的国。权力空间化也就是权力现实化，王的任务不仅要为权力建立一套官僚体制，而且还要为权力建立一套明确的空间象征符号，并通过这空间化的象征符号来落实等级制度，从而让人民去遵从。这无异于说，只有在一个等级化的空间中，王权的支配行为才能实现。所以，所谓权力的“空间化”，包含着两层意思，其一是指建立上下等级分明的官僚制度，在这个制度中，“王”得以显其“位”，官得以守其职；其二是指体现这个等级制度的象征符号系统，在这象征符号系统中，“王”得以为人所见、为人所明和为人所崇信①。

（二）中心的意义

“中心”是相对于“边缘”、“边陲”的概念，“中心”概念的建立，是基于人类对宇宙时空观念的认识。智慧的远古人类通过“辨方正位”建构了对“宇宙”的认识。“中也者，天之大本也”，“择中”的思想表达出中国基于居住形态的传

① 杨小彦. 等级空间初探：中国传统社会城市意识形态研究［D］. 广州：华南理工大学，2004：37.

统宇宙图案的构成方式和疆域形态。

在仰韶文化中，我们已经看到先民们对于“五”、“九”的崇尚观念。许慎说“五”的本义是阴阳在天地之间交午。《说文解字》曰：“五，五行也。从二。阴阳在天地间交午也。古文五省。”《说文》古文“五”为“X”，与时间概念挂起钩来，它的意义里已包含了中间的意思。故后人在“乂”上又加了两横画，以表示中午的意思。两横画在这里表示天地之中。《同文举要》：“圣人画卦，由四而五，有君道，故曰，五位，天地之中数也。”“五”的神秘意义的产生并不在于单纯计算用的数概念，而在于由数概念所隐喻传达的宇宙观及其表达出“中”在空间方位方面的深层内涵。

甲骨文“中”字作“𠁧”，中之古义，正是“正午”，并以此而引申出中正、平直、不阿之义，还影响到古代的择中与人伦道德伦理观念。《周易》卦象辞中提到“中行”一词，意指周文化处理“人道”的准则。如《周易·履》卦象辞：“中不自乱也”，“尚于中行，以光大也”，《礼记·中庸》又将此概括为“中也者，天下之大本也”，即处理万事的根本，这种观念在审美思想上的影响就是“中声”及“和”、“中和”的审美原则。如“中则正。正者，和之谓也”①；又如杨雄《杨子法言》：“中正则雅”，“中正以平之”；《史记·乐书》：“弦大者为宫，而居中央，君也”等。

“择中”观念是原始思维的普遍性特征，人居于苍天之下，大地之上，即天地之中。人是以自己或神为中心，体会着世界，人由此对几何形态中心有着特别的崇拜。在各国都有许多聚落遗迹呈点与聚落向心性布置，如墓辅特里波里、英国索尔兹等地的史前或奴隶时代的遗址中，都突出了中心的位置。在我国仰韶文化村落遗址如半坡遗址、陕西临潼姜寨遗址等，均围绕中心空地作环状布置，以突出中心的崇高地位。

（三）择中立国

远古先民对于“中”的崇尚，使古代的统治者为了突出其统治的正统性及权威性，在建都立国时，便可以选择居中的位置，以显示其地位的尊严与崇高，即所谓“择中立国”。《管子·度地》曰：“天子中而处。”《吕氏春秋·慎势篇》也说道：“古之王者，择天下之中而立国，择国之中而立宫，择宫之中而立庙。”为确定天子方千里之国的中心而求“地中”，以地中为中心划分地块，封疆立界。周王城的“择中”，就是以定“地中”来“取正”或“正位”的（图1-24）。即在土圭中央立8尺之表，以夏至日正午影长1.5尺，作为“地中”的标准。这一特定位置，经计算纬度为33° 48′，实际是在同一纬度上②。《周礼·地

①《书法钩定》卷一《唐太宗论笔法》。

② 张玉坤，李贺楠. 史前时代居住建筑形式中的原始时空观念［J］. 建筑师，2004（6）.

官·司徒》说："日至之景，尺有五寸，谓之地中。天地之所合也，四时之所交也，风雨之所会也，阴阳之所和也，然则百物阜安，乃建王国焉，制其畿方千里而封树之。"1962年出土何尊，其铭文："惟武王既克大邑商，则廷告于天，曰：余其宅兹中国，自兹乂民。"这是目前所知"中国"一词的最早出处。殷的京城"商"四边以城墙围着，这表明了一种自为中心的内空间意识。我们也可以从《弼成五服图》看出，天子"制其畿"的方法：以帝都为中心的向心框架中，由中心向外扩展的依次是：（1）甸服，即王畿；（2）侯服，即诸侯领地；（3）绥服，即已绥靖地区，亦接受了中国文化，帝王权力的边境地区；（4）要服，即与这个中心结盟的外侯地区；（5）荒服，即未开化的地区[①]（图1-25）。

可以看出，古代的统治者的"择中"乃为择宇宙之中，天地之中，对"中"址选择的研究涉及人们观念中的疆域意象和宇宙图案。商代文明以"王"为焦点，过渡到周则演变为"天"。在"天"、"地"分离之后，中国传统的宇宙观念也向"天圆地方"转变，作为宇宙空间的"天"，保持着圆形的特征；而作为世俗空间的"地"，则是方形的。《吕氏春秋·序意》曰："爰有大圜在上，大矩在下。""天"作为一种正统观念，落实到社会上，便形成"礼"。从空间等级去看，"辨方"就是要"辨尊卑"；从社会秩序去看，"正位"就是要"正位序"，也可以说，"辨方"是对"天"的体认，"正位"是对"地"的经营，天与地构成一种向心性空间框架。"这两种空间虽然性质不同，却共同组成一个大空间，因为

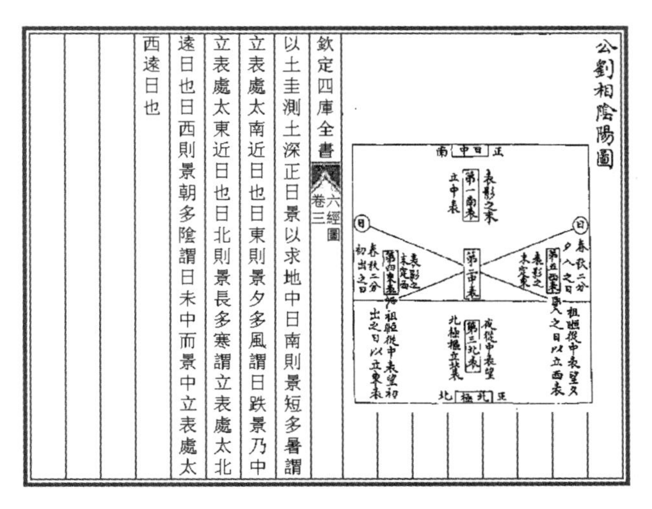

公劉相陰陽圖

欽定四庫全書　卷三　六經圖

以土圭測土深正日景以求地中日南則景短多暑謂立表處太南近日也日東則景夕多風謂日跌景乃中立表處太東近日也日北則景長多寒謂立表處太北遠日也日西則景朝多陰謂日未中而景中立表處太西遠日也

图1-24　求"地中"的方法

〔资料来源：左图：（宋）六经图　右图：（清）钦定书经图说〕

①（清）孙家鼐等纂．钦定书经图说（光绪三十一年）。

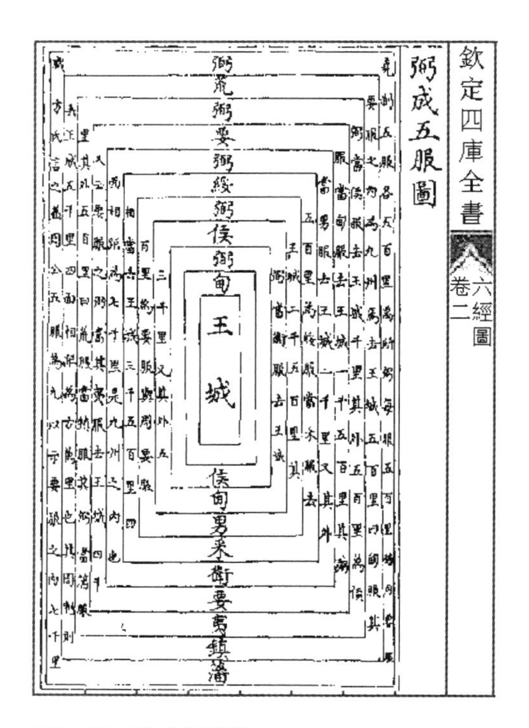

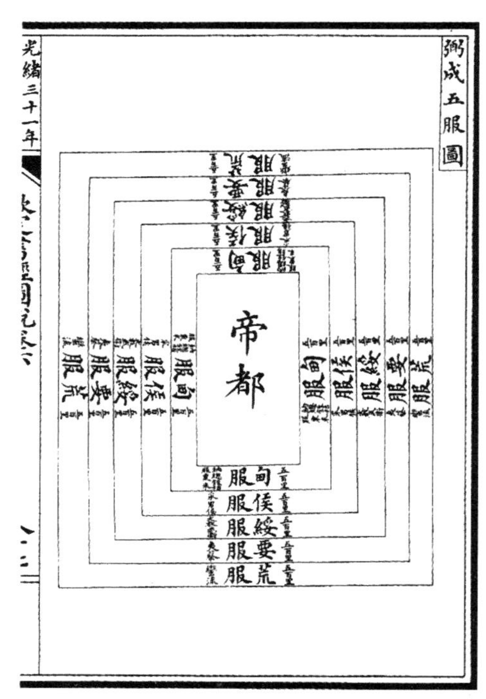

图1-25　弼成五服图
〔资料来源：左图：（宋）六经图·卷二　右图：（清）钦定书经图说·卷六〕

它们在无止尽的、多元而变化的关系网络里彼此呼应和对照：区域、方位、颜色等的相通对照。在它们之间，天子扮演了中心轴和中介的角色，因为他同时是出于天及祖先和众人的君王。”① 正是他保证了天、地、人三者之间和谐的相通，具体地重现了天地的运转节奏。《礼记》也说：“天子者，与天地参。故德配天地，兼利万物，与日月并明，明照四海而不遗微小。其在朝廷，则道仁圣礼义之序。”②

二、社土崇拜与“极域”转化

中国的农业文明造就了中国较稳定的东方专制主义政体，观念上带有浓重的民本主义色彩和尚土思想。在《月令》中，我们可以清楚地看到这种文化类型和思维特征。五行论通过规定东、西、南、北四方的秩序，突出了土主中央的地位；时间的划分，突出了土旺四季的作用，土成为主体的象征，古人称土中为阴阳合和之处。社土崇拜是聚落中心的象征，在后世的转化中形成聚落的空间的节点，即“极域”。

① 程艾蓝．中国传统思想中的空间观念．林惠娥译［M］//《法国汉学》编委会编．法国汉学．第九辑，人居环境建设史专号．北京：中华书局，2004：3-12.
②《礼记·经解》。

（一）社土崇拜

“五行说”的起源与数字“五”的崇拜有关，而金、木、水、火也分别代表的是四方神，“土”在五行中处于中心位置，其所指示并非黄土，而是对于中心的崇拜。中心的崇拜物，则源于先民立柱而居的长期濡染。因此，“土”的甲骨文为“⊥”，乃源自于中心立柱的形象描绘。按卜辞“土”字用为“社”字。《说文》云：“社，地主也。”《礼记·郊特牲》云：“社，所以神地之道也，地载万物，天垂象……故教民美报焉。”《孝经纬》也说，“社，土地之主也”，远古社会对于社土的崇拜非常普遍。

唐仲蔚认为，社祭的性质大致可以分为两种：一种是出于对所定居土地的崇拜，是对土地供人们营建乡邑、保护安居的感恩；另一种则是出于对所耕种土地的崇拜，是为土地能生长五谷、供给人们食粮的报恩报德。①从历史的角度看，这两种性质的出现具有时间先后，后者出现于农业产生之后，而前者应更为古老，它伴随着人类的定居过程。

虽然定居过程与农业生产不具有必然的相关性，但是，祭祀社神最主要的目的就是祈求五谷的丰登，稷作为五谷的象征，离土则无繁殖，因而，稷神是无法独立于社神之外的。古代社稷并提，《礼记·祭法》曰：“夏之衰也，周弃继之，故祀以为稷。”孔颖达疏：“故祀认为稷者谓农及弃皆祀之，以配稷之神。”②殷墟卜辞中说：“贞：勿　年于邦士”③，意为“要不要向邦国的土地神祈求丰年”。侯外庐通过对西周土地私有制的分析认为，由于土地所有形式是国有形态，所以“营国，左祖右社”，“用命赏于祖，不用命戮于社”，“建国之神位，右社　而左祖庙”。关于“祖天社地”的说法，大概是晚周的文字，西周可靠的文献没有“地”字；但祖社的二元宗教思想，的确不反映土地私有制。在土地私有制发展的希腊，宗教思想才是多神的④。

对社土的祭祀仪式自然由“巫”来主持。巫是原始宗教的主宰者和参与者，有着通神的特殊职能和独特技巧。“巫”在上古漫长的聚居过程中当然有一个极为漫长而复杂的演变过程。其中一个关键环节，即自原始时代的“家为巫史”转到“绝地天通”之后，沟通天地人神成了政治首领的特权职能。作为灵媒，“巫”可沟通人神二界。通了神灵之后又向人间转达神的旨意，他是远古人中的特殊人物，很可能是最初的统治民众的宗教权威。文献所见“巫”的职事（如祝、预见祸福、治疗、占梦、舞等）和甲骨文所见的商王之职事相似。商代巫术盛极一时，甲骨文“巫”字正是形成于商代。陈梦家曾说：“王者自己虽为政治领袖，

① 唐仲蔚. 试论社神的起源、功用及其演变［J］. 青海民族研究：社会科学版，2002（13）：86–88.
② 李学勤. 礼记注疏（卷四十六）［M］. 北京：北京大学出版社，1999.
③ 晁福林. 先秦民俗史［M］. 上海：上海人民出版社，2001.
④ 侯外庐. 中国古代社会史论［M］. 石家庄：河北教育出版社，2000：87.

仍为群巫首。”[①]如夏王禹本身就是巫师，并自先秦以来被奉为巫祝宗主[②]。

在商代或以前，巫师的地位相当高，甚至巫与王可能是合一的。《吕氏春秋·不侵》所谓“爰有大圆在上，大矩在下，汝能主之，为民父母”，说明天地、政治、人事、鬼神都由卜筮数字互相牵连制约，而最终由王掌握[③]。甲骨文“土”字作[illegible]、[illegible]、又作[illegible]，后又演变为[illegible]、[illegible]，甲骨文“王”字有[illegible][illegible][illegible][illegible]等几种写法。由“王”字形演变看，[illegible]应为最早，“王”与“土”存在相似的演变过程，[illegible]乃是[illegible]加上一横而已，说明“王”在执行“巫”的职能时与社土祭祀是息息相关的。

由此可以联想到，王者“择中立国”与古代“巫”的社土祭祀也是相关的。保罗·魏特利（Paul Wheatley）在他的重要著作《四方枢纽》（The Pivot of the Four Quarters）中提出，迈向城市形成的第一步是礼拜中心或祭祀中心。他认为，“在城市产生过程的早期，具有祭司特征的阶层开始承担基金管理者的角色，并且掌握了控制当时出现的高级再分配的手段。”[④]这种“君巫合一”在中国历史上占据很长时间，直到周代以后，王权日益凌家神权，巫的职能才逐渐专门化，转化为祝、宗、史等职。李泽厚指出：“巫的特质在中国的大传统中，以理性化的形式坚固保存、延续下来，成为了解中国思想和文化的钥匙所在。”[⑤]从功能上看，“王者必居土中”，大地的中心也是一个交通网络的中心，在这里可以收集信息、做出决策并发布命令，便于施政。这样所立之“国”就是酋邦中的“首镇”（head town），自然成为所谓的“中心地”，从而孕育出城市的胚胎。古人称国为“邦”，也是指社稷，以“社稷”代称天下、国家。《周礼·地宫·小司徒》：“凡建邦国，立其社稷”。蔡邕在《独断》中说：“社稷二神功同，故同堂别坛，俱在末位。”[⑥]可以说，社稷崇拜是中国传统聚落发生的原点。

（二）从中心到“极域”的转化

从“立柱而居”到中心崇拜，处处表现出远古人类在聚落中对于中心的重视。人类为了让本身在环境中有其存在的立足点，时常对现存的环境进行改造运动。而“中心”的观点，更是人类生存的立足点。这个立足点是通过“辨方正位”之后才获得的，从而具有了方向和路径。舒尔茨也告诉我们，如果我们把“家”当作是个体最基本的存在立足点，则它简单地告诉我们，任何人的私有世界都有其中心存在，而这一中心的存在，其实就是“活动的场所”。活动也只有

① 陈梦家. 商代的说话与巫术［J］. 燕京学报，1936（20）：535.
② 张光直. 中国青铜时代（二集）［M］. 北京：生活·读书·新知三联书店，1990：64.
③ 李泽厚. 历史本体论·己卯五说［M］. 北京：生活·读书·新知三联书店，2003：170.
④ Paul Wheatley. The Pivot of the Four Quarters: A Preliminary Enquiry into the Origins and Character of the Ancient Chinses City. Chicago, 1971: 316–330.
⑤ 李泽厚. 历史本体论·己卯五说［M］. 北京：生活·读书·新知三联书店，2003：160.
⑥ 宗力，刘群. 中国民间诸神［M］. 石家庄：河北人民出版社，1986：208.

发生在特殊场所才有意义，而且是经由场所之特性赋予其色彩[①]。所以，场所的性格决定了中心的存在价值，也造就了场所本身的内涵。因此，“中心”是富有意义与情感的，它在空间概念中是一切事物的“集结”所在地。而此一中心也正是所有空间在发展时的一个“象征性”空间，它象征了中心聚集了各个空间在此生存环境的集结所产生的结果；且还“具体化”了此一中心，它用一具有明确的具体行为，界定了中心的边界与领域特性。

从本质上说，中心是一件富含意义的“事情”，而非一个点。“中心”除了有聚集各个空间涵义的功能外，它还具有空间的“象征性”与“形象化”的特性。聚落空间是一个与社会生活组织密切相关的系统，那些能够将整个聚落凝聚为一个整体的关键性公共空间在聚落空间体系中占据非常重要的位置，王鲁民将这些空间称为聚落“极域”（Polar-area），他同时指出，由于聚落极域在具体使用中有可能被区别为对应于不同行为的区划，这些重要的空间节点即所谓“极点”（Polar-point）。聚落极域可以由一个或多个极点组成[②]。这些点可能是一栋建筑物、一个户外空间、一条街，甚至是一棵树下，或同时是上列各项的组合体。

在中国传统聚落中，“极域”的建立一般都以祠堂、寺庙等精神性空间为依托，但是，随着社会组织的复杂化和产业结构的多元化，极点也呈现出多样化的趋势。如产业聚落中，极点则可能由一个码头、车站、墟市或者其他公共空间组成。如台湾学者黄昭璘所考察的矿业聚落菁桐村，就是以火车站为依托，发展成为聚落的“极域”。他指出，“菁桐车站在菁桐村具有主导聚落发展与集结地方活动的中心场所特质……菁桐车站俨然是菁桐村产业活动的象征符号，更是聚落空间展的中心场所……从经济产业活动来看，它是产业活动的象征符号；从聚落的空间组织来看，它是聚落空间发展的中心；若从居民或矿工的日常生活过程观之，则它又是他们情感交流的主要场所。因此，菁桐车站记录着人们的集体记忆与集结居民共同的生活经验，更强化了聚落中心性之特质。菁桐村的一切故事似乎皆从这里开始。而聚落内不同之生活领域圈的交流与沟通也在菁桐车站发生，菁桐车站俨然形成一重要的‘公共论域’（public sphere）场所。”[③]（图1-26）

---

① （挪）诺伯格·舒尔兹．存在·空间·建筑［M］．尹培桐译．北京：中国建筑工业出版社，1990.

② 王鲁民，张帆．中国传统聚落极域研究［J］．华中建筑，2003（04）：98-99.

③ 黄昭璘．传统产业聚落之空间与社会组织原则研究：以矿业聚落——菁桐村为例［J］．环境与艺术学刊，2001.（2）.

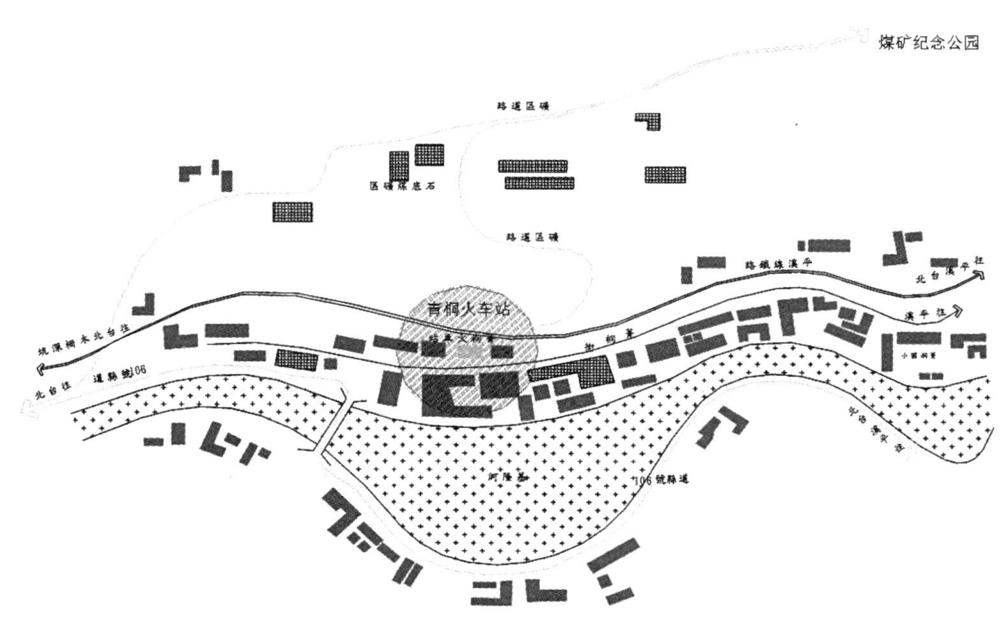

图1-26　台北市平溪乡菁桐村聚落空间组织
（资料来源：黄昭璘．传统产业聚落之空间与社会组织原则研究．）

第四节　主体的定向与认同

在人与聚落环境的关系中，人是作为主体而存在的。主体性理论的发展经历了从古希腊的实体主体到近代的认知主体，再到现代的生命主体的发展过程，体现了哲学从本体论到认识论，再到人本学的转向。“生命主体性”的概念由汤姆·里根（Tom Regan）提出，指的是人不仅仅是有意识的个体，而且还包括信念、欲望、记忆、情感生活及自主地去追求自己的目标等一系列特征，从而强调了一个人生存的内在价值性。生命主体性蕴意的是对工具理性和自然主义的一种反抗，认为严酷的工具理性和因果决定论是对个性、人格和自由的否定，因而应从生命和生存出发去讲宇宙人生，用意志、情感和活动去充实理性的作用。从生命主体性理论的发展过程来看，叔本华、尼采的唯意志主义、柏格森的生命哲学和克尔凯郭尔的存在主义起到了开拓方向、奠定基础的作用，而海德格尔的生存论转向则标志着生命主体性理论的最终确立。①

海德格尔的生存论转向是从“在者”向存在的转向。在他看来，存在（Sein）比在者（Seiende）更为根本，只有在存在的过程中，在者才能获得自身的根据。这是一种新的哲学思维，这种思维的本质是在反思前的主体的内在时间结构中，把主体阐释成历史性的、超越性的和生成性的过程。生存论转向把意识

① 李楠明．价值主体性：主体性研究的新视域［M］．北京：社会科学文献出版社，2005.

因素融进人的整体生存，把人直接作为对象并放在历史活动的过程中去理解，对生命主体性的内容做了比较充分的阐释，使创造、超越、生成、历史、自由、责任、孤独、畏惧等品格成为生命主体性的有机组成部分，这就突破了认知主体性的局限，增添了人现实生存的内容。诺伯格·舒尔兹在此基础上指出人若想获得一个“存在的立足点”，亦即“住所”，就必须具有“方位感”，即“定向”（orientation），以确定自身的存在、自身的位置；另一方面，人还必须“认同”（identification）于环境，即人赋予环境以意义，人与环境相统一，人对环境有“归属感”①。

定向与认同概念的提出，另一个理论来源是对美国城市规划专家凯文·林奇城市意象理论的总结和发展。舒尔兹以“定向”来概括林氏的“环境意象”（environment image）本质。林奇所概括的路径、地标、边界、节点和地域五要素，是超越文化差异的，全世界都适用的认知图式②。林奇在调查研究的基础上，客观地看待问题，其分析是理性主义的。而舒尔兹受非理性主义思潮的影响，基于现象学的分析，研究不同场所的文化特性，他阐明现代主义的危机在于缺乏“造型特性”，无法与场所“认同”而导致人与环境的“疏离”③，这是一种价值理性的回归和对生命主体的肯定。

中国自定居之始，便在主体的定向与认同的道路上不懈努力，《建国制度》叙述“择中立国”，方位择定之精细，不仅是为了求得良好的自然条件，更主要的是体现了“定向”的意义。人们在聚落中寻求着与自然界的，或说宇宙模式的一致，即直观地认同，进而将定向与认同的概念铰合在“营国制度”中。由此，人们对环境的“定向”与“认同”，便是科学与艺术的代名词。正是这两个基本方面构成了人居住于“苍天之下，大地之上”的基础。

一、定居：主体存在的方式

定居的本质，在哲学上揭示的是人与场所的基本关系。当一个人实现了定居，他必然处于一个特定的空间之中，同时为某种特定的氛围所浸染，他归属于一个具体的场所，他的肉体和精神在场所中受到庇护。诺伯格·舒尔兹认为：“定居意味着安详地存在于一个被庇护的场所之中。”④

建筑与场地的联系实质上表现了人与自然的关系。在根本上，它暗示的是人之存在的意义。建筑为人所需、为人所建、为人所用，建筑的意志体现的是人的意

① (挪) Christian Norberg-Schulz. Genius Loci: Towards a Phenonmenology of Architecture [M]. New York: Rizzoli, 1979: 6-23.
② (美) 凯文·林奇. 城市意象 [M]. 方益萍译. 北京：华夏出版社，2001.
③ (挪) Christian Norberg-Schulz. Genius Loci: Towards a Phenonmenology of Architecture [M]. New York: Rizzoli,1979: 6-23.
④ 张彤. 整体地区建筑 [M]. 南京：东南大学出版社，2003：7.

志；场地则通过与建筑相结合，结构成为场所。因此，认同对于人和建筑都具有重要意义，它体现了人对场所的依赖，意义来自于人在场所之中的“安详存在”。

那么，何谓人之存在？存在的意义究竟是什么？海德格尔认为，住所是一项任务。人必须学习如何定居，而且必须让自己屈从于一种过程以达到定居，这种过程就是营造。因此住所一开始的目的就是要结束人无所寄托之困境，最终导向建造。住所的目的是住宅，营造的过程是构筑起一栋住宅、一个家、一个场所，以建构起心灵的核心并且让生命与事物相结合。“你是和我是的方式，我们人是于大地之上的方式，就是bauen，即定居。”[①]可见，“定居”，是人存在于大地之上的方式，人之存在的本质在于“定居”。《宅经》有语云：“……故宅者，人之本。人以宅为家，居若安，即家代昌吉。若不安，即门族衰微……”中国人在传统的类比联想的思维方式中，将人类命运的兴衰寄系于居住环境的“安”与“不安”之中。中国人追求的理想环境是背山面水，负阴抱阳，故挚虞《迁宅诰》云：“背山面湿，故此称良。”这种居住观念追求的不是永恒，而是快乐。明代造园巨匠计成说：“固作千年事，宁知百岁人；足矣乐闲，悠然护宅。”[②]这是一种安乐观念，表现出古人的性情，安土与安乐力求“称良”而居，《易系上》云：“安土敦乎仁，故能爱。”人对所居住的自然环境持以爱的态度。人与自然相互感应，陶冶性情，使居住成为艺术的居住。这与海德格尔的“诗意的栖居”是相通的。

在对“定居”概念的进一步解释中，海德格尔将它截然区别于“简单地占据一个住处”，认为定居的根本特性在于保护，它所保护的是天、地、神、人融而为一的“四重性”（the four-fold）。这是海德格尔存在主义哲学的一个重要设定。定居把四位一体保护在它的本质存在即它的在场之中[③]。也就是说，是人的定居，赋予原本自在的天、地、神、人以意义，并把它们交融为一。定居使人存在于大地之上，苍穹之下，诸神之前，生灵之中。可以看出，建筑在与特定地点的结合中，把松散的场地建构成为场所；人的定居融合天、地、神、人，建构一个人得以存在的世界。这就是建筑，它在空间和时间的结合中，实现了人之定居。

二、定向与认同

（一）定向

在居住环境中能够辨别方向，确定位置，知晓自己身置何处，这是归属感的

① (德) Martin Heidegger. Building, Dwelling, Thinking, [M]//Albert Hofstandter, eds. Poetry, Language. Thought. New York: Harper & Row, 1971.

②（明）计成．园冶注释（第二版）[M]．陈植注释．北京：中国建筑工业出版社，1988：67.

③（德）海德格尔．人，诗意地安居[M]．郜元宝译．上海：上海远东出版社，1995：115-116.

前提和基础，是人理解场所、掌握场所的开始。“定向”是超越文化的科学过程，表现了科学的态度和科学的居住方式，这在“辨方正位”的过程中得到充分的体现。定向图式使建筑、城市对不同文化来讲都具有同一性。在思维方式上，它意味着人独立于自然环境，主、客体相分离，人客观地理解世界。

林奇对环境认知的研究是与美国现代技术发展和实用主义哲学的背景分不开的。他把路径（path）、边缘（edge）、区域（district）、节点（node）、标志（landmark）作为形成方位感的基本元素。这些元素在知觉上彼此关联，形成一种具有特征的空间结构，即“环境意象”。林奇认为“一个好的环境意象能给它的拥有者一种重要的心理安全感。”[①]当一个环境具有清晰的结构和显著的特征时，身处其中的人比较容易获得定向。林奇称这样的环境具有较强的“意象性”（imageability）。反之，人们就会有一种失落感。我们可以想象身处茫茫沙漠或皑皑雪原时的无助与绝望，在没有其他参照系时，人在这样的环境中是无法定向的。

中国传统定向方式是以中心为基点，以“四向思维”为框架的方形向心性结构，但是，这种向心性结构并非各向同性，甚至也不是四向同性的，而是存在尊卑等级和阴阳对偶关系的。中心的崇尚自不待言，人类早期建立了以西为上和以北为尊两种传统，《礼记·曲礼上》载：“为人子者，居不主奥，坐不中席，行不中道，立不中门。”凌廷勘《礼经释例·卷一·通例上》说：“凡室中，房中拜，以西面为敬，堂下拜以北面为敬。”这是人类早期在“辨方正位”中对太阳的运行轨迹及北极星的位置的观察，从而形成太阳崇拜和北极崇拜的产物[②]。《礼记·郊特性》也说：“君之南乡，答阳之义也。”

中国传统定向方式不仅是空间中的定向，而且与时间节律也建立特定的联系。《管子·幼官》、《礼记·月令》和《吕氏春秋·十二纪》都为帝王的居住提出一套定向准则，认为天子在一年四季，轮流居于九室（图1-27）。

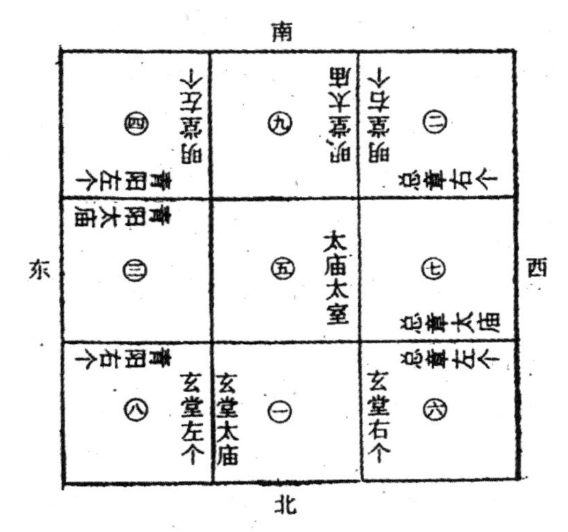

图1-27 《月令》明堂图

在这里，建筑成为确定天人关系的中介，这种定向方式，实际上已经结合了五行说与九宫八卦学说，反映出中国传统观念中人与自然、

① (美)凯文·林奇. 城市意象[M]. 方益萍译. 北京：华夏出版社，2001.
② 王鲁民. 中国古代建筑文化探源[M]. 上海：同济大学出版社，1997：125.

精神与物质的和谐，并通过这些自然定向，达到“参天化育”的目的。

聚落是人类生存空间的聚合，是人性化的空间。“人不仅像在意识中那样理智地复现自己，而且能动地、现实地复现自己，从而在他所创造的世界中直观自身。”①马克思的这一论断，阐述了人是按照自己内在的尺度来建造世界这一重要法则。这种内在的尺度不仅包括人的物质需求，社会心理需求，而且还包括精神文化需求。因此，空间方位的定向，归根结底还在于使人们在社会中获得人伦位序。

“定向”是为了获得对“环境特质”的“认同”，这种认同则基于文化的差异性。任何一种成熟的文化都有自己的方位系统，它来自于这个文化所在地域的自然地理特征和主体对于这个历史文化背景的理解。这就是所谓的地域性，即是对地方文化与大同文化之间差异性的识别与认同。差异性是个性的基础，是艺术性的基础。它在人的思维方式上，表现为主、客体相同一，使人们通过对环境的想象来归属于所居的环境。

（二）认同

认同分为四类：个体认同、集体认同、自我认同、社会认同。个体认同是个体与特定文化的认同；集体身份认同则是文化主体在两个不同文化群体或亚群体之间进行抉择，一种视为集体文化自我，另一种视为他者。自我身份认同强调的是自我的心理和身体体验；社会身份认同则强调人的社会属性。我们通常意义上所说的身份认同是上述四种意义上混合的一种身份认同。其根本出发点都是强调社会对个体的认同，这种以个体为主体和中心的身份认同——启蒙身份认同是笛卡尔主体论的发展，强调作为个体的人是具有理性和行为能力的中心体。②

在人与自然的关系上，中国文化的一个突出特征是天、地、人、神的四位一体，认同表现在天、地、人、神的同一与对自然相“同”相“和”境界的追求。孔、孟、老、庄、墨……都从不同方面强调了人必须与“天”相认同，儒家有“天命”，老庄有“自然”，墨家有“天志”。这种思维方式导致了一种艺术性的世界观，李泽厚指出：“中国哲学的趋向和顶峰不是宗教，而是美学。”③在这种文化背景下，中国古代的“人生态度区别于认识和思辨理性，也区别于事功、道德和实践理性，又不同于脱离感性世界的‘绝对精神’（宗教）。它即世间和超世间，超感性却不离感性，它到达的制高点是积极并不神秘的与大自然合一的愉快。”④

① 马克思恩格斯全集·第42卷［M］. 北京：人民出版社，1979：97.
② 陶家俊. 身份认同导论［J］. 外国文学，2004（2）：37-38.
③ 李泽厚. 李泽厚哲学美学论文选［M］. 长沙：湖南人民出版社，1985：107.
④ 李泽厚，等. 中国古代思想史论·庄玄禅宗漫述［M］. 天津：天津社会科学院出版社，2003.

中国天、地、人同一的观念源远流长。在周初，道德的人文精神在原始信仰中觉醒。人与自然的审美契合超脱了宗教中人对自然的恐惧，出现了许多对自然的讴歌。如《易经》的内结构中出现“和”的思想，开始形成了一种容纳万物的整体性观点，体现了流动、转换、对立转化、生生不息的宇宙节奏。儒、道的共同性在于都是通过“克己”、“无我”、“忘我”而使主体得以呈现，个人人格的完成，即是主体与万有客体的融合。

先秦诸子时期以后，中国天、地、人合一的思想，已明确起来，系统地体现在礼乐文化中。在传统文化中，“乐”、“和”、“同”构成了人与自然、社会相认同的方面。“礼”、“序”、“易”构成了人在自然中的定向方面。在礼乐文化中，礼是手段，乐为目的。孔子曰：“兴于诗，立于礼，成于乐。”（《论语·泰伯》）乐是一个人自身修养的最高境界，人生的存在是艺术的存在。

认同感是人对场所特性和意义的感知，它是一种复杂和综合的心理过程。舒尔兹指出，自然塑造了一个具有延伸性和综合性的整体。一处“场所”符合具有独特认同性的地方状况。人们在自然环境中，经由对自然环境的理解，而营建起自己的建筑环境。[①]这使建筑环境聚集了天地人神等一切事物的意义。在此基础上，我们不难理解，不同的文化体系，对自然有着不同的理解方式，建筑环境形态也因此而不同。西方人对自然的理解偏于抽象化，东方人则偏于直观化；西方建筑形态所聚集的四元，需从哲学的思辨上去认识，所以，海氏和舒氏的艺术哲学得以风靡；而中国建筑直观地反映了宇宙图案，反映了人们对自然环境的认同。这种认同性观点需是人在环境中能辨方正位并与环境发生互动。简而言之，他必须能体验到环境是充满意义的。

认同一方面表现为对环境物态特质的认同，可能来自于场所的整体气氛，也可能来自于某些局部和细节，如窗台上的鲜花和石径的铺砌；也可能是色彩的、声音的，甚至气味的。另一方面，也可以表现为对文化空间的认同，即人们对场所内涵及特征的深切把握。比如：四合院中正房、厢房、倒座的布局方位、体量与开间，是宗法制度的反映，这对于通晓其中道理的人们来说，步入其中，必然会感受到封建等级制度的森严氛围，而对不知晓的人们来说，就不会产生这种心理感受；再如一些精神构件，如石敢当、风狮爷等，只有深谙其深层的文化内涵，才能对此产生认同。人为场所的认同性需建立在自身的认同之上，场所才会让个体产生认同感。

总之，居住的本质反映了定向与认同的辩证统一，反映了科学与艺术的辩证统一；反映了人的心智世界与客观物质世界相分离、相同一的关系。定向和认同

① （挪）诺伯舒兹．场所精神：迈向建筑现象学［M］，施植明译．台北：田园城市文化事业公司，1995：10.

是构成人“存诸于世”[①]的两个基本方面。二者相互独立，但又互为联系，缺一不可。定向是前提和基础，认同则直接引发人对场所的归属感。这个辩证统一最终“铰合”在“建筑”上[②]。我们不但从海德格尔和舒尔兹的论点中得出这个结论，也可从东方的历史文化中直接得到证实，因为东方本来就是以辩证的、全面的思维方式看待问题，与西方传统思维方法迥异。

三、主体的定向与认同

在居住本质的释义框架中，我们强调定向性与认同性的辩证，强调科学性与艺术性的辩证。对于不同文化体系，矛盾双方的侧重又不尽相同。在居住过程中，对于自然环境，我们强调的是定向性，而对于社会环境，我们则强调认同性，故《黄帝内经》中说：“夫宅者，乃是阴阳之枢纽，人伦之轨模。”

在古人那里，我们可以从传统的礼仪活动中明确地看到，建筑或建筑的部分，在仪式的特定场合成了聚落和建筑中人定位、定向、进退、揖让、趋避的依据。细观《礼记》、《仪礼》这类文献，可以肯定地说，对于中国传统的士大夫文人来说，在很多场合，离开了那些按照一定的方式安排的门、阶、廊、序、厅、堂、栋、楣、柱、梁，相应的活动就很难合理展开[③]。进一步讲，对于中国传统的族群来说，离开了社区的宗法伦理、空间位序、祭祀礼仪和共同信仰，人在社会中的活动也很难有序展开。

（一）宗法伦理：主体在社会结构中的认同

中国古代社会制度是以宗法制度为特征的。从“宗”字本身的构成来看，它从“宀”，就是建筑，“宀”字里是“示”，即被神化了的祖先。所以“宗”就意味着居坐在房屋中的变成神的祖先。宗法观念所赖以表现的一个重要因素就是建筑与聚落。

宗法观念首先表现为对血缘关系的认同。“非我族类，其心必异”（《左传·成公四年》）成为古代中国人的普遍信念。在这种集团意志制约下，中国古代的居住形态呈现出多层次的封闭性和同类型的多簇性。每一个家庭都是一个相对独立的王国。观念表现为对祖先的崇拜，并把天神崇拜和祖先崇拜结合起来“天地君亲师”五位一体，以“孝亲”作为中国道德的本位。随着国家的家族

---

① “存诸于世”（in-der-welt-sein）是海德格尔存在主义哲学中的一个重要概念，对它的解释详见（德）海德格尔. 存在与时间［M］. 陈嘉映，王庆节译. 北京：生活·读书·新知三联书店，1987：66.

② “铰合”概念是Derrida提出的。见徐崇温. 结构主义与后结构主义［M］. 沈阳：辽宁人民出版社，1986.

③ 王鲁民. 空间还是行为支撑物体系：对建筑的另一种思考纲要［J］. 建筑师，2004（05）：69-71.

化，宗法观念在封建时代演化成“三纲五常”等一套伦理体系，构成封建时代人际关系的准绳，这种宗法意识使中国人在“忠君敬长”的规范内，谨小慎微，不得越雷池一步。在建筑形态上，使空间组织和建筑形式完全秩序化，体现了人伦的定向系统。侯外庐也指出，所谓周代的“宗子维城”以及春秋时代的筑城（如诸侯封卫）、迁国，都是氏族联盟，是宗法的，不是经济的[①]。孔子说：“宗庙之礼，所以序昭穆也。序爵，所以辨贵贱也。序事，所以辨贤也。旅酬下为上，所以逮贱也。燕毛，所以序齿也……明乎郊社之礼、禘尝之义，治国其如示诸掌乎！”“宗庙之礼从殷到周的变革，使我们明白城市的‘为国以礼’。城市和宗庙的不可分离，是周代因袭商代氏族公社的遗址。”[②]

宗法伦理源于对“礼”的理解和引申。“礼”是一种仪式，表明了艺术化的行为。有关“礼”的最原本的释义：可从字形上看出：礼早是由三部分组成的，左边的偏旁为“示”字，右边为“豊”字，“豊”为表示丰满或美好的状态。从行为分析的角度来看，礼是仪式化、优雅化的行为，这种行为方式使居住呈现出一仪式化、优雅化的空间组织形态。

聚落形态是受礼制人伦所左右的，晋周处《风土记》称：“宅，亦曰第，言有甲乙之次第也。”聚落组群的秩序性，反映了人伦社会的秩序。有关“礼”的重要典籍为《周礼》、《仪礼》和《礼记》，还有纯粹讲建筑与礼制内容的《三礼图》，都强调上自皇宫苑圃，下至民居村舍，都统一于礼制模式。“礼”成为协调聚落形态的模式。在构图上，都以人伦社会的礼制精神为最高目的。如“北屋为尊，两厢次之，倒座为宾”的位置序列。在战国以后“礼”与阴阳五行等的结合，使建筑具有充分的直观性和象征性。

（二）人神共居：主体在宇宙结构中的定向

中国人以古代原始神灵崇拜为基础，通过“礼”的改造，使得社会生活在神化[③]。维柯在《新科学》一书中说：“各民族的世界无论在哪里都是从宗教开始的。”俄国哲学家普列汉诺夫（Plekhanov，Georgii Valentlnovich）对宗教作了这样的分析：“宗教情绪根源于一定社会关系基础上生长起来的人们感情和愿望……宗教活动是把一定的社会制度基础上生长起来的道德规范加以神圣化。”亦即把人和神的关系在一种模式中确定下来，并强调说：“宗教是观念、情绪和活动的相当严整的体系。”[④]

尽管在远古时代，我们的先民不乏对自然的崇拜，但是，中国自古以来，一

① 侯外庐．中国古代社会史论［M］．石家庄：河北教育出版社，2000：90，294.
② 侯外庐．中国古代社会史论［M］．石家庄：河北教育出版社，2000：91.
③ 杨英．“礼”对原始宗教的改造考述［J］．中华文化论坛，2004（02）：55-62.
④（俄）普列汉诺夫．普列汉诺夫哲学著作选集（精选本）·第三卷［M］．北京：生活·读书·新知三联书店，1962：401.

直没有发展出严整的制度性宗教体系，反而对多元的民间信仰热情有加。民间信仰事实上在社区中发挥着西方社区中的宗教的角色。中国的民间信仰是我国土生土长的宗教，是我国古代社会原始崇拜的延续和发展。古代巫祝的占卜、祈祷，方士的侍神、求仙等，大多为民间信仰所承袭；天神、地祇、仙人、鬼怪，莫不由历代相沿流传而来。这些庞杂的内容易于演义附会，其崇拜的对象则包括了人格化的自然崇拜与神灵崇拜，简言之，即对神、鬼、祖先的崇拜。

英国人类学家王斯福（Stephan Feuchtwang）认为中国民间宗教信仰与仪式是以祭拜神、祖先和鬼为主线的，神、祖先和鬼分别对应于民间对社区、宗族、家户的认同与界定。神往往是社区性的，祖先祭祀往往代表家户与宗族房支的认同，而鬼象征着从外部界定家户和社区。神与祖先象征着社会对其成员的内在包括力（inclusion）和内化力（interiorizing），而鬼象征着社会的排斥力（exclusion）和外化力（externalization）。神与祖先从内部、鬼从外部共同界定一个社区或家户的空间范围[①]。这就是中国人居环境中的神人之界。

传统聚落环境就整体上说是一个多层次的内外空间分辨清晰的居住模式，要了解这种居住模式，需要先了解其中国传统宇宙观与民间信仰的关系。这种宇宙观包括了三个世界：虚幻的天国、超现实的冥府、人间现实环境，也就是神、鬼、人居住的境地，简称为三界，这三个境地存在于人们的头脑之中，而传统聚落的空间也间接反映了这三个境地。村内有村庙、村外有社土庙等祭祀守护神的设施，这种社区防御划定了聚落的边界，这是请求神灵对于聚落内部的保护。另外，在聚落的巷道口设置牌坊，在巷道的折冲处设石敢当等，这是层层防鬼的关卡，是聚落外部领域的防卫。再向内就是每户与外界交接的大门，下设门槛，门扇上贴门神守护，门上钉铺首，门内有影壁或屏门，这样可以将鬼阻挡在门外，而民居的厅堂，就是设置神明神位、摆放祖宗牌位的最重要场所。

四、社区中的定向与认同

从环境心理学角度分析，人对空间环境的感知包括空间形态和场所特征，对空间形态的感知满足了人们定向感的需要，定向感使人确立自己与环境的关系，并通过定向把握自己与环境的关系，从而产生安全感。这种安全感对居住来说是至关重要的，因为居住意即“处于一个和平的受保护的场所”，这不仅指人的存在形态，更多地意味着人的存在心理体验。居住不应只是理解为人的居住行为和状态，更应强调居住的心理体验和状态——人对环境的归属感和控制感。只有如此才构成完整意义上的居住。社区就是这种完整意义上的居住的具体化[②]。

---

① 王铭铭. 社会人类学与中国研究［M］. 桂林：广西师范大学出版社，2005：148.
② 叶红. 居住的人性回归：社区重构［J］. 城市发展研究，2000（01）：24-27.

社区作为地域生活共同体，之所以超越地理环境的意义，就在于人们对居住环境的认同和归属，以及通过共同生活所形成的共有文化价值观下的社会关系与社会生活方式，它包括基本关系的多种要素，唯情论、归属感、感情深度和对某人、某地或某种意识形态的信仰。所以社区不仅是居住环境的操作对象，也是根本的目标。它反映居住环境对社会性的考虑与满足。强调社区概念不仅是为使居住环境美好、有趣，而且是为给人提供完整、健康、正确的居住环境，保持富有人性的居住状态。

尽管"社区"这个词汇形成的历史并不长，但是它代表了人类的一种社会文化的空间状态和人文形态，是人类社会生活最普遍的环境模式。社区是人们"聚而落之"的一种生活状态，一种充满着秩序和稳定性，人们在特定区域内有着相互依存的联系，形成一定的社区结构，有着母亲般的保护作用和安适感的状态，营造出家园式的环境，是人类最根本、最广泛的生活方式的表现。芒福德在他的晚期作品《历史上的城市》特别强调像村庄生活一样的稳定与有序，对他而言，新石器时代村庄几乎是田园诗般安全的、人们之间亲密无间和互相面熟的社区①。事实上，社区这种生活状态正体现出居住的内在本质。居住不仅仅意味着一个遮风避雨的庇护所，它还意味着人对社会环境的认同，即居住的精神要求的方式。反映在社区的人际关系上，同一性表现为对共同祖先及诸神信仰的认同，形成宗族和信仰圈的观念；差异性表现为人伦的定向法则，如房份、等级、礼制等。这里同一性是差异性的前提，同一性与差异性，相互依存。宗族血缘与社区信仰共同构成中国传统社区的纽带，是解读中国传统聚落的两把钥匙。

本章小结

本章通过对中国前聚落时代及早期聚落形态的发生与演化的论述，分析远古人类在不同聚居阶段的时空意识及不同的信仰形态。"中心"是人类最先认识到的方位之一。在原始崇拜中，"中心"有着崇高的地位和深层的涵义。从中心到四方四维，"辨方正位"在定居过程中有着举足轻重的作用，从空间等级去看，"辨方"就是要"辨尊卑"；从社会秩序去看，"正位"就是要"正位序"，也可以说，"辨方"是对"天"的体认，"正位"是对"地"的经营，天与地构成一种向心性空间框架。"辨方正位"是实现定居的基本条件，辨识方位之后人就可以在宇宙中找到了定向，有了定向以后才有了完整意义上的居住。早期聚落形态的"圆方之变"蕴含了远古人类对于时空意识的进步，本书从经济形态的转变、社会组织结构的变革及时空方位观念的进步等方面分析早期聚落形态的"圆方之变"的社

① （美）Lewis Mumford. The City in History: Its Origins, Its Transformations, and Its Prospects. New York: Harcourt Brace and World, 1961: 21–34.

会意义。

“中心崇拜”在社会发展过程中渐渐成为具有象征意义的仪式，并与社土崇拜相结合，沟通天地成为统治者的权力的象征。定居是聚落形成的前提，社稷崇拜是中国传统聚落发生的原点。在此基础上形成相对稳定的族群，并在共同“集体意识”的整合下形成社区。

社区作为地域生活共同体，其本意源于一定地域的人群对“社”的认同。它强调人们对居住环境的认同和归属，以及通过共同生活所形成的共有文化价值观下的社会关系与社会生活方式，是人们实现完整意义上的居住的具体化，体现出居住的内在本质。认同感是形成社群的基本前提。传统社区的生活状态，正反映了居住的内在本质。

第二章　位序：传统聚落的血缘结构分析

传统聚落的发展，无法脱离当时当地的社会背景，而论及中国传统社会的性质，社会学家通常用“乡土中国”来加以概括。费孝通认为，乡土中国“并不是具体的中国社会的素描，而是包含在具体的中国基层传统社会里的一种特具的体系，支配着社会生活的各个方面”①。在这样的乡土文化背景下，从亲缘关系入手，考察宗族结构与传统聚落形态的互动与变迁，是传统聚落形态研究不可或缺的环节之一。

以地缘关系为基础、以血缘关系为纽带的宗族结构，是中国传统社区结构最基本特征之一。由于对血缘、氏族关系的高度重视，中国传统社会形成了一套系统的宗法制度的政治伦理学说，形成了封建宗法等级的“礼制”，其核心在于建立了中国传统血缘社区的“位序”（position rank）。这种严密的等级制度和以位序为核心的社区结构是中国传统文化的特质。本章通过对华南及华北一些典型宗族聚落的田野调查，结合人类学和社会学的研究成果，探讨中国传统聚落空间与宗族社区的互动与变迁。

第一节　宗族制度与血缘结构

宗族是父系血缘关系的各个房份、各个家庭在宗法、伦理观念的规范下组成的最基本的社区组织，是传统社会关系中最核心的亲缘结构。宗族制度是在礼法的催生下形成的，它使宗族与社会之间存在着广泛的同构性，宗族结构也就成为社会结构体系在传统聚落中的缩影。

一、祖先崇拜与宗法意识

祖先崇拜是古代社会的一个普世现象。在古希腊和古罗马，祖先崇拜是构成宗教的一个最重要的组成部分，在非洲和亚洲的许多地区，这种宗教崇拜也延续至今。②祖先崇拜是中国文化当中最富于内聚力的一个方面。从民俗文化角度来看，祭祀祖先反映了人们的意识趋向、内心追求和精神寄托。祖先崇拜作为一种潜意识，支配着人们的祭祀行为。祭祀祖先既是中国古代社会的信仰之一，同时也是一种权力，它是社会身份等级的一种标志。这种等级性的权力，体现在通过礼制确定不同身份的人在建筑宗庙和追祭祖先的等级规定上。

① 费孝通. 乡土中国·生育制度［M］. 北京：北京大学出版社，1998：4.
②（英）A·R·拉德克利夫—布朗. 原始社会结构与功能［M］. 丁国勇译. 北京：九州出版社，2007：353.

（一）祖先崇拜与族群意识

在远古，由于人们改造自然能力的低下，自然形成了一个以血缘关系为纽带的聚落，这种相对稳定的人群组织模式的目的是为了能抵抗外来的侵略，求得自身的安全发展。在总结夏商周时期的意识形态历史时，不少学者指出，自然崇拜、祖先崇拜和天地崇拜这三种信仰共同构成了那个时期的思想旋律。但也有人指出，上帝信仰、祖先信仰和天命信仰分别是夏商周三代的信仰内容[①]。宋镇豪在《夏商社会生活史》一书中说："夏商以来所形成的超自然神上帝、天地神祇、祖先神的三大板块式信仰系统，承前启后，成为中国古代固有宗教观念的发展模式。"[②]氏族观念、家族观念，在"神灵"信仰中的突出反映是在血缘关系支配下，认为本氏族、本家族死者存在鬼灵的善灵观念。因此，祖先崇拜的实质是一种灵魂崇拜。在原始信仰中，人们相信祖先死后的灵魂仍然存在，通过祭祀可获得其保佑和恩赐，另一方面，祖先的功德、业绩受到子孙后代的敬仰，两方面的结合使祖先崇拜的信仰日趋强盛。随着社会的进步，人们的鬼神观念日趋淡薄，但祖先崇拜却得到强化，对祖先不再怀有畏惧之心，而是敬仰之情。人们立宗庙、建祠堂，用一套严整的祭祖礼仪来表达对祖先的纪念。

"父权"的组织方式产生于长期的父系氏族社会，它的核心地位以及长期发展来的先天神性，赋予了父系族长特定的权利，也因之确立了宗族内严格的等级制度，即长幼尊卑，这使整个宗族得到了有效、合理地组织。有了这种先天秩序，就具备了行动的统一性，也就有了宗族内部和宗族之间进行社会分工与协调的重要手段[③]。张光直认为，商代的血缘制度并不是后来人们所熟悉的那种"家庭制度"，而是以"族"为单位的，所以，"商制与家系王朝制（家族王朝制）并非相同……在这种制度的社会中，王位仅限于统治阶级，并在统治阶级内部各阶层或各部门之间循环。"[④]这种王位继承制与以建立在血缘制度之上的族裔社群是配合的。曾謇在《食货》杂志上连续发表论文，论述先帮宗法社会形态问题。他认为，所谓宗法社会，实际就是氏族的关系犹存而又发展到了父系家长制阶段的自然产物。父系家长制特征是家族财产共有，它最早出现于周初，宗法社会是伴随分封制产生的[⑤]。氏族通过血缘维系一体，成为拥护"王"的社会基础。在这种情形下，族裔之间的血缘关系就远比单个家庭和家族的内部关系在维护社会稳定和巩固权力方面更为重要，对族裔的祖先崇拜自然就会成为商代社会意识形态的核心内容，并且通过祭祀仪式而得到落实。宗法形态具有以下三个特点：其

---

① 张荣明．殷周政治与宗教［M］．台北：台北五南出版公司，1997；杜而未．中国古代宗教研究［M］．台北：台北学生书局，1983；丁山．中国古代宗教考［M］．北京：中华书局，1953；朱天顺．中国古代宗教初探［M］．上海：上海人民出版社，1982；宋镇豪．夏商社会生活史［M］．北京：中国社科出版社，1994．

② 宋镇豪．夏商社会生活史［M］．北京：中国社会科学出版社，1994：454．

③ 常建华．明代宗族祠庙祭祖礼制及其演变［J］．南开学报，2001（3）：60-67．

④ 张光直．商代文明［M］．毛小雨译．北京：北京工艺美术出版社，1999．

⑤ 曾謇．殷周之际的农业的发达与宗法社会的产生［J］．食货，1935，2（2）．

一，所有制形式表现为家族财产公有制，其管理和分配权由家长操持；其二，继承制度表现为嫡长子承继制；其三，家庭结构表现为一夫多妻制。在这样一种社会组织当中，族裔祖先在相当程度上的确是可以充当后来“天命”所指称的“正统”角色的①。

由商入周，带来了政治形势的极大动荡，也推动了社会意识的变化。台湾学者许倬云指出：“周人以蕞尔小邦，国力远逊于商，居然在牧野一战而克商。周人一方面对如此成果有不可思议的感觉，必须以上帝所命为解；另一方面，又必须说明商人独有的上帝居然会放弃对商的护佑，势须另据血缘及族群关系以外的理由，以说明周之膺受天命。于是上帝赐周以天命，是由于商失德，而周人的行为却使周人中选了。”②周人在某种意义上重新解释了殷商所原有的“天”的概念，重新摆放“帝”、“祖灵”和“天”的位置。“天命”就是在这种重新摆放和放大的过程中提升起来的，“天”不仅包含了人际的内容，和世俗权力挂钩，同时也成为终极追问的话语象征，起着为最高权力的拥有者与承续者进行辩护的作用。这就是周人的受命观念，最终演变成“天命靡常，唯德是依”的政治思想。

祖先崇拜将宗族凝结成一个具有内聚力的社会群体，族群成员的祭祀、敬仰都因此而闪烁着智慧和力量的光辉。祖先崇拜的目的在于维系家族、氏族乃至整个民族的共同利益，有利于调动家族成员、宗族房份之间以及所有成员彼此和睦团结的情感和道德，喻示着宗族往日的辉煌和现实的凝聚及未来的憧憬。所谓“慎终追远，民德归厚矣”，凝练了祖先崇拜的内涵。

（二）“礼”与宗法制度

古代中国社会里，宗族是宗法制度、宗法社会原生体，它作为一种社会组织，出现得非常早，延续得最长久，流传广泛，宗法思想和制度贯注在全部社会结构生活中，宗族社会作用之巨大，是其他社区组织所无法比拟的。《白虎通》云：“宗者，尊也，为先祖主者，宗人之所尊也。”“族者，凑也，聚也，谓恩爱相琉凑，也上奏高祖，下至玄孙，一家有吉，百家聚之，合而为亲，生相亲爱，死相哀痛，有会聚之道，故谓之族。”③在《礼记·大传》中说：“同姓从宗合族属。”也就是说，宗族以父系血缘关系为基础，以姓为源头，以宗为系统，以族为基本单位，同姓未必同宗，同宗必同姓，家则是族的最小单位。研究社区、宗族、祠堂和宗族聚落形态的历史状况，需要由礼制入手。

礼最初的形态是源于远古时代人们的祭祀活动，王国维说，“奉神人之事通谓之礼”。章太炎则说，“礼者，法度之通名，大别则管制、刑法、仪式是也，又

---

① 曾謇. 古代宗法社会当儒家思想的发展：中国宗法社会研究导论［J］. 食货，1937，5（7）.
② 许倬云. 西周史［M］. 台北：台北联经，1993：95.
③（汉）班固. 白虎通义·宗族（中册）［M］.（清）陈立疏证. 上海：商务印书馆，1937：330-333.

说，传曰礼，经国家，定社稷，序人民，利后嗣……一切总归于礼。”[①]在古代社会，礼的基本特点是从行为规范、祭祀仪式、人际交往上对个体所做出的强制性的要求、限定和管理，通过对个体的约束、限制，以维护和保证整个群体组织的秩序和稳定。周代以后，由于统治的需要，出现了较完整的“周礼”。“周礼”融合了“天命”和“血缘”这两重因素，规定了社会等级序列的原则，其影响不仅在政治、意识形态和社会组织方面，对于确立整个中国的宗族制度也是至关重要的。李泽厚认为，礼制是以民间经验性习俗为源头的，“它来源于远古至上古（夏商周）的氏族群体的巫术礼仪，经周公而制度化，经孔子而心灵化，经宋明理学而哲学化，但始终保存了原始巫术的神圣性，成为数千年来中国传统社会的行为准则、生活规范，即所谓的‘礼教’。”[②]

中国古代社会的宗族制度正是在“周礼”的基础上建立起来的。《易经》有云：“有天地，然后有万物；有万物，然后有男女；有男女，然后有夫妇；有夫妇，然后有父子；有父子，然后有君臣；有君臣，然后有上下；有上下，然后礼仪有所错”。这种由天地—万物—男女—父子—君臣上下的推理演绎，是自然—人—社会的关系缩影，赋予了家庭在社会人伦礼仪关系或说尊卑位序中的核心地位以及枢纽作用，这种由自然而人、由人而社会的思想衍生了中国传统文化中的家族宗法制度以及家国体系。

（三）宗族制度沿革

尽管对与宗族制度的起源说法不一[③]，对中国古代宗族发展的历史分期也有多种划分方式，[④]但在这些划分中，宋代是一个分水岭，宋元以后，中国的宗族发生大规模由血缘群体向社区组织转变的过程，宗祠、族产、族谱的产生和完善

---

① 章太炎．检论·礼隆杀论［M］//刘梦溪．中国现代经典·章太炎卷．石家庄：河北教育出版社，1996：185.

② 李泽厚．历史本体论·己卯五说［M］．北京：生活·读书·新知三联书店，2003：55.

③ 在宗族起源上，王国维于1917年发表了著名论文《殷周制度论》(《观堂集林》卷10)，断定商人无宗法制与嫡庶制。而胡厚宣在《殷代婚姻家族宗法生育制度考》(《甲骨学商史论丛初集》，齐鲁大学国学研究所系列，1949年）中根据商晚期康丁后已传位于长子，提出宗法在殷代已萌芽。

④ 例如陶希圣在《婚姻与家族》一书中（商务印书馆，1934版）论述了宗法及宗法之下的婚姻、妇女及父子，大家族的形成、分解、没落，提出家族制度的分期说：（1）西周到春秋是宗法时代；（2）战国到五代是亲属组织的族居制度；（3）宋以后渐变为家长制的家族制度；（4）20世纪为夫妇制之家族制度。徐扬杰认为中国宗族的发展经历了四个阶段：（1）原始社会末期的父系家长家族；（2）殷周时期的宗法式家族；（3）魏晋至唐代的世家大族式家族；（4）宋以后的近世封建家族（徐扬杰著《中国家族制度史》人民出版社，1992版）。常建华《宗族志》(上海人民出版社，1998版）一书，全面系统地论述了中国宗族制度的基本内容，在宗族祭祖制度、宗族结构、族谱的形态及演变、族学、国家与宗族的关系方面进行的研究，将中国宗族制度的演变分为：（1）世族宗族制；（2）士族宗族制；（3）科举制下祠堂族长宗族制；（4）近现代社会巨变中的宗族制度四大阶段。还有学者认为经历了五个阶段：（1）先秦典型宗族制；（2）秦唐间世族、士族宗族制；（3）宋元间大官僚宗族制；（4）明清绅衿富人宗族制；（5）近现代宗族变异时代（冯尔康著《中国宗族社会》浙江人民出版社，1994版）；还有很多学者根据不同的侧重点有其他的分法。

是这一转变过程的标志[①]。李文治从土地关系入手分析了宗法宗族制在不同历史时期的形式和性质，将中国古代宗法宗族的发展变化划分为三个阶段：上古西周时期，在封建领主制下实行爵位与地权合一的宗子类型宗法制；中古时期，包括东汉魏晋南北朝至唐代中期，在门阀世族地主经济制约下出现严格等级性宗法宗族制；封建社会后期主要是明清时代，伴随封建土地关系的松懈，宗法宗族制逐渐推行于庶民之家，宗族组织变成封建社会的基层社会组织。他特别将宋代作为由前者向后者过渡的时期。他认为封建社会时期，宗法宗族制的发展变化为封建土地关系的发展变化所制约[②]。应该说，宗族制度的分期和中国社会历史分期有着紧密的关联性，而这种分法正好与史学界“唐宋变革”的提法对应起来[③]。

中国古代宗族祭祀的礼制以《礼记》王制、祭法两篇为经典，宋以降对祭祖礼俗的讨论，以朱熹《家礼》对后世宗族的影响最大。《家礼》主记“冠”、“婚”、“丧”、“祭”诸礼，大抵自《仪礼》、《礼记》节录诠释，按类系事，事下为论辩，多引古事证之，进而为律例，以申法度，警示后人。明代的士大夫中，有些人把朱熹《家礼》作为宗族祠堂祭祖的蓝本。明尚书陈俊在《蔡氏祠堂记》中说：“古者大夫士之家祭于庙，庶人无庙祭于寝。三代而后庙祭废，至宋程子修礼，略谓家必有庙，庙必主；朱子损益司马氏《书仪》，撰《家礼》，以家庙非有赐不得立，乃名曰‘祠堂’。故君子将营宫室，先立祠堂于正寝之东以祀先，光孝思也。”[④]肯定朱熹的祠堂之制，认为《家礼》可以“光孝思”。共同祖先维系的血亲关系，是宗法制度建立的基础，是维系宗族统一，以达到宗族集体利益最大化的关键，人们的一切行为都围绕这个核心展开。

明代中叶以后，激烈的社会变迁加深了民间家族加强内部控制的紧迫感，而商品经济的发展，又为家族组织的建设提供了一定的经济基础。于是，民间家祠的规模和数量都不断扩大。清朝雍正的《圣谕广训》第二条及乾隆年间对祭产、义田和宗祠的保护条例（1765年）都推动了民间宗族的形成。雍正四年（1726年）清政府设族正，政权和族权直接结合，此后，各地城乡设家庙之风大盛，这种一宗一族之庙又称为宗祠、祠堂，后来祠堂之称逐渐代替了家庙。

① 林济．论近世宗族组织形成的历史条件与总体历程［J］．华南师范大学学报：社会科学版，1996：62-68.

② 李文治．中国封建社会土地关系与宗法宗族制［J］．历史研究，1989（5）．

③ 张其凡．关于“唐宋变革期”学说的介绍与思考［J］．暨南学报：哲学社会科学版，2001（01）；张国刚．“唐宋变革”与中国历史分期问题［J］．史学集刊，2006（01）．

④ 郑振满，（美）丁荷生．福建宗教碑铭汇编·兴化府分册［M］．福州：福建人民出版社，1995：113.

二、宗族的核心要素及宗族结构

宗法等级制度是中国古代社会的一块基石，它早在以西周为代表的中国奴隶制社会中就已确立。宗族是一个有确认的共同祖先、统一的祭祀仪式、共同的财产，并可分家族、房份、支系等组织系统的继嗣团体。宗族观念在中国历史上源远流长，西周、春秋时简称“宗”，中国史学家陈寅恪早在1919年就指出：“中国家族伦理之道德制度，发达最早。”①

（一）宗族的核心要素

左云鹏在20世纪60年代提出族权要素是祠堂、族产、族规和族长，指出宋元时代已有把祠堂和祭田相结合的事实，族权在明中后期完备，士民不得立家庙的禁限在明中期被打破，到清代宗族组织已经极为普遍。太平天国兴起，族权就更普遍地和政权直接结合在一起了②。确认的血统、统一的仪式、共同的财产和家族、房份、支系的组织系统，是宗族与其他形式的血缘组织区别开来的重要因素③。陈其南提出“狭义的宗族团体”的三个要素：其一为聚居的条件，透过共同之社会宗教、经济和防卫等活动，形成一个“地域化”的父系血缘关系；其二，因族产或宗祠的建立，形成一个法人共同体（corporate group）；三为族谱的修撰，族谱本身就是宗族集体意识的具体化④。他把宗族的共同社会活动作为宗族的要素之一，是具有创见性的。

总的来说，明清以后，随着宗族制度的完善，宗族大都围绕宗祠、族产、族谱和共同的活动等四个核心运转。明清民间宗祠的规范化可以上溯到朱熹所著的《家礼》；范仲淹所设的义庄开创了族产的先河；苏洵的苏氏谱和欧阳修的欧阳氏谱则被视为后世族谱的范本⑤。三者的关系古人有清晰论述：“祠堂者，敬宗者也。义田者，收族者也。祖宗之神依于主，主则依与祠堂，无祠则无以妥亡者。子孙之生依于食，食则给于田，无义田则无以为保生者。故祠堂与义田，原并重而不可偏废者也。”⑥正是这三者的结合，形成了宋代以来的中国民间宗族制度。

1．宗祠

宗祠是维系宗族的礼仪场所，也是宗族的权力中心。毛泽东指出“族权”是

① 冯尔康．中国古代的宗族与祠堂［M］．北京：商务印书馆，1996：5.
② 左云鹏．祠堂族长族权的形成及其作用试说［J］．历史研究，1964：5-6.
③（美）华琛．中国宗族再研究：历史研究中的人类学观点［J］．广东社会科学，1987（2）.
④ 陈其南．家族与社会［M］．台北：联经出版事业公司，1990：219.
⑤ 王思治．宗族制度浅论［M］//中国社会科学院历史研究所．清史论丛（第四辑）.中华书局，1982.
⑥ 张永铨《先祠记》，见《皇朝经世文编》卷66·礼政十三·祭礼上．引自郑德华．清代广东宗族问题研究［J］．中国社会经济史研究，1991（4）：7.

"由宗祠、支祠以至家长的家族系统"构成[①]。中国传统社会以血缘为主要坐标展开的千丝万缕的宗族关系，其结点就是宗族的象征——宗祠。清代学者赵翼在《陔馀丛考·卷三十二》中追溯宗祠的历史沿革，他指出："今世士大夫家庙曰祠堂。按三代无祠堂之名。东坡《逍遥台》诗自注云：庄子祠堂在开元，此或后人因其葬处为之，非漆园时制。然王逸序《天问》云：屈原见楚先王之庙及公卿祠堂，画天地山川神灵奇诡之状，因书壁而呵问之。则战国末已有祠堂矣。《汉书》张安世及霍光传：将作穿复土起冢为祠堂。其时祠堂多在墓地，故司马温公谓汉世公卿贵人多建祠堂于墓所，在都邑则鲜，如成都外诸葛祠堂，盖一二而已。《光武纪》：建武十七年冬，幸章陵，悉为舂陵宗室起祠堂。因谒陵而起祠堂，则亦或在墓也。《后汉书》：巴郡太守在任十七年，得夷人和，既卒，夷人爱慕，送其丧归。诏书嘉美，为立祠堂。又清河王庆欲为母宋贵人作祠堂，不敢上言，常以为没齿之恨。《魏略》：明帝东征，过贾逵祠，诏扫除祠堂，有穿漏者补治之。《北史·崔士谦传》：士谦为荆州刺史，及卒，阖境痛惜之，立祠堂，四时祭亭。《周书》：司马裔卒，家室卑陋，丧庭无所，乃诏为起祠堂。此则不在墓所，然其时尚沿祠堂之名。唐以后，士大夫各立家庙，祠堂名遂废。若唐世所传家庙碑、先庙碑之类，罕有名祠堂者。《宋史·宋庠传》：尝请复群臣家庙，曰：庆历元年赦书，许文武官立家庙，而有司不能奉行，因循顾望，使王公荐享，下同委巷，请下有司论定施行。王曙亦奏请三品以上立家庙，复唐旧制；文彦博亦请定群臣家庙之制。苏颂曰：'大夫士有田则祭，无田则荐。今不能有土田，请考唐人寝室燕飨仪，止用燕器常食。'皇佑中遂着令臣下立庙。是其时亦未以祠堂为名。近世祠堂之称，盖起于有元之世。考《元史》仁宗建阿术祠堂，英宗建木华黎祠堂。朝廷所建，亦以为名，则士大夫私庙可知矣。"尽管祠堂之名各异，溯其根源久远矣。

宗祠是基于宗法制度的确立而产生的，并作为宗法制度的物质象征而被赋予了重大意义。《礼记·曲礼下》即有对宗祠的论述："君子将营宫室，宗庙为先，厩库为次，屋室为后"，然彼时得立宗庙者仅限于贵族。北宋以降，士族门阀制度日渐没落。在朱熹、程颐等人的倡导下，士大夫阶层立家庙祭五世祖乃至始祖者日众。明嘉靖世宗皇帝朱厚　为"朕皇考亲弟兴献王长子"，"嗣皇帝位"后如何崇祀其生父的问题引发朝廷"大礼议"，由此带来皇室宗庙制度的改革，并放宽官民祭祖的规定[②]。明嘉靖十五年（1536年）十一月乙亥"增饰太庙，营建太宗庙，昭穆群庙，献皇帝庙成。"[③]在这宗庙告成之时，礼部尚书夏言上疏《请

① 毛泽东．毛泽东选集（合订本）[M]．北京：人民出版社，1968：31.
② 常建华．明代宗族祠庙祭祖礼制及其演变[J]．南开学报，2001（3）.
③ 明世宗实录[M]．台湾研究院史语所校印本：卷一九三，嘉靖十五年十一月戊午.

定功臣配享及令臣民得祭始祖立家庙疏》[①]，疏列“三议”，即“定功臣配享”、“乞诏天下臣民冬至日得祭始祖”、“乞诏天下臣工建立家庙”，朝廷进行民间祭祖礼制改革，因此有了“联宗立庙”的习俗。这就是日本学者井上彻称之为“宗族形成运动”[②]的开端。

近世的很多宗族祠堂的建筑形制受到《家礼》的较大影响。明代祠堂家庙制度主要依据《家礼》，如嘉靖初年林俊在《永思堂记》中说：“我国家稽古定制，仿《仪礼》而准程朱，易庙以祠，世品官四、士二，制中为堂，堂之外为门，夹以两阶，缭以周垣，遗书祭器有库，丽牲有所，别为外门，加锔闭焉。其严其慎如此，而犹有若诸侯无国、大夫无邑之论者，是又未可以言礼矣。宪伯君再命为大夫，礼得以立三庙，而同堂异室，又不越居今之制，所谓顺也。”[③]成化时黄仲昭的《和美林氏祠堂记》介绍该祠：“祠之制，中堂四楹，翼以二室，室之前为廊，以周门庭，庖库、祭器悉具。”[④]

2．族产

族产又叫祖尝、尝产、蒸尝，是维系宗族的经济基础[⑤]。与古代中国农业社会相适应，多数宗族的族产以族田为主，常称“义田”或“祭田”，其他产业类型还有铺肆、码头等，在南方一些由地方绅衿开设的墟市往往也是某些宗族的族产。

3．族谱

族谱是维持宗族的制度文献，在记录世系表之外更重要的是记录了家训和族规。随着生产力水平的提高、社会政治制度的完善，也增加了其中的内容而逐渐形成了一整套完整的谱牒制度。相传荀子就曾编著《春秋公子血脉谱》。但是直到宋代以后，庶民家谱方逐渐普遍，到了明清时代，乃至泛滥[⑥]。谱牒之制的实物载体——家谱则显得尤为重要，族谱中明长幼、辨亲疏无疑是族谱最为重要的作用之一，往往也是篇幅最长、着墨最多的部分，因而，可以在同族人的心目中

---

① （明）夏言．夏桂州先生文集［M］．北京大学藏明崇祯十一年吴一璘刻本（十八卷年谱一卷）：卷一一．

② （日）井上彻．中国的宗族与国家礼制：从宗法主义角度所作的分析［M］．钱杭译．上海：上海书店出版社，2008：111.

③ 郑振满，（美）丁荷生．福建宗教碑铭汇编•兴化府分册［M］．福州：福建人民出版社，1995：153.

④ 郑振满，（美）丁荷生．福建宗教碑铭汇编•兴化府分册［M］．福州：福建人民出版社，1995：109.

⑤ 范仲淹设置“义田”的目的是为了赡济族人，用经济的手段缓和宗族内部的矛盾，达到收族的目的。族产后来的目的扩大为“上供祀事，下育子孙”——祭祀和裕后，但是族产的作用不止于此。据研究，清代广东族田的作用有：（1）完纳国课；（2）祭祀祖先；（3）赡养族人；（4）帮助族人受教育；（5）储粮备荒；（6）兴办族中公益事业等。参考刘美新．清代广东族田的作用及其社会影响［J］．广东史志，2000（04）：11-17.

⑥ 刘黎明．祠堂、灵牌、家谱：中国传统血缘亲族习俗［M］．成都：四川人民出版社，1993：155-156.

深深打上辈分与房份的烙印，使他们无须翻动族谱就会对长幼、房派有明确的认识。“族谱之义，其大经大法之所系，审异同之归，明亲疏之派，列尊卑崇爱敬笃，亲亲之思也。”[①]这种敬宗收族的谱牒制度是与以儒家思想占统治地位的封建社会相适应的，是在国家的法令、规章以外，作为传统社会的基层管理工具。族谱与祠堂、族产共同构成宗族的有形资产，成为同宗族群在不同场合的认同标记。

相比之下，南方宗族习俗更为浓厚，因而也更重视族谱的修订。清末学者钟琦在《皇朝琐屑录》中说：“蜀、陇、滇、黔诸省于谱牒茫然不解，殊属疏漏鄙俗，亮着、两江、两湖诸省，崇仁候，联涣散，各村族皆有谱牒。”指出了长江中下游地区由于经济文化较为先进，在家族之史的修治方面取得较大成绩[②]。

4．共同活动

宗族的核心要素除了宗祠、族产及族谱等物质要素之外，很重要的一点是需要有共同的宗族活动以促进宗族成员之间的交往与互动，以保证宗族组织和功能的正常运转。林耀华通过对义序黄氏宗族的考察，将宗族社区的共同活动归纳为四项：宗祠祭祀、迎神赛会、族政设施和族外交涉[③]，具有一定的普遍意义。宗祠祭祀包括族产的管理、祖先祠祭和始祖墓祭等方面，列居首位，为宗族活动中参与面最广的事务。近世的很多宗族祭祀活动也受到《家礼》的较大影响。《蔡氏祠堂记》说该族：“仿文公《家礼》，出入必告，正至、朔望则参，俗节则献以时食，有成则告。”[④]《和美林氏祠堂记》也介绍该祠：“朝暮必参，朔望必谒，四时有祭，俗节有献，有新则荐，有事则告。上以致隆于祖考，下以士法于子孙，其仁孝之心不亦可尚矣哉！”[⑤]与《家礼》中的祠堂之制相符。

迎神赛会与民间信仰有关，参与性更为广泛，但是在宗族聚落中一般以宗族为单位，是宗族聚落中的另一项主要的共同活动，而族政设施和族外交涉则主要由宗族头人或乡绅主持。当然，不同的宗族组织会有一些不同的活动，明武宗正德年间（1506~1521年），方豪思所作《郑氏祠堂记》也记载，该祠除了冬至祭始祖、立春祭先祖，“而又元旦、中元、元宵、除夕、朔望、忌日之以时告，而又冠婚、丧葬、焚黄、生字、远出、远归以事告，而又祀田之出入、祀品之罗设、祀仪之周折、祀章之裁创、宗誓之丁宁，纤细不遗，称量举当，其制可谓

① 宋代《南海平地黄氏家谱序》，见《南海平地黄氏族谱》卷1序，南海平地黄氏同乡会有限公司，1995.
② 吴必虎，刘筱娟．景观志［M］．上海：上海人民出版社，1998：321.
③ 林耀华．义序的宗族研究［M］．北京：生活·读书·新知三联书店，2000：49-61.
④ 郑振满，（美）丁荷生．福建宗教碑铭汇编•兴化府分册［M］．福州：福建人民出版社，1995：113.
⑤ 郑振满，（美）丁荷生．福建宗教碑铭汇编•兴化府分册［M］．福州：福建人民出版社，1995：109.

定矣。”①

各项宗族共同活动以谱系原则为纽带，将众多房份、支派凝聚成一个社会共同体，在遵守长者尊、幼者卑的这种道德准则基础上，怀着“一荣俱荣，一损俱损”的思想而建立起来的自己的家园，既结构明晰、亲疏有别，又能密切联系、相互关照，成为一个井然有序的宗族聚落。

（二）宗族结构的层次

家族与宗族是一对既紧密关联又有所区别的概念。家族是以血缘关系为基础，由若干家庭构成的基本社会群体，一般是具有同一血统的五代人生活在一起，这是和古代的五服制和“五世则迁”相关联的。家庭是最基本的、最单一的亲子结构。宗族则是指同一男性祖先的子孙后代，绵延万世，按照一定的行为规范、组织原则结合而成的社会组织形式。一般来说，“宗是一个排除了女系的亲属的概念，即总括了由共同祖先分出来的男系血统的全部分支就是宗”②。宗族的内部组织和结构形态都大于家族，按照宗族的层级依次为：家庭——家族——房族——宗族。在明清以后，家族与宗族这对概念在日常交流及学术研究中往往交错出现。

英国著名人类学家莫里斯·弗里德曼（Maurice Freedman）认为宗族的发展实际上包括了分衍（fission）与融合（fusion）两个反方向的过程③。当聚居于某一处的父系团体扩张到一定程度，或受自然环境的限制，或受利益的驱使等因素而无法继续聚居一起时，自然会在别处寻找新的住居地，而这里可能形成新的祭祀族群，因此形成一个新的高层次或分散的宗族聚落。反之，如果有一显赫的房份单位，为了光宗耀祖，则可能“倡首”捐资，以建立祭祀公产，对业已解体或松散的宗族组织重新进行整合，使其凝结于同一公产之下，形成一较完整的宗族组织。故分衍与融合过程并不相冲突。分衍与融合并行，是宗族发展中两个相互对立又相互转化的过程。

从宗族结构来说，宗族的血缘重视其历史延续性，纵向父系血缘支派的分衍是宗族结构中的主轴，即所谓“子子孙孙，无穷匮焉”。林耀华在《义序的宗族研究》中曾把宗族组织结构分为族长—房长—支长—户长—家长五个层次④，与家族的五服制相契合（图2-1，图2-2）。但是，根据他对房与支的区分，房与支只是相对而言，在层级机构中，它们同属于中间层级；而“家以灶计，户则以住屋计”，这种划分是针对如义序这样的独户式民居而言的。应当看到，不同的住

① 郑振满，（美）丁荷生. 福建宗教碑铭汇编•兴化府分册［M］. 福州：福建人民出版社，1995：145.
②（日）滋贺秀三. 中国家族法原理［M］. 张建国，李力译. 北京：法律出版社，2003：15.
③（英）Maurice Freedman. Chinese Lineage and Society［M］. London: Athlone Press，1966.
④ 林耀华. 义序的宗族研究［M］. 北京：生活·读书·新知三联书店，2000：73.

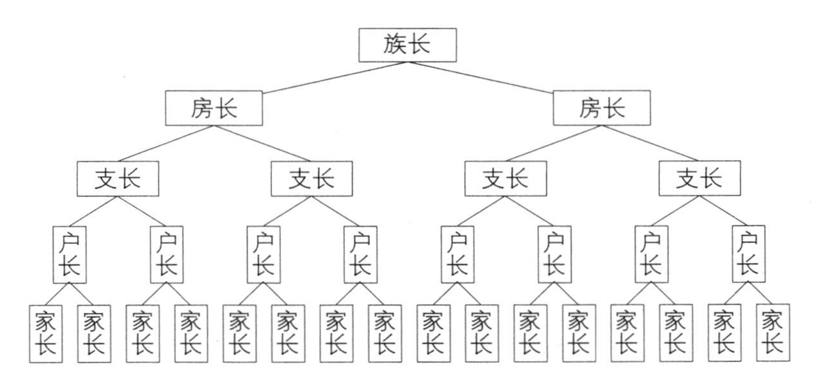

图2-1　宗族结构组织示意图
（资料来源：林耀华. 义序的宗族研究，2000：82）

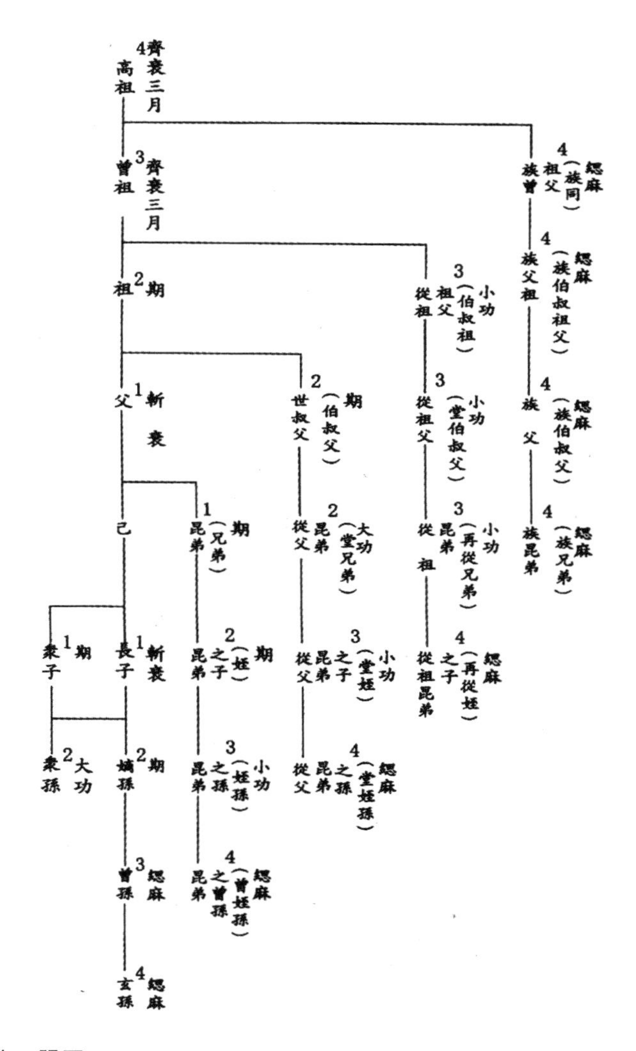

图2-2　本宗九族五服图
（资料来源：杜正胜. 传统家族试论［G］//黄宽重，刘增贵. 家族与社会. 北京：中国大百科全书出版社，2005：3.）

屋类型有着不同的家户概念，对于如土楼这样合族而居的宗族就不适用了。而且，从长远来说，数家人合住一住屋只是权宜之计，当他们经济状况好转时，总是要自建房屋的，因而，在聚落形态研究中，可以“家”与“户”当作一个层级看待。

因此，作为一种扩大化的血缘组织，宗族纵向结构可以分为三个层次：宗族—房份—家庭。宗族结构就如一棵大树，树干即开基祖，是一个地方宗族的主干；各个房份犹如枝杈，枝杈不断又分化出新的树枝；家庭是一种最紧密最基本的社会单元，是宗族结构的最小单位，即树叶。“房份”首先是兄弟之间互相区别的称谓。众房又涉及他们的根基，即“儿子为父亲的一房”①。“房”的横向扩展和纵向延伸就是一个立体网络的张开，一个宗族就是在这张网络上发展起来的②。可以看出，“房份”在宗族结构中至为关键，是宗族发展的前提，一个世代单传的支系很难形成宗族，在聚落发展中也很难形成规模。因此，《尔雅·释亲》称：“父之党为宗族。”若干个房份同出一源，加之共同占一地域，便形成宗族聚落。

另一方面，宗族血缘关系在社会结构中又不是孤立的，古代就有“三族”的说法。《大戴礼记·保傅》中载：“三族辅之。”卢辩注：“三族，父族、母族、妻族。”《庄子·徐无鬼》也说：“夫与国君同食，泽及三族，而况父母乎!”成玄英疏：“三族，谓父母族、妻族也”。当然，“三族”还有其他的解释，在此不表。父族、母族、妻族，这是宗族结构中相关联的横向副轴。宗族中的家庭之间，在处理宗族事务过程中，总是互相表现为支配与被支配、主要与次要的关系。通过宗族的纵向血缘和横向亲缘关系，一个宗族可以将自己的势力范围扩大到极致，将宗族的社会作用发挥到极限，为宗族的发展奠定坚实的基础。这就是“孝悌”的道德情感超越家庭自然血亲伦理关系，转化为普通社会伦理关系的过程。宗族制度以其严谨的组织结构，实现了宗族社区的凝聚与整合，也是聚落发展内在动力。

第二节　宗族结构与传统宗族社区

宗族的基本单元是家庭和个人，而血缘则是牵系彼此关系的主要因素；家庭的组成、宗族的延续、族群的关系、人口组织的结构、聚落空间的成形、聚落与自然环境的关系、种族意识的传承，这样一连串的连带关系及变化因素与传统社区的发展也息息相关。20世纪30年代，中国早期社会人类学者开始尝试用社区的

① 陈其南．房与传统中国家族制度：兼论西方人类学的中国家族研究［J］．汉学研究，1985，3（1）：127.

② 何国强．广东三个客家村社的宗族组织之发展与现况［G］//民族学研究所资料汇编．第14期．台北：中央研究院民族学研究所，1999：49.

视角观察中国社会。1935年，吴文藻曾说："'社区'一词是英文community的译名。这是和'社会'相对而称的。我所要提出的新观点，即从社区着眼，来观察社会，了解社会……社会是描写集合生活的抽象概念，是一切复杂的社会关系全部体系之总称。而社区乃是一地人民实际生活的具体表词，它有物质的基础，是可以观察的。"①这种基于地域性的社区研究方法，对于建筑学的宗族聚落研究，仍具有启发意义。

一、社会族群与宗族的延续

族群意识的传承，首先必须对族群维系的因素加以定位，而后就族群意识再予讨论。婚姻制度与亲属关系是家庭组成的两大主要因素。通过这两个主要途径，家庭得以扩张为家族，进而扩大为社区，使集聚的族群成为聚落的主体。宗族制度与亲属关系的延续，扩张了宗族的组织与关系，随着整个制度的推演与大量劳力需求、宗族人口分衍增长，加上社会生产力的提升，使宗族得以扩大，宗族结构与宗族意识也随之更形稳固，这是农耕社会赖以延续的宗族传承。

主要的族群维系因素，在早期西方社会里影响最深远的宗教信仰，在农业社会里则是宗族和土地，这两种族群的组成与意识的传承，对聚落的聚集与空间的组成有实质且具体的影响。在农耕社会里，所谓的利益关系多为土地纷争与水源地的争夺；而因宗教因素、交易纷争或政治因素者，则发生在组织更庞大精密、发展更先进的社会关系中。

相互依存与利害得失的关系推动族群的聚集或背离。族群间的互动行为与交易规则在社会竞争中自为形成相互牵制的动态平衡体系。在族群之间，相同利益者自然聚集而形成利益共同体；而利益关系相左者，疏离的关系与冲突随之而来，从而产生族群背离。如此的牵制与互动使族群的互动更为频繁、关系愈加繁杂。

在中国传统社会网络中，血缘宗族是最重要的族群之一，其次是因利益关系而造成的族群，另外一个族群更庞大、影响更长远则是宗教因素；虽然宗教因素在中国历史的发展中不如宗族因素影响深远，在宗族血缘的延续与世代传承的过程中，集体意识和价值观也在潜移默化中随着日常生活与随机教育中慢慢形成。尤其是当另有一相对抗衡的族群集体意识和价值观时，自我的族群意识在此时会更加被强化并加以区别，以巩固自我的族群意识，达到团体的共识与认同。

随着聚落社会发展的变化，政治、文化、经济等多元化的发展，带动另一种更细密的族群意识的形成。中国人对宗教可以不那么热烈和专注，但是对祖先则

---

① 吴文藻．现代社区实地研究的意义和功用［M］//丁元竹．社区研究的理论和方法．北京：北京大学出版社，1995：125-128.

有着无限的敬仰和一种本能的内心折服与归属感。族群意识的传承透过宗族教养、宗教信仰、学校教育、团体意识的刻意主导或潜移默化之下，日渐强化了族群意识的形成与传承。在此聚落的聚集与空间场所的组成时，也为了达到族群传承的目的，而形成特定的空间场所与组织形态。这些种种的因素，都是空间场所形成背后的社会意义，它应该是在探讨空间形态构架前先被研讨的前提。历史学家吕思勉也说："盖古代社会，抟结之范围甚隘。生活所资，惟是一族之人，互相依赖。立身之道，以及智识技艺，亦惟持族中长老，为之牖启。故与并世之人，关系多疏，而报本追源之情转切。一切丰功伟绩，皆以传自本族先世之酋豪。而其人遂若介乎神与人之间。以情谊论，先世之酋豪，故应保佑我；以能力论，先世之酋豪，亦必能保佑我矣。凡氏族社会，必有其所崇拜之祖先。以此，我国民尊祖之念，及其崇古之情，其根荄，实皆植于此时者也。"①

群聚是人类的天性，所谓"物以类聚，人以群分"，中国传统社会的群聚现象通常是建立在相同血缘的族群关系之下。明代大儒方孝孺在《童氏族谱序》中强调"孝弟忠信以持其身，诚恪祠祭，以奉其祖，明谱牒，叙长幼亲疏之分，以睦其族，累世积德，以求无获罪于天"（《逊志斋集》卷13），这种用孝悌忠信的伦理观念，达到宗族族群间的和睦，正是社区得以存续的原动力，也是理解聚落形态的一把钥匙。

二、宗族活动与社区整合

早期聚落形态比较简单，其成形过程与地理因素密切相关，但随着社会组织形式日趋复杂，人文因素日愈重要，聚落的社会性、经济性，乃至政策性与历史的变迁等方面日渐成为聚落研究不可忽视的因素。受到功能主义影响，人类学者林耀华对福建的义序黄姓宗族进行了田野调查，并撰写了学位论文，开辟了认识中国宗族与乡土研究的新视野。1936年他发表《从人类学的观点考察中国宗族乡村》，提出研究宗族的新方法，他指出："宗族乡村乃是乡村的一种。宗族是家族的伸展，同一祖宗繁衍而来的子孙称为宗族，村为自然结合的地缘团体，乡乃集村而成的政治团体；今宗族乡村四字连用，乃采取血缘与地缘兼有的团体的意义，即社区的观念。"②林耀华把宗族作为一个功能团体，从祠堂入手探讨了多方面的作用，"特别注意于功能的结构，由此窥见各方面的关系"。他从探讨家族到宗族的结构把握宗族，并深入家族背景下的个人生活，以认识个人地位和家族结构甚至和宗族结构的关系。这在宗族聚落研究中具有方法学的意义，它表达的是一种从学理上通过"社区的观念"来认识宗族地域社会的研究过程。

① 吕思勉. 先秦学术概论［M］. 北京：中国大百科全书出版社，1985：5-6.
② 林耀华. 从人类学的观点考察中国宗族乡村［J］. 社会学界，1936，9.

与宗族相关的一系列活动，如宗祠建设、族谱编纂、定期性祭祀、义塾设置，以及族人救济等，很大程度上对宗族社区的整合起到重要作用。在历史上，通过宗族活动整合族群的例子屡见不鲜。北宋范仲淹所设立的苏州义庄，堪称宗族社区整合的典范。苏州范氏宗族始于范隋（幽州良乡县主簿）为躲避唐末战乱而移居苏州吴县。至皇祐元年（1049年），范仲淹出任杭州知府，买下吴县、长洲两县水田十余顷，作为义田，设立义庄以收其宗族，设义学以教其族裔，“教养咸备，意最近古”[①]。皇祐二年（1050年）范仲淹初定《义庄规矩》，治平元年（1064年），义庄规矩得到皇帝的敕许[②]。此后，范氏后人还增置“祭田”，数量之巨，史无前例，其收入之丰，已远远超出祭祀之所需。因此，日本学者清水盛光推测，该“祭田”收入盈余应该与义田一样用于“宗族赡养”[③]。义庄的设立，无疑为族群整合奠定的经济基础；《义庄规矩》的制定与屡次修订，又为社区整合确立了制度保障；义学的设置及向科举应试者提供援助又为宗族的兴盛提供了社会资源保障，反过来又强化了宗族的归属意识和认同感。苏州范氏自范仲淹以后的200余年间，尽管历经世局动荡与政权更替，仍然维持着义庄，并保持着名门望族的典范地位，以至于其后的士大夫纷纷效仿，南宋刘宰的《希墟张氏义庄记》记载：“近世名门鲜克永世，而范公之后独余二百年，绵十余世而泽不斩也。自公作始，吴中士大夫多仿而为之。”[④]

宋代的理学家提倡宗法制度的庶民化，把原来适用于王家贵族的“敬宗收族”意识形态改造成适用于社会各阶层的行为规范，可惜随着元朝的建立，统治者采取族类等级的民族政策，阻碍了宗法制度庶民化的推行。14世纪末，明朝建立后，理学重新成为中国政治话语的焦点。为了加强基层社会的控制，明政府于洪武十四年（1381年），建立黄册制度，“诏天下府、州、县编制赋役黄册”[⑤]。作为黄册制度的基础和重要环节的里甲制度也相应建立，“以一百一十户为里。推丁粮多者为之长。余百户为十甲，甲凡十人。岁役里长一人，管摄一里之事。城中曰坊，近城曰厢，乡都曰里。凡十年一周，先后各以丁粮多寡为次。每里编为一册，册首总为一图。鳏寡孤独不任役者，则带管于百一十户之外，而列于图后，名曰畸零。册成一本。”[⑥]这种以家户为单位的赋役制度，客观上推动了累世聚居的局面的形成，也推动了宗法制度庶民化的进程。日本学者片山刚通过对清代广东宗族的考察，特别关注里甲（图甲）制度与宗族之间的内在联系。他指出，广东社会的“甲”是建立在同族组织对族人的支配基础之上，而“图”则是

① 范文正公集·卷13·太子中舍致仕范府君墓志铭。
② 范文正公集·义庄规矩。
③（日）清水盛光．中国族产制度考［M］//井上徹．中国的宗族与国家礼制：从宗法主义角度所作的分析．钱杭译．上海：上海书店出版社，2008：11.
④（日）井上徹．中国的宗族与国家礼制：从宗法主义角度所作的分析．钱杭译．上海：上海书店出版社，2008：61.
⑤ 韦庆远．明代黄册制度［M］．北京：中华书局，1961：23.
⑥ 明会典·卷二十一，文渊阁四库全书电子版［DB］．迪志文化出版有限公司，2005.

这类同族组织的联合体[①]。

费孝通指出，“血缘是稳定的力量。在稳定的社会中，地缘不过是血缘的投影。”“地域上的靠近可以说是血缘上亲疏的一种反映……我们在方向上分出尊卑；左尊于右，南尊于北，这是血缘的坐标。”[②]这种血缘的坐标，通过一系列宗族活动和潜在的营造法则，物化在聚落形态之中，反过来也濡染着当地居民的认识与意识。

第三节　宗族结构对传统聚落的影响

聚族而居的传统村落，宗族、血缘理所当然地成为维系人际关系的纽带。聚族而居的聚落环境以血缘宗族为主干派生邻里，建立人与人之间的人际关系、房份与房份之间的族群关系、个人与社会之间的群体关系，成为传统聚落环境文化景观形态构建的支撑。以宗族文化为核心的物化模式构建了宗族社区的意象图式，树立了情感凝聚的家园精神，对传统聚落形态产生了深刻的影响。

一、宗族制度与传统聚落

（一）宗族与聚落

宗法伦理观念统治着人们几千年之久，极其深刻地影响着人们生活的各个方面，这种观念和意向对中华民族共同意识的形成具有深远的影响，对中国文化的长期延续的过程有着不可低估的作用，对民居宅院的布局和聚落景观的形成，产生了很大的作用。

从现有的各地聚落实例来看，宗族制度对传统聚落的影响十分广泛。这种一个或数个血缘共同体居住、生产、生活的空间，以血缘关系为纽带的聚居形态，我们称之为宗族聚落。宗族聚落是一个合成词，是由血缘与地缘结合而成的社会基层单元，中国传统宗族聚落不仅是一个地域空间的概念，同时也是宗族制度在居住文化上的物化形式。那么，宗族制度到底对聚落形态有些什么影响呢?

首先，宗族聚落是宗族制度的物化表现，聚落的发展离不开宗族制度的约束。昔日，人民之法律概念淡薄，族训家规不啻为族人生活行为之最高准则。这是一种区别于现代法理社会的礼法，是一种草根的、为人们熟知的，甚至在人们潜意识中所遵从的道德规范，它渗透在生活的各个方面，形成社区族群的集体意

① （日）片山刚. 清末広東省珠江デルタの図甲表とそれをめぐる諸問題：税糧・戸籍・同族［J］. 史學雜誌，第91编第3号，1982：464-503；（日）片山刚. 清末广东珠江三角洲地区图甲表与宗族组织的改组［M］//叶显恩. 清代区域社会经济研究. 北京：中华书局，1992：498-509.

② 费孝通. 乡土中国［M］. 上海：生活・读书・新知三联书店，1985：72.

识。在长期的农耕社会中，宗族制度为人们所严遵恪守，并物化在聚落形态和民居建筑之中。

其次，作为宗族结构的主要构成单元的"房份"，对宗族聚落形态产生重大的影响。不同的房份，往往形成一个可见或不可见的居住组团。同时，房份的分衍与开创也是聚落拓展的生长点。当宗族发展到一定规模，原有的资源和土地趋向饱和时，便会面临两种可能的选择，一是改变生产方式，另一个则是移出原村落而另辟一个地点，开创新的聚落。在厦门翔安区的调查中，马巷镇造店自然村最为典型。造店自然村书隶属朱坑村，位于山麓南侧，是一个翁姓宗族聚落。翁姓于唐中叶入闽，十一世孙翁茂禧仕于泉州，其曾孙乾度，在五代十国时任闽王礼部郎中，生六子。闽国为南唐所灭后，为了避祸，乾度将其中五个儿子都改了姓，从长子开始依次为洪、江、翁、方、龚和汪，其中第三子仍为本姓。宋太祖及太宗期间六子先后登第，成为当地的望族，时称"六桂联芳"，派下分居泉南各邑[①]。造店翁氏何时从何地迁居此地，因族谱遗失已不可考，但是，在对当地的翁仁力（1923—）老人的访谈得知，他在昭穆"仁和"中属"仁"字辈，从翁氏各派的昭穆对照中可以推测，造店翁氏当从临邑的安溪龙门科榜迁来。据《科榜翁氏族谱》载，安溪科榜翁氏奉治斋公为一世祖。元末，翁治斋从南安市金圭移居安溪县城西街。明宣德六年（1431年），治斋的儿子阮齐迁居安溪龙门科榜。治斋派下自二世起昭穆为："训、克、秉、子、日、宗、启。"自九世起昭穆为："文元士允有，金壬志仁和，天赐平安福，民赓雅颂歌，及身勤作善，奕世庆登科，忠孝维家国，雍容咏大罗。"[②]从时间上看，迁居龙门科榜的"训"字辈阮齐至"仁"字辈历经16代，算至翁仁力出生共历492年，平均每代30.75年，基本可以吻合。

新中国成立前，因战乱等原因，造店村中人口最少时只有十来户，约七十人。翁氏祖祠及早期大部分民居坐北朝南，布置整齐划一，巷道井然有序（图2-3，图2-4）。翁氏祖祠位于聚落中南部，坐北朝南，始建年代已不可考，1954年冬，在祭祖时曾因香火引燃祠中堆放的柴木，祖祠被大火焚毁，1957年集资重建，20世纪90年代重修（图2-5）。新中国成立后，随着族群的繁衍，村落向东麓和西南平地发展，新的房份的民居呈东南朝向，依然井然有序。一方面是依山就势，另一方面，不同朝向恪守着不同房支的身份，从聚落的形态上可以看出不同房份的组团居于不同朝向（图2-6，图2-7）。

再次，宗族聚落的向心性是宗族内聚性的体现。在原始聚落中，氏族成员的住宅都朝向中心广场。今天，保存较完好的宗族聚落中，我们依然可以看到很强的内敛性。尤其在客家民居聚落中，祖先堂的位置是整个聚落的核心，所有的住

---

① 杨树清．金门族群发展［M］．台北：稻田出版有限公司，1996：8.
② 安溪县地方志编纂委员会．安溪姓氏志［M］．北京：方志出版社，2006.

图2-3　厦门马巷镇造店翁氏聚落总平面
（资料来源：Google Earth）

图2-4　整齐的巷道

图2-5　厦门马巷镇造店翁氏祖祠

图2-6　厦门马巷镇造店翁氏聚落

图2-7　厦门马巷镇造店翁氏聚落鸟瞰

宅都围绕着这个核心，或纵向、横向展开，或以圆形展开，体现着最强烈的、也是最明确的向心性。客家民居是最典型的内敛式聚落，它不但具有极强的防御功能，而且极具向心性，整个家族内部组织结构、社会关系等在民居中体现得淋漓尽致（图2-8~图2-10）。在广大的汉人民居中，家族祠堂也起着这种收敛、内聚的作用。而家族要发展壮大，也必须要具备内聚性的特点：即家族内部行为高度统一。可见，民居聚落向心性的产生并非偶然，而是家族内聚性的产物。

宗族聚落是宗法血缘社区的投影。从建筑形式来看，民居具有地域性，不同地域的民居具有不同的地方文化特征。但是纵观现存的大部分民居聚落，特别是南方的村落，大多是以家族聚居的形式存在的，如浙江的诸葛村、安徽的西递村、福建的培田村等，这些聚落形态之中都镌刻着宗族血缘的印记。汉学家弗里德曼曾慨言："在福建和广东两省，宗族和村落明显地重叠在一起，以致许多村落只有单个宗族。" [①]

图2-8 福建诏安秀篆镇青龙山村
（资料来源：Google Earth）

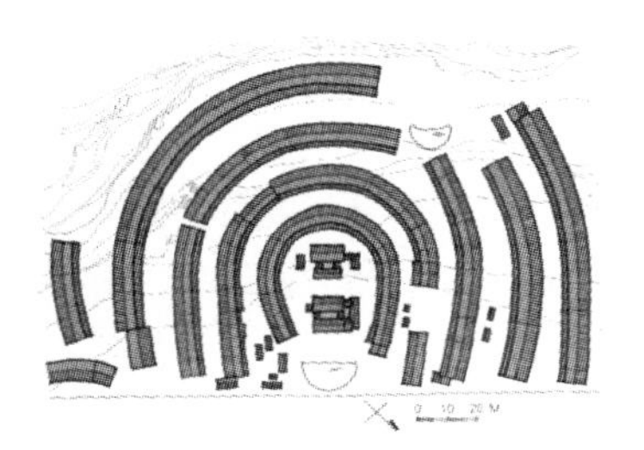

图2-9 诏安秀篆镇大坪村半月楼
（资料来源：黄汉民《福建土楼》2003：81.）

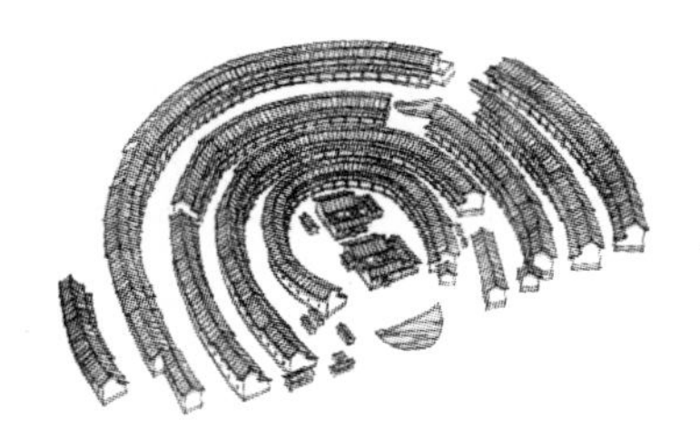

图2-10 半月楼平面图
（资料来源：同图2-9.）

（二）宗族聚落分类

人类学与社会学者对于宗族聚落有过不同的分类。台湾学者林美容在研究台湾汉人社会时，将台湾汉人聚落归类为一姓村、主姓村或杂姓村[②]。此种分类的目的在概括聚落血缘性的高低。所谓一姓村，是指部落中有一姓所占比例大于百分之五十；而主姓村，指部落内无一姓的比例在百分之五十以上，但前五大姓合

① （英）莫里斯·弗里德曼. 中国东南的宗族组织［M］. 刘晓春译. 上海：上海人民出版社，2000：1.

② 林美容. 一姓村、主姓村与杂姓村：台湾汉人聚落型态的分类［M］//林美容. 乡土史与村庄史：人类学者看地方. 台北：台原出版社，2000：298.

计大于百分之五十，且其中有一姓的比例比下一姓多出一倍以上；不符合上述条件者则称为杂姓村。林美容也为血缘聚落下了一个比较宽泛的定义，即“聚落的住民大半可以在同一聚落中找到其同族之人”[①]。这个定义显然与本书的宗族聚落有着本质的差别，在杂姓村落中，如果姓氏众多，而各姓氏分布又比较均衡，他们中的大部分人在这个聚落中都可以找到同族之人，这种情况并不少见，特别是在城镇聚落中，但这样的聚落显然不属于宗族聚落。郑振满通过对明清福建家族组织与社会变迁的考察研究，将宗族组织分为三种基本类型：一是以血缘关系为基础的继承式宗族；二是以地缘关系为基础的依附式宗族；三是以利益关系为基础的合同式宗族。这种分类方法有个基本前提，那就是所研究对象必须是一个共同父系血缘的宗族主体，即使是合同式宗族组织，其对象可能涵盖异地族群，但其前提仍是同宗族人[②]。当然，在移民聚落中，古代先民们为了在异境他乡确保立足之地，不得不群聚而居，依靠族群的整体力量，维护自身的生存空间，甚至出现不同的姓氏的移民在一个新的定居点也可能通过异姓“联宗”方式建立一个共同体，如董杨联宗[③]等。《文心雕龙·时序》也载：“王袁联宗以龙章，颜谢重叶以凤采”，而在海外华人社区中更为普遍。但是，这种异姓联宗是否属于郑振满所谓的“非合同式宗族”的性质，应当具体而论，有的甚至也不应该划入宗族聚落的范畴。

就聚落形态而言，不同宗族类型的宗族聚落有着不同的发展历程，因此，郑振满的宗族组织的划分对于聚落研究仍具有借鉴意义。本书将宗族聚落分为单姓宗族聚落和多姓宗族聚落。根据聚落形态的差异，单姓宗族聚落又可分为自由生长型、整饬规划型和集合防卫型三种。相对而言，单姓宗族聚落的形态较为完整，结构严谨，脉络清晰，较容易从形态上加以辨认，也容易找出宗族分衍过程中聚落形态的发展过程；而多姓宗族聚落一般是经历复杂的社会变迁而形成的，其结构相对松散，布局更为灵活，有时因姓氏之间的冲突与竞争可能导致聚落发展的停滞甚至倒退。

二、单姓宗族聚落的空间形态例析

林耀华于1934年对福建的义序黄姓宗族进行了田野调查研究，开创了针对地域性的单姓宗族聚落研究的先河，表达的是一种从学理上透过宗族认识中国传统社会结构的学术取向。林耀华的研究为我们进行单姓宗族聚落的社会—空间共同体的结构特质的深入研究奠定了理论基础，为此，作者也特地重访义序，借此

① 林美容. 草屯镇聚落发展与宗族发展［M］//林美容. 乡土史与村庄史：人类学者看地方. 台北：台原出版社，2000：44.
② 郑振满. 明清福建家族组织与社会变迁［M］. 长沙：湖南教育出版社，1992：62-118.
③ 沙旭升. 全球董杨宗亲总会［J］. 寻根，1995（03）：47.

也对宗族聚落在七十多年的巨变中的发展与变迁进行考察比较，以期更为客观地认识现代社会中的宗族形态，进而对宗族聚落的现代转型做出探讨。

宗族聚落因不同家族类型、不同历史背景及不同地形地貌而呈现不同的形态。从形态上可以分为三种，即自由生长型、整饬规划型和集合散点型宗族聚落。

（一）自由生长型宗族聚落：以福州地区为例

大多数中国传统宗族聚落均呈现出自由生长的空间发展模式。自由生长型宗族聚落在时间上表现为连续性，自开基祖定居而下，往往同一宗族分支繁衍，瓜瓞绵绵；在空间上表现出较为明显的由内而外的扩展痕迹，空间布局自由，因形就势，因地制宜，自由生长。如浙江建德市新叶村就是以玉华叶氏外宅派的总祠有序堂为核心，“到崇字派建造宗祠时，它们就以有序堂为核心分布在左右和后方。每个房派成员的住宅均造在本房派宗祠的两侧，形成以分支祠堂为核心的团块。房派到后代又分支的时候，再在外围造更低一级的宗祠，它两侧仍是本派成员的住宅。新叶村就是这样形成了多层次的团块式结构。”①（图2-11）

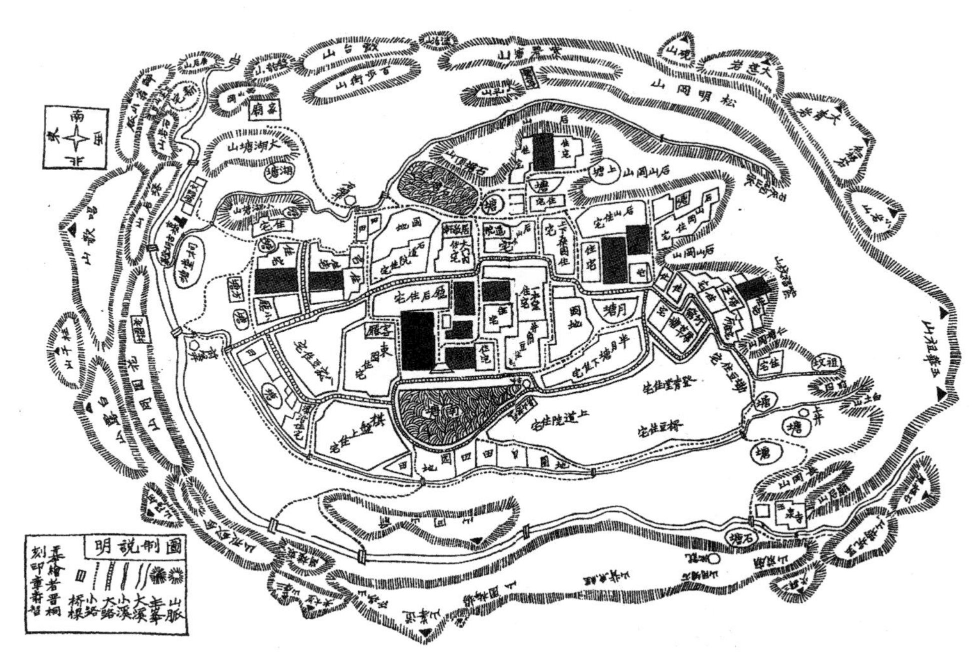

图2-11 《叶氏宗谱》中浙江新叶村里居图
注：图中深色为有序堂，浅色为各级祠堂。
（资料来源：改自陈志华等. 新叶村［M］. 重庆：重庆出版社，1999：131.）

① 李秋香. 中国村居［M］. 天津：百花文艺出版社，2002：111.

作为宗族制度的物化形态，自由生长型宗族聚落记录了一个宗族的形成、发展和变迁的过程，具有明显的历时性特征。历史上，北方居民入迁福建历经了三次高潮，北方士民迁移福建取得生存空间的过程中并不是一帆风顺的。在早期的迁徙过程中，必定要遭受当地闽越土著的反抗。即使在北方士民之间往往也要经过激烈的斗争才能取得自己的生存空间和政治社会利益。因此，北方士民在移居福建并取得生存空间的过程中，在一定程度上必须以宗族的实力作为后盾。“在波江南迁的过程中，他们每每统率宗族乡爪的子弟们，举族、举乡地迁徙，在兵荒马乱的恶劣环境和交通困难的条件下，加强了相互扶持，巩固了血缘关系。”①在这种情况下，福州地区很多聚落至今仍保持着浓厚的宗族观念，几乎村村可以见到祠堂。

从现存的族谱以及地方志来看，汉、三国最先迁入福建的北方汉民，大多集中在福州平原一带。至于东晋南北朝以及隋唐时期，北方汉民入迁福州亦为数不少。到了唐末五代，王审知父子在福州建立了地方政权，招徕四方人才，便形成了一个北方汉民迁居福州的高潮。福州城南聚居着众多名门望族，这些宗族也大多为北方汉人移民。这些传统宗族聚落不仅宗族组织完善，而且族谱等史料保存较为完整，同时，这些聚落地处城市边沿，在城市化进程中首当其冲，为传统聚落的发展与变迁提供了更为丰富的素材，成为我们田野调查的首选目标。

本次调查的三个村落均位于福州南郊的南台岛。福州市是福建省省会，位于福建省东部，介于东经118°08′~120°31′与北纬25°15′~26°29′之间，西邻三明市，北接宁德市，南连莆田市，为全省水陆运输的交通枢纽和防卫门户，地理位置十分重要。境内丘陵垄岗，星罗棋布，错落有致，闽江横贯于盆地中央。“山为骨架，水为血脉”，山水相融，互相辉映，构成了福州地区传统聚落的自然景观，更为这些历史悠久古村镇增添了无尽魅力。

闽江流经闽侯后，被石岊山中流砥柱劈为两流：南行者为乌龙江（亦称南港），北行者为白龙江（亦称北港），二水在马尾汇合，中间形成的一个江心岛，即南台岛，总面积118.2平方公里，为闽江中第一大岛屿，北与福州城区隔江相望，岛上最高峰为高盖山，海拔202米。

1．福州盖山镇义序黄氏宗族聚落

义序位于福州南台岛的高盖山南麓。唐末乾宁年间（894—897年），黄氏先祖敦膺兄弟二人，随王审知入闽。敦公卜居闽清县凤栖山，郡望虎邱。第四世腾公迁永福县龙井。第十二世之复公（1160—1228年），于南宋淳熙年间（1174—1189年）从永福龙井移居义序，为义山黄氏始祖。之复公传重，重生

① 陈支平．近五百年来福建的家族社会与文化［M］．上海：生活·读书·新知三联书店，1991：11.

朱，朱传福、寿，又号积卿、德卿，分别为里房、外房之祖。此后，里外二房都分支衍派，除移居外地而不计外，传至第十二代已成十五房份之格局（见表2-1）[①]。至清乾隆年间（1736—1795年），义序黄氏人口已逾三千，集镇初成，清咸丰年间（1851—1861年），人口迅速增长，促进贸易繁荣，形成以祠堂前埕为中心的集市，12条街巷纵横交错[②]。

自20世纪30年代林耀华完成《义序的宗族研究》以来，社会学者从未停止过对于宗族乡村的关注。1934年林耀华考察的义序，是一个方圆7.5平方公里，人口约1万人的“宗族乡村”，其中黄氏人口占98%以上。由于当时的工商业已有所发展，加上民国政府推行的基层政治变革以及“新文化运动”传播的影响，宗族关系及组织业已受到不同程度的冲击，但当时的宗族势力却依然十分强大，义序基本上仍保持着乡绅自治的局面。这种乡绅自治主要由以宗族长老和乡村绅衿构成的“祠堂会”主持。“祠堂会”以祠堂为中心舞台，通过主持祭祀祖先、迎神赛会等活动传承传统文化；并通过族内的教化、调停及族外交涉等活动实现宗族乡村的稳定，维系着宗族族群的认同及乡村与外部世界的秩序[③]。

此后的几十年中，义序几经沧桑，1941年、1944年，日军先后两次霸占高盖山及义序民房，并在村北修建军用机场，义序的部分村落被占，其中的新安和中山被机场分成两块[④]。1988年后，义序所属的盖山乡的行政区划稳定下来，义序成为一个包含浦口、竹榄、半田、中山、中亭、新安、尚保等7个行政村的宗族社区[⑤]。1993年，义序在乡总人口15637人[⑥]。阮星云自1995年以来几次重访义序，并尝试以“社会结构变迁的宗族论”来把握和阐释这种宗族变迁。他在田野调查中深切感到，今日的义序再也不是昔日的宗族“自治”的乡村单位了，即使出现了20世纪90年代以来的“宗族复兴”，也只能是非（准）制度性的“传统姓氏地域”上的家族主义“亚文化”。但是，若从当下社区生活的内容来考察，这种历史的退景的传统文化因素又还在相当程度上影响以至支配着社区的人与事，包括人们的思想观念、行为方式以至乡村的制度性改革。义序乡村的现实和变动正是这种“变化”与“惯性”、“新”与“旧”诸因素交织、磨合的展现[⑦]。

在宗族聚落中，对聚落的发育影响最大的首先是人口的繁衍。从有关资料看，义序黄氏从第一代之复公迁居义序，三代单传，到第四世开始，连续两代出现级数增长。族群居住地也从原来的后山（鲤山）一带，扩展到跨越河道南边的

① 林耀华. 义序的宗族研究［M］. 北京：生活·读书·新知三联书店，2000：26-27.
② 福州市盖山镇志编写组. 福州市盖山镇志［M］. 福州：福建科学技术出版社，1997：303.
③ 林耀华. 义序的宗族研究［M］. 北京：生活·读书·新知三联书店，2000：48.
④ 福州市盖山镇志编写组. 福州市盖山镇志［M］. 福州：福建科学技术出版社，1997：17-25.
⑤ 福州市盖山镇志编写组. 福州市盖山镇志［M］. 福州：福建科学技术出版社，1997：4.
⑥ 福州市盖山镇志编写组. 福州市盖山镇志［M］. 福州：福建科学技术出版社，1997：42.
⑦ 阮云星. 义序调查的学术心路［J］. 广西民族学院学报：哲学社会科学版，2004（01）：84-86.

外山（榴山），并奠定了地缘含义明显的“里房”和“外房”的格局[①]。里外乃地域之分，以村中玄帝前的小溪为界，里房居北靠山，外房居于溪之南的榴山北麓。此后近两百年间，人口不断增长，特别是第八世麟子公传四子，侍公传六子，基本奠定了此后义序黄氏的十五房份的格局。随着黄氏子孙分衍，人口增加，原来介于鲤山和榴山之间的腹地已经无法支撑族群的发展，一部分子孙迁往盖山以东的“赤东”等地。据族谱记载，1722年义序黄氏的男丁已超过“千丁”，至19世纪30年代，义序黄氏人口更高达约13200人[②]。

其次是房份的分衍，房份的出现是兄弟分家的结果。义序黄氏三世祖黄朱传二子，开创了义序黄氏谱系上支脉的诞生。四世祖积卿和德卿兄弟二人以溪流（位于玄帝前）为界进行家产分割，长子积卿分得鲤山祖厝以北的家产，次子德卿则分得祖厝以南直至榴山的家产，此后开拓了鲤山到榴山一带的产业，成为义序黄氏的核心区。传至第十二世时，居住地已由核心区向周边扩展，聚居地向东扩展至半田，向南拓至竹榄，向西延伸到垱兜，向北则远至盖山东麓的赤东（即现在的义序机场以北的中山和新安），基本奠定了义序宗族十五个房份的聚落格局（图2-12）。十二世祖黄　于弘治四年（1491年）始修族谱，开始了统合族群、组织宗族的历程（表2-1）。

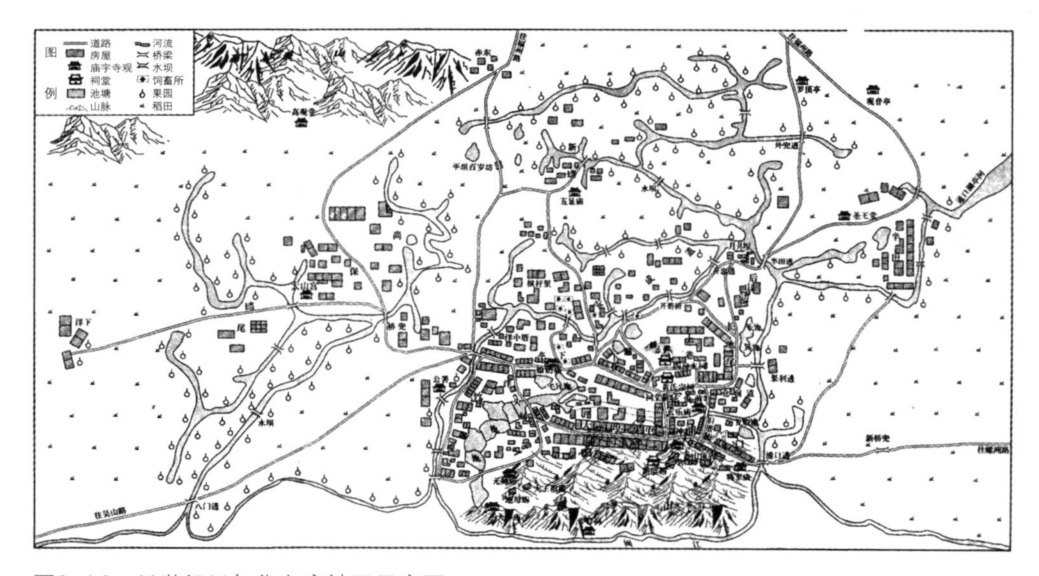

图2-12　20世纪30年代义序社区示意图
（资料来源：林耀华. 义序的宗族研究［M］. 北京：生活·读书·新知三联书店，2000：277.）

① 林耀华. 义序的宗族研究［M］. 北京：生活·读书·新知三联书店，2000：39.
②《虎邱义序黄氏世谱》上卷，第35页；阮云星. 宗族风土的地域与心性：近世福建义序黄氏的历史人类学考察［J］. 中国社会历史评论，2008（00）：1-33.

义序黄氏十五房世系及聚落分布区域关系表 表2-1

<table>
<tr><th>义序一世</th><th>二世</th><th>三世</th><th>四世</th><th>五世</th><th>六世</th><th>七世</th><th>八世</th><th>九世</th><th>十世</th><th>十一世</th><th>十二世</th><th>房份</th><th>主要居住区域</th></tr>
<tr><td rowspan="20">之复公（1160—1228）</td><td rowspan="20">重公</td><td rowspan="10">朱公</td><td rowspan="4">积卿</td><td rowspan="3">中甫</td><td rowspan="3">孟玄</td><td rowspan="2">仕立</td><td rowspan="2">均</td><td rowspan="2">伟</td><td rowspan="2">宗典</td><td rowspan="2">让</td><td>坡</td><td>后园东房</td><td>祠堂前、赤东、光桥</td></tr>
<tr><td>瑜</td><td>后园西房</td><td>赤东、光桥</td></tr>
<tr><td>仕元</td><td></td><td></td><td></td><td></td><td></td><td>后园兜房</td><td>赤东</td></tr>
<tr><td colspan="8">盖甫（移居中岐称中岐房）</td><td></td><td></td></tr>
<tr><td rowspan="16">德卿</td><td rowspan="7">平甫</td><td rowspan="7">伯震</td><td rowspan="7">仕权</td><td rowspan="7">麟子（1344—1391）</td><td>良</td><td></td><td></td><td></td><td>宅尾房</td><td>长池尾、仓前道、上巷、安成道</td></tr>
<tr><td colspan="4">庆（杭下房，传六代止）</td><td></td><td></td></tr>
<tr><td>岳房</td><td></td><td></td><td></td><td>仓埕房</td><td>安成道、新墩</td></tr>
<tr><td rowspan="4">与</td><td rowspan="3">雍</td><td>宁</td><td></td><td>天房</td><td>上巷、鲤山</td></tr>
<tr><td>寰</td><td></td><td>地房</td><td>亭下、下巷、长池尾、半田透、新墩</td></tr>
<tr><td colspan="2">寯（1436—1505，人房，迁居福州，不在十五房之列）</td><td></td><td></td></tr>
<tr><td rowspan="10"></td><td colspan="3">维（迁居大模）</td><td></td><td></td></tr>
<tr><td rowspan="9">公甫</td><td rowspan="9">孟礼</td><td rowspan="9">仕廉</td><td>伦</td><td></td><td></td><td></td><td></td><td>浦口房</td><td>浦口、玄帝前</td></tr>
<tr><td>修</td><td></td><td></td><td></td><td></td><td>洋头房</td><td>洋头、洋中厝</td></tr>
<tr><td rowspan="7">侍</td><td>天锡</td><td></td><td></td><td></td><td>一房</td><td>神宫前、大埕中</td></tr>
<tr><td>天兴</td><td></td><td></td><td></td><td>下厝房</td><td>浦口、大埕中</td></tr>
<tr><td colspan="4">天秩（传六代止）</td><td></td><td></td></tr>
<tr><td>天福</td><td></td><td></td><td></td><td>上埕房</td><td>浦口、山顶厝</td></tr>
<tr><td rowspan="2">天爵</td><td>泗</td><td></td><td></td><td>新厝房</td><td>新厝祠左右、竹榄、元帅庙</td></tr>
<tr><td></td><td></td><td></td><td>旧厝房</td><td>旗杆里、洋中厝、竹榄、垱兜、尚保、后山边、半田、旧厝弄</td></tr>
<tr><td>天瑞</td><td></td><td></td><td></td><td>洋下房</td><td>洋下</td></tr>
</table>

注：本表根据以下资料勘定制作：黄尊杰．虎邱义山黄氏族谱·卷一（未刊本），1932；黄克正．虎邱义山黄氏家谱（未刊本），1995；林耀华．义序的宗族研究［M］．北京：生活·读书·新知三联书店，2000：40-41；阮云星．宗族风土的地域与心性：近世福建义序黄氏的历史人类学考察［J］．中国社会历史评论，2008（00）：1-33.

16世纪至18世纪上半叶，义序黄氏基本完成了宗族的组织化统合，这个过程是在井上彻所谓“宗族形成运动”[①]的大背景下完成的。17世纪中期，在十五世祖黄克英的主持下再度修谱，两座支祠先后落成。作为义序宗族的“集合表

①（日）井上彻．中国的宗族与国家礼制：从宗法主义角度所作的分析［M］．钱杭译．上海：上海书店出版社，2008：319-352.

象”（Collective Representation）的黄氏宗祠也开始动议，并于17世纪后半叶开始动工修建，康熙二十三年（1684年）又拓地扩建，此后又经1722年、1866年及1995年三次修葺，始成今日之规模[①]（图2-13，图2-14）。

图2-13　义序黄氏宗祠

图2-14　义序街巷空间

18世纪上半叶，义序黄氏十六世祖黄辅极积极进行合族与祭祖制度的完善，并编修“严格意义上”的《族谱》、扩建宗祠，使义序黄氏“从早期的‘准组织化’统合方式转向组织化的宗族统合方式”[②]。值得一提的是，黄辅极编修的《族谱》还收入了《吾乡祠庙桥道山河诸志》等内容，表现出对聚落地域景观和地缘关系的重视。近代义序在重新修建宗祠时表现出明显的世俗化倾向，前厅基本为戏台所替代，只留出两侧作为通道，正门的实用功能已基本消失，这也从侧面反映出宗族文化的现代转化（图2-15，图2-16）。

图2-15　义序黄氏宗祠内的戏台

图2-16　义序黄麟子支祠内看戏场景

① 林耀华. 义序的宗族研究［M］. 北京：生活·读书·新知三联书店，2000：28，42；阮云星. 义序：昔日“宗族乡村”的民俗节庆［J］. 广西民族学院学报：哲学社会科学版，2000（03）：20-26.

② 阮云星. 宗族风土的地域与心性：近世福建义序黄氏的历史人类学考察［J］. 中国社会历史评论，2008（00）：20.

宗族聚落的生长是各个房支在分衍后对自然环境进行区位择优定居和族群利益相互制衡的结果。由于自然生态系统中存在着资源分布的非均匀性，人们在选择居址时必然优先选择优质区位，以实现族群生产、生活上的最大便利以及生活空间发展的可持续性。同时，由于自然资源可能同时被多个族群所共有，他们之间存在竞争与恃强凌弱的可能性。聚落形态在生长过程中必然受到两者的共同作用，并在一定时期形成相对的稳定与均衡。

义序宗族房份对聚落的开拓，是各房份对于区位优劣的主观判断和竞争协调的结果。这种形态的蔓延并非均质的扩散，而是始终围绕着鲤山与榴山之间的聚落核心区以一种“回旋式”跳跃生长。核心区以黄氏宗祠为基点发展为聚落的“极域”，跳跃式生长可能形成新的次一级的生长点，衍生出新的斑块。根据资料显示，20世纪30年代义序就已经形成以竹榄（鲤山与鲤山之间）为核心，周边逆时针依次分布浦口、半田、中亭、安成道、新墩（民国时期，因机场建设将安成道和新墩合并为新安）、尚保等七个村落的大型聚落[①]（图2-17）。

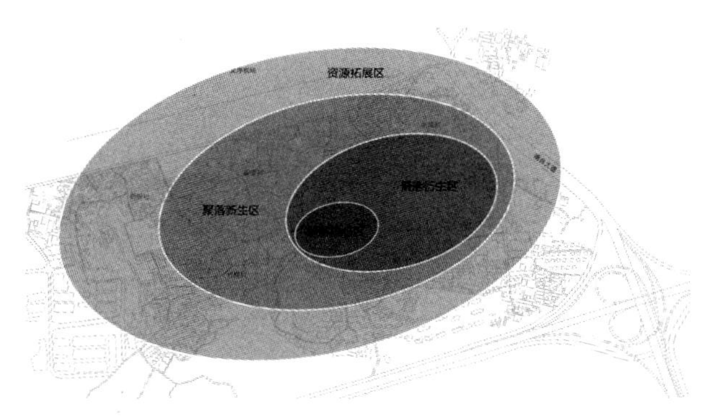

图2-17 福州义序黄氏宗族聚落演进分析图
（资料来源：改自盖山镇政府提供的航拍图，北部义序机场经过技术处理）

2．自由生长型宗族聚落形态的自组织特征

自由生长型宗族聚落大都历经数百年的历史发展，它们以血缘延续为基础，在宗族制度的约束下，自然、经济、政治和文化等因素在这里相互交织、协同作用，使聚落形态从简单向复杂、从粗放向精致方向发展，不断地提高自身的复杂度和精细度的过程，具有典型的自组织（self-organizing）特征。自组织理论来源于一般系统论、控制论受生物学启发所取得的最新进展，这些成果具有很强的普适性，它不但适用于物理、化学、生物学过程和各种工程技术领域，还被广泛用于人类社会的各种自组织现象的研究，取得了许多突破性的成果。诺贝尔经济学奖获得者哈耶克（Friedrich von Hayek）认为，自组织是系统内部力量的互动创造出一种“自生自发的秩序”，这种自发秩序源于内部或者自我生成[②]。

自由生长型宗族聚落在因循自然的前提下，在宗族制度框架中，经过宗族与

①（清）郑祖庚．闽县乡土志（二）[M]．台湾成文出版社，1974：489；林耀华．义序的宗族研究[M]．北京：生活·读书·新知三联书店，2000：277.
②（英）弗里德里希·冯·哈耶克．经济、科学与政治（哈耶克论文演讲集）[M]．冯克利译．南京：江苏人民出版社，2000：21-26.

宗族之间、房份与房份之间、成员与成员之间竞争与协同作用，以民居为基本细胞，在传统社会中实现自组织发展。共同的生产活动、共同的血脉纽带和伦理规范、共同的社会秩序以及在经济上的相互依赖把聚落凝结成一个具有特殊社会定向的生活场所。因此，自由生长型宗族聚落更具有生命的涵义，这对于我们解译人类与环境的关系比任何模拟的实验更能说明问题。它们赖以生存的条件不仅包含了建构村镇的居住单元与自然环境，而且包含了形成与发展聚落的政治、经济和文化背景的协同与变迁。在高度一致的族群行为和共同意识的作用下，宗族聚落已成为具有自我控制机制的完整社区。

（二）整饬规划型宗族聚落：以闽南侨乡为例

福建闽南是著名侨乡，唐宋时就有人出海谋生。明清时，由于海禁及地方动荡等原因，更有大批人出洋，侨居菲律宾、印度尼西亚等地。19世纪中叶，鸦片战争和太平天国运动之后，渡海下南洋（主要指东南亚）达到一个高潮，此时正值南洋资本主义快速发展阶段，移民中不乏事业有成者。海外华侨心系故土，发达后归里建屋成为他们心中挥之不去的情节。

在闽粤侨乡及台湾金门、澎湖等地，随处可见布局规整、井然有序的宗族聚落，住宅建筑群遵循宗族社会的秩序排列，相同房份的民宅有着一致的朝向，栉比鳞次，结构清晰，本书称之为“整饬规划型宗族聚落”。这种宗族聚落的空间形态为以宗祠为中心、房份甲头为基本单位，建筑朝向统一，布局工整。这种布局俗称“棋盘式”或“梳式布局”，陆元鼎在《广东民居》中认为这种布局具有良好通风之气候调节的功能，适合南方炎热潮湿的气候条件，以及配合设置隘门形成完备的防御效果[①]。

位于厦门本岛东北隔海相望的翔安区，原属同安县，与2003年新成立行政区划，下辖大嶝镇、新店镇、马巷镇、内厝镇、新圩镇及大帽山农场等五镇一场，总面积351.64平方公里，人口约26万[②]，今后将建设成为厦门新兴制造业基地、物流基地、对台交流交往基地和现代化海滨新城区。区内大部分传统聚落布局规整，建筑精美，具有较高的历史价值和艺术价值。但是，在城市化过程中，这个新区将面临保护与更新的课题，因而成为本书考察的一个重点（图2-18，图2-19）。

翔安区除东部和北部为丘陵低山外，大部分为连绵起伏的台地和冲积平原，地形开阔。唐代以前，翔安属泉州辖下之南安县地。唐贞观十九年（公元803年）析南安县西南4乡置大同场，（辖区约为今天的厦门市和金门县），为同安县之前身[③]，翔安属之。五代后唐长兴四年（公元933年），王审知次子王延钧称帝，

① 陆元鼎，魏彦钧. 广东民居［M］. 北京：中国建筑工业出版社，1990：19-25.
② 张再勇. 一水分两岸，五缘证一家［EB/OL］http：//www.xiangan.gov.cn.
③（宋）乐史. 太平寰宇记［M］. 刘伟初校，郭声波初审. 光绪八年金陵书局底本，1882.

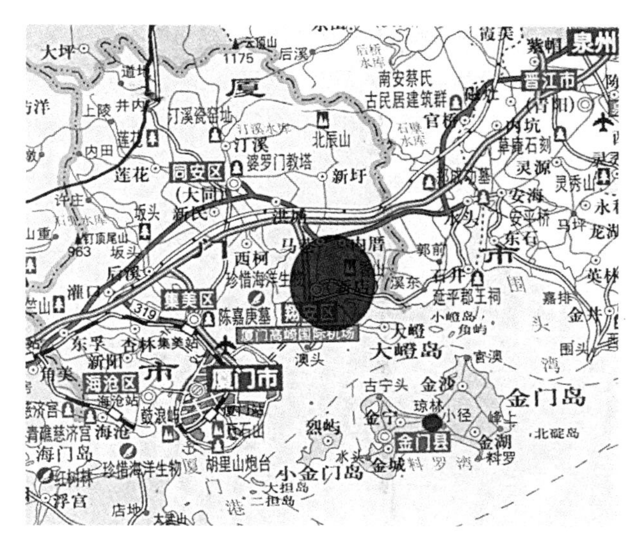

图2-18　厦门新店与金门区位图
（资料来源：《福建省交通旅游图》）

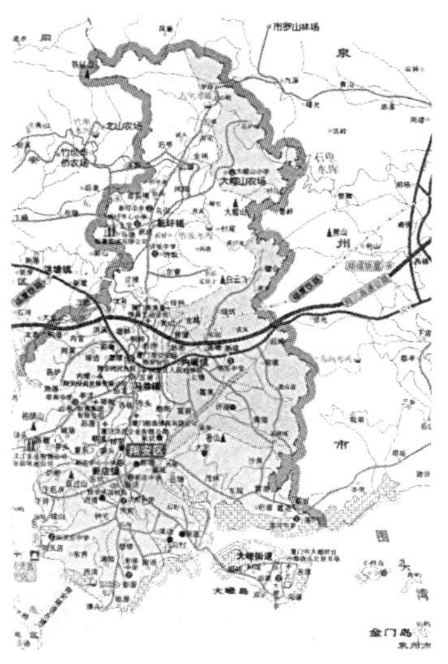

图2-19　新店主要考察点
（资料来源：改自《厦门地图册》）

正式升场置为同安县。翔安区宋代属泉州同安县绥德乡翔风里，至清乾隆四十年（1775年），析翔风、民安二里及同禾里部分置马巷厅。民国元年（1911年），裁马巷厅仍归同安县管辖。1935年4月以厦门本岛及周边6个岛屿首设厦门市。1958年同安县从晋江专区划归厦门，翔安从之。翔安区翔安与金门历史上长期同属同安县，两地一衣带水，“鸡犬相闻、劳息相见”，历史上族群之间的迁徙不断，法缘相循、地缘相近、血缘相亲、文缘相承、商缘相连，有着深厚的历史渊源，聚落形态上也表现出高度的传承性。

1．厦门新店蔡厝与金门琼林蔡氏聚落比较研究

据《蔡氏族谱》载，先秦时，蔡氏繁衍于河南、河徽一带，秦相蔡泽卒葬陈留，子孙因家焉。西晋时陈留圉是蔡氏繁衍中心，惠帝时分陈留郡置济阳郡（今河南兰考县东北），故百家姓列蔡氏郡望为“济阳衍派”。新店蔡厝蔡氏为金门琼林村蔡氏迁居而来，故现在仍尊崇金门琼林人中宪大夫蔡景仁为始祖①，景仁后裔于元末明初六世祖大田由琼林迁入同安蔡厝村拓垦开基②。横向比较新店蔡厝蔡氏聚落和金门琼林的蔡氏聚落的发展过程，有利于我们更为深入地了解宗族结构与传统聚落形态的互动与变迁。

1）金门的宗族聚落研究

台湾学者对金门的宗族聚落作过较为系统的研究，其中大部分研究成果汇集在“《金门学》丛刊”中，特别是杨树清的《金门族群发展》及吴培晖的《金门

① 同安文史资料编委会．同安文史资料（第十六辑）[Z]．内部发行，1996：125.
② 杨树清．金门族群发展[M]．台北：稻田出版有限公司，1996：27.

澎湖聚落》、《金门聚落风情》等，对金门的族群源流与发展及宗族聚落的形态与变迁，做出了深入的调查和研究。

琼林蔡氏之始祖来自光州固始县，于五代入闽，不久迁同安之西市，再渡海浯洲之许坑。据《琼林蔡氏族谱》序云，琼林始祖十七郎在南宋初年由许坑“入赘于平林陈”，而后子孙繁盛乃形成大族，是为琼林蔡氏之始祖。自开基祖后至五世静山公，或开别族，或为僧，或早逝，第六世起，蔡氏分为竹溪与乐圃两派，竹溪派又分上坑墘房、下坑墘房、大厝房、前坑墘四房，而乐圃派又分新仓长房、新仓上二房、新仓下二房、新仓三房及前庭房等五房①，形成九的房份的格局（图2-20）。琼林蔡氏村落建有一所宗族性的家庙（当地称为“大宗”），另外还有七座房系的支祠（当地称为“小宗”）。蔡氏家庙于清乾隆三十五年（1770年）在始祖蔡十七郎公原居住的地方改建而成，仅奉祀一至五世祖考祖妣。小宗一般为房系族人中有名望者主持兴建。明清两朝，琼林蔡氏科甲联登，功名显赫，计有进士六人、举人七人、贡生十五人、国子监生二十七人、生员八十人，使琼林享有“琼树映青山世代琼花报捷，莲池环绿水子孙莲萼同登”的美名②。这些出人头地的族裔为光宗耀祖，相继修缮宗祠，兴建本房支祠，致力于完善宗族结构与功能。表2-2分列各房的居住区域与甲的关系。

金门琼林蔡氏的系谱、宗祠及甲头的关系　　表2-2

<table>
<tr><td>始祖</td><td colspan="9">蔡十七郎（琼林蔡氏家庙）</td></tr>
<tr><td>派系</td><td colspan="4">六世竹溪公（竹溪派）
（六世竹溪公祠）</td><td colspan="5">六世乐圃公（乐圃派）
（六世乐圃公祠）</td></tr>
<tr><td rowspan="3">房份</td><td rowspan="3">大厝房</td><td rowspan="3">上坑墘房</td><td rowspan="3">前坑墘房</td><td rowspan="3">下坑墘房</td><td colspan="4">新仓房</td><td rowspan="3">前庭房</td></tr>
<tr><td rowspan="2">新仓长房</td><td colspan="2">新仓二房（十世延辅公祠）</td><td rowspan="2">新仓三房</td></tr>
<tr><td>新仓上二房</td><td>新仓下二房</td></tr>
<tr><td>祠堂</td><td>十世柏崖公祠</td><td></td><td></td><td></td><td></td><td>十一世荣生公祠</td><td>十六世守愚公祠</td><td></td><td>六世乐前庭房（又称圃公二夫人祠）</td></tr>
<tr><td>所属甲</td><td>大厝甲</td><td colspan="3">坑墘甲</td><td>楼仔下甲</td><td>大宅甲</td><td colspan="2">楼仔下甲</td><td>前庭甲</td></tr>
<tr><td>备注</td><td colspan="9">其中六世乐圃公祠与十世延辅公祠联进坐落，俗称“七座八祠”</td></tr>
</table>

注：本表根据以下资料勘定制作：吴培晖．金门澎湖聚落［M］．台北：稻田出版有限公司，1999：16，25；佚名．琼林聚落宗祠之旅［EB/OL］．金门县政府教育局网．http://www.km.edu.tw.

琼林是一完整的宗族聚落，宗祠规制完善，层次丰富，谱系完整，诗礼旧族，慎终追远，有严谨的祖制与约规传承，而世代族人相传，使得宗族事务依

① 蔡世民等．琼林蔡氏（前水头支派）族谱［Z］．金门蔡氏宗亲会（未刊版），1987：28.
② 杨树清．金门族群发展［M］．台北：稻田出版有限公司，1996：28.

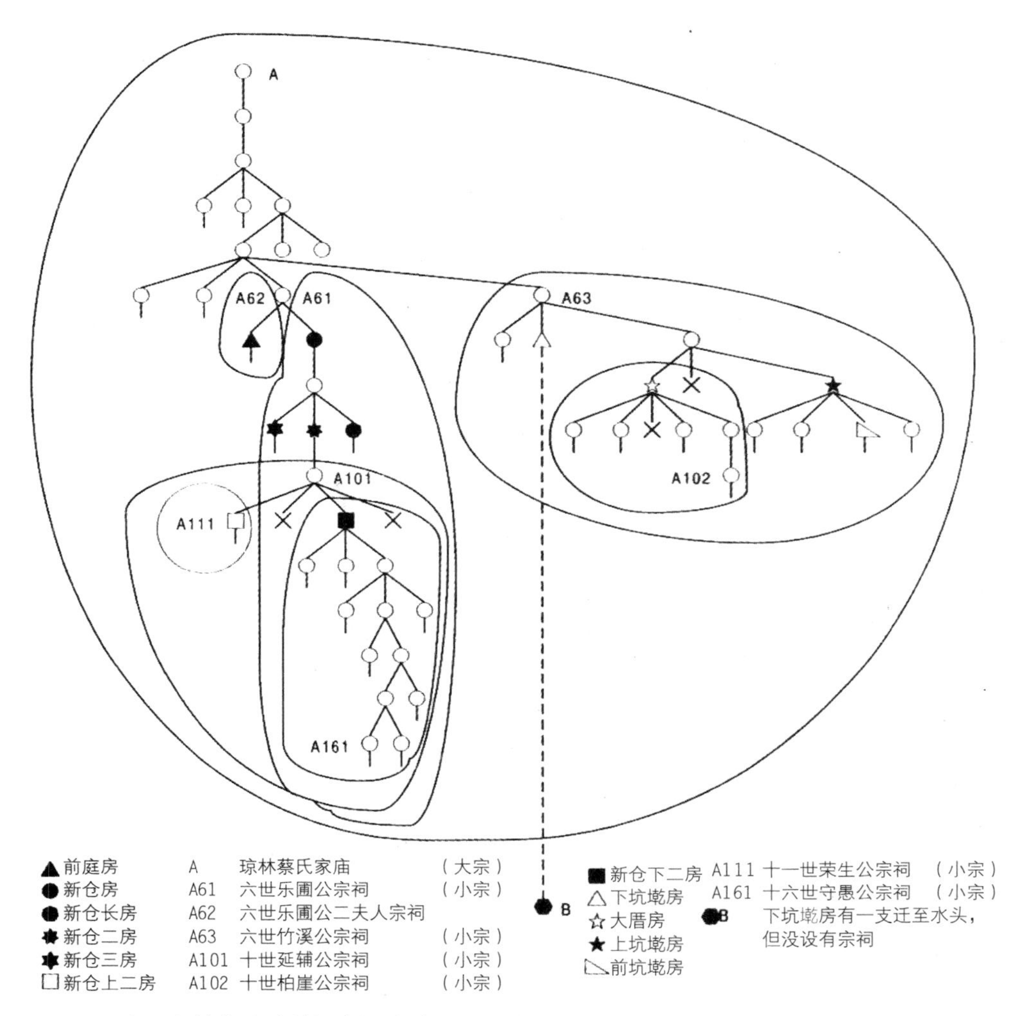

图2-20　金门琼林蔡氏系谱与宗祠关系图
（资料来源：吴培晖. 金门澎湖聚落［M］. 台北：稻田出版有限公司，1999：16.）

循古礼进行井然有序，闻名遐迩。宗族组织反映在聚落空间的构成中，要了解琼林聚落特色，必须先从宗族组织开始。明嘉靖举人十四世蔡宗德于蔡氏族谱后序云："谱尤以人重，其中有三物焉：仁，谱之属也；让，谱之序也；信，谱之保也。不仁则散，不让则乱，不信则毁。毋幸衅，毋弱孤幼，毋弱肉而强食，仁也。毋竞利先物，无干上，毋隔往来，让也。毋欺罔先生，毋愚弄小子，信也。""仁、让、信"成为琼林蔡氏宗族的族训，从而使族群"联亲觫为一体，合远近为一家"。蔡氏宗族事务，系由族中推选德高望重的人，作为"甲长"，负责的工作包括：宗祠、庙宇之管理；公益事业之劝募；款之保管与收支；报丁入族之登录；当头祭祖头家之轮流；家族公产、资料之保管等。

虽然琼林蔡氏聚落的民居朝向不像"梳式布局"具有严格的一致性，但是在营造过程中已经表现出初步的规划意识。从琼林聚落整体形态可以看出，聚落大致呈东西宽300米，南北长500米的长方形（图2-21）。蔡氏家庙处于聚落的中心，聚落早期集中在蔡氏家庙周边发展，随着时间的推移，早期的先祖居址又被后人修建成支祠（小宗），形成现在的“七座八祠”的格局，在聚落中心营造出一个多点式的极域空间（图2-22~图2-25）。随着族群的分衍，聚落不断向周边拓展。从建筑单体看，民居单体宅基地约为19.5米×13.75米，中部（家庙周边）大部分民居为东西向，将山墙朝向沿海一边，可以有效阻挡海风的侵扰；南部的民居为坐北朝南，一方面考虑到北面已有建筑可起到挡风的作用，另一方面，受

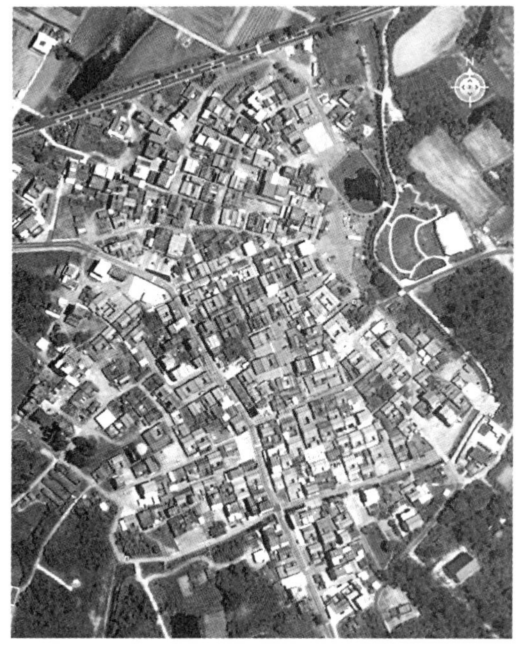

图2-21　金门琼林蔡氏宗族聚落总平面
（资料来源：Google Earth）

图2-23　金门琼林蔡氏家庙
（资料来源：http://www.panoramio.com.）

图2-24　金门琼林蔡氏宗族聚落巷道
（资料来源：www.panoramio.com.）

图2-22　金门琼林俯瞰
（资料来源：台湾今日新闻网（http://www.nownews.com.）

图2-25　金门琼林楼仔下传统建筑群
（资料来源：http://www.km.edu.tw/.）

到当地“宫前祖厝后”不建房的传统习俗的影响[①]。

琼林蔡氏聚落营造的规划意识还反映在房份的分布上。根据吴培晖的调查，琼林蔡氏九房又分为五甲。“甲”在宗族聚落中是一个祭祀组织，其划分不仅考虑到参与祭祀的人口数量，也考虑到所属房份归属。由于宗族组织在传统社会基层管理中扮演着主要的角色，可以认为，这种“甲”是保甲制度在基层社会的民间改造和转化。

从琼林“甲”的划分来看，大致构成一个“田”字形分布，东北的大厝甲和西南的坑墘甲属竹溪派的房份，东南楼仔下甲和西北的大宅甲、前庭甲属乐圃派，集中在十字交叉线附近。吴培晖认为，这种甲的划分可能是因为“竹溪与乐圃的父亲将土地划分为四块，一人两块”[②]。考虑到五世祖静山公（字景修）传有四子，这种假设有一定的合理性。根据闽南的传统风水观念，在四房分衍的情况下，长子得左边，次子得右边，三子得面前，四子得后方，这种观念渗透到族产的分割之中。对比房份的地域分布，位于家庙左前方的大厝甲，其房份皆属长子竹溪派；位于家庙右前的楼在下甲，其房份皆属次子乐圃派。由于三子无嗣，四子外迁，因此聚落的后期发展实际上只有竹溪派与乐圃派两支。因此位于家庙后面的区域又分为左右两个区域，使竹溪派与乐圃派的族裔在空间上呈对角位的簇群式发展。

同时也可以看出，在琼林蔡氏族群发展的早期，族群尚未有明显的地域分化，也没有“甲”的划分。当族群人口发展到一定程度，随着房支体系的建立，宗族祭祀以轮祭方式进行，但九个支系又过于琐碎，因此需要重新进行整合。从各甲的划分与支祠（小宗）的关系看，所划分的五个甲所包含的房份其对应的支祠均可以包含其中，可见这种整合仍然在房支中进行（图2-26）。

2）厦门新店蔡厝村蔡氏聚落

厦门新店蔡厝（古名“大庭”）蔡氏聚落位于厦门市翔安区南端的海边，与金门琼林隔海相望。新店蔡厝村蔡氏从金门琼林蔡氏分衍而来，从现存宗祠楹联曰：“济水长流直驾龙舟奔下蔡，阳山永固遥驱天马赴琼林”，冠头字为堂号“济阳”，联尾为祖籍地金门琼林，也可以看出宗族血缘的渊源。然而，琼林族谱并无中宪大夫蔡景仁的记载，但是，从金门的谱系可以看出，琼林蔡氏第五世的名

① 台湾学者江柏炜解释“宫前祖厝后”禁忌与祭祀仪式有关：宫庙的天公祭拜与宗祠的祖先祭祀过程中，前者朝外，后者向内，因此若于“宫前祖厝后”位置兴建民宅，会在拈香祈求的方向上，触犯了人神的分野，所以必须回避。但在聚落密集的村落，特别是有私祖宗祠与私庙的聚落中，已经很难遵循此项原则，故进一步发展出两类作法可供因应：一种是在宫前祖厝后空出一缓冲的广场，以回应这种禁忌，一种是民宅干脆转向，与宗祠背对背，即不违反原则，不过这种情形通常发生在不同房份的甲头交界处。换言之，这时候民宅的居住者并不隶属于这一宗祠的房份，如此也为稠密聚落的空间配置提供解决之道，琼林即属此。在不同房份的甲头交界处，民宅转向与宗祠背对背或垂直相邻。详见江柏炜．闽南建筑文化的基因库：金门历史建筑概述．金门：“传统聚落与建筑修护研讨会”会议论文，2002。

② 吴培晖．金门澎湖聚落［M］．台北：稻田出版有限公司，1999：25.

图2-26　金门琼林蔡氏“七座八祠”与各甲关系图
（资料来源：改自吴培晖．金门澎湖聚落［M］．台北：稻田出版有限公司，1999：27.）

字皆带“景”字，其中景实和景迪均有“开别族”的记载，故可以推测，新店蔡厝的开基祖大田为其中一个的儿子，只是因历史久远而讹传。

从时间上看，金门琼林蔡氏聚落与新店蔡厝基本是同时发展起来的。大田生二子，长子太荣的后裔一支分衍大嶝嶝崎村坪兜角落，还有一支迁澎湖。次子蔡太保，传二子，长子蔡靖权，衍顶长房份；次子蔡靖节，生二子，次子蔡毅田过继金门琼林堂亲。长子蔡毅斋生四子，长子延龄衍下长房份；次子延茂衍二房份；三子延芳，无嗣；四子延森衍四房份（表2-3）。另外，蔡厝围仔内、新厝角、小坪角等区域的蔡姓则是从同安莲花镇小坪村迁来，两个支派的蔡氏后裔形成类似合同式宗族的族群，共分七个房份。新店蔡厝村蔡氏的昭穆为：“景……太、靖、毅、延、汝、士、夫、用、启、齐。复根灶基铨淑梁熙，培铸洪材耀墨鋌淇，历昭埕鉴涌树炽喜，镇海棠荣远钮源利。”[①]现已传至“墨”字辈。蔡厝另创分堂号大庭。蔡厝大部分村民均为蔡姓，小部分为梁姓，亦系金门后浦山后社梁姓迁入繁衍。但因人数较少，可以认为蔡厝仍是个单姓的宗族聚落。

厦门新店蔡厝村蔡　　表2-3

<table>
<tr><td>一世</td><td colspan="7">大田</td><td rowspan="5">蔡厝蔡姓尚有从莲花小坪村迁来的，分围仔内派、厝角派、小坪角派</td></tr>
<tr><td>二世</td><td>太荣，迁大嶝嶝、澎湖等地</td><td colspan="6">太保</td></tr>
<tr><td>三世</td><td rowspan="2"></td><td>靖权</td><td colspan="5">蔡靖节</td></tr>
<tr><td>四世</td><td rowspan="2"></td><td colspan="4">毅斋</td><td>蔡毅田，过继金门琼林堂亲</td></tr>
<tr><td>五世</td><td></td><td>延龄</td><td>延茂</td><td>延芳，无传</td><td>延森</td><td></td></tr>
<tr><td>房份</td><td></td><td>顶长房</td><td>下长房</td><td>二房</td><td></td><td>四房</td><td></td><td></td></tr>
</table>

蔡厝地势较为平坦，西边有缓坡，东高西低。早期大部分民居顺应缓坡呈坐东朝西，保存较为完整的传统“官式大厝”200余座，依次前后平行排列，有序地分布于南北长约500米，东西宽约200米的长方形地块中（图2-27~图2-30），平均每个宅基地约为17.5米×13.75米。宅群又根据房份不同按不同区域划分为七个小组团，一字排列，比琼林聚落更为规整。后期村落朝东部平地发展，朝向一般为坐北朝南。

琼林与蔡厝的宗族聚落形态具有很多相似的规划意识。首先，作为宗族象征的宗祠及作为地方保护神的村庙形成具有向心性的极域空间，为宗族的集体活动提供“非日常”的仪式场所；其次，相对整饬排列的民居之间形成纵横交错的巷道，形成内部的交通与防火的空间网络，组团之间往往又形成较为开阔的场所，这些空间作为生产、生活的聚散场地和交流通道，如同聚落的骨架，将各个居住单元有机结合起来；再次，聚落空间具有丰富的层级性，这些层级空间在方便实际生活需求、保障居民安全的同时，创造出连续的、多维的、有序的整体空间序列，将整个宗族凝结为一个功能完备的社区（图2-31）

通过金门的琼林与翔安新店的蔡厝的蔡氏宗族聚落比较可以看出，宗族的血缘组织在聚落发展中起着支配性的作用，家庭结构则在住宅上有所表现。由于环境条件和内部结构的不同，宗族组织的形式虽然区别不大，在聚落形态中却不尽相同。虽然都具有一定的规划意识，但金门的琼林表现出更多的团块型扩展性发展，而新店蔡厝则表现为线性的生长。

① 同安文史资料编委会. 同安文史资料（第十六辑）[Z]. 内部发行，1996：125.

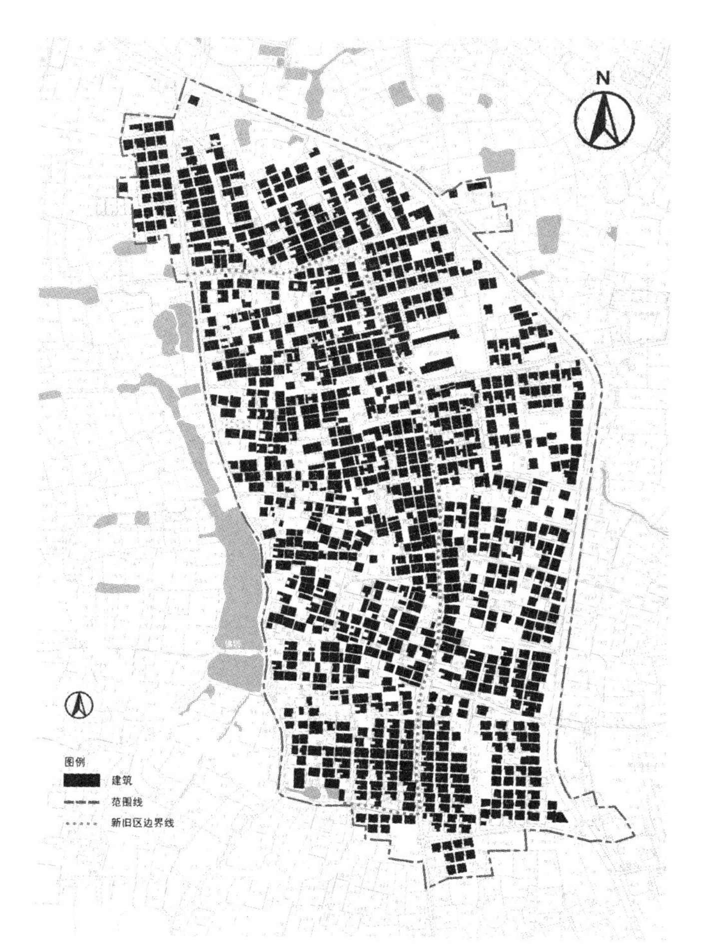

图2-27　厦门新店蔡厝蔡氏聚落

图2-28　蔡厝巷道隘门

图2-29　蔡厝巷道

图2-30　蔡厝鸟瞰

图2-31　蔡厝鸟瞰

2．整饬规划型宗族聚落的影响因素分析

基于宗法制度的尊卑位序，宗族聚落的布局往往呈现出严格的主从关系，暗含着礼法的威严。整饬规划型宗族聚落的成因，还与宅基地分配制度及严格的宗族制度有关。据研究，在闽南侨乡，族人的土地与房屋等不动产，一般只能卖给本房族人，而且是由亲到疏，依次问明，只有当亲者不买时，才能卖给疏者，正所谓“肥水不流外人田”[①]。因而，宗族聚落里的民居往往是在本族本房的宅地上建设，而且要受乡约、族规等的限制，特别是宅地的取得要受家产分配方式的影响。分家析产时基本上是奉行平均分配的原则[②]，随着世系的沿袭繁衍，析产—积累—再析产，便成了家族制度下的永续循环[③]。

在分家的过程中，对于各分家成员而言，首要解决的便是居住的问题，其次是赖以生存的土地。为了能够让家庭成员能够平等地分得财产，同时又保证子孙繁衍后的居住保障，有能力的家长会竭力储备宅基地。澎湖地区一些拥有土地的家族，一般都在其自宅旁置换土地，并以石头将土地分格成一块块约略可以建房的大小（约12米×15米），平时在地块中可以耕种，家族发展，需盖新房时，四周的石头又可作为墙体的材料。这样聚落的发展便有了整体的框架，家族繁衍后可在预留的宅基地上营造民宅，从而形成布局规整的“梳式布局”。这可以从澎湖通梁林姓系谱与传统聚落的调查资料中得到印证（图2–32，图2–33）[④]。

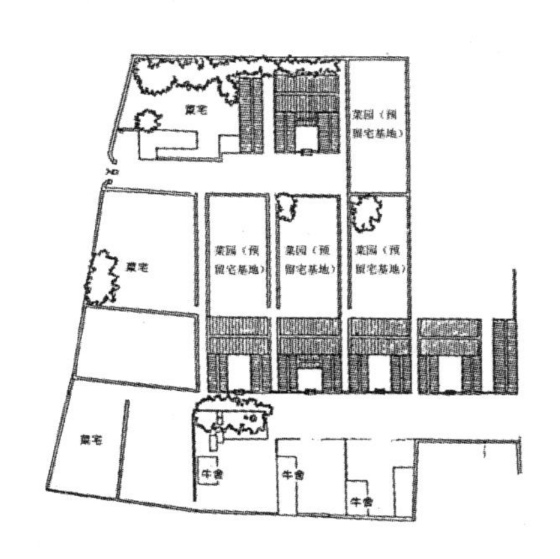

图2–32　澎湖聚落宅基地规划
（资料来源：关丽文．澎湖传统聚落形式发展研究［D］．台北：台湾大学，1984：123）

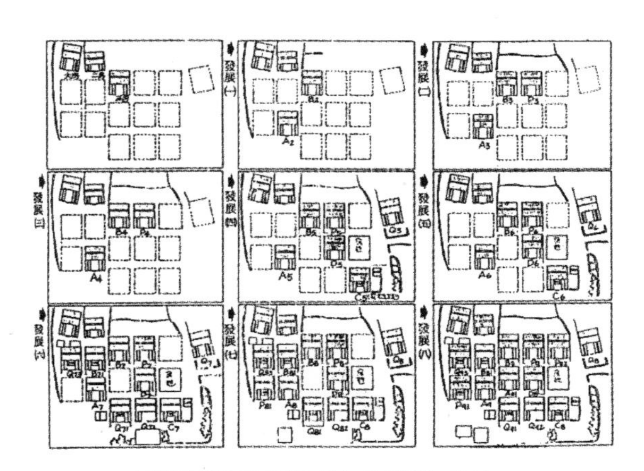

图2–33　澎湖通梁林氏系谱与聚落的成长
（资料来源：关丽文．澎湖传统聚落形式发展研究［D］．台北：台湾大学，1984：145）

① 陈支平，詹石窗．透视中国东南：文化经济的整合研究［M］．厦门：厦门大学出版社，2003：251.

② 泉州苏氏家族的《均业序》云：“今日兄弟雁行……将先大人汗积产业若干、宅舍若干，先立祀田外，余分作元、亨、利、贞四阄，品搭均匀……而后分之。”此为闽南常见的分家析产的抓阄书，引自陈支平．近500年来福建的家族社会与文化［M］．上海：生活·读书·新知三联书店，1991：136.

③ 陈志宏．闽南侨乡近代地域性建筑研究［D］．天津：天津大学，2005：105.

④ 关丽文．澎湖传统聚落形式发展研究［D］．台北：台湾大学，1984：123.

另一方面，近世宗族制度受到朱熹的《家礼》的深刻影响。我们知道，朱熹出生于福建尤溪，早年受学于福建的理学家，南宋绍兴二十三年（1153年）任泉州府同安县主簿，“职兼学事”，他用封建道德伦理教化百姓，移风易俗，使同安“礼仪风行，习俗淳厚。去数百年，邑人犹知敬信朱子之学……祭奠俱用朱文公家礼”[①]。绍熙元年（1190年）知福建漳州，任职期间，他兴官学，育人才，在州学开设“宾贤馆”，聘名士讲学，并亲自参与教育活动，培养了一批道德文章名重于时的学者。朱熹在闽南任职期间的一系列措施，在当地产生深远的影响，因而历代地方文人把朱熹在当地的教化，看成是社会发展的一个重大转折点，正所谓“紫阳过化，海滨邹鲁”。朱熹著述、讲学和居住于福建，朱子学首先是福建的地域性学派[②],《家礼》问世不久[③]，福建就有参照《家礼》中祠堂之制而建合族祠堂、置祭田供祀的。这大约是宋以后新宗族形态的最早一批宗族祠堂[④]。所以，闽南地区是受《家礼》最早影响的地区，也是影响最为深刻的地区。因此，规整有序的规划布局在很大程度上也是这种严格礼教的产物，它透过空间“营造法则”的约束，以不成文的“风水禁忌”约束着聚落的发展。江柏炜归纳出金门宗族聚落受到“宫前祖厝后”、“不超过祖厝高度”、“内神外鬼”等三种禁忌[⑤]。

虽然各种禁忌在动态发展过程中都可能被突破或者修正，如“不超过祖厝高度”的空间伦理要求，在近代洋传入侨乡以后已然被打破；“内神外鬼”的区域限定也随着聚落的拓展而可能成为一种象征。但是，在解释传统聚落形态时，又往往是不可忽视的因素。大宅村位于新店蔡厝以北4.6公里，村民均为陈姓。据统计，陈姓为翔安第一大姓，房派繁多。大宅陈氏为“浯阳陈氏”，由“仁、义、礼、智、信”五房中的“信”房二十四世沧浯分衍而来[⑥]。大宅也属于整饬规划型宗族聚落（图2–34，图2–35），其特别之处在于陈氏宗祠背后为一片留有建设遗迹的宅基地，其中尚存一段残墙，族人称其为“八房墙”，每年清明都有族人到此祭奠。从残墙及遗存的墙基可以看出，原来宗祠后面曾经建有一列房屋，笔者猜测为清初“迁界”时，大宅村曾遭受毁灭性的破坏。回迁之后，族人重建家

①（明）隆庆版《同安县志》。

② 高令印，陈其芳. 福建朱子学［M］. 福州：福建人民出版社，1986.

③ 据张国风的研究，《家礼》是朱熹著于孝宗乾道己丑（1169年）或庚寅（1170年）年，《家礼》成书不久即被人窃去，朱熹殁后一年，即宁宗嘉泰元年（1201年）是书复出，嘉定四年（1216年）出现最早的刻本，南宋时代《家礼》已有多种版本（张国风.《家礼》新考. 北京图书馆馆刊，1992.1）。

④ 常建华. 明代福建兴化府宗族祠庙祭祖研究：兼论福建兴化府唐明间的宗族祠庙祭祖［M］//中国社会历史评论·第三卷. 北京：中华书局，2001：117—121.

⑤ 江柏炜. 闽南建筑文化的基因库：金门历史建筑概述［M］//金门：“传统聚落与建筑修护研讨会”会议论文，2002.

⑥ 浯阳陈氏始祖达，于五代任浯洲盐场承事郎（即金门），并在此定居，开创“浯阳派”。六世祖大灿（字光庸）生六子，其中一人为僧，其余五人以“仁、义、礼、智、信”为房号，后建“五恒祠堂”。详见同安文史资料编委会. 同安文史资料（第十三辑）［Z］. 内部发行，1993：132–133.

园时，特意留下宗祠背后这列宅基遗址，一方面是恪守“宫前祖厝后”不建房的禁忌；另一方面也是对劫难的一种追思（图2-36~图2-38）。如果不从民俗禁忌的角度去解释，我们将很难理解位于聚落核心区的这片宅基地为何得以闲置。

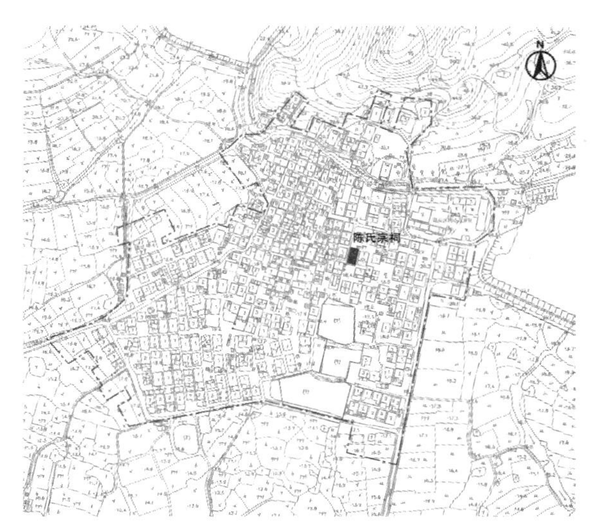

图2-34　新店大宅村总平面

图2-36　“八房墙”遗址

图2-37　陈氏宗祠背后的空地

图2-35　新店大宅远眺（中部为陈氏宗祠）

图2-38　大宅村新近石厝民居

（三）集合防卫型宗族聚落：以漳州客家土楼聚落为例

自由生长型宗族聚落通常是由单层或多层建筑通过街巷空间组织成一个整体，与之不同的，集合式宗族聚落往往是同宗同族聚居于一幢集中、大型、多层的巨型建筑之中[①]。在这种巨型结构中，居室、厅堂等生活空间、祖庙等祭祀空间及厨房、储藏间等辅助空间一应俱全，集中布置于一个集合体之中。一幢巨型建筑小可容纳几户人家，大可容纳几十户，甚至几百户，居住人口可达数百人。一幢巨型建筑就是一个宗族社区，有着共同的血缘，他们共建共荣，足不出户，人们就可以自由来往。随着宗族的发展，不同的房份不同的巨型建筑构成一个合

① 这里的巨型建筑是相对于中国传统的以单层为主的独门独户的合院式民居而言。

族而居的宗族聚落。在闽南的漳州和闽西等地，广泛分布着以集合式土楼为代表的宗族聚落，它们具有独特的聚落形态特征和自己的生长规律。

石桥村位于福建省南靖县书洋乡西北角，为明代中期张姓客家人拓垦而来。石桥村分为4个自然村，依山面水，沿溪边的山坡蜿蜒布置，依次为暗坑坝、长篮、西北洋与望前。石桥村明代属永丰里二图；清代划归梅垅所辖；民国时属梅林乡石桥保；新中国成立后划归书洋。至2000年人口普查时，全村共计288户，1037人。

据"石桥族谱"记载石桥张氏尊廿三郎[①]为开基祖，"张公自广东大埔小清（后改永定辖）移居漳郡靖邑石桥"。廿三郎生三子，长子石荫、次子石辉、三子石全，为石桥二世。石辉公随母迁回广东大埔鹤子山（后改永定辖），石全公迁居竹塔（今曲江圩附近）。石荫公守居石桥，生四子，第四子仕良公，由石桥迁往小溪下游4里以外开基，开创了另一个土楼聚落河坑村，但仍尊廿三郎为始祖（图2-39）。

图2-39　福建漳州南靖县书洋镇河坑村鸟瞰

① 据《南靖县石桥开基祖张念三郎派下族谱》载，入闽一世始祖化孙，字传万，号起鸣，生于南宋淳熙乙未年（1175年），卒于咸淳丁卯年（1267年），诰授中宪大夫，生子18人，传孙106人。其二世十八房长子吉云公，号一郎；次子庆云公，号二郎；三子祯云公，号三郎；四子祥云公，号十六郎（生于嘉定己巳，即1209年）。十六郎生子7人，居永定金砂；长子念一郎，次子念二郎，三子念三郎。这里且不论化孙公生十八子是否属实，按照古代命名的习惯，一般以宗族男丁出生的先后命名为"xx郎"，因此，十六郎之子"念一郎"、"念二郎"、"念三郎"，应该为"廿一郎"、"廿二郎"、"廿三郎"之误，今改之。

石桥三世明玉公生三子，长子张宗礼，居东山角，后裔移居他出；次子宗富公，开石桥望前派，立小宗“世瑛堂”；三子宗华公，开石桥山下派，立小宗“山下祠”①。据黄汉民、李秋香等学者的研究，已经基本厘清了石桥宗族聚落的发展过程②。石桥宗族聚落的发展与石桥张氏宗族的分衍与移民密切相关。从一世祖廿三郎公开基，在东山脚下建造“昌楼”（已倒塌，残存楼基）以来，虽然历代都有族支分衍，但二世、三世都只有一人留居石桥，四世祖三兄弟分别建了溪背洋的“永安楼”、长篮的“长篮楼”与望前的“恒星楼”，开创了三个定居点，奠定了石桥聚落的基本架构（图2-40）。

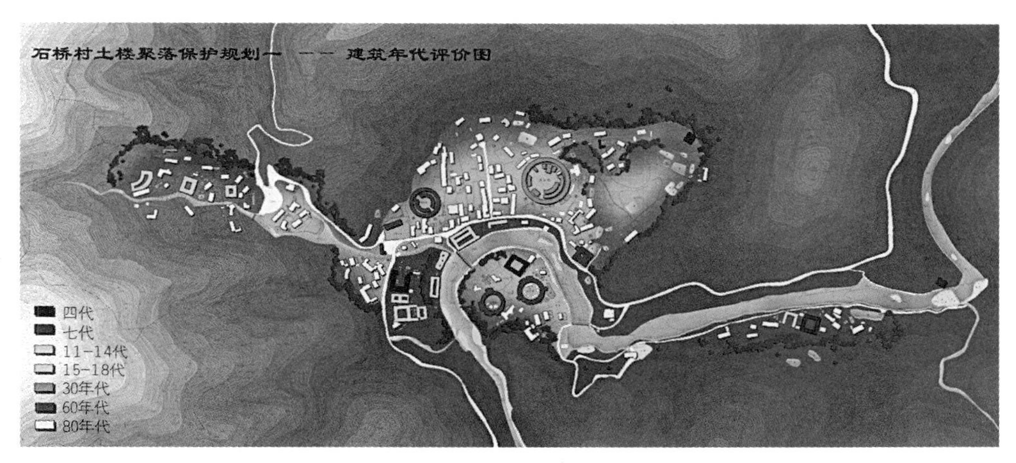

图2-40　福建漳州南靖县书洋镇石桥村
（资料来源：福建省建筑设计研究院 李艳英提供）

此后每代都有房支迁居异地，因而留在石桥的张姓人口并没有明显增加，期间只有七世祖建“土城下”方楼。这种状况直到第九世以后才有所改观，作为留居石桥的主要支系九世祖龙渊公传五子，三代男丁已达二十余人。这些后裔大多留在石桥发展，石桥聚落也进入第一个快速发展期，并新拓垦了位于三团溪上游的“暗坑坝”的定居点，建造了“迎旭楼”③。十三世祖子望公建“振德楼”，子悰公建“长源楼”，长篮村也在这个时期建造了“昭德楼”；十四世祖在暗坑坝建造了两座样式特别的连体土楼，该楼为两段同心圆弧组成，并分别设置大门，东楼名为“上日楼”，西楼名为“上月楼”。十五世建有“顺德楼”、“耀南楼”等。历代兴建的集合式土楼列表如下（表2-4）。

① 南靖县石桥开基祖张念三郎派下族谱［Z］（未刊本），1994；黄汉民．客家土楼民居［M］．福州：福建教育出版社，1995：138；王张清．石桥张姓渊源及其支系繁衍概况［EB/OL］．南靖县档案馆网．http://zznj.fj-archives.org.cn.

② 黄汉民．客家土楼民居［M］．福州：福建教育出版社，1995：142-151；李秋香．石桥村［M］．石家庄：河北教育出版社，2002：37-58.

③ 黄汉民．客家土楼民居［M］．福州：福建教育出版社，1995：142.

石桥村历世建造土楼一览表　　表2-4

辈序	楼名	主持者	位置	建造年代	备注
一世祖	昌楼	廿三郎公	门口洋		
四世祖	长篮楼	宗礼公	长篮		
	“赤楼”	宗富公	望前		
	永安楼	宗华公	溪背洋	元代中期	
七世祖	“土城下”方楼		门口洋		
	东山祠（又称“追远堂”）	合族	门口洋	康熙四十年（1701年）	祀开基祖廿三郎公
	“山下祠”	法通公	门口洋	康熙年间	祀先祖宗华公
十世	昭德楼、生楼	文迅公	长篮		
	迎旭楼	文题公	暗坑坝		
十一世	恒星楼		望前		
十二世	长源楼	子谦公	长篮	雍正元年（1723年）	
	振德楼	子望公	长篮		
	逢源宅	子谦、子望公合建	长篮		书斋
十三世	“牛角楼”（东楼名为“上日楼”，西楼名为“上月楼”）	子伦公	暗坑坝		李秋香《石桥村》中为十三世，然而，按辈分应该为十二世
十四世	昭德楼		长篮		
	德源楼		暗坑坝		
	步云斋		暗坑坝		
十五世	顺源楼		暗坑坝		
十八世	兆德楼		暗坑坝		
	耀南楼		暗坑坝		
	顺裕楼	全村集资	门口洋	1933年完工	
	文兴楼	村民自愿集资	门口洋	1966年	
	永裕楼	村民自愿集资	溪背洋	1966年	
	祯裕楼	人民公社	门口洋	20世纪60年代	

注：本表根据以下资料勘定制作：黄汉民．客家土楼民居［M］．福州：福建教育出版社，1995：142-151；李秋香．石桥村［M］．石家庄：河北教育出版社，2002：37-58.

集合防卫型宗族聚落在形态上表现为集合点式发展。这一方面是出于防卫功能的考虑；另一方面，节地效率也是重要的考量因素。在农耕社会，特别是山地聚落中，耕地尤显珍贵。石桥祖辈在居址建设时，首先考虑到的是建设用地与生产用地的平衡，并通过适宜性的建筑技术手段增加建设用地的容积率。石桥先辈对于相对平坦的门口洋耕地一直十分珍视，甚至建设宗祠等重要公共建筑时也是选择周边的坡地建设，这种理在20世纪30年代建设“顺裕楼”之前一直为族群的所坚守（图2-41）。

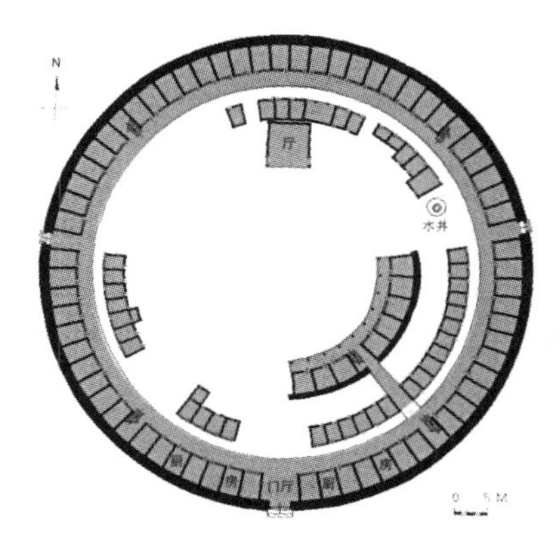

图2-41　南靖书洋乡石桥村顺裕楼平面图及鸟瞰
（资料来源：黄汉民. 福建土楼，2003：106-107.）

近代以来，石桥村仍继续修建土楼数座，不过，随着宗族组织的经济形式的改变，建造方式已由原来的房族合建改为村民集资兴建。顺裕楼的建设，将每个开间作为一个集资单元进行划分，估价由全村人共同集资建造。由于土地有公田也有私田，私田就折合稻谷分期进行补偿，每个单元每年交纳100斤谷子，一直延续到1949年才终止①，可以说是开创了“按揭”的先河。20世纪60年代兴建的文兴楼和祯裕楼的建设，是在公社化的背景下建设的，当时的宗族组织已经解体。土地归生产队所有，集资人已经打破宗族房份的限制，各户根据自己需要进行集资，可以选择一户一个单元，也可以两户合建一个单元。这种在近代发展出集资建房的模式，或许对于当下的个人合作建房有一定的借鉴意义。

三、多姓宗族聚落的空间形态例析：以福州螺洲镇为例

不同的社会组织，物化在聚落形态空间的发展形式便不同。多姓宗族聚落的发展动力来自于宗族之间的竞争与协作，竞争使各宗族组织产生活力，而协作则在对外事务中提升聚落的整体实力。但是，并不是所有存在多个姓氏的聚落都可以称为多姓宗族聚落，其判断标准首先在于各个姓氏都要具有宗族的特性。英国人类学家芮马丁在中国传统村落的研究中将宗族组织分为“单姓村”和“多宗族村落”，其中，多宗族村落又分为两种：一种为宗族之间在较合作的状态下竞争，并能够团结一致对外行动的多宗族村落；另一种为有强、弱宗族之分，强势宗族

① 黄汉民. 客家土楼民居［M］. 福州：福建教育出版社，1995：144.

与弱势宗族之间的斗争较为激烈的多宗族村落[①]。这两种不同的宗族村落因宗族关系的差异，宗族组织在聚落事务中发挥不同的作用，决定了宗族聚落形态的不同表现形式。但是，在长期的生存空间与社会空间的竞争中，强势宗族由于具备较为完善的宗族组织和竞争实力，往往会侵蚀和挤占弱小宗族的生存空间，因此，如果后者不能增强自己的实力和地位，达到势力的均衡，最后往往会走向宗族组织的解体，从而演变成单姓宗族聚落。

多宗族聚落成员之间的关系相对单姓村落较为复杂，宗族组织的整合能力又局限于同宗族群之间，加之宗族组织之间竞争的动态性，因此社区组织的稳定性也十分有限，一些不大的历史风波就可能导致聚落的剧烈变化。因此，为了维系聚落的稳定，宗族之间往往具有千丝万缕的关系，或通婚，或政治结盟，或者通过共同的崇拜信仰等手段将他们联系到一起。台湾学者在比较金门与澎湖的宗族聚落的空间形式时也指出，虽然两地区皆为移民血缘关系的村落，但两地区的村落空间有不同的呈现。金门多是以一大姓为主的社会形式、以“祖先”为主的社会运作，故呈现以“宗祠”为中心的空间形式；澎湖村落大多是多姓氏的组织，故朝向“神明”来组织社会关系结构，并以宫庙为中心的空间形式[②]。与一般的多姓村落所不同的是，多姓宗族聚落对于地域的祭祀活动一般仍有宗族组织主持。

（一）螺洲宗族发展概况

在义序的东南方约3公里的乌龙江畔，有个地方名叫螺洲，原为乌龙江泥沙冲积的洲地，古称“百花仙洲”。《津门客话》称：“螺洲者，水中洲也”[③]，现已与南台岛相连（图2-42）。螺洲居民以陈、林、吴三姓为主要姓氏，但是，考据史志，可以看出，历史上螺洲也曾有其他姓氏居住，《螺江陈氏家谱·螺洲小序》载；“洲之肇迁不知始于何氏也，废兴已非一姓。唯余家与吴姓、林姓聚族为最久，文云启祥为最盛。”《螺洲志》记载的一些地名，如“杨厝园”、“朱厝道”、“李厝道”、“程厝巷”[④]等，由于“厝”在当地即指住屋之意，可以推测明清时期螺洲可能还有蒲、杨、朱、李、程等几姓人家居住，因而街巷弄道以其姓命名。陈、林、吴三姓为螺洲主要世家望族，人才辈出，明清两朝进士就达27人，举人101人、武举11人。

螺洲在明清时期仍保持沟浦纵横的自然地貌，洲上主要分布三大宗族聚落，由西到东依次为店前（主要为陈氏宗族居住地）、吴厝（主要为吴氏宗族居住

---

① (美) Emily Martin Ahern. The Cult of the Dead in a Chinese Village [M]. Standford: Standford University Press, 1973.
② 吴培晖. 1911年以前金门与澎湖村落空间的比较［D］. 台南：台湾成功大学，1996：1.
③（清）何秋涛. 津门客话·螺洲沙合［Z］//陈宝琛. 螺江陈氏家谱（3修），1932.
④（明）陈润纂.（清）白花洲渔. 螺洲志·桥梁道路［M］. 上海：上海书店，1992：141-142.

地）、洲尾（主要为林氏宗族居住地）（图2-43）。虽然螺洲三大宗族在地域上相对独立，但是他们之间存在着千丝万缕的关系，或姻亲裙带，或师生关系，或政治同僚，地缘关系密切，因而将其视为一个整体聚落形态。如清代内阁大学士陈宝琛的母亲是螺洲吴氏[①]，《螺洲陈氏家谱》也载："吾乡中之聚族而居者，非吾先世之姻娅，即吾兄弟子孙之戚属"。姻亲关系的存在，使平民族众可以做到"喜则相庆、忧则相吊、患则相救、贫则相恤"[②]；而师生同僚，则可以看作是地方绅衿之间的联盟。在封建礼制社会中，一向把师生关系视同父子，所谓"一日为师，终身为父"。螺洲地方社会一向尊儒重教，甚至还建有文庙，这对于历史上一个只有乡邑建制的地方来说仍然是个不解之谜[③]。在"推睦族之意以睦邻"的亲缘关系中，再加上在科举教育上的师生关系，螺洲三大宗族实现了和平共处，为螺洲基层社会的长期稳定奠定了坚实的基础。

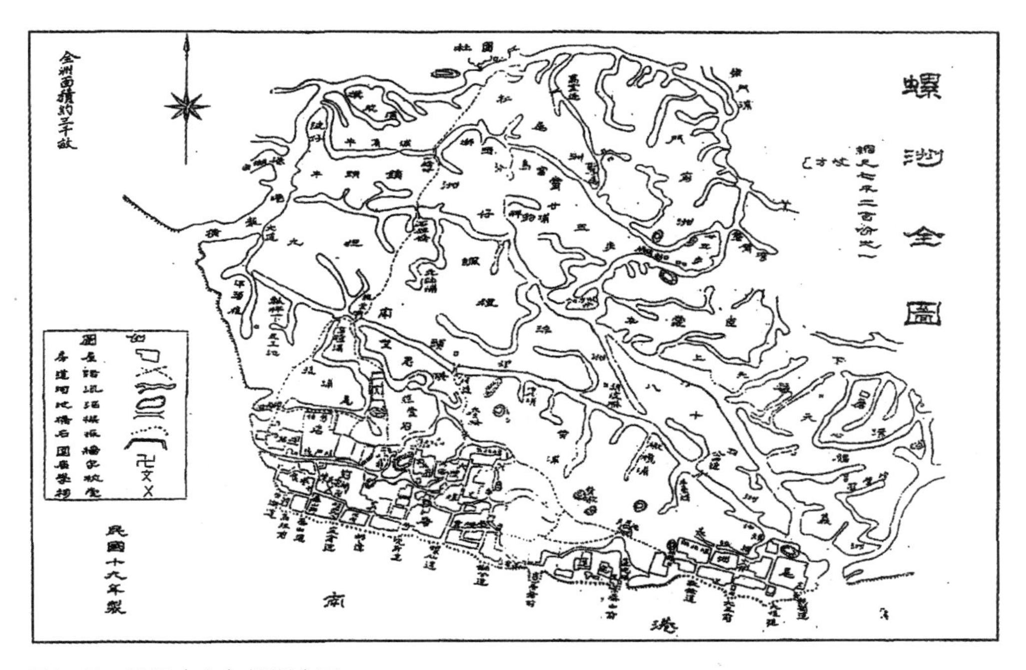

图2-42　民国十九年螺洲全图

（资料来源：陈宝琛《螺江陈氏家谱（3修）》）

① 郭肇民．我所知道的陈宝琛［M］//福建文史资料编辑室．福建文史资料（第五辑）.福州：福建人民出版社，1981：63.

②（清）陈若霖．嘉庆庚辰续修家谱序［Z］//陈宝琛．螺江陈氏家谱·卷一，1932.

③ 明万历陈淮在其《丁亥祀典记》中载："客有问于予曰：'螺江，乡也。文庙之建何昉乎？'予曰：'其详不可得而知也。然闻诸父老，先朝庙已再改造矣'"。见陈淮《螺洲志·寺庙祠宇》。143

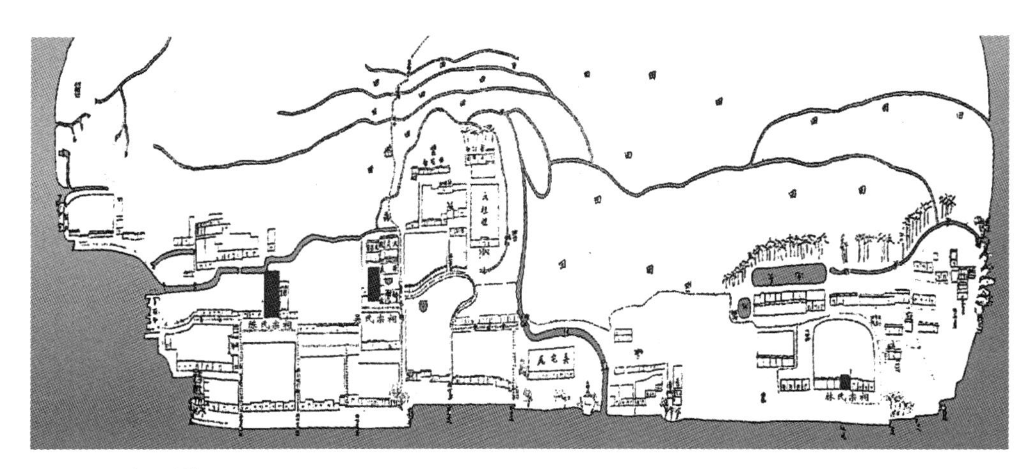

图2-43　螺洲镇图
（资料来源：陈氏族谱·螺江陈吴林分绘地界图）

1．螺洲店前村陈氏宗族

螺洲店前村陈氏先祖于唐光启元年（公元885年）随王潮、王审邽、王审知等36姓入闽，数迁而居长乐新店，明洪武年间始祖陈广（字巨源）由长乐陈店迁居螺洲，至今已分衍25世，族人陈据《帝胄陈姓渊源考·螺洲陈氏源流》所载陈氏："由新宁（今长乐）迁来螺洲，吾陈分支于长乐陈店，所居门庭里巷皆称店前，以志其自陈店来。"[①]陈广传子二，二传而孙五，始成"恭、从、明、聪、睿"五房之制，其中，恭房又衍为仙湾派、富厚邨派、南瀛派三派，此后祭祖等活动中均以七房轮祭。螺洲陈氏昭穆为："先代命名以金水木火土相生为序命字"[②]，自四世始为：世克允文，惟尔永昌，宏道宗孔，孝敬泽长，明体达用，经术显扬，公忠佐理，祖训聿彰，格致诚正，修齐治平，远绍圣学，丕振家声。

螺洲陈氏早期房份分衍　　　　表2-5

一世	二世	三世	四世	五世
广（巨源）	佚名	恭	仙湾派	
			富厚邨派	
			南瀛派	
		从		
		明		
	佚名	聪		
		睿		

① 陈据．帝胄陈姓渊源考·螺洲陈氏源流。
② 陈宝琛．螺江陈氏家谱（3修）·谱例十则，1932。

陈氏宗祠，始建于明嘉靖后期，早先系由陈氏家族六世祖陈淮创建家庙。族裔雍正癸卯（1723年）科进士陈衣德在《本宗家庙鸠金赎地记》（以下简称《赎地记》）载："伍宗家庙旧址为民部公舍傍隙地。公清节子孙苦贫，以轻直鬻于他姓久矣。曾大父东白公履其地而怵然以思。因谋于族曰：'此地宽深而方正，据吾族之中央，阴阳无颇顾，既鬻则难复，若规建宗祠，以众请而倍偿其直，可得也。'佥曰善……郓讙既归，底法斯存。从兹堂构次第就理矣。康熙丁巳（1677年）始建堂以妥先灵。丁卯（1687年）作重门，时其启闭。雍正丁未（1727年），复行修葺……祠之地广可六丈许，袤三十丈。祠之制为堂三间，夹以两翼。堂之下为庭院，为东西厢房，前为仪门三。出入由左右。仪门之外为前院，为东西冋（门内加巳）廊榭屋，又前为大门三楹达于路。"[①]从这段文字可以看出，早期的家庙与今存祠堂并非同地，而是择"吾族之中央"而建，体现出"中央"对于一个宗族的重要地位。《赎地记》所载形制，虽经嘉庆己卯（1819年）尚书陈若霖复修，之后陈宝琛等又屡次修缮，与今存之制相差无几（图2-44~图2-46）。

图2-44 店前陈氏宗祠山门

图2-45 店前陈氏宗祠仪门

图2-46 陈若霖故居鸟瞰

① 陈衣德. 本宗家庙鸠金赎地记，载陈宝琛. 螺江陈氏家谱（3修）· 卷一，1932.

祠堂门楼表现了典型的清代风格。祠堂前后三进，由照壁、大门埋、门廊、天井、祭厅、后戏台、议事厅等组成，外围以风火墙。厅堂正中的神主完供奉着陈氏列祖牌位，上挂道光皇帝为陈若霖七十大寿敕赐的“福寿”额匾，两侧则是宣统皇帝溥仪赠太保、太傅陈宝琛的寿联。祠堂内外的许多楷、行、隶、篆祠联基本上都出自名人手笔，如：李鸿章所题“冠带今螺渚，诗书古颍川”、张之洞所题“世系昌鸣凤，仙居相吊螺”。

2. 螺洲吴厝村吴氏宗族

与螺洲陈氏相同的是，吴氏也源自河南固始。南宋末，螺洲吴氏始祖吴日新随父吴大全、叔吴大良自河南光州固始入闽，定居福州，后随叔大良迁长乐港西，再迁闽县永庆里，入赘螺洲赵氏，今传31世，在乡1500多人①。螺江吴公祠堂位于螺洲镇吴厝村，祠宽17米，进深45.9米，左邻孔庙，右邻文昌宫。祠堂始建于明代，由前门厅、二门厅、祠厅及前、中、后三个天井组成。两厢回廊环抱，建筑精美。经明、清、民国多次重修，基本保持了原貌。祠堂规模颇为壮阔，飞檐翘角，琉璃瓦面，仿古装修，富丽堂皇。匾“螺江吴公祠堂”以及两侧礼仪门上的“入孝”、“出梯”匾均为石雕金字。祠厅悬“文武名宗”、“进士”、“文魁”、“武魁”等族贤匾8面，其中“文武名宗”为清顺治皇帝御赐，悬挂于神主盒上方（图2-47，图2-48）。

图2-47　螺洲吴厝村吴公祠

图2-48　螺洲孔庙大成殿

3. 螺洲洲尾村林氏宗族

螺洲林氏尊林文茂公为始祖，系“九牧林”之一支，于南宋庆元元年（1195年）由兴化府莆田县迁螺洲东际境（今螺洲洲尾）②。据《螺江林氏宗祠修祠序》记载：“吾始祖文茂公，原籍蒲田县蒲阳宅。羡先儒朱熹讲学于此，爱螺渚山明水秀、人杰地灵而迁焉。”③

---

① 张天禄. 福州姓氏志［M］. 福州：海潮摄影艺术出版社，2005：305-306.
② 张天禄. 福州姓氏志［M］. 福州：海潮摄影艺术出版社，2005：13.
③ 螺江林氏宗祠修祠理事会. 螺江林氏宗祠修祠序，1994.

在聚落发展初期，人口密度低，各姓氏之间在一定区域内独立发展，随着社会群体的扩大，自然环境的容量达到一定的限度，到清代时已显局促之象，“今吾乡，衡宇稠密，畸零尺土，视同拱璧。”①由于洲尾三面环水，居民亦渔亦农，加上河床泥沙沉积使生存空间得以不断扩大，而陈吴两姓由于环境的限制促使他们向外地寻找新的生存空间。“新中国成立前，这是个略带城市风味的乡村，吴、陈、林三大姓聚族而居。除洲尾林姓多务农外，陈、吴两姓多在福州和省内外立足发展。”②于是螺洲的生存空间因而得以拓宽。

（二）螺洲宗族聚落的空间形态分析

螺洲多姓宗族聚落具有较为丰富的空间层级。从以文庙为中心的文教空间到以宗祠为核心的祭祀空间及以寺庙为核心的精神空间，呈现出多极域的空间层级，反映了螺洲社会以儒家伦理为核心，以宗族血缘为纽带的社会空间网络。宋明理学在福建的兴盛，使儒家伦理成为地方的主导意识形态，正如葛兆光所说，从“永乐年间（1403~1424年）编成《五经大全》、《四书大全》、《性理大全》”，明代确立儒家伦理的“绝对而普遍的真理”以降，最迟至二百年后的万历年间，儒家伦理已经“深入社会生活”了③。螺洲文庙自创建以来，几经兴废，经明成化十八年（1482年）重建、正德十六年（1521年）整修，至隆庆二年（1569年）“乡人绅衿每岁首十一夜、十二夜，特牲致祭，以昭其敬焉”④，确立了文庙祭祀制度。此后，文庙又经明万历甲午（1594年）邑人吴汝城主持重修；明万历丁未（1607年）邑人林毓芳主持扩建；清道光辛巳（1821年）由林瑞春主持再次修缮⑤。从屡次修缮的主持者身份可以看出，螺洲三个宗族对于文庙有着共同的体认与尊崇，儒家理论成为地方社会不同宗族之间的主导意识形态。

多姓宗族聚落在形态上往往表现为团块状发展，之间留有一定的缓冲地带，这种缓冲地带以自然要素为主导。“洲内之地以穿心之水相隔，分为四段：洲尾自为一段；莲宅自为一段；自大埋至程膺弄为一段；洲头顶自为一段。”⑥这四段大概的地理位置基本与前文所说的三个宗族聚落相对应。这种聚落分布是在自然环境的基础之上，通过人为主观能动性的改造，及宗族之间的竞争与协调的结果（图2-49）。

---

① 陈衣德．本宗家庙鸠金赎地记［Z］//陈宝琛．螺江陈氏家谱（3修）·卷一，1932.
② 郭肇民．我所知道的陈宝琛［M］//福建文史资料编辑室．福建文史资料（第五辑）.福州：福建人民出版社，1981：63.
③ 葛兆光．中国思想史［M］．上海：复旦大学出版社，2001：291-292.
④（明）陈润，（清）白花洲渔．螺洲志·庙寺祠宇［M］．上海：上海书店，1992：142.
⑤ 王根生．明清时期福建螺洲社会生活运行机制研究［D］．福州：福建师范大学，2007：24-29.
⑥（明）陈润，（清）白花洲渔．螺洲志·山川地理［M］．上海：上海书店，1992：147.

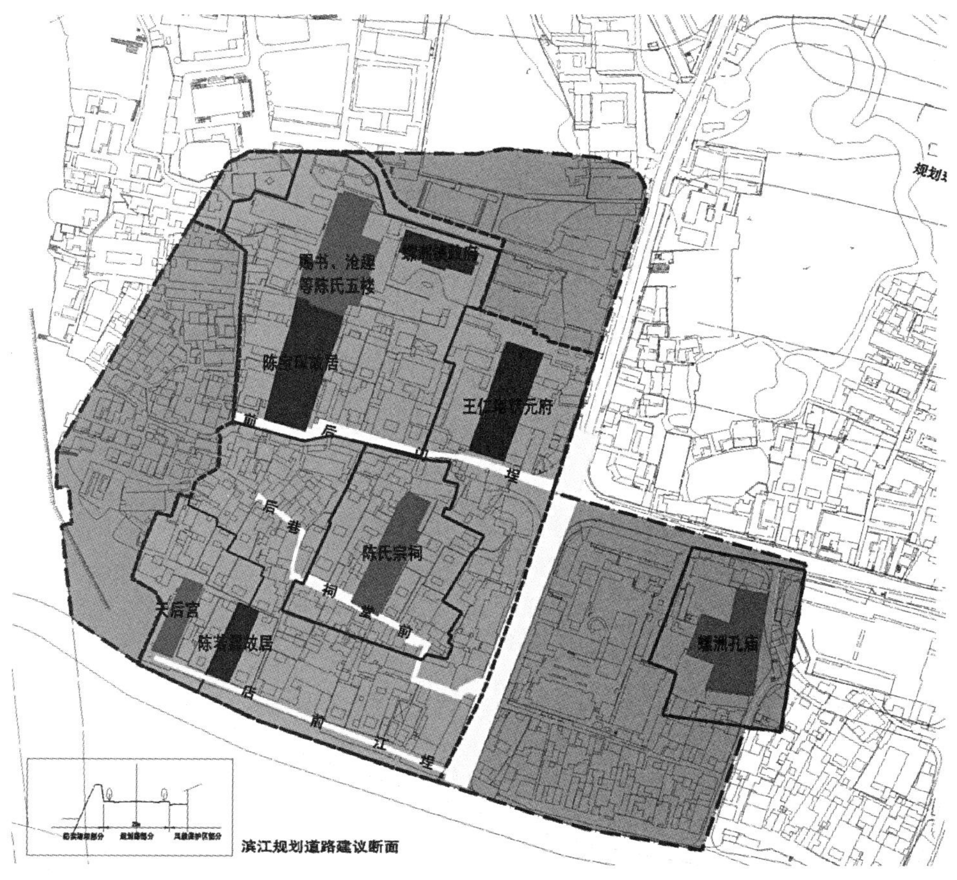

图2-49　螺州历史风貌区保护区划
（资料来源：本图由福州城市规划设计研究院提供）

四、宗族聚落空间成长过程

宗族聚落空间的成长是与宗族息息相关的，不论是姓氏与姓氏之间、房支与房支之间的关系，甚至是民居的营造，无不受到宗族制度的影响。更精确地说，村落内部的社会关系是基于宗族的社会构成，并且这个关系会透过民居与宗祠等建筑物、道路及其他自然景观在聚落形态中呈现。因此，民居所代表的并非只是一个构造物，而是代表宗族构成的小单元，单元的聚集则代表房份或某个姓氏的整体。一个宗族聚落的空间形态，往往是数百年来生长调适的结果。从宗族的衍分与居住空间的区域关系，或是房份与房份之间的分界，或许可以推测聚落空间成长的历程。

聚落空间的安排乃归因于宗族与房份之间的消长。姓氏的移入与迁出，会造成聚落内群体间关系的改变。在理想的状态下，某种程度可能有先来后到的道理，即先来者应可得到较大的“领地”，或者是先来几个姓氏得以相互协调，

图2-50　福州林浦林氏宗族聚落总平面

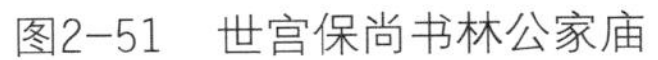

图2-51　世宫保尚书林公家庙

图2-52　见泉林公家庙

但事实上常会有不确定的因素使得姓氏之间取得均衡发展①。从厦门新店蔡厝和螺洲吴氏都可以看出，这些宗族的开基祖皆入赘于他姓，而后繁衍昌盛，反而取而代之。房份之间的衰弱与兴盛，对聚落形态的影响也是一样的，最明显的便是家族繁衍的速度。若一个姓氏下很多子嗣的话，在分割继承的结果，应该使得宗族居住的领域空间不断地扩大，不过却使得以下世代所能分得的生产资料（如土地、渔场）与粮食愈来愈少，于是便须改变生产方式或者往外拓展该姓氏的居住与生产空间。在田野调查中，我们从福州林浦村名字的更迭上可以看出宗族间的彼消此长的变化。林浦原叫“连浦”，江也叫“连江”，盖因原村民中大多为连姓而起。林姓自唐末入闽，定居连浦，至21世孙林元美于永乐十九年（1421年）后登进士，日渐兴盛，至明正德年间，林姓已经成为当地的名门望族，素有“七科八进士”、“三代五尚书”之美誉，林姓人口也占全村的八九成之多，遂改名为“林浦”②（图2-50~图2-52）。

台湾学者黄昭璘也从菁桐村的社会组织原则与聚落空间的相关性出发，研究菁桐村的聚落空间成长过程。在农耕社会，菁桐村居民顺着自然环境所赋予之生活条件而定居于此，聚落空间之发展方向沿着基隆河两岸之平缓腹地而发展；日治时期，因煤矿之开采，促使人口大量地集中于聚落中心区域—菁桐车站及其周

①［台］吴培晖．金门澎湖聚落［M］．台北：稻田出版有限公司，1999：35.

②（清）郭柏苍《竹间十日话》载：“林元美宅在连浦，以连姓著名。后连姓衰，林姓始大。今呼濂浦，或呼林浦。”（清）郭柏苍．竹间十日话［M］．福州：海风出版社，2001：90.

围区域，这是一种产业活动转型之下的生存环境“扩张”[①]。但是，产业活动转型所促使之人文活动或集体生活价值观的改变，会使聚落的成长受到阻碍，甚至是埋没在生存环境之中。反之，若是子嗣薄弱，无力维持其原领域的完整，便可能为其他姓氏或房支所侵蚀，该姓氏的领域空间则有可能逐渐削减。

第四节　传统宗族聚落的位序观

一、关于位序

中国传统的空间观念和社会结构中都表现出“位序”（hierarchy）格局。与现代科学的“无限之时空观念”不同，中国传统的宇宙观表现在物质与能量、物质与空间、时间与空间不相对立，因此可以“位序”来解释中国传统的时空观念[②]。在社会结构方面，早在20世纪40年代，费孝通就指出“差序格局”是中国传统乡土社会的基本特征[③]。他认为，从基层上看，中国社会是乡土性的，其社会关系是以自我为中心的圈层结构、按亲疏远近的差序原则来建构的。本文认为，位序是一个包含“位”与“序”的复合概念，它包含四个层次的涵义：定向、定位、层级和秩序。

首先，位序指空间的定向，即方向感。在传统聚落中，方向感由聚落及住屋的朝向来确定。而聚落和住屋的朝向表现在传统风水观念之中，与自然具有一种更加直接和有机的合作关系，它通过玄学的思维将形态空间与社会空间的进行绞合，成为一个空间—社会共同体。

其次，位序指水平方向的空间定位，它通过四方思维四个维度进行确认。建立在这个水平方向的空间定位产生中国传统的“天圆地方”的宇宙观念，在此基础上，居住环境被理解为一个方形的平面，传统聚落在这个表面的分布形成一个方形的居住空间网络，并与社会空间的尊卑相对应。但是，这并不是说，中国传统的空间观念缺乏纵向上的层级。

第三，位序指空间的层级。在传统观念中，空间在平面上具有一个从中心到边缘的层级关系，所谓“五服”、“九州”，就是这种平面层级的表现（图2-53）；在垂直方向上的空间也不是均质的，它具有层级结构。法国汉学家程艾蓝（Anne Cheng）认为：“《易经》其实把形成空间观念的一切元素放在纯宇宙观上来重新叙述……《易》里的纵向轴存在于卦的内部变化当中，每一卦有六划，从下往上

① 黄昭璘. 聚落之空间与社会组织原则研究：以矿业聚落——菁桐村为例［J］. 环境与艺术学刊，2001（2）.
② 唐君毅. 中国文化之精神价值［M］. 桂林：广西师范大学出版社，2005：107.
③ 费孝通. 乡土中国·生育制度［M］. 北京：北京大学出版社，1998；费孝通. 乡土中国［M］. 北京：生活·读书·新知三联书店，1985：28.

读，并且每一卦所涉及的不是空间而是其中的每一划处在什么样的‘位’上——每一划的‘位’事实上决定了该卦在某个特定的时刻所显示的情势。这个纵向轴（这一卦）却立刻和一个横向轴（另一卦）结合，因为从这一卦到另一卦，卦相会改变，情势也随之变化：此处，与其说是时间问题，毋宁称之为‘序’，即一种情势转为——顺向或逆向——另一种情势的变化秩序。”①

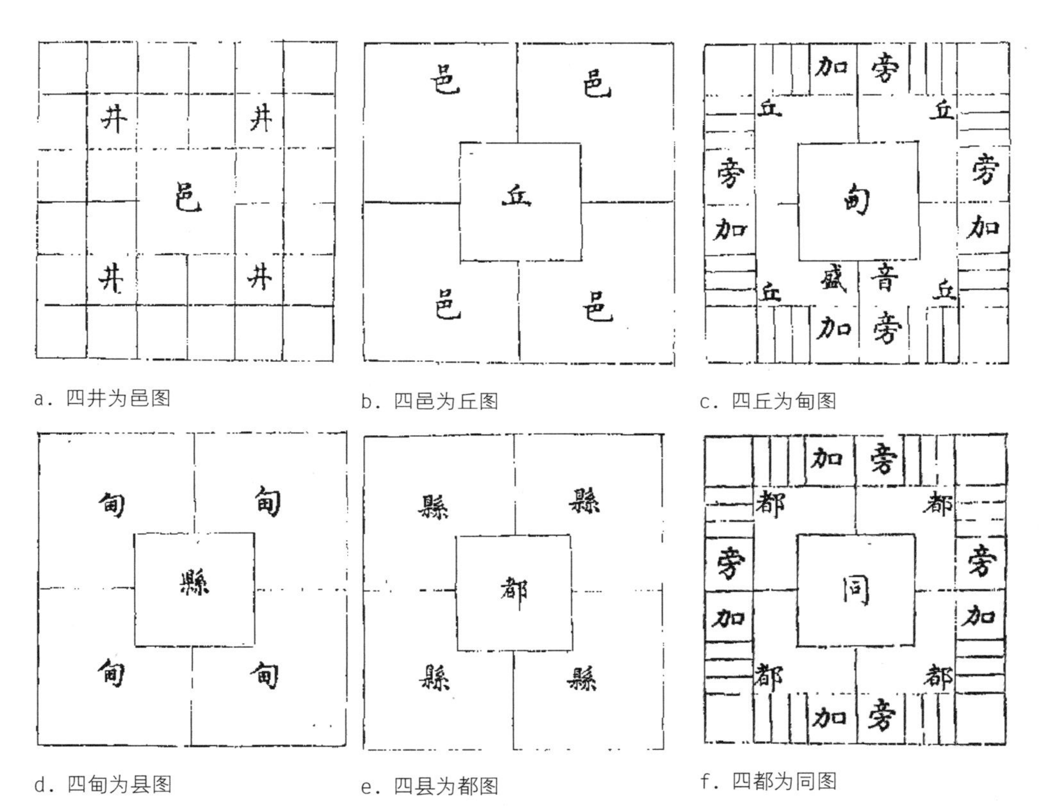

a．四井为邑图　b．四邑为丘图　c．四丘为甸图

d．四甸为县图　e．四县为都图　f．四都为同图

图2-53 《六经图》中空间层级划分

〔资料来源：（宋）杨甲《六经图》，卷四〕

位序中所指的层级，也包括社会层级。美国人类学家桑格瑞（P. Steven Sangren）指出，中国农村传统的地域观念系由地理空间的层次结构（hierarchy）所连接②。王铭铭也强调，研究中国村庄时要注意到有一种“上下关系（vertical）”，这里他主要关注的是“村落以外的关系纽带”③。其实，在聚落内部社会中，同样也存在着层级关系，如宗族房份的分衍，大宗与小宗之间就

① （法）程艾蓝．中国传统思想中的空间观念［M］．林惠娥（Esther Lin）译//《法国汉学》编委会．法国汉学：第九辑，人居环境建设史专号．北京：中华书局，2004：10．

② (美) P. Steven Sangren. History and Magical Power in a Chinese Community [M]. Stanford: Stanford University Press, 1987: 61–92.

③ 王铭铭，刘铁梁．村落研究二人谈［J］．民俗研究，2003（01）：24～37．

存在层级关系。

第四，位序喻示着一种秩序的存在。创造有序和谐的社会秩序一直是中国传统社会的理想，它主要靠礼制来维持。“礼者，继天地、体阴阳，而慎主客、序尊卑、贵贱、大小之位，而差外内、远近、新故之级者也”①，礼制带有强制化、规范化、普遍化、世俗化的特点，在中国传统宗族社会中表现为宗法制度，在基层社会担当着准法律的作用。“孝悌”是宗法制度的伦理核心，《论语·学而》曰：“其为人也孝弟，而好犯上者，鲜矣；不好犯上，而好作乱者，未之有也。君子务本，立本而道生。孝弟也者，其为仁之本与。”它不仅强调“尊祖敬宗”的宗族内部道德，同时，它对外则强调人各有序，任何逾越和“犯上”皆属非礼不法。“亲亲”和“尊尊”就是这种等级制度的思想伦理基础。在宗族制度下，对内的道德以亲情为基础，诉诸血缘关系；对外的道德以等级为原则，诉诸亲情关系。对内的道德是对外的社会等级的合理性依据，反过来，社会等级则强有力地支持对内道德当中的上下原则，二者浑然一体，成为位序的核心。经过儒家对家庭关系的政治化处理，血缘关系也就为社会等级制度提供了最终的合理性解释，家族的血缘制度便成功地转化为社会的等级制度②，并渗透到中国传统社会生活的各个领域。它表现在社会方面有天、地、君、亲、师等尊卑顺序，表现在家庭内部则为长尊幼卑、男尊女卑、嫡尊庶卑等，并外化在聚落形态与建筑空间之中，形成中国乃至东方文化中注重伦理的建筑特征。

二、宗族聚落中的空间位序

1．位序在聚落形态中的表现

传统宗族聚落是在以血缘关系为纽带、以等级关系为特征的宗法制度的约束下发展起来的。位序所包含的定向、定位、层级和秩序四个层次的涵义，在传统聚落中通过聚落空间结构和要素表现出来，不同要素表现的侧重点有所不同。聚落的中心与边缘，聚落与建筑的坐向、建筑的位置、形制等都集中体现了位序的内涵。陆元鼎也说过：“无论是传统民居聚落景观的构成，还是传统民居的建筑布局，抑或是营造格式、建筑装饰，无不投射出宗法伦理观念和礼制等级思想的气息。”③

作为宗族社会象征的宗祠，往往成为宗族聚落的核心建筑之一，一切其他建筑都以此为中心而布局。因此，宗祠建筑往往成为聚落空间的核心区，各房份的支祠呈拱卫之势，各房民居又分别以各自支祠为中心展开布局，相对集中居住，

① 董仲舒．春秋繁露·卷第九：奉本第三十四。
② 杨小彦．等级空间初探：中国传统社会城市意识形态研究［D］．广州：华南理工大学，2004：25.
③ 陆元鼎．中国民居建筑（上）［M］．广州：华南理工出版社，2003：70.

体现了中国传统的聚族而居的居住模式，这是一种社会伦理与家族秩序的象征。

基于礼制的需要而形成的建筑等级制度，是中国古代建筑的典型特征，它对中国古代建筑体系产生了一系列重大的影响，最主要一方面即导致中国古代建筑类型的形制化。不同类型的建筑，突出的不是它的功能特色，而是它的等级形制。合院建筑是这个形制化过程的产物。

2．位序在合院形制中的表现

合院形制由于在精神层面上受到“大母神”原型的潜意识的支配；在制度层面上暗合了中国宗法伦理的秩序和结构；在功能上具有极大的灵活性和适应性[①]；在组织关系上具有可生长性，因而成为中国传统建筑的基本形制。在强调内外有别的私密观念的影响下，宗祠一般采取向心封闭的合院布局。在宗法制度的约束下，为了协调族群社会的秩序，体现长幼有序、男尊女卑的等级观念，宗祠建筑表现为主次分明、对称规整的布局形式。

在庭院雏形出现的殷周时期，已经表现出明显的位序观念。作为居住空间的宇宙，在殷周人心目中投射了一个根深蒂固的深层意识，即以中央为核心，众星拱北辰，四方环中国的“天地差序格局”。这种宇宙结构给他们提供了一个“价值的本原、观念的样式和行为的依据。”[②]他们认为，天、地、人同构同源，在精神上互相贯通，在现象上互相彰显，在事实上彼此感应，世界是对称和谐及交互关联的一个整体。这种宇宙秩序通过当时的一系列“仪式”得以确认和表现。在“万物本乎天，人本乎祖，此所以配上帝也”（《礼记·郊特牲》）的观念下，“这套仪式把来自宇宙的自然秩序投射到历史的生活秩序之中，把人类社会的秩序在仪式上表现出来，并通过仪式赋予它与自然秩序一样的权威性和合理性。”[③]而建筑作为仪式发生的场所，它在布局上不仅要满足仪式的要求，而且场所本身也富含象征意义。在《尚书·顾命》中记载了周康王即位的“仪式”，其仪式场面的描写中“东序”、“西序”、“东夹”、“西夹”、“东房”、“西房”、“宾阶”、“阼阶”、“毕门”等一系列祭祀场所的描写，几乎可以在凤雏村西周宫殿平面中找到对应关系。（图2-54）在山东省博物馆一藏壶的铭文《壶颂》中记载了某王授权仪式，仪式也发生在庭院中，“宰引右颂入门立中廷”[④]。可以看出，正是“庭院”空间的转换，在心理上暗示宇宙秩序的存在，也渲染着秩序的神圣，使古人在这种重重叠叠充满象征的仪式中得以凸显象征的意义。

在等级方面，单体建筑中突出地表现在间架、屋顶、台基和构架做法上。

① 林志森，关瑞明. 中国传统庭院空间的心理原型探析［J］. 建筑师，2006（06）：83-87.
② 葛兆光. 中国思想史（第一卷）［M］. 上海：复旦大学出版社，2002：53.
③ 葛兆光. 中国思想史（第一卷）［M］. 上海：复旦大学出版社，2002：54.
④ 颂壶铭文最早载于《贞松堂古遗文》，转引自：葛兆光. 中国思想史（第一卷）［M］. 上海：复旦大学出版社，2002.

《礼记·王制》强调“礼有以多为贵者……有以高为贵者”，反映在建筑形制上，就形成一套以开间和举架数目为依据的等级制度。《明会典》中规定：公侯，前厅七间或五间，中堂七间，后堂七间；一品、二品官，厅堂五间九架；三品至五品官，后堂五间七架；六品至九品官，厅堂三间七架。在朱熹的《家礼》中，对宗祠的规制也有明确的规定：“祠堂之制三间，外为中门。中门外为两阶，皆三级，东曰阼阶，西曰西阶。阶下随地广狭以屋覆之，令可容家众叙立。又为遗书衣物祭器库及神厨于其东，缭以周垣，别为外门，常加扃闭。”成化时黄仲昭的《和美林氏祠堂记》介绍该祠：“祠之制，中堂四楹，翼以二室，室之前为廊，以周门庭，庖库、祭器悉具。”[①]“四楹”即四柱三开间，与《家礼》中的祠堂之制相符。

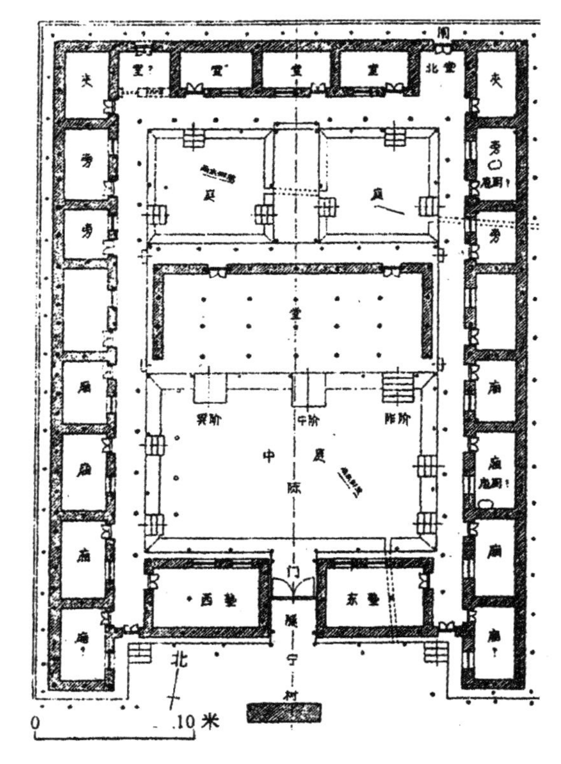

图2-54　陕西凤雏村西周宫殿遗址平面
（资料来源：萧默《中国建筑艺术史》）

3．位序在厅堂与神龛中的表现

在合院形制中，厅堂处于轴线上，其地位最为重要，它是家庭的活动中心，又是最具公共性的礼仪用房。在外观上它以高大的屋顶、显著的外形、较大的体量、讲究的用料表现了主人高贵的地位，是父权至上的物化象征。厅堂的内部空间具体地体现了位序观念。在祠堂中，厅堂是祭祀祖先和神灵的最神圣的场所。宗祠祖先龛位的设置，不仅反映了祭祖观念，也是宗族内部的房派结构的标志，从这里可以看出宗族不断分衍而又有效整合。

对于神龛的布置，也是位序的一种体现。常建华总结了《福建宗教碑铭汇编》中出现的各种神龛的类型，其中以共设五室、中室祭祀始祖、左右祭祀支祖、先祖、近祖或兼而有之的形式为多[②]。另外，还有一堂三室等其他的情形，如《沂山曾氏祠堂记》：“一堂三室，中钟壶，始祖也；左矩斋，先祖也；右太一，

---

① 郑振满，（美）丁荷生．福建宗教碑铭汇编·兴化府分册［M］．福州：福建人民出版社，1995：109．

② 常建华．明代福建兴化府宗族祠庙祭祖研究：兼论福建兴化府唐明间的宗族祠庙祭祖［M］//中国社会历史评论·第三卷．北京：中华书局，2001：117-121．

大宗主也。别其旁二室，左太二，右太三，小宗祖也。五其主专之，子姓则名系于室之版，不主不祀，惧僭也……冬至祭始祖，先祖附大宗，小宗亦附，寓有之意，始祖固专祠矣。立春祭先祖，始有楼，小宗楼，大宗附，寓重宗及昭穆之意。”[①]这种兼顾大小宗的形式，一般以始祖居中，往下个房派（小宗）以左昭右穆的定制交替排列，正式位序的表现。

本章小结

长久以来，以血缘宗法为纽带，以封建家长制的大家庭为基本单元的生活方式，反映了传统社会以儒家思想为核心，为人们的思想、行为制定的“礼”的伦理法则，引导人们的行为、活动遵守“礼”的规范，体现出“中正无邪”的礼乐思想。宗族聚落是联系大传统和小传统的纽带，是中国礼俗社会的缩影。宗族聚落的演化过程蕴含着必不可少的轴心，这个轴心就是以聚族而居为主体的社会群体所认同的祭礼传统。这个传统的物化表现就是宗族祠堂和家庙体系。祠庙不仅是一个家族汇聚的精神核心，也是聚落文化景观的明显标志。同时，在传统的社会伦理中，祭祀成为权力的象征与源泉，“祭祀行为在中国社会里形成‘礼’、‘俗’两大脉络，传承于数千年的历史巨流里”[②]。祭祀活动慰藉了民众的心灵，也维系了中国族群的稳定，同时也维系了上下层社会间的有序运转，是中国传统社区的主要纽带之一。

以宗祠、族产、族谱及共同宗族活动为核心的宗族组织外化在社会生活秩序的各个方面，在传统聚落的空间组织、层次布局、建筑形态、装饰配置上也得到了充分的体现。在聚落空间布局上，整个村落布局常以宗祠为中心展开，形成以一种由内向外自然生长的村落格局。《阳宅会心集》强调：“君子营建宫室，宗庙为先，诚以祖宗发源之地，支派皆源于兹”，宗族按支系尊卑长次依次形成若干组团[③]，形式整齐划一，形成密集的胡同、巷道；在建筑形态上，建筑格局基本相同，通过居住的位置、院落的大小、屋脊的变化来反映居住者的社会地位和身份之别；在建筑构件配置上，则要求任何构件配置要反映严格的尊卑、贵贱等级，都有其特定的位置、形式、长度和序列，不得超越。宗族聚落空间布局由此呈现出一种主次分明、先后有序、内外有别的空间形态，体现出中国传统居住文化的位序观。

聚落发展的影响因素复杂多样，在不同自然环境和历史环境中，会产生不同的聚落形态。相对而言，平原地带更有利于整饬规划型的布局，因此也更强调聚

① 郑振满，（美）丁荷生．福建宗教碑铭汇编·兴化府分册［M］．福州：福建人民出版社，1995：139.
② 蓝吉富，刘增贵．敬天与亲人［M］．北京：生活·读书·新知三联书店，1992：365-366.
③ 刘沛林．论中国古代的村落规划思想［J］．自然科学史研究，1998（1）：83-89.

落的整体性和方整对称；而山地丘陵地带，宗族聚落规模较小，讲究因地制宜，往往结合自然山水，融入各种人文条件，从而形成自由生长型的聚落形态，追求内容而非形式上的整体感，在秩序平衡中寻求一种变化。

不同的发展阶段、不同的生产力发展水平、不同因素表现出不同程度的重要性。血缘族群关系应该是最早发挥主导作用的因素之一，随着生产力和生产方式的进步，聚落的发展赖以维生的经济、产业及其生产方式发生改变，民间信仰的社区整合功能在新的历史时期逐渐显现出其重要性。特别是唐宋社会变革之后，商品经济出现萌芽，并逐渐在社会中发挥重要的作用，甚至也改变了传统的农耕社会的基层生活。在中国南方及边陲地区，一些交通方便的聚居地发展成为集市，在宋代出现了称为“镇市”的商业中心[①]，并不断吸引农业人口向商业中心地聚集。在这里，社会群体不再是以血缘为纽带的宗族群体，而是来自四面八方不同姓氏、不同民族的陌生人群。在新的生活环境中，他们亟待新的整合，民间信仰日益发挥重要的作用，渐渐成为新的社区群体的精神依托。

① 樊树志. 明清江南市镇探微［M］. 上海：复旦大学出版社，1990：41.

第三章　境域：传统聚落的神缘结构分析

文化社会学一般认为中国传统社会是以宗族为本位、家国一体的宗法制社会，从整体的文化性格来讲，这大抵是没错的。但是，如果仅仅以宗族结构来定义中国传统的社会结构，似乎又难免以偏概全。在传统文化中，"祖"与"社"一直是并行不悖的两套信仰系统。《周礼·考工记》已经明确了"营国"时"左祖右社"的规制。上文从血缘结构的角度对传统宗族聚落进行分析，如果说，宗祠可以认为是一个以血缘为纽带、以地缘为基础、跨阶层的管理服务机构，村庙则与之相反，是跨血缘的，以民间信仰为标志的行会、社会活动机构的综合设施。在中国传统聚落的日常生活中，二者往往相辅相成，共同完成了聚落的社区整合。

前文论及"立柱而居"，从先民对"柱"的崇拜可以看出，民间信仰从人类定居开始便伴随着聚落的发展。在仰韶文化、龙山文化、良渚文化的一些聚落中，集中祭祀的场所十分明显。陕西临潼的姜寨遗址的全面发掘，让我们较为完整地了解当时村庄的情况，根据这些聚落形态考古的发掘，我们可以知道这些史前的村庄，已经存在社区的公共空间，如围绕中央圆形广场的"大房子"，虽然对这些特殊空间没有文献记载，但我们可以猜测它大概与"老祖母"的住所[①]及原始宗教祭祀有关[②]。这种布局反映出原始社会人们以氏族为纽带聚族而居的聚落雏形。这一场所的存在使得聚落的人能够团结起来，成为一个共同体。

在宗族聚落中，人们以共同的血缘关系为纽带，在这样的群体里面，人们都很亲近，通过祭祀共同的祖宗，容易形成居住共同体。然而，在一些中心地，五方杂处，社会关系复杂，支配的人就不再是纯粹的血缘关系或者亲近关系的人，而是一群陌生人，这就需要新的关系纽带。民俗学的研究业已指出，祭祖和拜神是中国基层社会最重要的两种祭祀仪式[③]。明代以后在中国东南部地区存在一个相当普遍的现象，即随着"宗族制"的普及，宋代以前建立的许多墓祠或祭祀名人的专祠都逐步转化为宗祠，这个过程反映出地方社会用以说明其文化正统性的"语言"发生了转化[④]。因为民间信仰大都是"扎根乡土"，有相对固定的"信众"群体，其盛衰与自然和人文环境休戚相关，对传统聚落形态和景观有着深刻的影响。在中国传统社会的诸多构成要素中，民间信仰是其中一个重要的组成部分，其形式与社会结构的形式彼此相互对应，各要素之间相辅相成。如果不把民间信

---

① 西安半坡博物馆．半坡仰韶文化纵横谈［M］．北京：文物出版社，1988：61．
② 西安半坡博物馆．半坡仰韶文化纵横谈［M］．北京：文物出版社，1988：19．
③ 郑振满，陈春声．国家意识与民间文化的传承：《民间信仰与社会空间》导言［J］．开放时代，2001（10）．
④ 朴元熇．方仙翁庙考：以淳安县方储庙的宗祠转化为中心［M］//郑振满，陈春声．民间信仰与社会空间．福州：福建人民出版社，2003：281-301．

仰这一社会构成要素考虑进去，我们将无法正确理解传统聚落的形成机制、发展过程及其社区特性。

第一节　民间信仰与神缘结构

信仰是一种特殊的社会意识形态，它体现为人们对自然界、人类社会的发展变化的基本态度，按《辞海》释义，信仰指“对某种宗教或主义极度信服和尊重，并以之为行动的准则”。从信仰形态的角度，可划分为正统宗教和民间信仰。民间信仰是流传于民间的一种信仰心理和信仰行为。民俗学指出：“民间信仰是指人们按照超自然存在的观念及惯制、仪式行事的群体文化形态。”[①]民间信仰的核心是“超自然观”，它大致相当于宗教的教义。由于在宗教学领域，对于“宗教”这一概念的理解歧义颇多，民间信仰是否应该属于宗教尚存争议。张新鹰、金泽等人认为，民间信仰与民间宗教是有所区别的。张新鹰认为民间信仰是民间宗教赖以建立的最深厚的神学基础，民间宗教实体的产生，从本源上可以看作是民间信仰的制度化与集约化[②]。金泽认为，组织结构上的松散性可以将民间信仰和民间宗教区别开来[③]。彭耀、李亦园等学者则更倾向于将民间信仰与民间宗教视为统一概念[④]。台湾人类学家李亦园认为，民间信仰即那种扩散到生活各方面，与人们的日常生活密切联系在一起，但没有教会组织、经典、教义等的包括祖先信仰、四时祭祀、祖灵崇拜甚至泛灵崇拜、算命、卜卦、风水等的普泛化的信仰[⑤]。国外学者，如日本的栗山一夫也曾对“民间信仰”做出过概念性的界定，认为民间信仰“是一般信徒远离于正统信仰之外在现实生活中所信仰的东西”[⑥]。

一、信仰、民间信仰与宗教辨析

从实质上看，民间信仰仪式、行为具有多方面的宗教特征。在各种各样的定义中，英国人类学家弗雷泽（J. G. Frazer）的阐述也许更适合民间信仰的情况。他认为：“宗教指的是对被认为能够指导和控制自然与人生进程的超人力量的迎合或抚慰”，“宗教包含理论和实践两大部分，就是：对超人力量的信仰，以及讨其欢心、使其息怒的种种企图。这两者中，显然信仰在先，因为必须相信神的存

① 董晓萍. 民间信仰与巫术论纲［J］. 民俗研究，1995（2）：79-85.
② 张新鹰. 台湾“新兴民间宗教”存在意义片论［J］. 世界宗教文化，1996（7）.
③ 金泽. 民间信仰的聚散现象初探［J］. 西北民族研究，2002（2）.
④ 彭耀. 社会转型期中国宗教的新趋向［J］. 世界宗教研究，1995（03）；李亦园. 人类的视野［M］. 上海：上海文艺出版社，1996.
⑤ 李亦园. 新兴宗教与传统仪式：一个人类学的考察［J］. 思想战线，1997（3）.
⑥（日）铃木岩弓. “民间信仰”概念在日本的形成及其演变［J］. 何燕生译. 民俗研究，1998（3）：20-27.

在才会想要取悦于神。但这种信仰如不导致相应的行动，那它仍然不是宗教而只是神学”。[①]可见，弗雷泽的宗教定义包括了信仰和崇拜活动两个方面。而民间信仰正体现了信仰、行为和象征体系的统一。

杨庆堃也在《中国社会中的宗教》中认为，中国信仰具有官祀和民祀、官方信仰与民间信仰、地方信仰与国家信仰等差别[②]。中国民间信仰的内容大致包括：

（1）神灵、祖先、圣贤和鬼怪的信仰；

（2）家祭、庙祭、墓祭和年祭，公共节庆、人生礼仪和占星卜卦等仪式；

（3）血缘性家族和地域性庙宇的仪式组织；

（4）世界观、宇宙观的象征和神系的象征、地理情景的象征、文字的象征、自然物的象征等象征体系以及与这些信仰、仪式组织和象征体系密切相关的文化现象，诸如民间宗教建筑、绘画和戏剧等艺术形式；民间宗教语词；民间宗教文化心理等。也就是说，民间信仰文化并非仅仅是一种信仰或观念，它具有更宽泛的内涵和更深刻的意蕴。[③]

存留于中国广大民众中的民间信仰和仪式行为是古老的信仰遗存，它们源远流长、根深蒂固，在中国社会历史上有着深刻和广泛的影响。不言而喻，民间信仰行为作为一种文化与其他文化现象一样，也是良莠不齐的。它有落后、消极的一面，但也应看到，民间信仰行为中也不乏有价值的积极的因素。比如，对仁人志士和圣贤豪杰的崇拜、对民族英雄的崇拜以及对那些被认为具有超自然能力的创世之神的崇拜等，从某种意义上看，就具有团结民族的凝聚力、鼓舞民心的感召力和培养群众高尚道德品质的教育作用。因此，把民间信仰行为作为一种文化现象来看待，有助于人们以客观、冷静的心态来对待民间信仰行为的存在而不至于采取简单片面的极端做法。

就总体而言，民间信仰在中国虽然大都未得到官方的正式认可，也没受到与那些规范性宗教一样的礼遇，但它却是中国数以亿计普通民众的信仰观念、心理、情感与习俗乃至生活方式中不可割舍的重要组成部分。虽然历经漫长岁月的沧桑，但它仍然深深地植根于中华文化的沃土之中，仍然保持着固有的自发、自然和自在的本色，并且广泛、深刻地影响或支配着民众日常生活的方方面面。

共同的民间信仰是社区形成共同价值观和信念的精神支柱，社区的神缘结构是传统社会结构的一种表现形式。在以往社会学的传统中，基本上没有将中国民间信仰当作一个整体来看待，甚至在研究中国时常常将社会与宗教截然分开来对

---

① （英）弗雷泽．金枝［M］．徐育新等译．北京：大众文艺出版社，1998：77.

② （美）杨庆堃．中国社会中的宗教：宗教的现代社会功能与其历史因素之研究［M］．范丽珠等译．上海：上海人民出版社，2007：144.

③ 张禹东．试论中国闽南民间宗教文化的基本特点［J］．华侨大学学报：哲学社会科学版，1999（4）.

待，很显然这是按照西方宗教价值观来看待中国文化的直接反映[①]。

二、社土崇拜与民间信仰起源

社土崇拜是传统社会的重要活动之一，汉代经学家郑玄曾说："国中之神莫贵于社。"[②]因此，对于传统社会的研究离不开对社土崇拜的剖析，闻一多甚至认为，"治我国古代文化史者，当以'社'为核心"[③]。从第二章的论述可以看出，社土崇拜与人类定居息息相关，随着人类认知能力的发展，社土崇拜逐渐分化为各种民间信仰，这个过程也是人类聚居发展的过程。可以看出，民间信仰的关键部分源于我们文明的早期，民间信仰或者以之为支撑的文化符号被认为是我们固有的、具有本真性（authenticity）的，因而是中国作为一个地域共同体在文化上的一种认同基础。

（一）社土崇拜与民间信仰起源

原始农业发生之后，人类定居下来，中国古代社会长期以农耕为主，人对土地的依赖性渐增，其因在于"地，底也，言其底下载万物也"、"土，吐也，吐生万物也"[④]，亦即土地为各种谷物赖以生存之地，由此对土地产生膜拜。社神作为土地神，是在农耕经济的基础上产生的观念信仰，它的出现可以追溯到殷商以前的母系社会时期。（唐）丘光庭《兼明书・卷一・社始》中说："或问社之始。答曰：'始于上古穴居之时也'，故《礼记》云：'家主中霤而国主社'者。古人掘地而居，开中取明，雨水霤入，谓之'中霤'。言土神所在，皆得祭之。在家为中霤，在国为社也。由此而论，社之所始其来久矣。"[⑤]为了酬劳土地负载万物、生养万物的功劳，就有了社祭，即祭祀土地神的活动。是故，"社，所以神地之道也，地载万物，天垂象，取财于地，取法于天，是以尊天而亲地也。故教民美报焉。"[⑥]

古老的土地崇拜，乃源于对于大地母神（社）或者谷神（稷）的崇拜。母神崇拜是与人类的生命意识和生殖意识的萌生分不开的。"当时的意识形态的核心观念在于将女性的生育能力同大地的生产能力相认同，使大母神信仰向地母信仰方向演进。"[⑦]故《易・系辞下》有："天地之大德曰生。"

---

① 金耀基，范丽珠．研究中国宗教的社会学范式：杨庆堃眼中的中国社会宗教［J］．社会，2007（1）：1-13.

②《礼记・郊特牲》"日用甲，用日之始也"注。

③ 陈梦家．高禖郊社祖庙通考・附录：闻一多跋语［J］．清华学报，1937（03）：445-472.

④（汉）许慎，（清）段玉裁．说文解字［M］．（十三篇下，六八三上）．上海：上海古籍出版社，1956.

⑤（唐）丘光庭．兼明书・卷一・社始．［DB］．迪志文化出版有限公司，2005.

⑥ 李学勤．十三经注疏・礼记正义（卷第二十五）［M］．北京：北京大学出版社，1999.

⑦ 萧兵，叶舒宪．老子的文化解读［M］．湖北：湖北人民出版社，1994：181.

随着祭祀制度的变迁，社神的祭祀对象发生了改变，从句龙到大禹，再到后稷，社神逐步走向人格化。三代以后，统治阶级为强化神权统治，尤为重视社祀，每一新王朝建立，必先毁弃前朝之社，并立本朝之神，社神成为地上诸神之主。与此同时，社神与农神（社稷）的相结合，即“社稷”，成为遍布各地的大大小小诸神中最高的土地神，即国家土地神①。它既是国家的保护神，又是国家政权、疆土四至的象征，然而，由于国家政权的产生和专制皇权的确立，也使社会二元分化，官民对立，土地神的设立也就相应分化为两大系统：官社与民社。官社即国家法定意义上的最高土地神。三代是称“邦社”、“王社”、“国社”。《礼记·祭法》云：“王为群姓立社，曰大社。诸侯自为立社，曰侯社。大夫以下成群立社，曰置社。”战国以后，土地崇拜发展到新的阶段，自然崇拜的性质已逐渐消失，而转化为具备多种社会职能的地区守护神信仰，人格化的倾向更为明显。秦汉时期进入专制主义中央集权社会，中间层次的社神（如诸侯）随其所依附阶层的权力的削弱而日渐消亡。盛行起来的是国家祭祀的后土神（国社）和各乡里村社祭祀的较小的地区性社神。

在汉代，随着社会组织结构的变化，带有原始村社残余性质的里社组织渐渐失去了其现实上的政治意义，原来意义上的社神崇拜也就难以维持。于是应时而出的是以单纯的区域观念为准则的土地神，它是兼具多种社会职能的①。这种传统的土地崇拜观念在民间得到普遍的信仰并产生地域分化。如《汉书·架布传》载“（架布）以功封为俞侯，复为燕相，齐燕之间皆为立社，号曰亲公社”。南宋洪迈《夷坚支志·癸卷》“四画眉山土地条”中说画眉山的土地神是侯官县以造扇为业的市井小民杨文昌。今福建、台湾民间将土地神称为土地公。他们所奉的土地公相传是周代税官张福德，为人公正，多善举，因而死后奉其为社神。当地的土地神位上撰联“土能生金是福德，地载万物为正神”，“福而有德千秋祀，正则为神万世尊”等。这时社神信仰不仅是一种民间信仰，同时也是一种聚合本地区、本宗教力量的特殊的组织形式。费孝通说：“在数量上，占着最高地位的神，无疑是‘土地’。‘土地’这位近于人性的神，老夫老妻白偕到老的一对，管着乡间一切闲事。他们象征可贵的泥土。”②

自汉代以来，社神的地位日渐下降，社的文化中心的地位也就随着日趋衰落了，人们已不再将幸福寄托于“土地”的保佑。其衰落的原因主要有：从大的方面来讲，形形色色的神都是人们无力战胜自然而屈膝讨好的结果，是一种心理上的自我安慰。随着人们对自然现象认识的深入，随着人们战胜自然灾害能力的增强，渐渐认识到屈膝讨好于事无补，这样神祇地位的下降自是不可避免之事。“从具体因素来看，抽象玄虚的社神不适应善于直观思维的人们的心理，于是先

① 唐仲蔚．试论社神的起源、功用及其演变［J］．青海民族研究：社会科学版，2002，13（3）：86-88.

② 费孝通．乡土中国·生育制度［M］．北京：北京大学出版社，1998.

是由各族有功绩的先祖相继取代社神，接着又由各地方有德行的贤人介入，社神由地祇而人鬼化，最终走向民间信仰。”①

尽管如此，社神崇拜在民间并没有走向衰微，对于“土地”的崇拜却已成为中国传统社区的一个精神核心。荷兰的汉学家施舟人（Kristofer M. Schipper）通过对台南的街坊祀神社的田野调查研究，发现清代台南最基本的街坊会社是土地公会，他根据当地道士1876年手稿中记载统计，“所列的138个祀神社，其中45个——也就是说约占三分之一——都是祀土地公的（图3-1）。”②这是中国传统农耕社会的遗存。在原始低下的生产力状态下，自然环境的种种超理解的“神秘力量”使我们的祖先对大自然产生敬畏和崇拜。

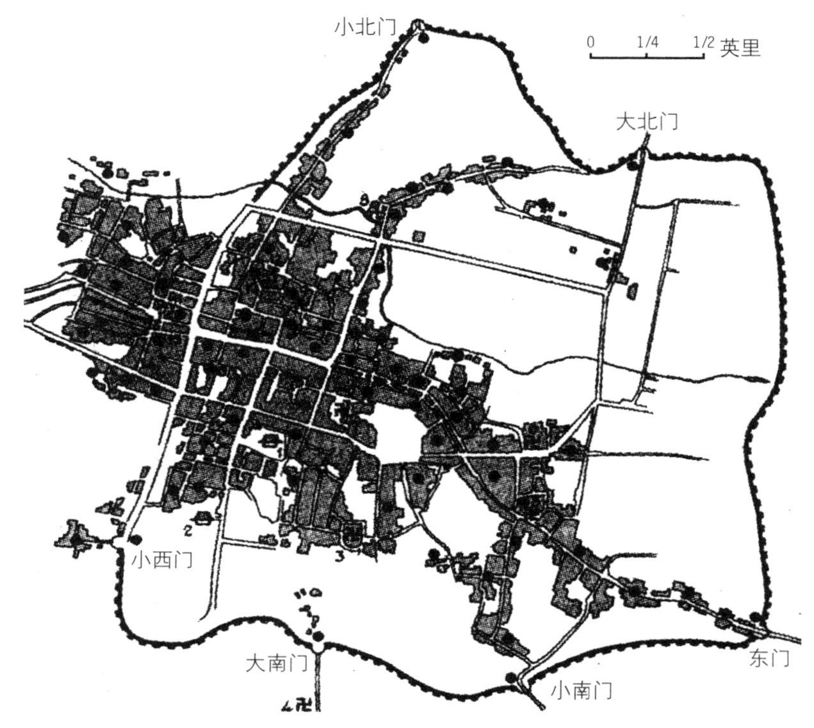

图3-1　1907年台南城图（圆点示土地公会所在地）
〔资料来源：（荷）施舟人. 旧台南的街坊祀神社，2000：790〕

（二）民间信仰的多元分化

自汉代以来，民间信仰的地域分化不断加剧。汉代佛教的传入、道教的兴起，在中国大地形成一个众多神祇平分秋色的信仰空间，而分别代表佛、道以及

① 唐仲蔚. 试论社神的起源、功用及其演变［J］. 青海民族研究：社会科学版，2002，13（3）：86-88.

②（荷）施舟人. 旧台南的街坊祀神社［M］//（美）施坚雅. 中华帝国晚期的城市. 叶光庭等译. 北京：中华书局，2000：783-813.

众神祇的寺观祠庙，本身即是多元化信仰的具体表现。唐末至宋元时期，随着社会变革和经济文化的繁荣，宗教信仰也得到迅猛发展，寺庙、道观数量成倍增长。明代初期，中央政府一方面严格控制佛教、道教等正统宗教，另一方面则极力克服以往国家祀典悬浮于地方社会之上的弊病，开始推行一套极为严密的自上而下的国家祀典体制，王国、府州县各得所祭，"至于庶人，亦得祭里社、谷神及祖父母、父母，并祀社，载在祀典"[①]，同时对未列入祀典的神明一律视为"淫祠"严加禁绝。由于政府的钳制，民间信仰神明很难取得突破地域的广泛影响，因而，福建民间信仰表现出严重的地域分化，即使在同一城区内，民间信仰也丰富多彩。

中国人在信仰上的多元化以及对鬼神的敬祀，从根本上说是中国传统文化的延伸[②]。《礼》曰："凡有功德于民者，则祀之。"《记》曰："能为民御灾捍患者则祀之。"此外，又有记载曰："古人立德、立功、立言，是为三不朽，生前有不朽事业，身后享不朽报施，此庙祀所由来也。"[③]中国历史上长期存在为有德者立祠祭祀的传统。清代学者赵翼在《陔馀丛考·卷三十二·生祠》载："官吏有遗爱，既没而民为之立祠者，盖自文翁、朱邑始。《汉书》：文翁终于蜀，吏民为立祠堂，岁时祭祀不绝。朱邑先为桐乡令，后入为大司农，临死，嘱其子曰：'必葬我桐乡。子孙念我，不如桐乡民。'其子遵遗令，葬之于桐，桐人果为立祠，岁时祭享不绝……此皆死后立祠者也。其有立生祠者，《庄子》庚桑子所居，人皆尸祝之，盖已开其端。《史记》：栾布为燕相，燕、齐之间皆为立社，号曰栾公社。石庆为齐相，齐人为立石相同。此生祠之始也……自唐以来，守魏者惟狄梁公有生祠，至公亦立为祠于熙宁佛寺，仪形宛然。此皆生而立祠者也。"[④]同时，由于所祀者为"有功德于民者"，所以祠庙与人们的生活更为接近，这也是祠庙之祀有着更为广泛的社会性的原因所在。从而使相当一部分人在礼佛的同时，更看重那些或于地方聚落有过贡献，或为本邑庶民带来利益的"鬼神"之祀。而这种以崇祀有功德者为尚的现象在中国的各个城市中普遍存在，且由于祀神的目的在于"报功德"，故各地的祀神也不尽相同。这自然是西方人所不能理解的地方。所以，来华的外国传教士评价说："中国人并不是很虔诚的（信奉佛教），而和尚们比中国百姓更不相信他们微不足道的神灵。"中国人敬神"实在很奇怪、很盲目"，"老百姓的偶

① 明史·卷四十七·礼一．[DB]．文渊阁四库全书电子版．迪志文化出版有限公司，2005.
② 刘凤云．明清传统城市中的寺观与祠庙[J]．故宫博物院院刊，2005（6）：75-91.
③ 王国平，唐力行．明清以来苏州社会史碑刻集[M]．苏州：苏州大学出版社，1998：514.
④《陔馀丛考·卷三十二·生祠》所列生祠还有：《后汉书》，任延为九真太守，九真吏民生为立祠。王堂为巴郡太守，韦义为广都长，吏民皆为立生庙。又李宪即诛，余党犹据守，光武欲讨之，庐江人陈众为从事，乘单车，驾白马，往喻降之，乃共为立生祠，号曰白马从事。《唐书》，狄仁杰贬彭泽令，邑人为立生祠。迁魏州，州人又为立祠。吕諲治荆州，有惠爱，荆人构生祠。諲没，人又以钱十万徙祠于府西。《宋史》，李谷入相，淮阳民数千诣阙，请立生祠。《张亢传》，其祖张全义，守洛四十年，洛人德之，立生祠。韩魏公在定州，数州之民诣阙，请为立生祠.

像崇拜并没有一定的规矩"[①]。这种困惑之源并不是由于双方缺乏了解，而是来自一种复杂的过程，即欧洲文化概念被强行移植于东方文化中的后遗症[②]。

杨庆堃从结构功能主义学说的观点来解释中国民间信仰的多元化。他受到帕森斯关于发散性和特殊性的概念启发，将瓦哈（Joachin Wach）的"功能观点"[③]扩展成为两种泾渭分明的宗教。在杨氏的解释框架里，基督教、佛教和道教属于制度化宗教（institutional religion），它们是自主的社会机构，拥有自己的基本概念和结构体系。然而，佛教和道教都不是像基督教在欧洲社会一样为世俗社会关系提供伦理价值；更重要的是，这两种宗教的结构性地位相对薄弱，而且统治中国社会宗教蓝图的是杨氏所描述的发散性的宗教（diffused religion）。他认为，中国原始的本土宗教，几乎是作为扩散性宗教的一种形式被整合到世俗社会制度里的[④]。也就是说，扩散性宗教虽然不是独立性宗教，却是有结构性基础的，并且其功能的实现是依托于诸如帝王体制和亲属系统这样的社会政治机构的。明清时期，民间信仰随着行政调控力度的强弱变化处于不断的伸缩之中，制度性的宗教衰落之后，民间信仰依托地方社会力量反复软化行政控制，从而取得长足的进展。官方在接受宋明理学为正统模式之后，积极从民间的民俗文化中吸收具有范型意义的文化形式，以营造一个一体化的理想社会。朝廷及地方政府不断通过神化为政和为人的范型，并设置祠、庙、坛加以供奉，从而确立自身为民众认可的权威。明初规定，民间每里都必须设立"里社"，定期举行社祭仪式[⑤]。地方志记载，明清两代，泉州城内设有祠、庙、坛，并有时间规律地在这些神圣场所中举办祭祀活动。道光版《晋江县志》卷十六《祠庙志》云："祠庙之设，所以崇德报功。天神、地祇、人鬼，凡有功德于民者，祠焉。聚其精神，而使之凭依即以聚人之精神，而使之敬畏。"刘凤云先生的研究也认为，崇祀的多元化不仅是人们对现实生活需求的多样化的反映，也是封建政府对多元的信仰持认同与扶持态度的结果，其用意是为了达到"教化"的目的[⑥]。

中国正式组织性宗教不够强大，这并不意味着在中国文化中宗教功能价值或宗教结构体系的缺乏。多元性的民间信仰和仪式作为社会组织模式整体的一部分，在分散的形式中，民间信仰发挥着多样的功能，以组织的方式出现在中国社会生活中。郑振满关于社庙的研究也指出，明中叶以后里社已经演变为神庙，清

---

① 利国安神父．中国见闻录：利国安神父给德济男爵的信［M］//朱静．洋教士看中国朝廷．上海：上海人民出版社，1995：89-90.

② 金耀基，范丽珠．研究中国宗教的社会学范式：杨庆堃眼中的中国社会宗教［J］．社会，2007（1）：1-13.

③ 瓦哈（Joachin Wach）区分了两种宗教群体，一种是与"自然群体"等同的宗教群体，另一种是有特殊宗教组织的宗教群体。见 Joachim Wach.*Sociology of Religion*.Chicago，1944.

④ (美) C. K. Yang. Religion in Chinese Society: A Study of Contemporary Social Functions of Religion and Some of Their Historical Factors [M]. Berkeley and Los Angeles: University of California Press, 1961: 280-304.

⑤ 洪武礼制・卷七.

⑥ 刘凤云．明清传统城市中的寺观与祠庙［J］．故宫博物院院刊，2005（6）：75-91.

中叶后里社组织更加经历了家族化、社区化和社团化的过程。明初朝廷推行的社祭制度已经演变成一种文化传统，尽管露天的“社坛”变成有盖的社庙，以“社”这个符号作为乡村社会的基本组织单位，围绕着“社”的祭祀中心“岁时合社会饮，水旱疠灾必祷”，制度上的承袭是相当清楚的。尽管后来的“社”与明初划定的里甲的地域范围不完全吻合，但“分社立庙”这一行为背后，仍然可以看到国家制度及与之相关的文化传统的“正统性”的深刻影响。所以，社区的生活与仪式同样在申说着“国家”的存在[①]。

第二节　民间信仰在社区整合中的作用

西方城市在发展之初就奠定了以教堂为中心的社区发展的模式，尤其是中世纪的城市，以小教堂为中心的由周围社区居民聚会的社区生活中心，城市公共广场与小教堂联系在一起，市场通常设在教堂附近，构成一个精神活动和世俗活动相融合的生活空间。教区和社区的合一，体现了西方传统的基督教教会制度对平民生活的影响[②]。

在中国传统社会，虽然没有形成西方意义上的宗教组织，但是，也并非像一些学者指出的“中国自古城市设计理念中是缺乏社区的概念”[②]。在中国古代城市中，里坊、坊巷等都具有社区的实质。民间信仰作为文化的象征符号，对各族群传统文化的深层意义做出质朴通俗的实际表达，并借助社群生活的体验，维持了伦理规范、人际关系与天人之间的和谐，在很大程度上起到社区整合的作用。一些抽象的文化理念在民间信仰的具体文化事项中都可找到相应的实际表现，同时人们也可在民间信仰文化中找到自己心灵的契合点，用自己朴素的信仰和习以为常的行为来坚守着这些信念。比如，对仁人志士和圣贤豪杰的崇拜、对民族英雄的崇拜以及对那些被认为具有超自然能力的创世之神的崇拜等，从某种意义上看，就具有团结民族的凝聚力、鼓舞民心的感召力和培养群众高尚道德品质的教育作用。社区与民间信仰的紧密结合，是中国传统社区的特质之一。因此，把民间信仰仪式作为一种文化现象来看待，认识其在社区整合中的积极意义，有助于人们以客观、冷静的心态来对待民间信仰行为的存在而不至于采取简单片面的极端做法。

一、民间信仰对社区空间的界定作用

聚落边界的理解因主体而有所区别，对外来观察者而言，如果对聚落文化缺

① 郑振满，陈春声．民间信仰与社会空间［M］．福州：福建人民出版社，2003.

② 周大鸣．以政治为中心的城市规划：由中国城市发展史看中国城市的规划理念［M］//孙逊，杨剑龙．都市、帝国与先知．上海：生活·读书·新知三联书店，2006：88-100.

乏深入的理解，可能只能看到实体界面所界定的领域，这往往并非居住者所认知的意象。聚落“边界内的资源和空间是边界具有领域性或领属感的根本所在，是各层次边界神圣不可侵犯的唯一原因……聚落之具有边界并非无故，其根本在于资源、生存空间或活动范围。但边界的特征并不仅是封闭性，还具有流通性和开放性。”[①]因此，聚落的边界并非仅限于建筑及构造物等所限定的范围，同时也包括耕地、林地或渔场等资源领域。这个资源领域不仅预示着聚落发展的方向，也预示着聚落可能的发展规模。

对于居住领域的界定，古已有之。《周礼·司徒》中载：“制其畿疆而沟封之，设其社稷之　而树之田主，各以其野之所宜木，遂以名其社与野。”这是对古代“封土建邦”的描述，而立社稷之坛以标示其疆界的位置。（唐）丘光庭著《兼明书·卷一·社树》中说：“哀公问社于宰我，宰我对曰：‘夏后氏以松，殷人以柏，周人以栗。曰使民战栗’。明曰：‘社所以依神，表域也，各随其地所宜而树之。宰我谓欲使人畏敬战栗，失其义也。’”[②]可见，社树是传统社会限定封地领域的物质手段之一，传统社会对于自然力量的敬畏，表现在神与鬼的信仰、回避及克制上，因此，要在物质要素上赋予精神防卫力量，“社所以依神”是也。社树树种的选择“各随其地所宜”，体现了古人朴素的生态精神。

由此可以看出，传统聚落的领域限定的手段包括物质的和精神的两种。物质性界面包括城墙、壕沟、桥梁等人工措施及河道、山崖、树木等自然屏障；精神性界面往往需要通过仪式的手段来实现。如今，很多聚落中还遗存着通过仪式限定领域的现象。台湾学者林会承透过不同的领域观念与领域结构过程来描述澎湖里社的领域观念。其中，通过民间信仰和祭祀仪式等建构领域的主要原则为：以宫庙及主公为核心；以营头为领域界线的基准点；以安营路径为边沿；以公设附属庙及辟邪物为辅助[③]。神明经过“安营”（或称放营、放军等）的仪式，将“五方”或“五营”施放在聚落四周，以界定“内神外鬼”的保护范围，并且定期举行绕境的仪式，以确保这个社会空间的存在。在金门，五方或五营的形式通常是令旗与三支绑红布头的竹符所组成，依方位令旗颜色有所不同，中黄土、北玄武（黑）、南朱雀（红）、东青龙（青）、西白虎（白）等（图3-2，图3-3）[④]。

在中国大陆的聚落中已经很难看到完整地保存着“五营”防卫的实例，但是，在大多村落中，我们仍能看到村庙对于聚落的防卫与边界的界定。如在山西静升村，庙宇呈周边环绕的分布状态不仅起到界定村域的作用，还深刻影响了村落的总体布局与乡民的行为。封建时代不同阶层的信仰体系催生了不同性质的仪

① 张玉坤．聚落·住宅：居住空间论［D］．天津：天津大学，1996：45.
②（唐）丘光庭．兼明书·卷一·社树．［DB］．迪志文化出版有限公司，2005.
③ 林会承．澎湖社里的领域［J］．民族学研究所集刊，1999（87）：41-96.
④ 方凤玉，邱上嘉．台湾传统聚落“五营”之空间形式解析：以云林地区为例［J］．科技学刊：人文社会类，2005，1（14）：45-62.

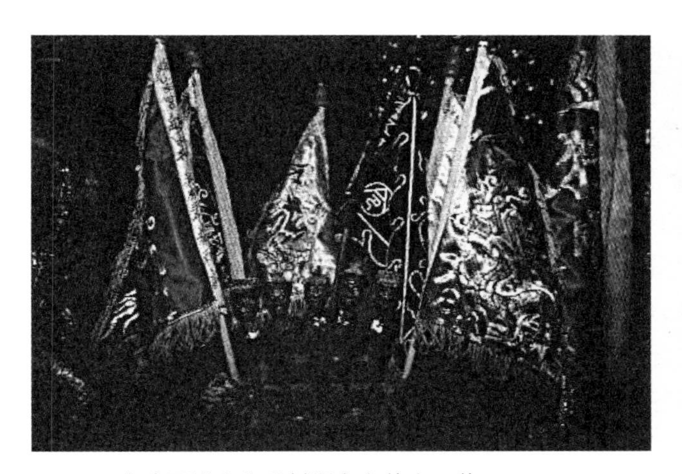

图3-2　台湾西港乡永乐村顺安宫的内五营
（资料来源：黄文博. 南瀛五营志. 台南县文化局，2005.）

图3-3　五营“收营”仪式
（资料来源：同左.）

式空间。静升村的历史特征造就了位置与规模相对固定的村庙体系，并随之深刻影响了村落空间形态的发展，显示出传统村落中公共建筑对村落形态强大的塑造能力[①]（图3-4）。

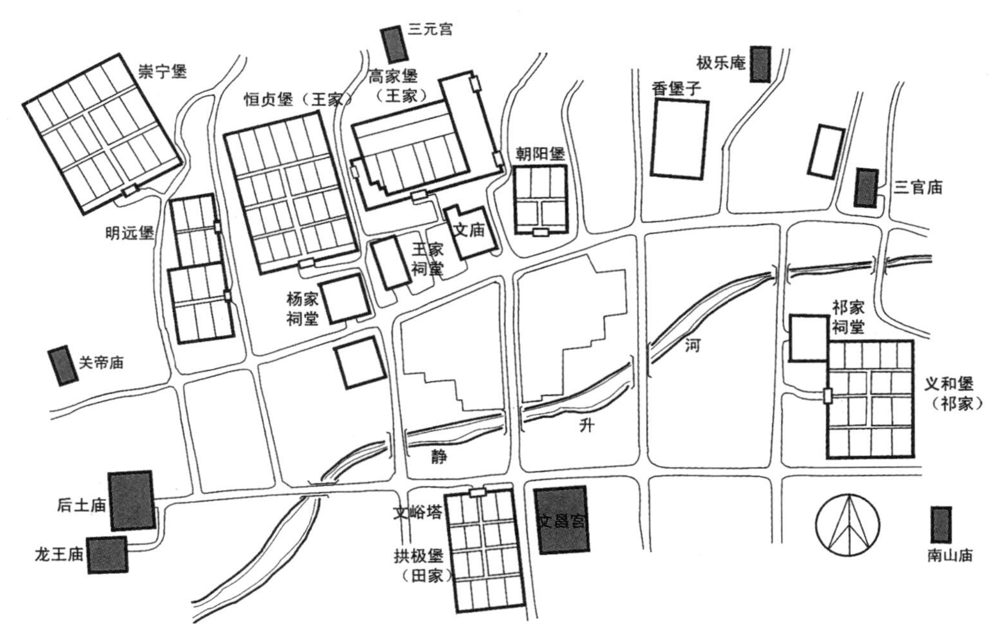

图3-4　山西灵石静升村庙宇分布图
（资料来源：由谭立峰提供底图改绘。）

① 陈捷，张昕. 山西省静升崇祀建筑的缘起及其空间意义［J］. 南方建筑，2006（06）：121-124.

这种聚落边界的限定也是人们对居住环境的防卫需求的体现。自我防卫是生物的本能。从原始社会开始，人们为了防御自然灾害、躲避野兽的攻击和避免敌对部落的侵扰，保证自身的生存，便开始营造具有防御功能的聚落环境。我们在半坡村、姜寨村等原始聚落遗址中看到的向心聚合、周边界以壕沟的村落布局，是最早的例证。安全防卫是人们领域性行为的重要内容之一，美国学者奥斯卡·纽曼（Oscar Newman）指出，可防卫空间作为居住环境的一种模式，是能对犯罪加以防卫的社会组织在物质上的表现形式（图3-5，图3-6）。在这样的环境中，居民中潜在的领域性和社区感转化为保证一个安全有效的和管理良好的居住空间的责任心，使潜在的罪犯觉察到这个空间是被它的居民所控制的。

俞孔坚研究认为，防御意识作为一种心理积淀，长期影响着中国古代聚落的空间布局，大体呈现出三种空间形态：（1）边缘形态：古人选择的生活环境多处在区系过渡的边缘地带，这种地带有利于获得丰富的采集、狩猎资源，又具有“瞭望—庇护”的便利性，能及时获得环境中的各种信息，便于做有效攻击和防范。（2）集聚、闭合形态：古人选择居地，常集中在一个尺度适宜的有限范围内，如盆地、谷地或平原之一角隅，并往往呈现向心积聚的空间布局，这种闭合、有限的空间尺度有利于减少各种潜在的危险而获得安全感。（3）豁口、走廊形态：集聚、闭合的空间不是封闭的空间，它总有一定的豁口、走廊与外界联系，有利于防御外界的侵扰[①]。可见对于空间的防卫的要求无论是现代西方还是古代中国的居住行为都是必要的。

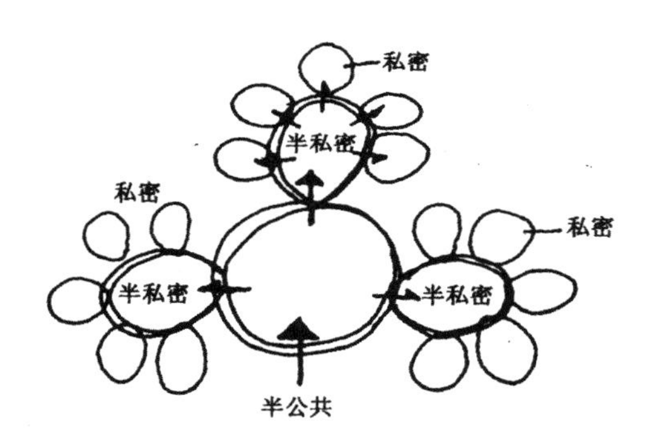

图3-5　纽曼的空间领域性示意

图3-6　人类先天具有对领域结构的偏好
（资料来源：俞孔坚. 理想景观探源：风水的文化意义. 商务印书馆，1998：77.）

① 俞孔坚. “风水”模式深层意义之探索［J］. 大自然探索，1990（1）.

二、民间信仰的社区整合功能

民间信仰在社区中的另一个重要作用是对社群的整合功能，这是社区群体产生认同的另一条重要纽带。民间信仰也普遍存在于传统宗族聚落中，不过，在这样的环境下，与民间信仰相关的活动一般在宗族的组织之内举行，可以认为是宗族组织的一个附属功能，血缘的纽带作用更为显著。相反，在多姓或杂姓聚落中，这种血缘纽带的作用相对薄弱，特别是在工商业城镇兴起之后，来自不同地方的“陌生人”组成了新的社会群体，民间信仰的整合功能得以加强。以共同信仰为中心的公共空间，逐渐变成聚落的中心，共同信仰也成为城市社会的共同价值观的核心要素。这个过程并非一帆风顺，而是经历了无数次的整合与阵痛，甚至暴力冲突。

尽管传统民间信仰等超自然存在“与伦理道德因素有相当程度的分离，不像西方宗教那样两者密切结合”[①]，作为一种文化的创造物，民间信仰的意义、神庙的祭祀对象和实际的仪式过程，以及信仰内容的转化等，都表现了信仰者和参与者的宗教创造力。从表面上看，这种创造使用的是超然的宗教语言，强调的是人神相通的祈求，但如同其他所有的文化创造一样，民间信仰任何内容和意义的转换，都有其社会生活变迁的现实基础，宗教语言反映的往往是现实的地域支配关系的种种诉求。从公众的角度看，作为社会个体的人向往融入社会，以获得认同，他们需要一个具有归属感的社会群体；从统治者的角度看，统治者享有特权，他们高高在上，与民间的接触越来越少，与民间逐步的疏离[②]。此时的统治者还是需要有一种共同体，需要人们团结在某个核心的周围，民间信仰就要在原来的村庄祭祀中发挥整合功能，形成一个更大的祭祀体系。

民间信仰的神祇在很大程度上表达的是社区成员的心理认同。由于民间信仰的地域分化，地域神明通过一系列仪式行为实现对聚落领域的限定，完成结构意义上的整合。它通过独特的外在表现形式，使其宣扬的文化理念深入人心，形成根深蒂固的共同信仰和习惯，从而促成了族群的认同感和凝聚力的产生，并在与异文化的接触过程中，产生“自觉为我”的民族认同感，有意识地使其成为区别于他者的文化标界，营造有别于他者的“文化场景”[③]。在功能上，民间信仰通过“会”或“社”等组织形式，主管境内的日常生活与生产事宜，包括了庙宇的日常维护、庙产管理、组织管理、庙会、节庆活动乃至商业同业管理等，由单纯的民间信仰承载体演化为服务于整个社区的社会活动组织管理机构，实现了社区的精神整合。

① 李亦园．李亦园自选集［M］．上海：上海教育出版社，2002：218.
② 王铭铭，刘铁梁．村落研究二人谈［J］．民俗研究，2003（01）：24-37.
③ 崔榕．民间信仰的文化意义解读：人类学的视野［J］．湖北民族学院学报：哲学社会科学版，2006（05）：77-82.

第三节　庙会与中国市镇化过程

中国是传统的城镇发展起步最早的国家之一。早在宋代以前，城市已在一些交通方便的中心地带得以初步发展。但是这些中心地带一般以行政功能为核心，受到政治的影响而呈现波动性发展。宋代以后，中国出现早期的工商业经济，城镇的发展得以加速，施坚雅将其称为“中世纪城市革命”①，明后期到清前期，随着国内市场的拓展和长途贩运贸易的兴起，以及贸易商品从奢侈品贸易向民生用品的转化，促使中国商业城市化和贸易网络的形成②。

一、“城”与“市”辨析

对于中国古代城市的界定，一种意见认为，既然是城市就必定有城墙，而另一种意见认为，城墙是一种防御性设施，城市的特质是在于具有作为政治中心的“都邑”地位，它和有无城墙并无必然关系。中国的早期城市可以既无城墙，也不一定有市，它们一般是以政治军事职能为主的聚落形态。有学者认为，中国古代早期社会的商贸并不发达，因此不适宜过分强调中国早期城市的商贸功能。中国早期城市一般表现为三个特点：（1）作为邦国的权力中心而出现，具有一定地域内政治、经济和文化中心的功能，考古学上往往可见大型建筑基址和城垣；（2）因社会阶层分化和产业分工而具有居民构成复杂化的特征，存在非农业的生产活动，又是社会物质财富集中和消费的中心；（3）人口相对集中，但是在城市的初级阶段，人口的密度不能作为判断城市的绝对标准。我国学者还发现，中国尚未发现早期城市是从原始中心聚落直接演化而成的证据③。这一观察表明，城市确实不再是农业聚落那种纯粹对生态环境适应的产物，而是脱离了基本生存适应功能的更高层次上的聚落或政治管辖中心。张光直、傅斯年等学者都认为中国与西方的早期城市在很多方面存在显著区别。中国的早期城市不是经济起飞的产物，而是政治权力的工具和象征。张光直根据商代考古材料列举了中国早期城市的主要特点：（1）夯土城墙、战车、兵器；（2）宫殿、宗庙和陵寝；（3）祭祀法器包括青铜器与祭祀遗迹；（4）手工业作坊；（5）聚落布局在定向与规划上的规则性。而西方文明史上的最早城市一般以公元前3500年左右的两河流域的苏美尔城市乌鲁克为代表，这个时期的城市遗迹中出现了三项新的重要文化成分，即巨大的庙宇建筑、圆柱形印章和楔形文字。这些新文化成分的出现，充分反映了当时经济贸易活动的起飞④。

---

①（美）施坚雅．中华帝国的城市发展［M］//施坚雅．华帝国晚期的城市．叶光庭等译．北京：中华书局，2000：23-26.

② 隗瀛涛．中国近代不同类型城市综合研究［M］．成都：四川大学出版社，1998：4.

③ 许宏．先秦城市考古学研究［M］．北京：北京燕山出版社，2000.

④ 张光直．青铜挥尘［M］．上海：上海文艺出版社，2000.

城市是人类历史发展到一定阶段所产生的一种高度复杂的聚落形态，是有别于乡村的一种地域单位，是一种复杂的自然、经济与社会复合有机体。汉语语境中的“城市”的定义上常因该词汇由“城”与“市”的结合而多有歧义。不能将“城”和“市（场）”的结合看作是城市出现的标准，因为很难说在城出现之前就没有市场，也不能说发挥特殊功能却没有市场存在的中心聚落就不是城。学界提出了判断城市的三项标准：（1）城市应当是具有多种职能的复合体，不像早期农村只具备单项的农业职能；（2）空间结构、布局和功能的分化，体现城市是人口、手工业生产、商品交换、社会财富、房屋建筑和公共设施集中的场所，以适应复杂的政治、经济和文化生活的需要；（3）城市应当表现人口多、密度高、职业构成复杂，相当成员从事非农业的经济、行政和文化活动。他们认为不能仅仅将夯土城墙的出现作为城市形成的标志，而要看这个遗址的内涵是否达到了从事城市活动的条件。[①]这种观点十分接近西方在定义城市时，把城作为一个自然实体和都市化特点之间区分开来，表明我国学者强调社会复杂化的内涵，避免单凭一些简单表征来判断城市形成的正确思考[②]。

“市”是因生活用品交易的需要而产生的场所，《说文解字》：“市，买卖所也。”早期市与居民点相邻，故《公羊传》何休解诂：“因井田以为市，故俗语曰市井。”“城”与“市”的结合在中国历史上出现很早，《考工记·匠人》载：“匠人营国，方九里，旁三门，国中九经九纬，经涂九轨。左祖右社，面朝后市，市朝一夫”，可以推测当时在城中已经设有市场。作为居民聚居的城邑，因为集中的大量的非农业人口，这些消费群体的聚集，使市场成为必不可少的场所。故《管子·乘马》说：“聚者有市，无市则民乏。”四川新繁出土的汉代画像砖，形象地描绘了当年市的状况[③]（图3-7）。汉代以后，渐渐出现设置于县治以下的中心地的市场，唐代称为“草市”[④]。唐代以后，草市已经取得了合法地位，并纳入政府的管辖范围。《五代会要·卷二十六·盐》中载：“周显德三年十月敕：漳河已北州府管界，元是官场粜盐，今后除城郭、草市内仍旧禁法，其乡村并不有盐货通商，逐处有咸卤之地，一任人户煎炼兴贩。”这个敕令可以看出政府已经明确将城郭、草市和乡村区别对待，进行个别管理[⑤]。

---

① 高松凡，杨纯渊．关于我国早期城市起源的初步探讨［J］．文物世界，1993（3）：50-56.

② 陈淳．聚落形态与城市起源［M］//孙逊，杨剑龙．阅读城市：作为一种生活方式的都市生活．上海：生活·读书·新知三联书店，2007：209-210.

③ 刘志远．汉代市井考［M］．香港：香港中华书局，1974：104-118.

④ 赵冈认为，“草市”一词的含义可能有二：一个是与墟市类似，表示不是常设市场，极少固定商业建筑，大都是临时性的草棚等简陋设备。另一可能解释是，唐时政府对市场的管理最严，规定非州县之所不得设市，但是正式的州县之市不能满足农民的需要，于是出现了许多定期集市，称之为草市，以别于州县之市。见赵冈．论中国历史上的市镇［M］//赵冈．中国城市发展史论集·第六章［M］．北京：新星出版社，2006：155-185.

⑤ 赵冈．论中国历史上的市镇［M］//赵冈．中国城市发展史论集·第六章．北京：新星出版社，2006：155-185.

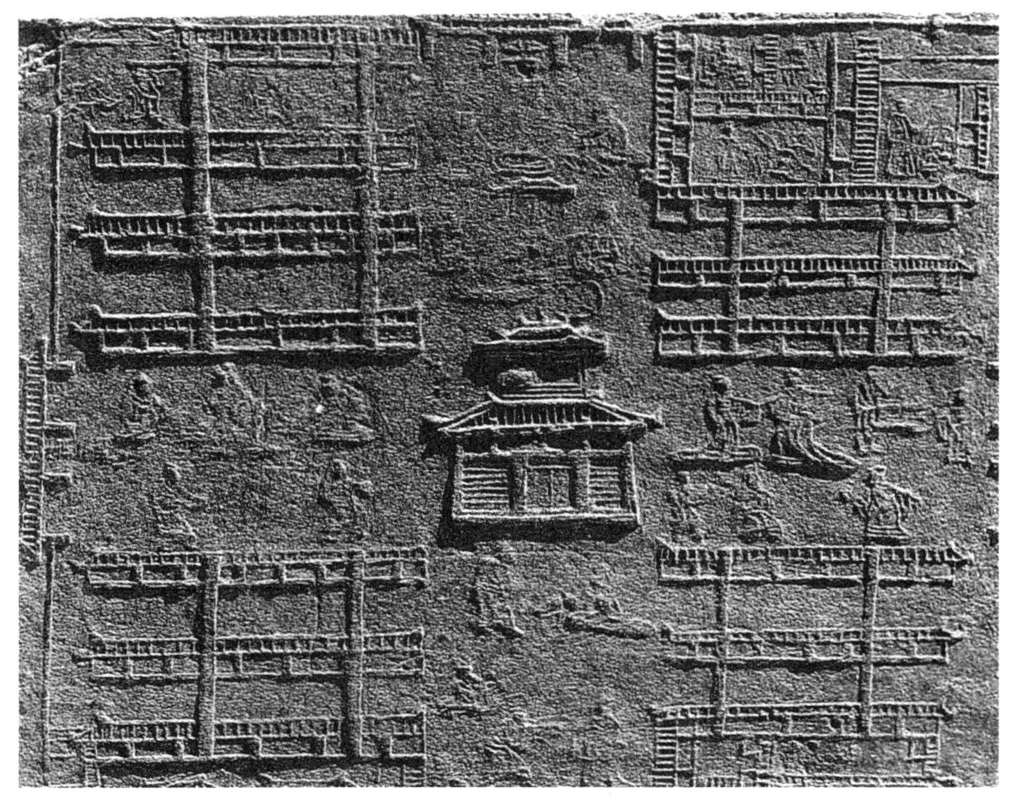

图3-7　四川新繁出土的汉代画像砖上的市
（资料来源：中华古文明大图集·通市. 北京：人民日报出版社，1992：13.）

作为文明标志的城市是打破血缘关系，以政治、社会等级和疆界等因素构成的体制，经济上以横向沟通的生产关系来维持。中国早期城市的兴起，政治及军事因素的决定性更强，经济功能是附加的或后来追加的。所以文明和早期国家的城市是集政治、经济、贸易、宗教和军事等社会职能于一体，并以市场和服务维系着周围的聚落族群①。城市化的动因来自经济的发展，而这一经济发展包括商业和工业发展两方面，在西方是以工业化为主导，在中国是以商业化为主导，即没有工业化的城市化。由于商业化无法独立发展，所以在以手工业和农村商品经济为内容的商业化条件下，中国城市化走上了一条独特的市镇化道路②。

① 石兴邦. 中国史前城址与文明起源研究·序［M］. 西安：西北大学出版社，2001.
② 隗瀛涛. 中国近代不同类型城市综合研究［M］. 成都：四川大学出版社，1998：1-12.

二、庙会与传统商业城镇的兴起

1．庙会与传统商业行为

庙会起源于古代的社祭，所谓“社”是指祭祀土地神的活动，加上祭期便形成春社、秋社等。由于祭祀必有烧香礼拜之举，届时也必有许多逛庙之人，久之，也就成了民间自发的一种群众性的活动，俗称“庙会”。庙会的活动遍及全国各地城乡，由于庙会中有戏曲演艺和迎神等活动，百技杂陈，所以又将庙会称为“社戏”、“迎神赛会”等。如苏州地区的庙会则保持了传统的“大傩之风”，以巡游驱魔为特色，“金华山上，现出富贵神仙；柳市南头，变作繁华世界。陶彭泽之黄花满径，都属宝珠；裴晋公之绿夜开筵，尽倾珠箧。分两社以争胜，致一国之若狂”[①]，形成一个集社会各阶层的盛会。

寺观祠庙在成为特定的公共集会场所的同时，也成了商业渗透的空间，具备了宗教与商业双重性质的庙会，也因此被称作“庙市”。应当说，寺观祠庙中一月数次聚集的拈香礼佛的众多人群是不可小视的消费群体，他们构成了促使庙市中商业贸易繁荣的重要因素。但不可忽视的是，庙市的迅速发展还因为它是一个较市廛有着更为广泛的社会基础和更为自由的商业空间[②]。林国平在《闽台民间信仰源流》中分析了庙会集市对活跃乡村经济的积极作用，列举了山区有商品交易活动的不少庙会。他指出，在福建山区，庙会是商品流通的重要渠道，庙会期间除迎神赛会，龙舟竞渡，善男信女焚香点烛，求神拜佛，祈祷许愿外，主要是购买生产、生活必需品和出售农副产品。庙会集市促进了当地的商品流通，活跃了乡村经济[③]。

可以看出，不管是城市还是乡村，庙会不仅为各个阶层的人们提供了一个广阔的信仰空间，而且还为来自不同地域的各种群体提供了一个娱乐与商业空间。市镇经济史学研究的开创者全汉升认为，“市”的出现与教堂或寺庙有关，是教会或官方特许的在有宗教性活动的特定时期，准许商人出售商品的场所，庙市乃定期市之一种[④]。费孝通从传统的人情关系的角度解析商业贸易行为，他指出：“在亲密的血缘社会中商业是不能存在的。这不是说这种社会不发生交易，而是说他们的交易是以人情来维持的，是相互馈赠的方式。实质上馈赠和交易都是有无互通，只是清算的方式上有差别……普通的情形是在血缘关系之外去建立商业基础。在我们乡土社会中，有专门作贸易活动的街集。街集常不在村子里，而是

---

①（清）龚炜．巢林笔谈·卷二·赛会奇观［M］．北京：中华书局，1981.

② 刘凤云．明清传统城市中的寺观与祠庙［J］．故宫博物院院刊，2005（6）75-91.

③ 林国平．闽台民间信仰源流［M］．福州：福建人民出版社，2003.

④ 全汉升．中国庙市之史的考察［J］．食货，1934（1）2.

在一片空场上，各地的人到这特定的地方，各以“无情”的身份出现。在这里大家把原来的关系暂时搁开，一切交易当场算清。”[①]寺庙是很好的地理标志，又是各路人群集聚的场所，自然就变成了“草市”选择的地点，所以后来几乎所有的寺庙都有庙会。这种特殊的接触与交往，在市镇化的过程中首先形成一种特殊的地缘关系。“地缘是从商业里发展出来的社会关系。血缘是身份社会的基础，而地缘却是契约社会的基础。”[②]

2．传统商业城镇的兴起

商业城镇产生，是社会发展到一定阶段的产物，它们是随着农业、手工业和商品经济的发展而出现和兴起的。战国以前，虽然很多城邑都设有市场，但这并不意味着这些城邑都已发展为工商业中心。不过，城市在兴起之后，对经济发展会产生一定影响，促进工商业向城市集中，有些城市因条件优越而发展成为工商业中心，对当时社会经济发展产生重大影响。

中国古代的市镇发展大体上经历了秦汉的定期市、魏晋隋唐的草市、宋元时期的草市镇、明清市镇这几个重要阶段，衍化轨迹十分明显。不管是社会结构的变革，还是市镇的发展过程，宋代都具有承前启后的重要意义。镇作为军事驻防之地，早见于北魏之前[③]。从宋代起，部分“草市”与军镇建置结合，“镇市”成为一个具有经济意义的新名词，正式出现于北宋的熙宁、元丰年间，到南宋以后常见于官方文书以及地方志中，郡县以下范围内形成了镇、市两级的市场体系。台湾学者刘石吉通过中国都市发展过程的分析，也强调宋代是市镇机能转变的过渡时代。

在唐末宋初，由于城市坊市制度的破坏，以及邻近乡村地区商旅往来懋迁，原有的草市逐渐演变为商业性的聚落（Commercial Settlement），作为固定地名、具有固定居处的“市”由此形成。另一方面，一些原以行政及军事机能为主的城镇，也蜕变为商业及贸易的据点[④]。由于封建政府的干预和乡村商品经济的发展，“设官将禁防者”的镇越来越被乡村市场所消化，镇、市之间仅仅存在商业地位之别：“市与镇之别……以商况较盛者为镇。次者为市，而附以行村。”[⑤]镇、市也由商业地位分列为“市镇”通称：“虽市镇有大小，商务有衰旺，其贸易所在则一也。”[⑥]

---

① 费孝通．乡土中国·生育制度［M］．北京：北京大学出版社，1998：4.

② 费孝通．乡土中国［M］．北京：生活·读书·新知三联书店，1985：76-77.

③ 魏晋史学大家唐长孺在《魏晋南北朝史论丛》中指出：“赫连勃勃的军镇制度又遗留到北魏，薄骨律、高平、沃野诸镇只是因袭旧制，后人考证北魏边镇创置之始及其制度，这一点是常常被忽略的。”周一良也提出“设镇于边要形胜之地，盖非魏所独有之制”。转引自牟发松．十六国时期地方行政机构的军镇化［J］．晋阳学刊，1985（6）：39-47.

④［台］刘石吉．明清时代江南市镇之数量分析［J］．思与言，1978（16）2.

⑤ 民国．嘉定县镇志·卷一.

⑥ 民国．金坛县志·卷三.

宋代以降，江南地区由于商品经济的发达，商业市镇已经开始萌芽成长。据《宋史·职官志》载："凡民间聚落止为村名，惟设官以镇防者，始得称镇"，"诸镇置于管下人烟繁盛处，设监官，管火禁或兼酒税之事"。在宋代地理志《太平寰宇记》、元丰《九域志》等地理书都记录了大量的镇名，放在次于县治的地位[①]。宋朝在各镇设有场务，收取商税。较大的镇，商税收入甚至可以超过县城。宋代高承在《事物纪原》中说："民聚不成县而有税课者，则为镇或以官监之。"[②]

至明代，正德《姑苏志》已称"商贾所集谓之镇"；明弘治版《吴江县志》也称"人烟凑集之处谓之市镇"，镇的商业经济特征已经十分明显。到了明清时期，作为农业经济日趋商品化的直接结果，市镇发展进入全盛时期。镇的名称因主要具有"市"的功能而通称"镇市"或"市镇"[③]。在行政区划上，市镇都是县以下的一级建置，直至清代，镇一般还大于市。

海外学者赵冈认为，中国城市很早就分为两大系统：一类是行政区划的各级治所，称为城郡，政治意义很强；另一类是治所以外的市镇[④]。郭正忠认为，镇市是否属于城市范畴有待进一步研究。但他同时声称，唐宋以后涌现的工商业镇市，在外部形态、居民成分、管理体制乃至其生产、流通、消费等内部结构方面，有别于一般郡县城市[⑤]。隗瀛涛认为，作为商业城市，必须具备以下条件：（1）以商品经济的发展为前提，以商品交换为内容；（2）具备商品流通中介的职能；（3）商业应当是该城市主导功能之一，并具有相应的独立性；（4）商人应占城市人口的重要成分，并形成独立的阶层；（5）需要以商品经济发展和国内市场形成为前提，形成城市网络体系[⑥]。鉴于中国城市化过程表现为以市镇化为特征的独特性，很多商业城市实际上源于传统的镇市，因此本文将历史上出现的具有以上特征的商业聚落统称为"商业城镇"。

第四节　民间信仰与传统聚落形态：以传统商业城镇聚落为例

人类学对民间信仰的研究，通常的田野工作范围只局限于村落，这与人类学工作者传统的研究方法和研究视野的定位相关。把村落作为分析"单位"，易于了解一个"同质"的文化，尽管这样的同质文化只能展现单个的"文化特质"。而要对一个区域性的"文化丛"进行把握时，就得要在一定的区域内进行

① 樊树志. 明清江南市镇探微［M］. 上海：复旦大学出版社，1990：42.
② 顾朝林. 中国城镇体系：历史·现状·展望［M］. 北京：商务印书馆，1992：82-83.
③ 何荣昌. 明清时期江南市镇的发展［J］. 苏州大学学报，1984（3）：96-101.
④ 赵冈. 论中国历史上的市镇［M］//赵冈. 中国城市发展史论集. 北京：新星出版社，2006：155-185.
⑤ 郭正忠. 中国古代城市经济史研究的几个问题［N］. 光明日报，1985-7-24.
⑥ 隗瀛涛. 中国近代不同类型城市综合研究［M］. 成都：四川大学出版社，1998：8-9.

调查[①]。对于传统商业城镇的田野调查研究不仅可以丰富人类学研究的内容，而且由于商业城镇更接近城市的性质，从而也更具现实意义。正如法国汉学家劳格文（John Lagerwey）所说："（调查以乡镇一级为重点）一方面是由于乡镇所在地往往设有行政机构，因此，墟市即现今乡镇所在地在当地的乡民社会中居于特别重要的地位；另一方面，以往的历史学家多以府、州、县以上的历史为研究对象，而人类学则大都在自然村落做参与观察，乡镇这一级则介于两者中间而被忽略了。"[②]

商业城镇及其他核心地点，不可避免地是交换行为的产物，也不可避免地受制于施坚雅所强调的运输资源与地貌特点。但是，一个地域共同体（无论是村落、集镇还是宏观区域）之所以成为一个共同体，很大程度是由于交换的主体之间的社会关系和族群——区域认同意识所致。如果说中国集镇有什么功能的话，那么它们的功能就不是单一的货品交易，而是多方面的：在集镇上通过长年习惯的买卖关系，地方社会形成不同层次的圈子；由于交换的内容涉及一般物品和具有社会性的物品（如通婚或女人的交换），因此市场成为社会活动的展示场所；在市场上，税官、行政官员、军人、士人、农民、手工业者、商人形成互动的社会戏剧，表现了上下左右关系的复杂的面对面的交往；通过核心地点，物质的和象征的物品可以被"进贡"和"赐予"，使帝国的再分配交换成为可能；由于核心地点的重要性与资源的丰富性，因此社会与政治的冲突（如械斗和官民矛盾）也常在此类地点发生[③]。因此，传统商业城镇聚落的形态学研究，可以从历史的视野里折射出地方性乡村社会各族群在形成过程中的结构性变化，以及各种力量的消长与平衡，从而更好地理解传统聚落形态与社会空间互动与变迁的过程。法国思想家列斐伏尔（H. Lefebvre）依据社会与城市化的空间结构之间的联系以及社会化空间的理性内涵，敏锐地将空间组织视为一种社会过程的物质产物[④]。一方面，人创造、调整城市空间，同时他们的生活、工作空间又是他们存在的物质和社会基础。邻里、社区可改变、创造和保持定居者的价值观、态度和行为；另一方面，价值观、态度和行为这些派生之物也不可避免地影响邻里和社区，而且连续的城市化过程促使城市空间产生变化，使经济、人口、社会和科技力量在不同水平上相互作用并得以延续和发展。

本文参照赵冈关于中国城市两大系统的划分方法，将传统商业城镇分为市镇型商业城镇与城郡型商业城镇。

---

① 刘朝晖．乡土社会的民间信仰与族群互动：来自田野的调查与思考［J］．广西民族学院学报：哲学社会科学版，2001（03）：22-28.

② 杨彦杰．闽西客家宗族社会研究［M］．香港：法国远东学院、国际客家学会、香港中文大学海外华人研究会出版，1996：3.

③ 王铭铭．空间阐释的人文精神［J］．读书，1997（05）：63.

④（法）列斐伏尔．空间政治学的反思［M］．王志弘译//包亚明．现代性与空间的生产．上海：上海教育出版社，2003：47-58.

一、传统市镇型商业城镇——以佛山为例

（一）佛山自然环境与历史背景

佛山位于中国广东省中南部，东经113° 06'，北纬23° 02'，地处珠江三角洲西北两江通往广州的要冲，东倚广州，西通肇庆，南连江门、中山，北接清远，南邻港澳。先秦时期，珠江三角洲水域广阔，湖沼密布；秦汉以后，逐渐淤积成陆，并有先民开始在此垦荒定居，佛山澜石东汉墓的出土就是最好的证据。宋代以后，随着淤积平原的不断扩大，珠江三角洲逐渐成形。

佛山的开发历史悠久。据道光《佛山忠义乡志》记载：东晋隆安二年（公元398年），剡宾国（现克什米尔）三藏法师达毗耶舍带了二尊铜像来到季华乡（佛山古称），在塔坡岗上（即今塔坡街）建寺传法，不久西还。到了唐代贞观二年（公元628年），邑人在塔波岗下，出土铜佛三尊及碑碣等，遂重建经堂、塔寺崇奉，并立石榜曰“佛山”。佛山作为地名也缘于此。塔坡古寺明初被毁，明末重建于仙涌万寿坊。罗一星认为，从文化意义上讲，不管西域僧人是否曾来此传法，“通过这个神秘的传说，表达了佛山居民具有一个神圣的地望观念。而地望观念的存在，既是居民聚落一定发展阶段的产物，又是吸引居民聚落不断发展的一个重要因素。”①因佛山地势低洼，常为水涝所患，加之夏秋多受台风影响，涌潮顶托，加重洪水威胁②。为防范水患，佛山人民很早就筑堤围田，并发展出“果基鱼塘”的生产方式，即将低洼地带取土培高塘基，塘内养鱼，基上栽果。此后又发展为“桑基鱼塘”。基塘的经营方式使佛山的农耕经济转变为“集约式的商品性农业经营”，促进了当地手工业与农业的分离，刺激了更多的墟市和手工业城镇的出现③。

佛山旧属季华乡，宋元丰年间（1078~1085年）推行保甲制度，乡分都堡，季华乡析分为十堡（季华、佛山、林岳、三山、平洲、下激、有冈、叠滘、深村、魁冈），佛山堡为十堡之首。从历史遗迹的存留来看，对佛山人文环境有重大影响的真武庙也建于宋代④，在佛山栅下村有宋代设立的临海炮台遗址，宋代曾在此设有市舶提举一职⑤，说明宋代佛山不仅已经成为先民的聚居地，而且海上贸易已经得到相当程度的发展。尽管各年代修订的《佛山忠义乡志》开篇都提到：“乡之成聚，相传始于汴宋……而事远年湮，茫无可考，今断自明始，从信也。”明代中叶，佛山手工业后来居上，已成为全国重要冶铁中心。清代由于对铁矿采铸的控制比较松弛，佛山冶铁业蓬勃发展，并带来了商业贸易的繁荣。康

① 罗一星. 明清佛山经济发展与社会变迁［M］. 广州：广东人民出版社，1994：20.
② 珠江三角洲农业志·卷一：15.
③ 罗一星. 明清佛山经济发展与社会变迁［M］. 广州：广东人民出版社，1994：17-18.
④ 罗一星. 明清佛山经济发展与社会变迁［M］. 广州：广东人民出版社，1994：21.
⑤ 佛山忠义乡志·卷十·风土二.

熙年间（1662~1772年），刘献廷指出："天下有四聚，北则京师，南则佛山，东则苏州，西则汉口。然东海之滨，苏州而外，更有芜湖、扬州、江宁、杭州以分其势，西则唯汉口耳。"[①]乾隆时期，佛山镇手工业和商业更是得到全面发展，"四方之估，走赴如鹜"[②]。明清之际的佛山已成为科甲鼎盛、人文荟萃之乡，清广州太守宋玮说："佛山镇'在昔有明之盛，甲第笼踔，一时上大夫之籍斯土者列邸而居，甍连数里。昔人所谓南海盛衣冠之气者，不信然欤'。"[③]

（二）外族迁入与佛山聚落的发展

在外来族群迁入之前，佛山已有"土著四大姓——鸡、田、老、布"等氏族的存在。根据当地的流传，这些土著氏族居住在栅下大塘涌一带[④]，是佛山聚落发展的原初胚胎。明以后，这些氏族日渐式微。乾隆《佛山忠义乡志·卷六·乡俗志氏族门》还记载了鸡、布、老三姓，已无田氏的记载。到了民国初年，鸡氏剩男子2人，布氏和老氏也仅有30余人[⑤]。罗一星认为，"土著四大姓"的衰微，是与外族迁入佛山及族群的融合的过程相关联的[⑥]。

外来族群迁入佛山主要有两个来源，一是中原和东南氏族经过南雄珠玑巷南迁；另一个主要来自本省高凉地区的土著居民[⑦]。佛山冼氏共五房，来源不同，其中石巷、白勘、鹤园、汾水诸冼皆来自南雄，唯东头冼"自吴川来，其开房最早"。据《岭南冼氏宗谱》记载：东头冼氏"一世祖讳发祥，字昌图，号活涯，宋处土。宋理宗绍定五年（1232年）壬辰出高凉迁居佛山镇东头铺"。东头在佛山之东南，乃佛山八景之冠"东林拥翠"所在，"活涯公肇居此地，斩棘披荆，于是湖山有主"，成为佛山最早的外来族群。东头冼氏始迁祖冼发祥迁入佛山后，自四世开始分衍，"五世而科名崛起，六世家业益隆，田连阡陌，富甲一镇，既广购田宅，故多立户籍以升科"[⑧]，开拓了佛山最早的聚落核心区之一，并一度把持了佛山社区权力[⑨]。（图3-8）。在明以前，栅下已形成初具规模的镇市，据《岭南冼氏宗谱》记载："明以前，镇内商务萃于栅下，水通香、顺各邑，白勘为白糖商船停泊船之处，俨然一都会也。"[⑩]明弘治年间（1488~1505年），南海扶南堡冼氏少荣公迁入佛山，定居地处丁字河口的汾水，这里水陆交通便利，舟船云集，渐成墟市，遂成佛山另一个聚落核心区。

① 刘献廷．广阳杂记·卷四．
② 陈宗炎．佛山镇论［M］//佛山忠义乡志，乾隆版．
③ 宋玮．修复企带水记［M］//佛山忠义乡志·卷十·文艺志，乾隆版．
④ 罗一星．明清佛山经济发展与社会变迁［M］．广州：广东人民出版社，1994：69.
⑤ 佛山市地方志办公室，佛山市计划生育办公室．佛山市人口志［M］．广州：广东科技出版社，1990：30.
⑥ 罗一星．明清佛山经济发展与社会变迁［M］．广州：广东人民出版社，1994：33.
⑦ 罗一星．明清佛山经济发展与社会变迁［M］．广州：广东人民出版社，1994：31.
⑧ 冼宝幹．岭南冼氏宗谱·卷三之六·分房谱：东头房．
⑨ 罗一星．明清佛山经济发展与社会变迁［M］．广州：广东人民出版社，1994：33.
⑩ 岭南冼氏宗谱·卷三之六·分房谱：白勘房．

图3-8　道光版《佛山忠义乡志》佛山八景之东林拥翠

宋咸淳年间，迁入佛山的氏族陆续不断，罗一星对此有详细的统计和整理，如表3-1。除表中所列宗族外，至迟在明初迁入佛山的氏族还有莲花地黄氏、庞氏、伦氏、简氏、谭氏、何氏、黎氏、杨氏、关氏、岑氏、高氏、潘氏、赵氏、招氏、彭氏、邱氏等①。根据周毅刚的统计，民国《佛山忠义乡志》共记载了82个不同始迁祖的氏系。

宋元明外来氏族定居佛山表②　　表3-1

姓氏	原籍	始迁年代	始迁祖	早期定居点	开立户籍	资料来源
霍氏	山西平阳	宋靖康年间	正一郎	朝市		《南海佛山霍氏族谱》（道光刻本）
东头冼氏	广东吴川	宋绍定五午		栅下	冼舜孔：117图1甲 冼绳祖：117图5甲 冼承泰：117图65甲 冼益进：117图5甲 冼永兴：117图5甲	《岭南冼氏宗谱》（民国刻本）
石巷冼	南雄珠玑	宋咸淳	冼斌	石巷	冼众为：119图2甲	《岭南冼氏宗谱》（民国刻本）
白勘冼	南雄珠玑	宋咸淳	冼伯达	白勘	冼复起：21图4甲	《岭南冼氏宗谱》（民国刻本）

① 佛山忠义乡志·卷六·乡俗志·氏族：卷三，图甲，乾隆版.
② 罗一星. 明清佛山经济发展与社会变迁［M］. 广州：广东人民出版社，1994：35-36.

续表

姓氏	原籍	始迁年代	始迁祖	早期定居点	开立户籍	资料来源
鹤园陈	福建	宋咸淳	陈佛正	鹤园荫善坊	陈进：20图5甲	《南海鹤园陈氏族谱》（民国刻本）
江夏黄	福建邵武	宋	黄益谦	表冈墟涌边坊		
朝市梁	番禺元亭	元初	梁宪		梁永标：20图	梁氏家谱（手抄本）
郡马梁（冈头）	南雄	元壬辰	梁熹	朝市		佛山梁氏诸祖传录（手抄本）
金鱼堂陈	福建沙县	元泰定丁卯	陈君德	田边	陈祥：118图	《鱼堂陈氏族谱》（光绪刻本）
纲华陈	增城沙贝	元至正	陈夔	锦澜石榴埗纲华巷	陈嵩（里长）陈文佳：118图4甲	《佛山纲华陈氏族谱》（光绪刻本）
鹤园（练园）冼	南雄珠玑	明洪武	冼显佑	鹤园	冼翼、冼贵同、冼光裕：119图10甲	《鹤园冼氏族谱》（民国刻本）
栅下区	登州	明洪武	区南堂	栅下	区效汾：115图	《栅下区氏族谱》（民国刻本）
细巷李	陕西陇西	明宣德	李广成	细巷	李大宗：114图	《李氏族谱》（崇祯刻本）
汾水冼	南海扶南	明弘治	冼少荣	汾水铺	冼贵同：114图9甲	《岭南冼氏宗谱》（民国刻本）

注：本表根据罗一星所列“宋元明外来氏族定居佛山表”增补早期定居点。详见罗一星.明清佛山经济发展与社会变迁[M].广州：广东人民出版社，1994：35-36.

明清佛山的地方政治权力前后被梁、冼、霍、李等姓氏把持，这些姓氏是佛山历来的名门望族，在佛山定居的时间也可以上溯到明代初期乃至宋代①，根据民国《佛山忠义乡志》的记载统计，有65个宗祠在明代或明代之前修建，几乎全部集中在这些大姓之中②。

聚落的发展往往受到自然环境的制约，其发展的方向是由最先形成的交通路线走向决定的。作为冲积平原的佛山水路纵横，自然成为最早的主要交通路线，其中最重要的有三条，其一为大塘涌，其二为旗带水，其三为潘涌③。族群的迁入，自然也首先选择这些交通要道两岸作为定居点，后来形成栅下、山紫、汾水等村，在佛山境内呈三足鼎立之势，“他们是佛山城市的最初胚体”④（图3-9）。

① 罗一星. 明清佛山经济发展与社会变迁［M］. 广州：广东人民出版社，1994.
② 佛山忠义乡志·卷九·氏族志：各姓祠堂. 民国版.
③ 佛山方言中“涌”指引入境内的支流，民国为当地《佛山忠义乡志·卷一》之“舆地·川”载“水至本境别名汾江，引之为涌。故有内涌外河之目”。
④ 罗一星. 明清佛山经济发展与社会变迁［M］. 广州：广东人民出版社，1994：68-69.

随着佛山族群的不断迁入，人口迅速增加，各项设施得以发展和积累，佛山聚落逐渐形成。

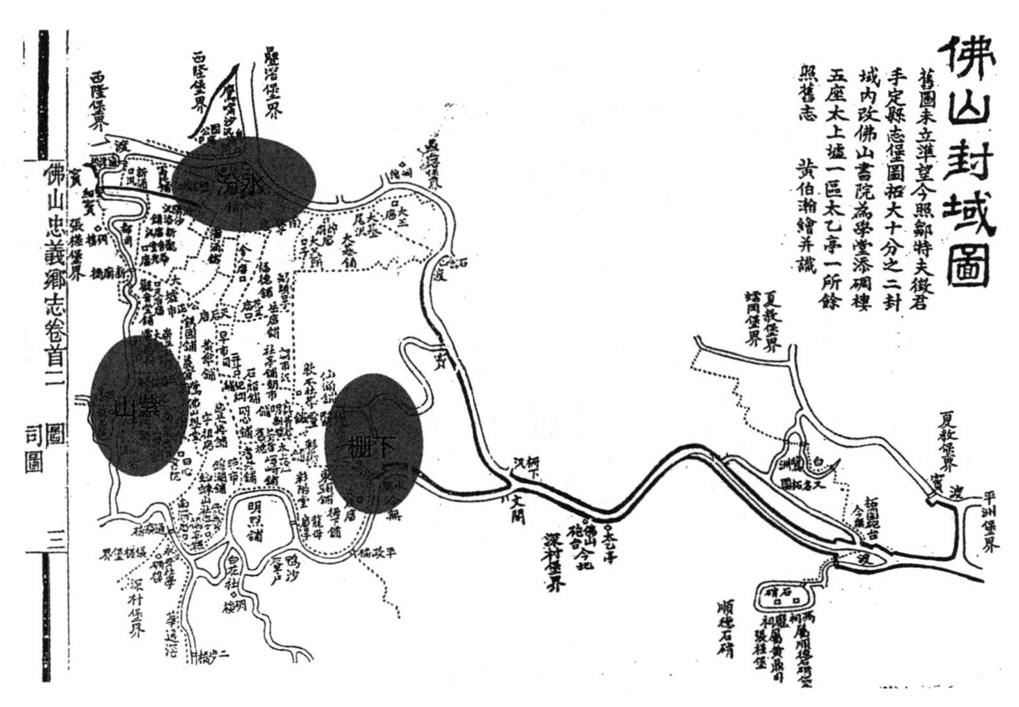

图3-9　佛山早期聚居点区位示意图
（资料来源：改自民国版《佛山忠义乡志》，佛山封域图。）

元代以前，佛山尚未有基层行政建制，元大德《南海志》关于佛山的记载为“佛山渡”[①]。元末设置季华乡，明洪武三年（1370年）设“佛山堡”，属南海县五斗口司西淋都[②]；明景泰初敕赐佛山为“忠义乡。”[③]在乡之下，佛山又分为15个村（社），明嘉靖《南海县志》和清康熙《南海县志》上都有相应记载。根据周毅刚博士的整理，确定了佛山15村中13个村的大致位置（图3-10），各村大致范围确定的依据见表3-2。

① 南海志・卷十・河渡．元大德版．
② 南海鹤园陈氏族谱・卷四・杂录．
③（民国）汪宗準，冼宝幹．佛山忠义乡志・卷一・舆地：界至［M］//地方志集成：乡镇志专辑30．南京：江苏古籍出版社，1992：313．

图3-10　明代佛山13村8社的大致位置图

（资料来源：周毅刚．明清佛山的城市空间形态初探［J］．华中建筑，2006（8）：161.）

明清时期佛山的15个村大致范围的确定表[①]　　表3-2

	村名	大致范围的确定依据	备注
1	佛山村	佛山肇迹之处是塔坡冈，唐代刻有“佛山”二字的石刻牌匾出土于此	

① 周毅刚．明清时期珠江三角洲的城镇发展及其形态研究［D］．广州：华南理工大学，2004：181.

续表

	村名	大致范围的确定依据	备注
2	汾水村	佛山北面为汾江	汾江在明清时期逐渐变狭，汾水村的原始位置当在民国汾江岸线以南一段距离
3	村尾村	明代佛山八景之一有“村尾垂虹”	参照乾隆版《佛山忠义乡志》佛山略图标注的“村尾垂虹”的大致方位确定
4	栅下村	佛山东南部滨临栅下河，向名栅下	
5	朝市村	明清佛山的朝市一直延续到民国时期	
6	禄丰社	民国版《佛山忠义乡志》附的佛山地图上标注有禄丰社	“社”在明清时期也是村的意思。地图上标注的“社”系为社坛，社坛的位置可以随着历史变迁发生迁移，但是迁移的范围当在一村之内
7	大塘涌村	民国版《佛山忠义乡志》佛山地图上标注有大塘涌	
8	牛路村		未见其他资料记载
9	山子村（山紫村）	明清佛山有山紫铺	山紫村和村尾村距离不远，只能确定两村的方位和大致位置，各自的覆盖范围则难以明确区分
10	隔塘冈村	民国版《佛山忠义乡志》佛山地图上标注有隔塘大街，在祖庙前	
11	观音堂村	明清佛山有观音堂铺	观音堂铺覆盖范围较大，根据民国版《佛山忠义乡志》佛山地图仁观音堂铺观音庙确定大致的位置
12	细晚市村	明清佛山有细桥市和晚市明渭	
13	石路头村	佛山有石路铺	石路头铺面积较小，一般村落即可以覆盖
14	忠义社		未能查到相关资料，位置不确定，历史文献中明清佛山有多处“忠义社”的记载，其中有“第四忠义社”在东头铺，大致在栅下铺的北面
15	滘边社	民国版《佛山忠义乡志》附的佛山地图上有街道名为“滘边古道”	

注：牛路村和忠义社未能确定大致位置。

尽管经过明清市镇化的发展，清代佛山已经成为与新平镇（即景德镇）、朱仙镇、汉口镇齐名的“天下四大镇”，但是这种村落绵延的布局，一直延续到民国时期，民国版《佛山忠义乡志》称：“佛山商旅所聚，庐肆多于农田。然乡中隙地涌水环绕，时资灌溉，春畦碧浪，秋垄黄云，亦居然太平村落也。”①这种聚落形态的肌理在民国初年佛山测绘图上仍然依稀可见。

① 佛山忠义乡志·卷一·乡域志．道光版．

（三）佛山市镇化过程与社区整合

佛山市镇化主要以民营手工业生产和发达的商业贸易为基础，是中国市镇化过程的典型代表。从明代开始，冶铁和陶瓷两大行业的工人在佛山市民中已占绝大多数，社会管理表现出基层自治的趋向，这与城郡型工商业城市迥然不同。佛山市镇化的过程，是在政府的基层控制与民间调适的博弈过程中不断进行社区整合的过程。

1．佛山市镇化过程与基层社会管理

佛山市镇化的过程与整个中国明清历史基本契合。佛山在宋代设墟，明代以前，佛山聚落首先在南部栅下发展。佛山明代宗时尚称乡、堡，由于佛山人“工擅炉冶之巧，四远商贩恒辐辏”，民庐达万余家。从明代开始，冶铁、陶瓷这两大行业的工人就是佛山市民的主要成员。明初时，围绕着龙翥词，在旗带水两岸，也形成了一个社区核心地带，这里有祭祀中心，有店铺，有九社中的第一社等居民区，还有炉户在此开炉冶铁[①]。此后，在潘涌两岸，外省与本省各地的商人开始在此建铺营生，在今公正市豆豉巷至汾水一带形成新的商业中心。

清代中叶佛山市镇化达到高潮，是佛山的鼎盛时期。清康熙、乾隆年间，佛山已经形成了手工业区域和商业区域。手工业区域主要集中在佛山南部，西南部是冶铁业主要集中区，陶瓷业主要集中在石湾一带，纺织业主要集中在东部和东南部的乐安里、舒步街、经堂古寺、仙涌街一带。乾隆年间，佛山计有“炒铁之炉数十，铸铁之炉百余，昼夜烹炼、火光烛天”[②]。乾隆十五年（1750年），估计炒铁行业工人约有一二万人，整个冶铁行业工人不下二三万人。商业区则集中在北部、中部地区，“四方商贾萃于斯，四方之贫民亦萃于斯。挟资以贾者什一，徒手而求食者则什九也”[③]。乾隆、嘉庆、道光年间，“佛山一镇，绅衿商贾，林林总总”[④]。乾隆至道光年间，编户人口则从二十万发展为二十七万，若加上旦民和外地流入佛山的谋生者，实际人口不会少于三十万[⑤]。至此，佛山已经发展成为“周遭三十四里”，包括南部的手工业制造区、北部的商业中心区和中部的工商、居住混合区的三大功能区划的繁华大镇[⑥]（图3-11）。

在基层社会控制方面，整个明代，佛山实际上并无常设的官府机构。清承明制，从顺治到雍正近百年时间，佛山也是未曾设置政府机构。直到雍正十一年（1733年）以后，佛山才陆续设置了海防分府同知、巡检司等分治机构。但直到民国时期南海县署从广州迁至佛山之前，佛山一直不是县治所在。此前佛山所设

①（郡马）《梁氏家谱·梅庄公传》。
② 佛山忠义乡志·卷五·乡俗志. 乾隆版.
③ 佛山忠义乡志·卷六·乡俗. 乾隆版.
④ 佛镇义仓总录·卷二·劝七市米户照实报谷价启.
⑤ 罗一星. 论明清时期佛山城市经济的发展［J］. 中国史研究，1985（3）.
⑥ 罗一星. 明清佛山经济发展与社会变迁［M］. 广州：广东人民出版社，1994：260.

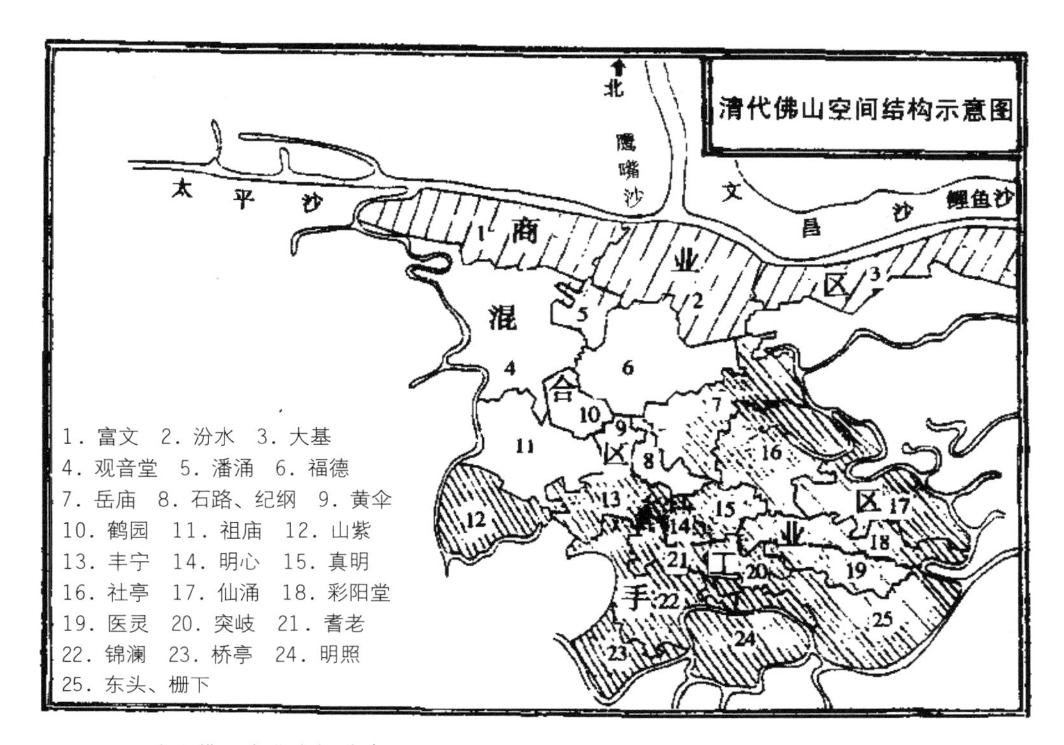

图3-11　清代佛山产业空间分布

（资料来源：罗一星. 明清佛山经济发展与社会变迁［M］. 广州：广东人民出版社，1994：272.）

的文武机构，“皆僦民舍以居，无定所”[①]。这种政治统治的相对薄弱，相对减少了超经济的剥削和掠夺，客观上给佛山创造了一个相对宽松的发展环境，这对佛山工商业的发展和资本主义萌芽的出现，不啻是一个良好的条件。

明政府建立黄册制度，推行里甲制度。在长年累月的户口统计造册过程中，人们已经习惯性地将同册之户视为一个共同体，称之为“图”，并与所居住的地域产生关联，《明会典》载：“排年里长，仍照黄册内原定人户应当。设有消乏，许于一百户内选丁粮近上者补充。图内有事故户绝者，于畸零内补辏。如无畸零，方许于邻图人户内拨补。”[②]佛山堡内共设八图，编八十甲，各甲总户主分布在15个姓氏之中，这十五姓就成为佛山的所谓的“八图土著”[③]（图3-12）。图甲的编定，使这些外来族群在获得身份认同、感情上有了依托，稳定了佛山乡族社会，佛山的基层社会初步得到地缘性整合。

---

① 佛山忠义乡志·卷二·官典. 乾隆版.

② 明会典·卷二十一［DB］. 迪志文化出版有限公司，2005.

③ 乾隆、道光、民国三个版本的《佛山忠义乡志》均有《图甲》记载，各甲户主姓名基本不变，其中道光版20图6甲户主为“梁承裔”，其他两个版本皆为“梁永裔”，应属字误。民国版《佛山忠义乡志·卷四》中所载116图8甲户主由原来“梁世祖”改为“苏众”，使原来的15姓变为16姓。

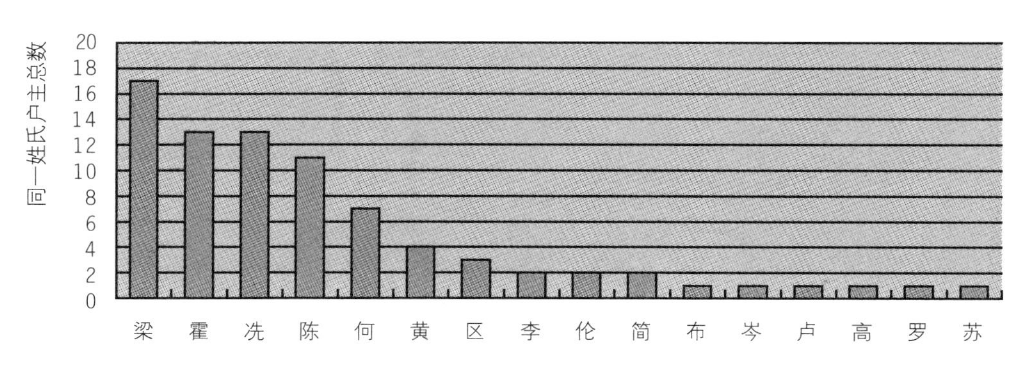

图3-12　佛山八图八十甲户主姓氏分布图

随着市镇化的不断推进，此后佛山不断有外族迁入，佛山清光绪年间冼宝桢在《重修八图祖祠碑记》中指出："本堡八图自开建户籍，历数百年，丁口繁衍，资产丰殖……自前明设镇后，四方幅凑，附图占籍者，几倍于土著。"①在当地定居入籍的过程中，由于受到清代里甲（或称图甲）户籍制度的制约，这些新的移民并不能轻易取得当地正式的里甲户籍，即与土著户籍同等并列的正式民图户籍，他们多数情形下只能把户口和田产寄放在新移居地的、由当地土著控制和支配的图甲户籍中，这就是所谓的"寄籍"或"客籍"，而这些先来者则成为佛山社会的"土著"，享有地方社会的一些特权，如科举、赋税等。这种专门为外来移民而设置的"民尾户"户籍，从制度上使外来的处于"客籍"与八图"土著"地位的土著居民区分开来。这种户籍区分或差别的实质在于："民尾户"在很大程度上属于临时性的户籍，它未配有科举名额，属于"民尾户"户籍的移民在新移居地并不享有土著民所拥有的在民籍定额中参加科举考试的权利，其结果造成土客籍双方在社会身份、地位，特别是晋升机会上的不平等，并由此形成深刻的社会分异②。

明代中期，里甲组织的功能由赋役征发转变为基层社会的管理。明代中期的农业和手工业得到空前的发展，一些经济发达的地区，工商业市镇不断出现，已经呈现出网络化的布局，人口开始在更大的范围内快速流动。但是，以职业为籍的黄册制度不仅限制了劳动人民的人身自由，而且阻碍了社会分工的发展，从而出现了大量的军户和工匠逃亡的现象，户籍黄册伪滥，黄册制度失去了赋役征发的功能③。明王朝在财政上也陷入危机，社会矛盾日益尖锐，国家亟须改革社会基层组织的管理。以张居正为代表的明代政治家开始寻求改革，推行"一条鞭法"④，其结果是户籍制度与赋役赋制度分离，它顺应了社会分工进一步发展的要

① 重修佛山堡八图祖祠碑记［M］//广东省社会科学院历史研究所中国古代史研究室等．明清佛山碑刻佛山经济资料．广州：广东人民出版社，1987：257-259.
② 饶伟新．论土地革命时期赣南农村的社会矛盾：历史人类学视野下的中国土地革命史研究［J］．厦门大学学报：哲学社会科学版，2004（05）.
③ 王威海．中国户籍制度：历史与政治的分析［M］．上海：上海文艺出版社，2005：198.
④ 明史·卷七八·食货志.

求，使人民获得了更多的人身自由，对于人口流动和商品生产起到积极的推动作用，乃至于对后期的资本主义萌芽也起到催化作用。由于黄册制度的伪滥，里甲制度原有的征解税粮、编派徭役功能也随之丧失，里甲组织新的功能开始显现，即维护社会治安和基层社会秩序①。尽管如此，“里”、“图”、“甲”等名称却一直沿用下来，在很多地方志中都可以看到。

2．佛山聚落的社区整合

佛山城镇化的过程，伴随着佛山社区的整合与调适的过程。从社区整合的纽带来分，主要包括以宗族伦理为核心的血缘纽带和以民间信仰为核心的神缘纽带两大类。罗一星指出，明清时期的佛山有过三次性质不同的社会整合。第一次发生在明正统年间，由乡老领导进行，这次整合使佛山的各个宗族在地缘上联系起来，佛山出现了城市的雏形；第二次发生在明末，由新兴的士绅集团领导进行，这次整合击败了乡族豪强势力，使佛山权力结构转移到士绅集团，这是官方正统化和都市化共同作用的结果；第三次发生在清乾隆年间，由侨寓人士与全镇商民联合进行，这次整合击败了土著势力，使佛山权力结构发生重组，利益也重新分配②。

作为一个针对明清两朝的佛山社会专题研究，罗一星的分期无疑是合理的。但是，我们不能将之理解为佛山社会的族群整合始于明代，否则将犯了割裂历史的错误。从社区整合的纽带来看，可以认为，第一次整合是在宗族血缘的纽带下进行的，这种整合从宋代外族迁入佛山开始，就不曾间断。其整合的结果是佛山形成了以“官族”为核心的“八图土著”宗族社会，在聚落形态上表现为以各姓宗祠群为核心的社区团块。第二次和第三次社区整合主要是在以的民间信仰——北帝为核心的神缘纽带的社区整合，聚落也开始走向一体化。

1）通过宗族血缘的社区整合

自宋靖康（1126~1127年）以来，外来族群大批地涌入佛山定居，人口迅速增加，为了与原住民争取生存空间和社会地位，各姓族群都积极进行内部整合。民国版《佛山忠义乡志》进行了各祠堂设立年代的调查，以宗祠为核心的宗族组织的构建情况，大致可以从各朝代的宗祠建造数量上反映出来（见表3-3）。井上徹认为，如果以祠堂建设为指标，佛山的宗族形成运动，大致始于16世纪前后，运动的主导者是有着“土著”身份的绅衿仕宦，这一风潮一直持续到清代③。

① 王威海．中国户籍制度：历史与政治的分析［M］．上海：上海文艺出版社，2005：203.
② 罗一星．明清佛山经济发展与社会变迁［M］．广州：广东人民出版社，1994：7-8.
③（日）井上徹．中国的宗族与国家礼制：从宗法主义角度所作的分析［M］．钱杭译．上海：上海书店出版社，2008：287.

宋至清道光年间祠堂设置年代统计表[1]　　表3-3

朝代	纪年	各宗族祠堂数量
宋	—	陈氏1，冼氏2，梁氏1
元	至顺元年（1330年）	梁氏1
明	洪武年间（1368~1398年）	黄氏1，卢氏2
	宣德年间（1426~1435年）	梁氏2
	弘治年间（1488~1505年）	霍氏2
	正德年间（1506~1521年）	梁氏1
	嘉靖年间（1522~1566年）	陈氏2，冼氏3，黄氏1，何氏1
	万历年间（1573~1691年）	李氏1，梁氏1，霍氏3，黄氏3
	天启年间（1573~1691年）	李氏2，梁氏1，霍氏1，冼氏1
	崇祯年间（1628~1644年）	李氏2，霍氏3，黄氏1
	仅记为“明”的祠堂	陈氏7，梁氏5，冼氏4，霍氏3，何氏2，卢氏2
清	顺治年间（1644~1661年）	霍氏2，岑氏1
	康熙年间（1662~1722年）	李氏2，陈氏1，梁氏4，冼氏1，霍氏2，黄氏2，何氏2，区氏2
	雍正年间（1723~1735年）	陈氏1
	乾隆年间（1736~1795年）	李氏1，黄氏2，何氏1
	嘉庆年间（1796~1820年）	陈氏1，梁氏1，冼氏1，任氏1，吴氏1
	道光年间（1821~1850年）	陈氏4，霍氏4，谭氏1，莫氏1，杨氏1，潘氏1，任氏1，吴氏1，罗氏1

注：本统计以民国版《佛山忠义乡志·卷九·氏族志》中各姓祠堂所记载为依据，统计年代由宋至清道光年间。

从表3-3中各年代所建祠堂数量可以看出，从明嘉靖之后，祠堂设立的数量明显增加，这是和嘉靖“大礼议”及夏言奏疏进行祟祀制度改革直接相关的。特别是在明嘉靖的“大礼议”中，南海士大夫方献夫、霍韬等人直接参与到了这场祟祀礼仪的争辩之中，并始终支持崇祀制度的改革，由此也获得了嘉靖皇帝的宠信。

霍韬（1487—1540年），字渭先，号渭崖，谥文敏公，为佛山邻堡深村堡石头村人，尽管与佛山霍氏不同支脉，但是和佛山却有着很深的经济关联，他所主持的石头霍氏的宗族整合是佛山的宗族“整合与发展的共同范式”[2]。

在明代“宗族运动”的大背景下，霍韬直接对佛山石头霍氏进行宗族组织的重构。石头霍氏霍韬于嘉靖元年因在“大礼议”中三驳礼部尚书毛澄，引起朝中诸臣的不满和压制，遂于次年谢病归乡。此后他在佛山设立族产（包括族田和工商业），开办社学书院，手订《家训》，并修撰了《先世德义》[3]，虽然当时石头

①（日）井上彻．中国的宗族与国家礼制：从宗法主义角度所作的分析［M］．钱杭译．上海：上海书店出版社，2008：286.

② 罗一星．明清佛山经济发展与社会变迁［M］．广州：广东人民出版社，1994：120.

③ 石头霍氏族谱·卷一：原序［M］//罗一星．明清佛山经济发展与社会变迁．广州：广东人民出版社，1994：97.

霍氏只传五世，人丁尚少[①]，称不上族谱，或可称之为《石头霍氏族谱》之滥觞。嘉靖四年（1525年）正月，霍韬创建石头霍氏大宗祠（图3-13），立家长一人“总摄家事”，立宗子一人“惟主祭祀”。霍韬认为，“凡立家长，惟视材贤，不苟年齿。若宗子贤，即立宗子为家长，宗子不贤，别立家长”[②]。他还创设“考功制度”，调动族人的经营热情，并设置“会膳”制度，倡导“居则同堂，出则同门，食则同餐，男无二心，女无间言，帑无异帛，囊无私钱”[③]，通过“同居共财”以达到“保此敦雍，庶尚永年”。同时，“会膳”还是一个教习礼仪、奖善惩恶、教勤教俭的活动，以此规范族人的行为准则，加强宗族内部的凝聚力[④]。嘉靖九年（1530年），霍韬于西樵山创建四峰书院，训教霍氏子弟，通过科举培养输出官僚，为霍氏的宗族发展提供了人才储备。霍韬生十子，除四子与珉、五子与　早殇外，其余均为生员，其中三子与瑕进士及第，七子与瓔和九子与瑺皆为举人，堂兄弟中也有附生四人，可谓人文荟萃。在“学而优则仕”的科举制度下，宗族重视教育的目的在于求取功名，从而获得更多的社会地位和资源，以保证宗族的发展。这几乎成为16世纪以后宗族发展的同一模式，井上彻称之为“官族”[⑤]。

图3-13　佛山霍氏大宗祠群

① 据嘉靖五年（1526年）霍韬《合爨祭告家庙文》载：“惟视今日，实我孙子女妇百口聚食于此，呜呼，祖考生我，孙子分爨，迨我余五十祀，幸今复合……”可见当时石头霍氏总人口仅百人，男丁更少。

② 霍韬．霍渭崖家训·家训提纲。

③ 嘉靖五年（1526年）霍韬《合爨祭告家庙文》，载《霍文敏公全集·石头录》，卷六上：祭文。

④ 罗一星．明清佛山经济发展与社会变迁［M］．广州：广东人民出版社，1994：103-111．

⑤（日）井上彻．中国的宗族与国家礼制：从宗法主义角度所作的分析［M］．钱杭译．上海：上海书店出版社，2008：304-316．

在石头霍氏的示范下，佛山细巷李氏、金鱼堂陈氏、郡马梁氏、鹤园冼氏、大墟庞氏纷纷效仿，立宗祠、置族产、修族谱、兴社学，整合宗族，最终成为佛山的望族。这些宗族的整合，有个共同的特点，主要是依靠各族中的士大夫阶层进行宗族的整合。这些功名人士的交替出现，也意味着一个“功名望族”势力兴衰隆替的周期[①]。

明代中期以后的佛山官族还有一个共同的特征，那就是各官族把持着当地的手工业和商业。宗族整合的主要途径是通过设置族产（包括族田和工商业）、兴建宗祠及编撰族谱，这些活动的进行需要大量的资金。因此，我们所看到的佛山衣冠士族又多出于佛山手工业与商业的经营者。清代由于对铁矿采铸的控制比较松弛，民间冶铁业有很大发展，广东的冶铁业的发展尤其显著。从族谱等资料来看，仅从事与冶铁相关行业的宗族就有东头冼氏、佛山霍氏、江夏黄氏、细巷李氏、纲华陈氏、金鱼堂陈氏等族。他们分别在采矿到冶炼，从模具到铸造，从销售到码头物流等不同的产业环节，形成一条完整的产业链。如东头冼氏从事采矿业[②]；江夏黄氏专门从事铸冶车模业[③]；佛山鹤园冼氏六世祖冼灏通以“贾锅”为业，垄断了佛山的铁锅贸易[④]。石头霍氏虽住在距佛山五里的石头村，自霍韬位高权重之时，石头霍氏不仅积极插手佛山冶铁业生产，还一直经营着汾水码头之地，同时还涉足银矿开发、食盐贩卖及林业采伐等[⑤]。这些宗族大作坊为各大宗族积攒了大量财富，从而为宗族整合提供了经济上的保障。从前面的表3-3的统计也可以看出，明嘉靖到明代末年的123年间，有年代记载的宗祠数量达49座，平均每两年半就有一座宗祠建成，这些宗祠主要集中在霍、陈、冼、梁、李等佛山望族之间，可见社区已经达到相当程度的整合。

这种宗族大作坊的经营方式与家庭小作坊及商人经营的大作坊共存，形成明清时期佛山冶铁业主要三种经营方式，宗族控制着整个社会的生产和生活[⑥]。一般来说，这些大作坊可以控制主要行业，而家庭小作坊则只能屈身于次要行业或手工业流程中的某一工序、某一关键技术[⑦]，“富者出资本以图利，贫者赖佣工以度日”[⑧]。工商业者为了保持生产销售上的垄断地位，实行技术保密，传儿传媳不传女，这在当时的市镇相当普遍，如景德镇章氏世以举火为业，魏氏世以结窑为业等，均世代相袭不传他人[⑨]；苏州织缎业中的“结综掏泛”、“捶丝”、“牵经接

① 罗一星．明清佛山经济发展与社会变迁［M］．广州：广东人民出版社，1994：134.
②《岭南冼氏宗谱》卷七，备征谱，《名迹》载：“公有矿山在高州”。
③ 黄尧臣·江夏黄氏族谱·以寿太祖小谱.
④ 鹤园冼氏家谱·卷六之二·六世月松公传.
⑤ 霍韬．霍文敏公全集·卷七下：书·家书.
⑥ 周远廉，孙文良．中国通史·第十卷·上册：中古时代·清时期［M］．上海：上海人民出版社，1996：414.
⑦ 张研．试论清代的社区［J］．清史研究，1997（2）：1-11.
⑧ 田畯．陈粤西矿厂疏［M］//皇朝经世文编·卷五十二·户政.
⑨ 浮梁县志·卷五．道光版.

头”、“上花”等工序，也“均系世代相传”[①]；苏州金钱业规定“不得收领学徒，只可父传子业”[②]。他们的生产生活，自然是家族、宗族、乡族系列作为实体在发挥作用。这种少数大宗族行业分割的局面，导致了贫富分化的加剧，各种关键技术的垄断也不利于产业的发展，加上各大宗族之间的利益纷争也加剧了基层社会的动荡。但市镇化的进程不会因为这些原因而停滞发展，需要的只是社会上层建筑的调适与变革。以宗族血缘为纽带的社区整合有它的局限性，随着社会生产力得到提升，生产关系作为生产力所决定的“在物质资料生产过程中所结成的社会关系”也必然发生改变，它决定了在传统市镇经济发展到一定程度时，社会基层必须做出新的、更高层次的社区整合。

2）通过民间信仰的社区整合

从人类定居佛山之始，宗教与神灵信仰就伴随着他们的生活起居。“未有佛山，先有塔坡”是当地的一句俗谚，一代代传说着佛教对佛山的开化之功。宋代以后，聚落渐成，龙翥祠（又称真武庙）随之建立，主祀真武玄帝，是二十八宿中北方七宿之神[③]，与青龙、白虎、朱雀合为“四象”。宋代尊奉玄武甚热；元代统治者从蒙古入主中原，自言得到了北方神祇真武的护佑，并敕令刻碑记载真武的瑞应，真武信仰得到大力推崇，成为与塔坡寺并驾齐驱的佛山两大庙宇。明承前例，朝野皆信奉真武。明洪武廿四年（1391年）敕令：“各府州县寺观虽多，但存其宽大可容众者一所。”[④]塔坡寺在这次运动中被毁[⑤]，民间信仰在官方的支持下获得发展的机会，佛山初步形成以龙翥祠为核心，八图九社分布于十五村的祭祀体系（图3-10）。

随着明初建立黄册制度和里甲制度的建立，为了维护里甲内部的社会秩序的稳定，明政府还承袭旧制，制定了里社祭祀制度[⑥]。《洪武礼制》规定，凡乡村各里都要立社坛一所，“祀五土五谷之神”；立厉坛一所，“祭无祀鬼神”[⑦]。因此，“社”的范围实际上与“里”、“图”是一致的。然而，佛山却有“九社”之分，“乡之旧社凡九处，称古九社”[⑧]，为何与“八图”不符呢？我们从九社的排列顺序来看，“吾佛凡九社，一古洛、次宝山，而富里、弼头、六村又次之，细巷、东

① 江苏省博物馆．江苏省明清以来碑刻资料选集［M］．上海：生活·读书·新知三联书店，1959：18.

② 江苏省博物馆．江苏省明清以来碑刻资料选集［M］．上海：生活·读书·新知三联书店，1959：170.

③ 见《史记·天官书》及《汉书》、《后汉书》、《魏书》、《隋书》等天文志。

④ 余继登．典故纪闻［M］．北京：中华书局，1981：85.

⑤ 佛山忠义乡志·卷六·乡事．道光版.

⑥《礼记·祭法》说：“王为群姓立社曰大社，王自为立社曰王社，诸侯为百姓立社曰国社，诸侯自为立社曰侯社，大夫以下成群立社曰置社。”汉代郑玄注：“大夫以下，谓下至庶人也。大夫不得特立社，与民族居，百家以上则共立一社，今时里社是也。”《郊特牲》曰：“唯为社事，单出里。”

⑦ 洪武礼制·卷七.

⑧ 佛山忠义乡志·卷一·乡域志．乾隆版.

头、万寿又次之，其殿则报恩焉。"[①]从《缸瓦社纪》可以看出，报恩社原为"缸瓦社"，"正统十四年己巳秋，黄萧养巨寇压境，赖神显赫保固，蒙上嘉奖，名报恩社。乡之老父序乡社，列为第九社。"[②]可见报恩社因在抗击匪寇中有功而特列于乡社之列，为八图之外新增而成"九社"。各社的记载常出现于各族族谱中，如前述佛山第一社的"古洛社"出现在《南海佛山霍氏族谱》中，最后一社出现在《岭南冼氏宗谱》中，可见当时的"社"与宗族存在较强的关联性。由里甲到图甲，是一个从户籍制度到地域社会的建构过程；由里甲到里社，则是民间通过对官方祀典的模仿，建构自治化社区的转化过程。

明中叶，黄册制度的伪滥导致了朝廷财政恐慌，皇族和地主阶级各阶层的土地兼并日益加剧，赋役、地租日益加重，加上宦官专权，政治腐败，"而为民厉者，莫如皇庄及诸王、勋戚、中官庄田为甚"[③]，破产失业的流民大量出现，社会矛盾也因之尖锐起来。在此后的一百多年时间里，农民起义连绵不断，农民起义几乎遍及全国各个省区，正统十三年（1448年）广东也爆发了黄萧养起义[④]。正统十四年（1449年）黄萧养率军攻打佛山，这种社区外部的强大压力，促使佛山社会的进行内部整合。在抗击黄萧养起义的过程中，为了有效组织村民，佛山在梁广等二十二老的带领下，把军事单位"铺"引入了佛山，"沿栅置铺，凡二十有五。每铺立长一人，统三百余众"[⑤]。

"铺"源自古代的邮驿制度，宋代由于城市"坊市"制度的破坏，原先以坊市为单位的治安制度已失其作用，为了适应新的城市发展形势，自五代由禁军负责京城治安，演变至宋初在城内设置"巡铺"，也称为"军铺"，这是按一定距离设置的治安巡警所，由禁军马、步军军士充任铺兵，每铺有铺兵数人，负责夜间巡警与收领公事[⑥]。到了明代，铺兵还兼司市场管理的职能。洪武元年（1368年），太祖令在京（南京）兵马司兼管市司，并规定在外府州各兵马司也"一体兼领市司"[⑦]。永乐二年（1404年），北京也设城市兵马司，成祖迁都北京后，分置五城兵马司，分领京师坊铺，行市司实际管辖权。随着全国各地市镇的发展，明代城镇普遍置坊、铺、牌，所谓"明制，城之下，复分坊铺，坊有专名，铺以数十计"。[⑧]沈榜在《宛署杂记》中载："城内各坊，随居民多少分为若干铺，每铺立铺头火夫三五人，而统之以总甲。"[⑨]

---

① 南海佛山霍氏族谱·卷十一：霍超士，霍巨源．重修忠义第一社纪．
② 岭南冼氏宗谱·缸瓦社纪．
③ 明史·卷七七·食货志一．
④ 周远廉，孙文良．中国通史·第九卷·上册：中古时代·明时期［M］．上海：上海人民出版社，1996：179-184．
⑤（明）陈赞．祖庙灵应祠碑记［M］//佛山忠义乡志·卷十二·金石上．道光版．
⑥ 周远廉，孙文良．中国通史·第七卷·上册：中古时代·五代辽宋夏金时期［M］．上海：上海人民出版社，1996：397．
⑦ 明太祖实录·卷三七．
⑧ 余启昌．故都变迁记略·卷一［M］．北京：北京燕山出版社，2000．
⑨（明）沈榜．宛署杂记·卷五［M］．北京：北京古籍出版社，1982．

明清之际，佛山手工业和商业已经蓬勃发展，随着外来商贾群体在佛山日益壮大，佛山官族势力在经济中的垄断地位逐渐衰退，宗族内的阶级的分化，八图土著官族组织的逐渐解体，地方社会的亟待加强管理。佛山以铺分区的机制，正是在这种背景下形成的，初设24铺（图3-14）。一般认为佛山的铺区为明景泰初所划，乾隆版《佛山忠义乡志》也说："乡之分为二十四铺，明景泰初御黄贼时所画也。"[①]其实，当时的"铺"与后来的铺区是有区别的。从景泰年间设铺的目的来看，主要是出于军事防卫的需要，铺大多设于前线。立于景泰二年（1451年）的《祖庙灵应祠碑记》载："耆民聚其乡人子弟，自相团结，选壮勇治器械，浚筑壕堑，树木栅周十许里，沿栅置铺，凡二十有五。每铺立长一人，统三百余众。"[②]可见当时的铺是沿聚落边界呈线性分布点状"兵铺"。该碑立于事发后三年，其对"舖"（铺）描述应该是准确无误的。而佛山二十四铺的划分，始于何时虽不可考，但很明显这是一种区域的划分。乾隆版《佛山忠义乡志》载："忠义乡为领表巨镇，周遭三十四里，中分二十四区，区可一里有半……"[③]由于明代佛山并无常设的官府机构，因此可以认为，佛山铺区的划分，是工商业发展的需要，是民间社会对官设机构及都城的市司管理体制的模仿与改造，当然也可以看作是对抗击黄萧养军队时所设的"舖"的符号转化。

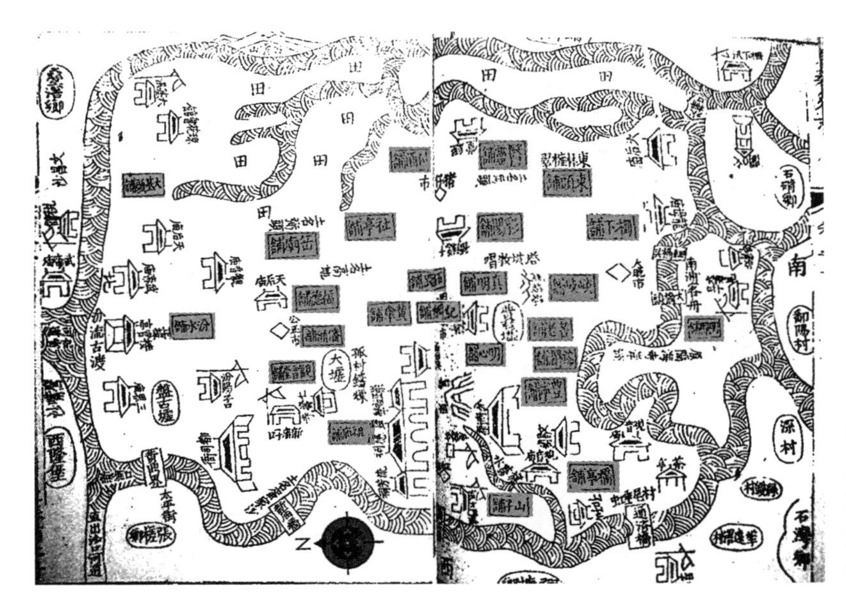

图3-14　乾隆版《佛山忠义乡志》二十四铺示意图（原图缺纪纲铺）

① 乾隆版《佛山忠义乡志》卷之一，《乡域志：铺社》载："乡之分为二十四铺，明景泰初御黄贼时所画也。'舖'本作'铺'，列肆之名，讹作'铺'而。卒伍戍宿处亦曰铺，邮卒曰铺兵，又计程以十里为铺，盖取次舍之义。当日御贼分为二十四处，以战以守，故兼取营戍里舍之意而，目之曰铺，首尾联络互相应援，诚工于谋矣。今于沿海处增大基一铺为二十五铺云。"从这段文字看，二十四铺的划分，应已见于已佚失的乾隆五年（1666年）由李侍问所撰《佛山忠义乡志》。

②（明）陈贽．祖庙灵应祠碑记［M］//佛山忠义乡志·卷十二·金石上．道光版．

③ 佛山忠义乡志·卷一·乡域志．乾隆版．

铺区制度的建立，是佛山由村落走向市镇化的标志。从景泰时佛山聚落“周十许里”到清初“周遭三十四里”，可以看出佛山的聚落扩大数倍。随着商业区的扩展，清乾隆年间，新增大基铺；道光年间，又增富文铺和鹤园铺，全镇成为二十七铺；至清末又增加沙洛铺，形成28铺的格局[①]（图3-15）。从明代中期到清代末期，佛山的聚落空间从原来由十五个村落组成的聚落群走向包含二十四个铺的市镇共同体。这种共同体的形成，有赖于真武崇拜的祭祀圈的建立。

图3-15　清末佛山镇28铺分布图

〔资料来源：周毅刚. 明清佛山的城市空间形态初探［J］. 华中建筑，2006（8）：161.〕

① 佛山忠义乡志·卷一·舆地志：铺. 民国版.

佛山真武崇拜始于宋代，初建祠庙名“龙翥祠”[①]，元末奉为“祖庙”[②]。后人对于“祖庙”有两种理解，其一认为佛山龙翥祠是广东诸多北帝神庙的祖庙，清初著名学者屈大均在《广东新语》卷六《神语》中说：“吾粤多真武宫，以南海县佛山镇之祠为大，称曰祖庙”；另一种解释认为，佛山人民感恩北帝对于佛山聚落的庇护，祀之以祖，乾隆陈炎宗认为：“盖神于天神为最尊，而在佛山则不啻亲也，乡人目灵应祠为祖堂，是值以神为大父母也。”[③]从解释者的身份看，屈大均为广东番禺人，他的理解可以看作是他者对于佛山真武庙的认可，而佛山人陈炎宗的解释则更接近佛山人的内心情感。不管哪一种理解，都可以看出真武崇拜在佛山人心目中的权威性与公信力，两者是构成了对佛山社会共同体的整合的精神动力。

自明初社坛祭祀制度实施以来，真武崇拜得到官方的许可，特别是明景泰打败黄萧养起义军之后，佛山堡民认为真武帝有相济之功，由耆民伦逸安上奏请求封典，景泰元年（1451年）皇帝遂敕赐祖庙为“灵应祠”，列入官祀。罗一星以此为分界点，将佛山北帝崇拜的发展分为两个阶段，之前称为“龙翥祠阶段”，北帝崇拜是建立在亲情基础上，是纯粹的民间祭祀阶段；其后称为“灵应祠阶段”，是官府介入民间的祭祀阶段，人们对北帝的感情由亲切转入畏慎[④]。灵应祠列入官祀之后，似乎已经不属于本文民间信仰的范畴，但是，这种官方的介入并不意味着北帝信仰就此脱离民间的色彩，因此也说明在中国传统的信仰体系中，官祀与民祀并非截然对立，两者之间也没有绝对的界线，有时甚至可以相互转化或并存。如在佛山祖庙列入官祀的之后，在彩阳堂铺、桥亭铺、医灵铺、耆老铺、锦澜铺、真明铺等铺也建了真君庙（或北帝庙），汾水铺甚至有3座北帝庙，它们同祀真武玄帝，北帝信仰以官祀与民祀的两种形态同时存在于佛山聚落之中。

清代以来，佛山社会空间逐渐由原来的十五村转变为一体化的市镇体系。代佛山祖庙通过年际周期“北帝坐祠堂”、“北帝巡游”、“烧大炮”及“乡饮酒礼”等仪式和活动从精神上实现对佛山市民社会的整合，这个过程在罗一星的《明清佛山经济发展与社会变迁》中已有详尽的论述[⑤]，本文无须赘述。应该特别强调

① 清代僧人光鹫（字迹删）在《咸陟堂集》中录元代《龙翥祠重浚锦香池水道记》曰：“此乡有神曰真武玄帝，保障区宇，有功于民，不可具述……祠初名曰龙翥。”见（清）释光鹫．咸陟堂集·卷五．

② 据明宣德四年（1429年）唐壁撰《重建祖庙碑记》云：“元未龙潭贼寇本乡，舣舟汾水之岸，众祷于神，即烈风雷电，覆溺贼舟者过半。俄，贼用妖术贿庙僧，以秽物污庙，遂入境剽掠，焚毁庙宇，以泄凶忿。不数日，僧遭恶死，贼亦败亡，至是复修，乡人称之为祖庙。”见唐壁．重建祖庙碑记［M］//佛山忠义乡志·卷十二·金石上．道光版．

③ 佛山忠义乡志·卷六·乡俗志．乾隆版．

④ 罗一星．明清佛山经济发展与社会变迁［M］．广州：广东人民出版社，1994：141-149．

⑤ 罗一星．明清佛山北帝崇拜的建构与发展［J］．中国社会经济史研究，1992（04）：52-57；罗一星．明清佛山经济发展与社会变迁［M］．广州：广东人民出版社，1994：442-460．

的是，清代以来，佛山庙宇众多，特别是每个铺区多有自己的主庙，这意味着清代以来佛山基层社会的发展同时也是一个分化与再整合的过程。罗一星也注意到佛山民间社会存在主庙、公庙和街庙等三种不同层次、不同范围的祭祀圈。他指出："清代佛山人构建了一整套神庙祭祀体系，这套体系的核心部分是多层次复合、大小祭祀圈相套的主庙、公庙、街庙祭祀系统，同时也包容了超脱于核心系统之外的特殊祭祀群体。"①这种多层级的祭祀圈的形成，缘于市民社会的多元化与多样性的需求，与社区的规模息息相关。

（四）佛山铺制社区的层级与规模探析

明代中期，在社坛制度的控制下，佛山神庙并不多，除了八图的九个社庙之外，景泰二年（1451年）的《祖庙灵应祠碑记》载："境内神庙数处"，其中还包括佛山祖庙②。清代佛山神庙迅速发展，除灵应祠外，乾隆十七年（1752年）《佛山忠义乡志》所载社庙增4座③，神庙增加到26座，分布在15铺④；道光十一年（1831年）《佛山忠义乡志》所载以社为名的神庙已增加到68座⑤，神庙88座，分布在25铺⑥；到民国十五年（1926年）《佛山忠义乡志》所载以社为名的神庙已增加到79座⑦，神庙154座，分布在26铺和文昌沙、鹰嘴沙、鲤鱼沙等处，几乎遍及佛山全境⑧。如果说乾隆之前的还有社与庙之分的话，此后的社已经与民间信仰所祀杂神无异。民国乡志也提到："旧志舆地门：'乡内画地为铺，铺各立社，原本明制'。今铺分日增，社亦非旧牌位。统名社稷之神，渐失古意。而奉祀之诚，妇孺无间。善治者因神以聚民，因聚以观礼，未始非易俗遗风之道。"⑨但是，诸多神庙也并非杂乱无章，而是具有一定的祭祀圈和层级，其中祭祀范围最大的是铺庙，为合铺所共祀；其次为公庙，祭祀圈为数街范围；其余多为一街一巷共同祭祀的街庙⑩。另外有些庙宇则属于某个行业所供奉的先师神，在传统社会中，这种业缘关系往往也通过神缘的纽带表现出来。由此可见，佛山社区形态是由多种类型和层次所组成的。这些社区类型和层次与它们所处的区位、发展阶段、社区业态及不同人群息息相关，具有不同的社区规模。

民国《佛山忠义乡志》详细记录了民国十年（1921年）保卫团局调查的佛

① 罗一星. 明清佛山经济发展与社会变迁［M］. 广州：广东人民出版社，1994：441.
②（明）陈贽. 祖庙灵应祠碑记［M］//佛山忠义乡志·卷十二·金石上. 道光版.
③ 佛山忠义乡志·卷一·乡域志：铺社. 乾隆版.
④ 佛山忠义乡志·卷三·乡事志. 乾隆版.
⑤ 佛山忠义乡志·卷一·乡域志：铺社. 道光版.
⑥ 佛山忠义乡志·卷二·祀典：各铺庙宇. 道光版.
⑦ 佛山忠义乡志·卷八·祠祀志：里社. 民国版.
⑧ 佛山忠义乡志·卷八·祠祀二. 民国版.
⑨ 佛山忠义乡志·卷八·祠祀志：里社. 民国版.
⑩ 罗一星. 明清佛山经济发展与社会变迁［M］. 广州：广东人民出版社，1994：435-441.

山铺户及人口，由于佛山在时局动荡的清末民初保持了相对平稳的局势①，这份统计为我们研究清朝末期的社区规模提供了宝贵的资料（见附表3-1）。

关于社区规模的研究，西方20世纪关于“合理邻里尺度”概念演进理论的主要代表是诺曼·皮尔松（Norman Pearso）和玛格丽特·威利斯（Margaret Willis）。有9种类型的尺度与3种理论性的尺度相比较。这3种理论尺度是分别是：一种由德国地理学家沃尔特·克丽丝托勒（Walter Christaller，1933年）提出，另一种是由德国社会学家乔姆巴特·劳韦（Chombart de Lauwe，1953年）提出，第三种是由道萨迪亚斯提出的“人类聚居学”尺度。这12种观点，说明了人类聚居的类型可以分解为多种不同类型的尺度。

第一种尺度为苏珊娜·凯勒和丹·索恩（Suzanne Keller，Dan Soen）提出来的“一条街”的规模，由50～80个家庭组成，人口在150～200人之间，在它等同于社会学家提出的“面对面”的尺度。

第二种尺度为“步行区”的尺度，由150～450个家庭组成（大约500～1500人），其含义主要是指在步行尺度范围内多样化的活动领域。它对老年人、家庭主妇和儿童来说，可以通过步行到达所需要的设施和户外活动场地。由于佛山家庭人口较多，如果取一般3.5人/户与佛山5.87人/户的中间值为4.7人/户，修正系数为0.8，修正为120～360户。

第三种尺度为“邻里单位”，由600～1500个家庭组成（大约2000～5500人）。在使用汽车以前，这样的规模可以达到相对独立和完善内部功能。因此修正为480～1200户。

杨贵庆通过对中外关于合理社区规模的理论和实践的比照，分析各种理论观点和不同角度关于社区合理规模的异同，并根据社区管理的合理性、工程设施的合理性、市场经营的合理性、社会心理的需求及其我国的国情等综合因素，采用数学中“交集”的方法，并加以整合，从而得出关于合理社区规模尺度的结论②（图3-16）。

根据民国版《佛山忠义乡志》的资料统计，清末佛山二十八铺总户数52381户，总人口307660人，平均5.87人/户，全镇街道1571条③，平均每条街道为33.3户，195.8人，中值：158人/条，与苏珊娜·凯勒和丹·索恩提出的“一条街”的规模基本吻合。其最小值为：81人/条（真明铺），最大值：510人/条（汾水铺）；期间分布主要在a区（111～217人/条）共23铺，占85.2%；分布在b区

① 民国版《佛山忠义乡志》卷一，《舆地志：街道》按：“从前保甲类多敷衍，自设巡警按户编号，始有户数，而丁数亦籍此可稽……窃谓户口之盈虚，视世运之否泰。辛壬后，民不宁居，殷富多迁地港澳，而四乡之避乱来居者亦有增无减。军阀递嬗，佛山实当兵冲，乃往来假道，不致变为战场。不可谓非如天之福。”

② 杨贵庆．社区人口合理规模的理论假说［J］．城市规划，2006，30（12）：49-56.

③ 佛山到了民国时期已经增加了鹰嘴沙、太平沙、文昌沙、聚龙沙，由于这四沙形成较晚，社区内部发育与其他二十八铺不尽相同，故不列入统计范围.

（285～370人/条）共2铺，占7.4%（图3-17）。

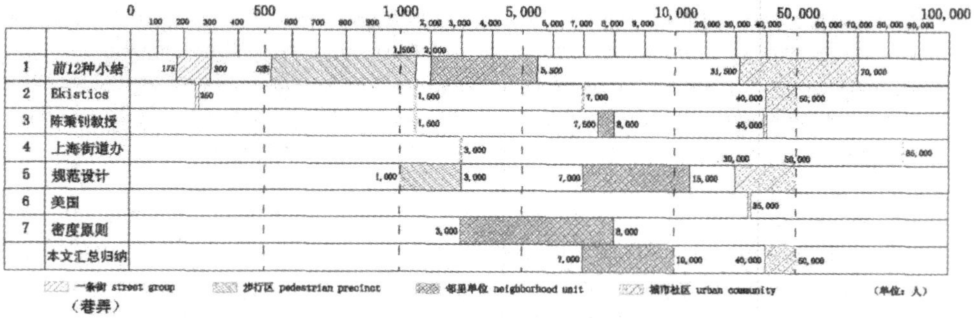

0　100　200　300　400　500　600　700　800　900　1,000　2,000　3,000　4,000　5,000　6,000　7,000　8,000　9,000　10,000　20,000　30,000　40,000　50,000　60,000　70,000　80,000　90,000　100,000

1	前12种小结	175　300　500　1,500　2,000　5,500　31,500　70,000
2	Ekistics	260　1,600　7,000　40,000　50,000
3	陈秉钊教授	1,600　7,500　8,000　40,000
4	上海街道办	3,000　30,000　50,000　86,000
5	规范设计	1,000　3,000　7,000　15,000
6	美国	35,000
7	密度原则	3,000　8,000
	本文汇总归纳	7,000　10,000　40,000　50,000

一条街 street group（巷弄）　步行区 pedestrian precinct　邻里单位 neighborhood unit　城市社区 urban community　（单位：人）

图3-16　关于城市社区、邻里单元人口规模的归纳总结

〔资料来源：杨贵庆．社区人口合理规模的理论假说［J］．城市规划，2006，30（12）：50.〕

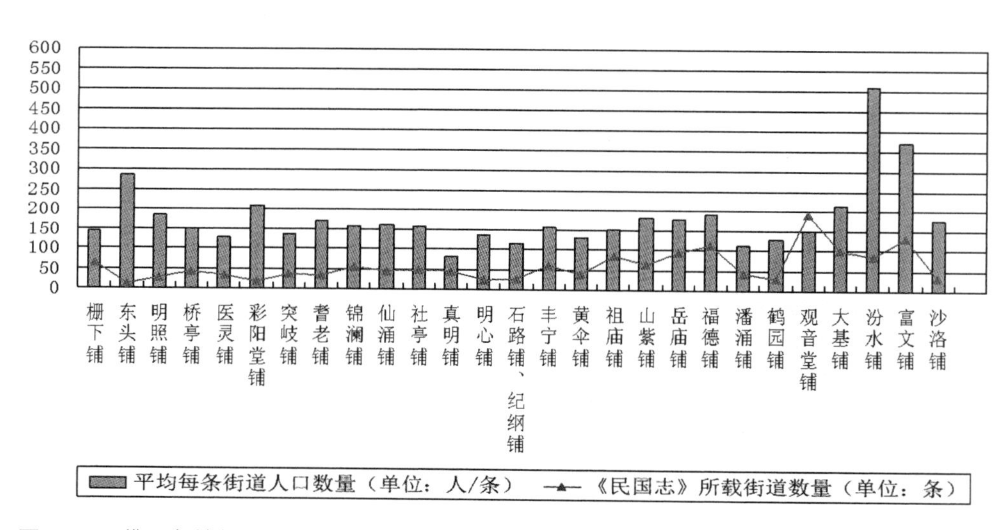

图3-17　佛山各铺每条街道人口数量表

由于石路铺与纪纲铺合祀铺庙于花王庙，故将其视为一铺，统计中以27铺计。通过对各铺区户数的分析，我们可以发现，各铺的户数分布数列并不连续，从数列连续性（环比值<1.15）可以分为两个区域：A区（495～956户）共15铺，占55.5%，中值为765户（真明铺）；A区人口在3123～7435人之间，另外社亭铺虽有1356户，但人口仅为7426人，也在这个区间之内。B区（2114～4794户）共10铺，占37.0%，中值为3361户（大基铺3256人，岳庙铺3465人）；B区人口大多在8675～28456人之间，中值为12652人，但汾水铺人口高达42876人，这与汾水铺处于佛山商业核心区有很大的关系。可以认为，A区与“邻里单位”的社区规模相当，A区十五铺主要分布于中南部手工业区。而富文铺有6758户，人口为

47680人。汾水铺和富文铺的人口规模均已经接近道萨迪亚斯所提出的城镇社区的居住人口规模①（图3-18）。然而，B区的10铺人口与户数均已超出“邻里单位”的范围，但又未达到表中的城市社区的规模，在10铺中，中部的山紫铺、祖庙铺、观音堂铺及福德铺和东南部的栅下铺都是佛山最早的聚落核心，手工业十分繁荣，社区发育完善，这样的规模不在现代社区规模理论尺度之中，实在让人费解，本文权且称之为“市镇社区”。但是，如果考虑到佛山铺庙之下又存在诸多庙宇（包括“庙”和“社”，以下统称“社庙”），或许可以得到新的解释。

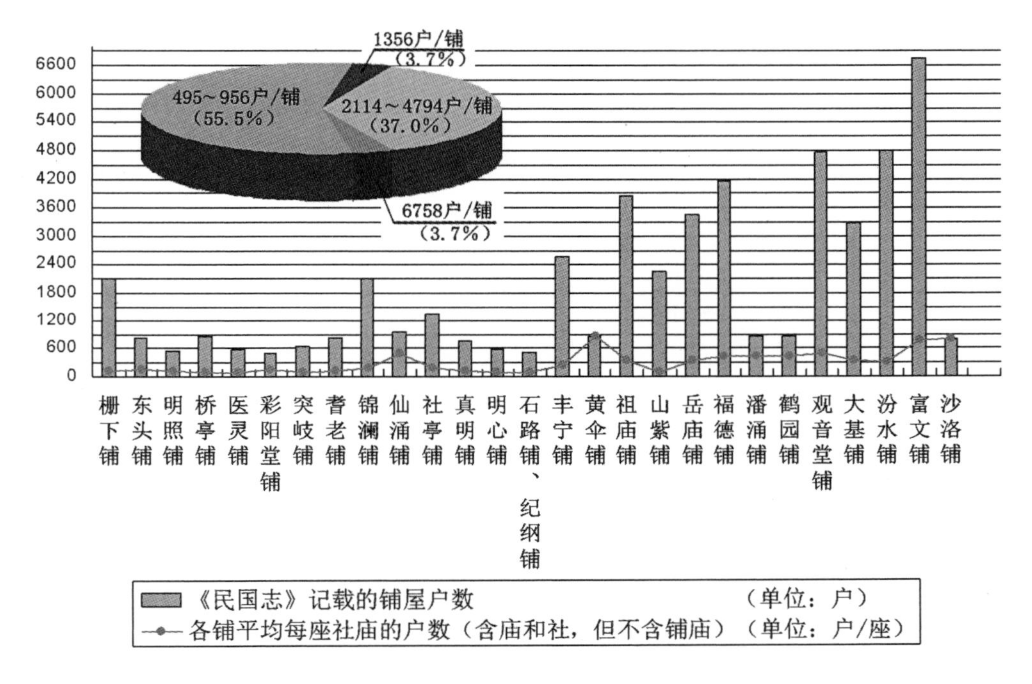

图3-18　民国佛山各铺户数分布及比例图

佛山全镇除铺庙以外的社庙平均户数为247户，人口为1451人，这个规模在社会学所谓的“步行区”的规模之内。具体到各铺，每座社庙的户数平均值主要分布在a区（94～478户）共24铺，包括上述B区的10铺，占88.9%，中值为152户（东头铺139户/座，彩阳堂铺165户/座），人口在511～3718人之间；其余的富文铺、沙洛铺和黄伞铺三铺的社庙平均户数在751～842户之间（b区），占11.1%，人口在5298～5643人之间。从各铺庙宇的平均户数和人口规模可以看出，比例占绝大多数a区，人口与户数规模大致与“步行区”相当，但区间又较之略大，这与传统家庭结构人口较多有一定关系（图3-19，图3-20）。

① 吴良镛．人居环境科学导论［M］．北京：中国建筑工业出版社，2001：256.

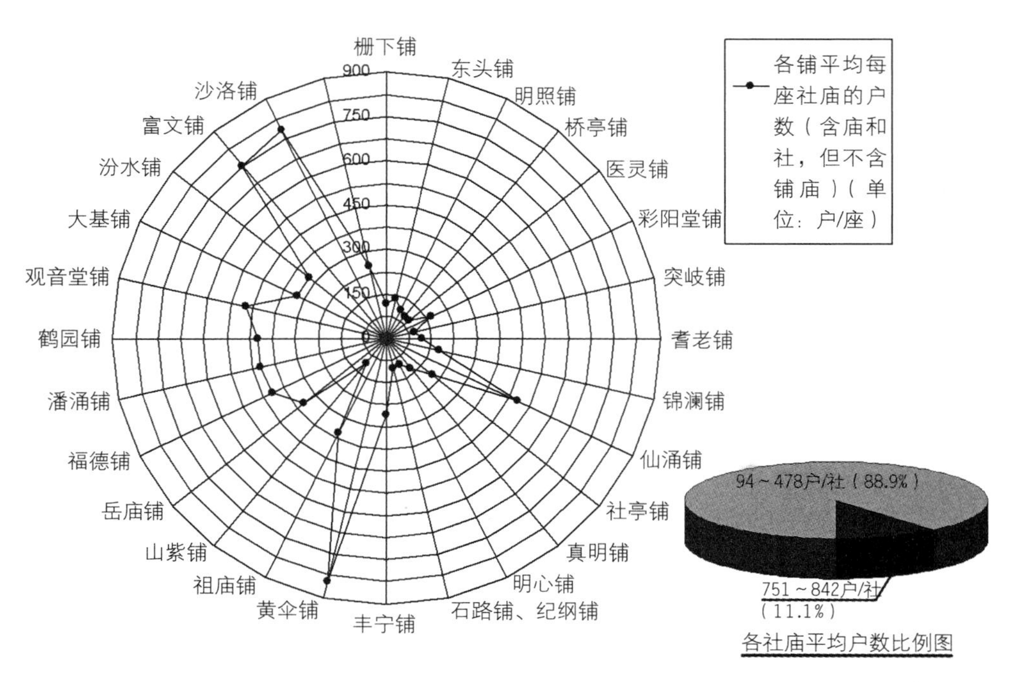

图3-19　佛山各社庙平均户数分布及比例图

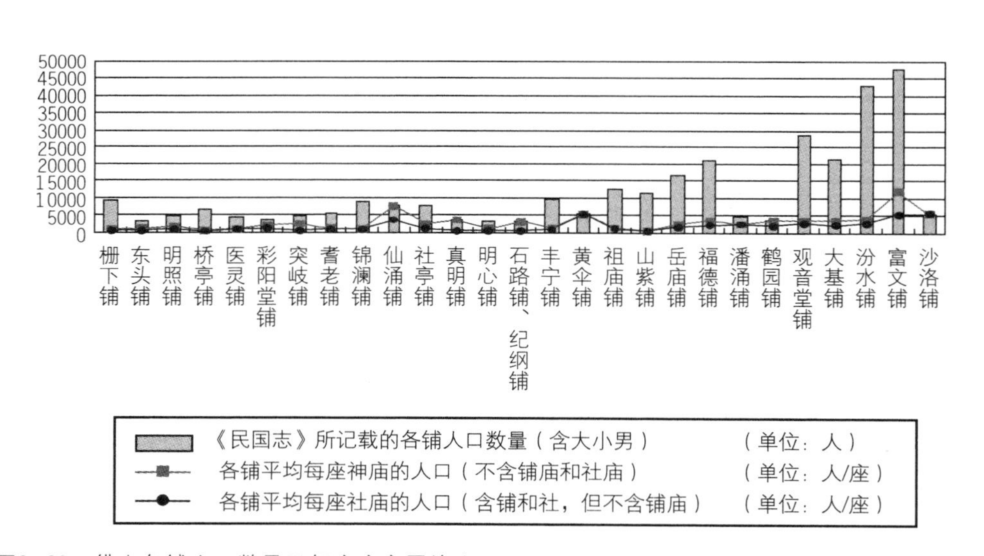

图3-20　佛山各铺人口数量及每座庙宇平均人口

可以认为，佛山早期的聚落核心发展起来的社区，由于地理区位的优势，不断聚集外来的工商业人员，使得社区的规模不断膨胀，但是，社区发展到一定的规模，将从内部发生分化。他们通过建设新的社庙和街庙的方式，进行新的社区的整合，从而形成铺庙—社庙—街庙的不同的祭祀圈，这也是佛山社区的层级。

从社庙与铺庙的平均户数与人口对比来看，两者之间具有明显的互补性，社庙中只有11.1％（B区）与铺庙的A区重合。陈秉钊在实践调查和研究中已经发现了城镇等级清晰，职能分明，协同互补，组成了一个有机的人居环境完整系统，这种城市规模等级序列的规律，就是所谓的“倍数原则”的理论①。它打破了自发形成的城市群落的连续性，建构“级跳型”城镇体系的重要规划原则，从而使人类环境的各种功能得到依存，各种公共服务设施得以合理的配置。这给我们分析传统市镇的社区规模提供了有益的启示。佛山不同层级的祭祀圈的平均户数分布区域也存在明显的跳跃性。从以上不同区域的中值比例看，铺庙的B区与A区的中值比为3361：765=4.4：1，铺庙的A区与社庙的a区的中值比为765：152=5.0：1，接近陈秉钊结合上海城镇体系实证研究提出的“人口规模的五倍原则”。但是，“五倍原则”本是针对城镇体系的研究，是否具有社区层级的普遍性，还有待更多的数据的支撑。

二、传统城郡型的商业城镇——以泉州为例

与佛山不同的是，泉州自建城之始，便是作为府治之附郭县而设②。泉州城市发展自宋代以来，就形成了一种以工商为主体、以农业为辅助，以海外贸易为核心的港口经济结构。

（一）泉州历史地理背景与市镇化过程

1．泉州自然环境与历史背景

泉州地处福建东南沿海，属亚热带海洋性气候，由于地处低纬度，西北有山岭阻挡寒流，东南又有海风调节，所以泉州气候温暖湿润，夏无酷暑，冬无严寒。泉州古称“刺桐城”，据《晋江府志》记载说：“桐城，郡初筑城时，环城皆植刺桐，街巷夹道有之，故号桐城，郡人以其花开，验年丰歉，若花生叶后，岁必丰，否则反是，故又称瑞桐”。

泉州地形复杂，山地丘陵占总面积的五分之四，地形西北高，东南低，濒临台湾海峡，海岸线迂回曲折，港湾众多，深度一般较大，掩护条件好，水域广阔，建港条件甚为优越。上述海岸地貌特征对于发展航运、渔业、盐业和围垦等都提供了良好的自然条件。山多地少的地理条件限制了泉州农耕文明的发展，但因为有优良的海港条件，泉州产业结构很早就转向以商贾为基础的海上贸易，进而促成了海洋文化的繁荣。泉州人利用大大小小优良的港口，努力向海洋讨生

---

① 陈秉钊．上海郊区小城镇人居环境可持续发展研究［M］．北京：科学出版社，2001：22-25．

② 泉州“于唐开元六年（718年）由南安县东南地析置，时为府治（附郭县），即今之鲤城区”。见关瑞明，陈力．泉州历史及其地名释义［J］．华中建筑，2003（1）．

活，积累了丰富的造船和航海的经验，养成了勇于冒险、敢拼会赢的精神。

唐末宋初，泉州作为一个经济文化区逐步发展并步入黄金时代。中唐的动乱到宋朝建立之间的三百年，包括泉州所在南方地区，出现了地方性政权的支配时代（泉州属闽国之地），集权性的帝国统治处于无效的地位。为了在时代的不寻常状况下寻找生存空间，南方诸国（如闽国）的首领不得不采取灵活机动的社会经济政策。在人稠地狭、农业危机等内因的重压下，在“海上丝路”兴起、国际贸易活跃等外因的刺激下，泉州通过对外开放港口，工商业获得飞速的发展。正如北宋谢履的《泉南歌》所述：“泉州人稠山谷瘠，虽欲就耕无地辟，州南有海浩无穷，每岁造舟通异域。”[①]宋元时代是泉州港的黄金时代，外贸繁荣，文化发达，号称“东方大港”、“东南巨镇”。

在古代中国农业社会的汪洋大海中，宋元泉州无疑是一个独具“个性”的工商小岛，一个自成“单元”的地方社会。这种经济结构的形成对宋元泉州社会文化产生了极大的影响。从社会方面看，工商业的发达与外贸的繁荣使泉州港呈现出工商社会与开放社会的两大特征；从文化方面看，工商社会的发展导致了商业文化的发达，而开放社会的形成则促进了港口文化的繁荣。正是二者的互动推动了宋元泉州社会、文化的转型与“地方社会单元”的形成。

到了元代，泉州的海外贸易空前发达，已通达世界七十多个国家和地区，被誉为“东方第一大港”；同时，大量阿拉伯人、波斯人、欧洲人，或经商，或游历，更有数以万计的人留居于此，他们富甲一方，建府第、筑庙宇，甚至有人成为地方最高行政长官。泉州城内一些区域形成一定聚居形态的海外商人组织，庄弥郡《罗城外壕记》云：“一城要地，莫盛于南关，诸番琛贾，皆于是乎集。”[②]这股海外文化之风对泉州传统建筑产生了一定的影响，但由于元末明初汉人与这些“蕃客”之间的冲突，泉州的海外文化受到重创，并转为隐性文化留存下来。

元朝末年，由于统治者内部的斗争激化，酿成兵乱，史称“亦思法罕之乱”。泉州、兴化一带兵祸不断，加上倭寇的骚扰，社会经济破坏严重，朝廷的对外贸易政策也发生了重大变化，泉州社会经济开始衰落。

明清时期是中国封建社会的后期，由于海外商业的衰落和朝廷多次实行的海禁政策，泉州由一座国际性的港口城市降为地方城市，但仍保持着闽南地区经济文化中心的地位。清代中后期，由于西方资本主义的兴起和发展，沿海地区的商贸活动再次兴盛；且在这个时期，泉州人大量出洋经商、谋生，他们致富后，纷纷返乡建屋。雄厚的侨资，加上惠安工匠的巧手，使得本地区在清末民初出现许多豪华大宅。近代此地由于偏安一隅，受战乱影响较小，时至今日泉州古城的结构和风貌依然清晰可见，古城内及周边地区仍保留了数量众多的传统民宅。

① 泉州志编纂委员会. 泉州方舆辑要［Z］. 泉州市教育印刷厂，1985.
② 黄乐德. 泉州科技史话［M］. 厦门：厦门大学出版社，1995.

从泉州历史的发展我们可以看到，泉州经济与海外商贸的密切关系，尤其是宋元之后。特定的地理位置，造成了闽南与内陆地区的相对隔绝，许多历史文化传统得以保留至今。晋代之后的多次移民南下又造成人多地少的拥挤的生存空间，于是，人们的目光便投向了蔚蓝色的大海，期待着在海的另一边找到更适宜的生存空间。这种背景造就了闽南文化在深厚的传统积淀之上与海外文化的大交流，而且，外来文化的影响成为闽南文化与城市文化发展的主线之一。

2．“溢出城市”的市镇化过程

泉州于唐久视元年（700年）正式建置，泉州城的建设源于设立府治和军事防卫的需要修建了唐罗城和唐子城（图3-21），但是，随着唐末宋初泉州地方经济发展步入黄金周期，开始了市镇化的进程。城市居民点不断“溢出”城墙范围，城市建设经过屡次“拓罗就翼”的发展，至元至正十二年（1352年）基本形成鲤鱼状的城市轮廓，俗称“鲤鱼城”。从唐代至元代泉州城共筑过大小四重城垣，从内而外分别是：衙城、子城、罗城和翼城。明清两代，泉州经济走向衰落，此后城墙虽经屡次修缮，但城墙轮廓维持原貌，“鲤城”之称也沿用至今。

泉州府城由罗城、子城、衙城构成。泉州城的创建年代很难具体确定，据陈凯峰在《“泉州古城”简释及启示》一文中推测：“开元六年（718年）以前泉州已有城郭……最早建的应是罗城，即唐朝的武周时期久视元年（700年），泉州治所（时称‘武荣州’）由今南安丰州迁至现今泉州市区（择泉州湾平原地区而置）时，始建的‘泉州城’，于唐玄宗开元六年建成，但当时不称罗城，称唐城。”①如果这一观点成立的话，始建时间正好是“复置武荣州”的久视元年。此后泉州历经唐建罗城、子城、五代的王拓罗城、宋代的陈拓罗城以及元代的“扩罗就翼”，形成了形似鲤鱼的城池，这才是我们所说的“古城泉州”②。

建城之初，城周20华里（合10公里），开四门，北墉建立侯楼③。唐开元二十九年（741年），别驾赵颐贞凿沟通舟楫于城下。贞元九年（793年），北墉立侯楼半倾半摧，刺史席相主持重修，完壮邑，欧阳詹作“北楼记”④。

唐建子城：唐光启二年至景福二年（886～893年），时值唐末战乱。天祐三年（906年）节度使王审知为固治地筑子城。子城周长“三里又百六十步”（约1.6公里），开有四门（筑有门楼），东曰行春，西曰肃清，北曰泉山，南曰崇阳。

① 陈凯峰.“泉州古城”简释及启示［J］. 泉州建设，2000（2）.
② 关瑞明. 泉州历史及其地名释义［J］. 华中建筑，2003（01）.
③ 泉州建委修志办. 泉州市城乡建设志［M］. 北京：中国城市出版社，1998：87.
④ 泉州府志·卷十七·古迹. 乾隆版.

子城呈直线方形，城内外壕与泉州唐罗城壕相通，排水俱注于江[①]。

留筑衙城：五代南唐保大年间（943～957年），留从效受封晋江王，为加强防卫，在府衙周边增筑衙城（又称为牙城）。至此泉州府城自内而外，有衙城、子城、罗城三重。

王拓罗城：唐天祐元年至二年（904～905年），王审知的侄子王延彬权知军州事时，其妹入城西西禅寺为尼，延彬扩西北城垣包西禅寺。

留植刺桐：五代南唐保大四年（946年），清源军节度使留从效对泉州唐城重加版筑，北城墙由今破柴巷口向北移至芋埔顶；西北至今环城路基，与西禅寺东北隅连接；东北由今文胜巷连接执节巷，直至虎头山麓；南城墙东南侧南移至今后城巷，与西南（今金鱼巷）连接一线；东城墙向东推至今仁风桥头，外绕释仔山南下至通淮门；西城墙沿王延彬所拓达临漳。城高1丈8尺（合6米），围23华里（合11.5公里），开七门，东曰仁风，西曰义成，南曰镇南，北曰朝天，东南曰通淮，西南曰临漳、通津。因罗城下环植刺桐，故别称“刺桐城”（Zaitun）。

陈拓罗城：南唐交泰三年（960年），陈洪进自领清源军节度使后，其女出家千佛庵（即今崇福寺），陈洪进拓东北城包之。至此，城之东北、西北突出，俗称葫芦城（图3-21）。

北宋太平兴国二年（977年），陈洪进纳土归宋，宋太宗诏隳三城（即衙城、子城和罗城），唯留下子城四个门楼，称为鼓楼。宣和二年（1120年）为防卫需要，知州陆藻在罗城基上重建新城，结构外砖内石，横2丈（合6.66米），高过之。南宋绍兴二年（1132年）知州连南夫重修。绍兴三十年至淳熙间（1160～1189年），知州邓祚、张坚、颜师鲁再修。嘉定四年（1211年），知州邹应龙以贾人簿录之资，请于朝而大修之。

游筑翼城：宝庆三年（1227年），知州游九功砌瓮门，又于南城外拓地沿江以石筑堤，至绍定五年（1232年）真德秀知泉州时建成，堤高1丈（合3.33米），阔8尺（约2.66米），东起浯浦，西抵甘棠桥，长438丈（合1460米），被称为翼城。

扩罗就翼：监郡契玉立于元至正十二年（1352年）拓南罗城与城南翼城连接，并加宽增高城垣，城围30华里（合15公里）。并改镇南门为德济门，废通津门，于临漳与德济二门间开南薰门（俗称水门），东西北与东南、西南各门名依旧。那时城平面如鲤鱼，俗称“鲤城”。至此泉州“鲤城”形成，街道发展为上、中、下三个十字街的城市骨架。此后虽历经明清多次修缮，城市结构基本没有大的变动（图3-22）。

直至民国十二至十八年（1923~1929年）为发展交通，拆城辟路，先后拆德

① 王乾. 风水学概论［M］. 拉萨：西藏人民出版社，2001：342.

济门、通津门及南罗城垣。民国二十六年（1937年），省政府下令拆城，泉州罗城垣全部拆除。

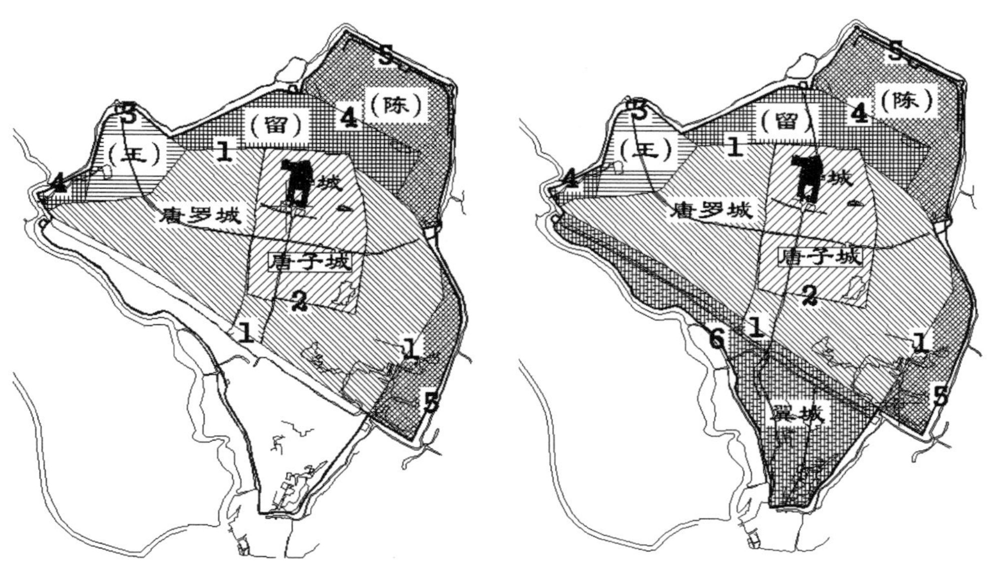

图3-21　泉州南唐“葫芦城”　　　　图3-22　泉州旧城城市形态变迁示意图

尽管史料两次提到拓建罗城是由于当时的地方长官的亲属到城外的寺庙而拓建，但我们应该看到，城市的发展是以经济发展为前提的。从出家的城外寺庙的位置看，均位于城门附近，在唐末宋初草市勃兴的时期，这些寺庙成为商业及贸易的据点，邻近乡邑商旅往来懋迁，自然成为“溢出”城墙的商业聚居点[①]。这一点可以从侧面解释宋初“隳城”的原因。

北宋太平兴国二年（977年），当时的清源军节度陈洪进纳土归宋，宋太宗“诏隳三城”，这个看似偶然的事件，如果放在更广泛的历史背景下加以考察，可以发现，隳城并非泉州孤例，其背后有着更为深刻的历史原因。北宋太平兴国四年（979年），太宗灭北汉，“诏毁平太原旧城”[②]。乾隆版《福州府志》载：“太平兴国三年，钱氏归土，诏堕其城。”另据《宋史・王禹偁传》也载：“太祖、太宗，削平僭伪，天下一家。当时议者，乃令江淮诸郡毁城隍、收兵甲、彻武备者，二十余年。”。史学界认为宋初拆毁城墙的目的“在于‘强干弱枝’、加强中央集权”[③]。出于政治统治的考虑固然是重要的一个原因，但是，从经济发展角度

①（美）施坚雅．中华帝国的城市发展［M］//（美）施坚雅．华帝国晚期的城市．叶光庭等译．北京：中华书局，2000：25.

②（明）陈邦瞻．宋史纪事本末・平北汉［M］．北京：中华书局，1977：77.

③ 成一农．宋、元以及明代前中期城市城墙政策的演变及其原因［M］//（日）中村圭尔，辛德勇．中日古代城市研究．北京：中国社会科学出版社，2004：147.

看，从唐末以来“官市制”、“坊墙制”等制度崩溃后，市镇经济得以蓬勃发展，很多商业据点集中在交通方便的城门外面，发展成为兴盛的商业郊区[①]。城墙成为城内外交通的障碍，“隳城”更是市镇商品经济发展的需要。

（二）泉州民间信仰与传统城市社区

都市形式或聚落空间形式的社会表意作用的达成，必须通过一定的表意系统为人所解读。人类通过对建筑空间与建筑环境的感性知觉，获得方向感和归属感，这种感性知觉源自于人们对所处的历史文化系统的空间记忆。从民间信仰的角度入手，深入探讨和分析泉州铺境空间的人文要素，了解当地社会生活的变迁，可以更准确地衡量历史环境的价值，也有助于以社区为单元的地方性文化建设，从民间的层次提升地方文化的品质。

1．泉州民间信仰与铺境制度

对于中国传统社会来说，民间信仰和祭祀习俗乃是普通百姓日常生活的一部分。泉州也不例外，民间信仰文化往往居于当地民众精神文化生活的核心。这是一种积淀深厚、魅力独特的文化现象，它深刻地影响了当地民众的生活方式、风俗习惯、思维方式、心理情感等方面。民俗的区域性特征，与该区域的历史传统、地缘关系、生产和生活条件等的制约有关，这种特征在饮食、服饰、居住、行为仪式等日常生活中都有所表现。出于论述的需要，本文探讨的范围仅限于与明清泉州铺境制度紧密相关的地域性信仰。

铺境制度是明清时期泉州府为加强基层社会的管理而推行的一套完整的行政空间区划制度[②]。唐宋时期是中国历史上重要的社会转型时期，此前中国基层社会的控制相对薄弱。宋代“保甲法”的推行，推动了基层社会控制制度的发展[③]。保甲法规定10家为保、50家为大保、500家为都保。尽管在宋末受到冲击，由于这种制度迎合了传统理学的政治伦理观念，南宋以后大受朱熹等人的推崇，到了明清时期，成为民间化了的制度。

泉州自宋初，始分乡、里，元、明以来复有坊、隅、都、甲之制。随着明朝的建立，“铺”作为行政空间单位开始在泉州实施，该制度仿效元代铺驿制，但其功能已由军政等信息的传递与储存转变为铺兵组织与行政空间。道光版《晋江县志·卷二十一·铺递志》记载：“而官府经历，必立铺递，以计行程，而通声教。”可以看出，铺的作用，除了管理户籍，征调赋役，还要传递政令，敦促农

① （美）施坚雅．中华帝国的城市发展［M］//（美）施坚雅．华帝国晚期的城市．叶光庭等译．北京：中华书局，2000：25.

② 王铭铭．走在乡土上：历史人类学札记［M］．北京：中国人民大学出版社，2003：96.

③ 杨建宏．《吕氏乡约》与宋代民间社会控制［J］．湖南师范大学社会科学学报，2005，34（05）：126-129.

商，并向地方官府提供各种信息，以资行政。

明清泉州的海禁及对外防守，使政府对基层社会的控制大为巩固，直接导致铺境制度的产生。铺境制度是“明清时期，闽南地区的泉州府实行的一套完整的城市社会空间区位分类体系。”[①]明、清两代泉州城区分为隅、图、铺、境。地方志表明，这些地方级序名称在元代时出现并取代了宋代推行保甲法后使用的“厢”、“坊”和“街”等行政区划名称。各种版本的《泉州府志》等历史著作，还将铺境制度的起源追溯至上古时代，认为铺境的理想模式源自周代官员在朝廷和“体国经野”中的经验，而铺境与周朝治理社会的制度在功用上如出一辙。如乾隆版《泉州府志》载：“周礼司徒所属乡大夫、里宰司、市厘人诸官类，以辨民数之虚盈，而审其财蓄之聚耗。抚之版籍，富庶为先也。”

道光版《晋江县志·卷二十一·铺递志》对泉州城区的铺境制度区划作了比较详细的记载：“本县宋分五乡，统二十三里。元分在城为三隅，改乡及里为四十七都，共统一百三十五图，图各十甲。明因之。国朝增在城北隅，为四隅，都如故。顺治年间，迁滨海居民入内地，图甲稍减原额。康熙十九年复旧。三十五年，令民归宗，遂有虚甲。城中及附城四隅十六图。旧志栽三十六铺，今增二铺，合为三十八铺。”[②]从县志资料可以看出，在明代，泉州城厢分为东、西、南三隅，由36铺72境组成，清朝增加城北隅，全城分为38铺96境（表3-4）。

清代泉州城隅、图、铺、境数目　　　　表3-4

隅名	图数	铺数	境数
东隅	4	5	13
西隅	4	10	22
南隅	4	15	36
北隅	4	5	15
附郭增设隅	–	3	10

2．泉州铺境信仰与铺境空间

明清时期，官方在接受宋明理学为正统模式之后，为了营造一个一体化的理想社会，朝廷及地方政府需要不断通过树立为政和为人的范型来确立自身为民众认可的权威。官方积极从民间的民俗文化中吸收具有范型意义的文化形式，设置祠、庙、坛，其所供奉的神灵，有的是沟通天、地、人的媒介，如社稷神，有的是体现政府理想中的正统的历史人物，如孔子、关帝等，有的则是被认为曾经为地方社会做出巨大贡献的超自然力量，如昭忠公、龙王等。地方志记载，明清两

① 王铭铭．走在乡土上：历史人类学札记［M］．北京：中国人民大学出版社，2003：96.
②（清）周学曾，等．晋江县志［M］．福州：福建人民出版社，1990：484.

代，泉州城内设有祠、庙、坛，并有时间规律地在这些神圣场所中举办祭祀活动。道光版《晋江县志·卷十六·祠庙志》云："祠庙之设，所以崇德报功。天神、地祇、人鬼，凡有功德于民者，祠焉、庙焉。聚其精神而使之凭依，即以聚人之精神而使之敬畏。"

在这个过程中，民间通过模仿官办或官方认可的祠、庙、坛、社学等类兴建的民间神庙，"通过仪式挪用和故事讲述的方式，对自上而下强加的空间秩序加以改造。于是，铺境制度吸收民间的民俗文化后被改造为各种不同的习惯和观念，也转化成一种地方节庆的空间和时间组织"[①]。在此改造和转化的过程中，官方的空间观念为民间社会所扬弃，并在当地民众的社会生活中扮演着重要角色。根据泉州地方史学家陈垂成、林胜利的调查，在清代时，泉州旧城区所有的铺境单元都有自己的铺境宫庙。这些铺境宫庙是在铺境地缘组织单位的系统内部发育起来。据泉州地方史学家傅金星的考证，这些宫庙到了清代初期已经极度发达而系统化[②]。在各个铺境单元中，每个境庙都有作为当地地缘性社区的主体象征的祀神，民间信仰与铺境制度的相互结合与渗透对传统社区空间产生深刻的影响。

铺境空间的形成过程深受民间信仰的影响，处处留下民间信仰的印记。铺境制度将泉州城区划分为三十六铺、七十二境，从当时朝廷的角度来看，这是为了加强地方社会的控制，然而，从民间的角度出发，铺境制度同民间信仰的结合，使官方的空间观念为民间社会所扬弃，形成一个新的城市空间划分体系。在此过程中，特定的信仰在特定区域内获得居民的普遍认同，城市空间被重新整合，形成具有明确的区域范围、固定的社会群体以及强烈的心理认同地域性社会——空间共同体，对泉州城市空间形态与城市意象产生深刻的影响。本文在调查的基础上，结合民国十一年（1922年）福建泉州公务测量队缩微测制的"泉州市图"，将文字信息叠加到"泉州市图"上，将史料文献中的文字信息图形化，初步确定了铺境空间的分布和形态特征（图3-23）。

（三）泉州铺境单元的社区特性

我国社会学界定义的"社区"概念一般指聚集在一定地域范围内的社会群体和社会组织，是根据一套规范和制度结合而成的社会实体，是一个地域社会共同体。它至少包括以下特征：有一定的地理区域，有一定数量的人口，居民之间有共同的意识和利益，并有较密切的社会交往。

从社区的这几个特征分析泉州铺境单元不难发现，铺境的划分，从制度上和空间上限定了铺境的地理区域范围和所辖居民。这种官方划分，并非出于对邻里交往的考虑，因此单纯的官方铺境划分并没有形成真正的邻里关系网络。然

① 王铭铭. 走在乡土上：历史人类学札记［M］. 北京：中国人民大学出版社，2003：88.
② 傅金星. 泉山采璞［M］. 香港：华星出版社，1992：145.

图3-23　泉州旧城区四隅三十六铺分布图

而，铺境制度通过民间化和世俗化的改造，走向一个以民间信仰为基本架构的非官方模式的铺境空间。在漫长的历史过程中，当地民众通过共同民间信仰和祭拜仪式，共同面对瘟疫、纷争以及各种日常事务，铺境单元内居民具有共同的意识和利益，在认知意象或心理情感上具有一致性，即认同感和归属感。可见铺境空间在当地民众的社会生活中扮演着重要角色。它承载着人们的生活起居、生产贸易、休养生息、邻里交往、娱乐休闲等日常活动，到了节庆或者神诞之日，社区居民则在此举行隆重的庆典仪式。在传统社会，铺境庙作为社区的公共场所，也是订立乡约和处理地方民事争端的地方。可以说，铺境单元是明清泉州城市社区形态构成的基本单元。

民间信仰在传统城市社区形成过程中发挥着巨大的整合功能，它借助共同信仰以巩固社区居民的凝聚力、整合社会的组织力，加强社区居民的社群关系，促进居民之间的社会交往。铺境社区从官方制度上明确了地域范围和社会群体，居民则通过“巡境”等民间仪式行为极力强调地方自主性与一体性，明确自己所属区域的边界，从而形成空间领域感。围绕铺境宫庙形成的公共空间成为他们的空间意象中的领域中心所在，同时也促进了邻里间的交往。

铺境社区从公共庙宇—街巷—厝埕—宅院层层深入的空间层级，实现了空间由公共性向私密性的分级渐变，这种从外到内由公共—半公共—半私密—私密的层层过渡，形成具有较强领域感和归属感的空间。同时，由于铺境主神对当地民众精神震慑作用，施行安全心理层面的强化，具备精神防卫的功能，加强了社区空间的防卫性，创造了亲和稳定的邻里关系。共同的民间信仰和铺境利益创造出居民对于社区强烈的认同感，巩固了社区群体的凝聚力。铺境居民在这里休憩娱乐、共叙家长里短，已成为一种独特的生活方式延续下来（图3-24）。

图3-24　与铺境空间相关的日常生活场景

一般来说，城市的地域布局为：城中为坊，坊的外围为四隅，城门外的城郭为关厢。行政建置则有坊、牌、铺，或者坊、铺。其制以京城最为典型。如明代的北京有五城之划分，城下设坊。所谓“按明制，城之下复分坊、铺，坊有专名……铺则以数计之"[①]。然而，泉州铺境空间则展现了一个不同于一般的以坊巷划分棋盘式斑块为单位的社区结构，而是以祭祀空间为核心，以共同的神明信仰为依托，以街巷为骨架的跨街巷的空间单元（图3-25）。

图3-25　聚津铺青龙境

铺境社区的形成过程，是民间日常生活对官方空间划分体系的超越和转移，是居民对日常生活空间营造的身体力行。这是一个历史文化不断积累的过程，各种文化因素相互影响，逐步达到平衡，最终形成富有生活气息而又满足人们日常使用和心理需求的新的社区空间体系。共同的民间信仰和铺境利益创造出居民对于社区强烈的认同感，巩固了社区群体的凝聚力。从都市人类学的角度看，人类的习俗行为对城市空间与建筑形式的发展演变，起着潜移默化的影响作用。在泉州传统社区中，民俗和礼仪的影响特别突出。它们是延续传统生活脉络的重要场所，营造出生机勃勃的社区生活，为我们在当代城市社区中创造有活力和有效率的公共领域提供了极富借鉴意义的启示。

第五节　中国传统聚落的境域观

一、区域与场所理论

空间研究中人的主体性问题已经受到哲学、社会学、人类学及建筑学等学科的高度重视，空间中人的主体性活动所形成的空间场景和氛围，形成了富含意义的场所感。尽管舒尔茨的场所理论建构在深受有着东方哲学神韵的海德格尔存在论的基础上，但是，这种西方语境下的空间理论是否真正适用于中国传统人居环境的研究依然值得深思。赵冰通过对公元1000年以来的东西方生活世界的比较，认为西方文化是以基督教域文化为主融合了伊斯兰教域文化而形成的，它以强调生活世界的"外在"为基本特征，以"场所"为基本形态，在私密居住、公共居住和联合居住的基础上强调人在世上确立自己的位置，即"定向"。所以西方文

① 余棨昌．故都变迁记略・卷一・城垣［M］．北京：北京燕山出版社，2000：6.

化的生活世界以场所的创造为主①；而东方文化是以大乘佛教域文化为主融合了伊斯兰教域文化而形成的，它以强调思想领域的“内在”为基本特征，以“区域”为基本形态，强调人在世上寻求一种归属，即“认同”。所以东方文化以区域的创造为主②（图3-26）。赵冰以“区域”来概括东方文化的居住形态，并与西方文化的“场所”相区别。

在此基础上，赵冰对此后500年的全球文化做出构想，提出“场域”（Field）理论框架，试图融合中西方文化的鸿沟③。他认为，“场域”分为三个层次，即环境场域、情境场域和意境场域，其中，环境是强调物理关系的概念，它又包括定向的环境模式和认同的环境特质；情境是强调使用关系的概念，它又包括定向的情境结构和认同的情境关联；意境是强调景象关系的概念，它又包括定向的境界和认同的境象。从生活世界的形态转换中可以看到，环境概念对应于建筑，情境概念对应于聚落，意境概念对应于景域。

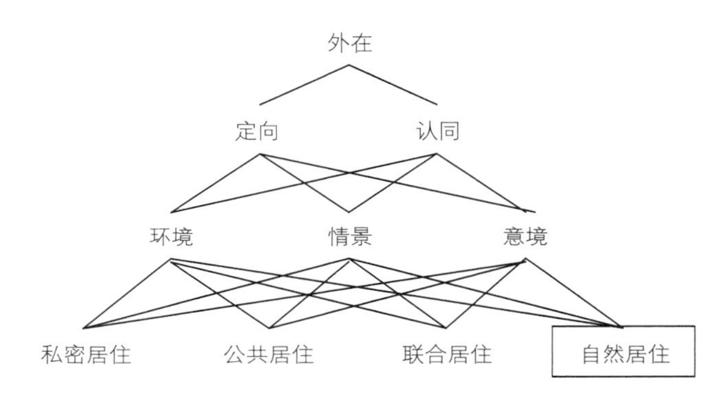

a 生活世界的逻辑结构

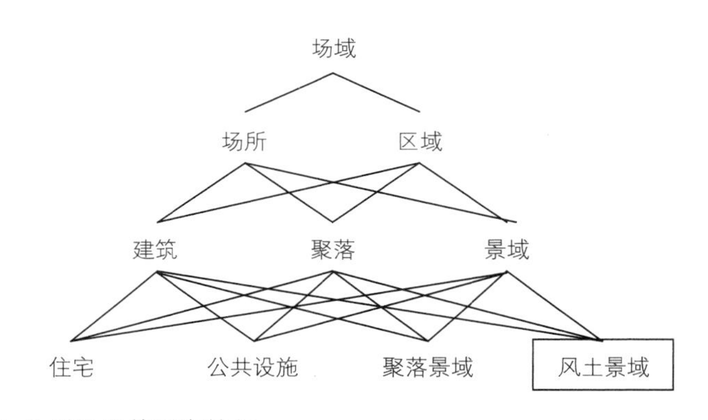

b 生活世界的形态转化

图3-26 生活世界的逻辑结构与形态转化
（资料来源：赵冰. 4！——生活世界史论［M］. 长沙：湖南教育出版社，1989：5.）

① 赵冰. 4！——生活世界史论［M］. 长沙：湖南教育出版社，1989：3，83-84.
② 赵冰. 4！——生活世界史论［M］. 长沙：湖南教育出版社，1989：3-4，102-103.
③ 赵冰. 4！——生活世界史论［M］. 长沙：湖南教育出版社，1989：120-127.

第一章中我们已经提到舒尔茨的场所理论将城市空间分为形态关系、拓扑关系和类型关系三种关系构成。赵冰对这三种关系的单向度提出质疑，认为“场域”与“场所”都是以人的“存在”为前提的，与“场所”理论不同的是，环境—情境—意境三层次是双向的，环境经情境可以到意境，意境经情境也可以到环境[①]。在生活世界的历时态演变中，我们可以看到了三个层次的双向过程，但就城市空间而言，环境、情境与意境同形态关系、拓扑关系和类型关系是一致的。

中国传统聚落的发展有自己的历史和自身独特的规律，套用西方的场所理论显然是不合实际的，国内一些学者已经对这个问题做出探讨[②]。但是，片面强调认同的“区域”也无法完整概括中国传统聚落的形态特征。从前文的论述中可以看出，中国传统聚落不仅强调认同，对定向的重视，从最原始的“辨方正位”与“立柱而居”就已经开始，墨子的《墨子·经说上》所谓“东西家南北”，也隐含着定向与住所的紧密关联。因此，单纯用“场所”或“区域（领域）”的概念都无法准确描述中国传统聚落的空间特性。中国传统聚落不仅强调人与人之间、人与环境之间的认同，同时也强调人在自然中的定向，从而形成“天人合一”的境域观。

二、中国传统聚落的境域观

（一）神镇之“境”

在中国传统文化中，“境”与疆界、边境密切相关。《汉语大词典》载：“①《说文新附》‘境’，疆也，从土，竟声；②疆界、边疆：《孟子·梁惠王下》‘臣始至于境，问国之大禁，然后敢入’；③处所、区域：《饮酒二十首》晋陶潜：‘结庐在人境，而无车马喧。’④境界、境况：《怀昔》宋陆游：‘岂知堕老境、槁木蒙霜菅’。”[③]从与“境”相关的词汇群如环境、境域、境界、边境等，都表明在一个以界限划分的场域观念的存在。在西方“空间”的概念传入中国之前，汉语语汇中与之对应的词汇，或许可以追溯到老子《道德经》中“无”的概念，它是一种相对于实体“有”的“虚空”状态。在一般语境中，“无”并不能表达一个为人的空间存在。台湾学者李丰楙指出：“如果要谈中国人的空间观念，一定要去面对‘境’在实际的运用中是如何来发挥的。”[④]“境”的划分，代表了某一区域、界限内，又是整个境域、全体，可以说，“境”也是一个心灵安顿的场

① 赵冰. 4！——生活世界史论［M］. 长沙：湖南教育出版社，1989：132.
② 朱文一. 空间·符号·城市：一种城市设计理论［M］. 台北：淑馨出版社，1995：195-212.
③《汉语大词典》第203页。
④ 李丰楙. 道、法信仰习俗与台湾传统建筑［M］//郭肇立. 聚落与社会. 台北：田园城市文化事业有限公司，1998：112.

所。因此，“境”是描述中国传统聚落空间形态的一个核心概念，它的形成与中国传统的“人神共居”的观念息息相关。在传统聚落中，社区主神对于本境域的戍守，保佑其“合境平安”，守卫的不仅仅是有形境域，更包括了看不到的与鬼神有关的精神境域。

传统的社祭在明代得到空前的强化，明初规定，凡乡村各里都要立社坛一所，“祀五土五谷之神”；立厉坛一所，“祭无祀鬼神”（《洪武礼制》卷七）。这种法定的里社祭祀制度，是与当时的里甲组织相适应的，其目的在于维护里甲内部的社会秩序。明中叶以后，当“里必立社”不再是国家规定的制度时，但它已成为一种文化传统在民间扎根，里社随之演变为神庙。明初朝廷推行的里社祭祀，尽管露天的“社坛”变成有盖的社庙，以“社”这个符号作为乡村社会的基本组织单位，围绕着“社”的祭祀中心“岁时合社会饮，水旱疠灾必祷”，制度上的承袭是相当清楚的。尽管后来的“社”与明初划定的里甲的地域范围不完全吻合，但“分社立庙”这一行为背后，仍然可以看到国家制度及与之相关的文化传统的“正统性”的深刻影响①。顾颉刚等的研究已证明，福建及台湾等地的“境”是古代“社”的演化与变异②。

在很多传统聚落中，当地民众每年都要在各自铺境举行“镇境”仪式，对各自的居住领域进行确认。一些地方志在述及“乡社祈年”习俗时，有如下记载：“各社会首于月半前后，集聚作祈年醮及舁社主绕境，鼓乐导前，张灯照路，无一家不到者。莆水南方氏、徐氏、邱氏，筑坛为社，春秋致祭，不逐里巷遨嬉，其礼可取。”③可见这种仪式得到了官方的认可，因为这种仪式出于民众的心理需求，保证了民生的安定。该仪式每年要举行两次：一次在春季，一次在冬季，要挑选一个吉日在境庙内举行“放兵”仪式。这一天，各铺境的家家户户都在家门口摆放食品款待兵将。将晚时分，仪仗队伍抬着铺或境的主神神像巡游，巡游路线为境和铺沿界。在巡游过程中，不同铺境之间的分界点都系上勘界标志物和辟邪物，强化了作为社区空间边界与区域的确认。年底重复同一系列仪式，只是称为“收兵”。“放兵”和“收兵”仪式形成一种年度周期。在这一仪式周期中，始于保卫这个领域，终于这项任务的完成。周年复始，仪式中创造出一种各铺境相对独立的地方性时空。

社区主神的庆典仪式，主要有两方面的社会学意义：其一，通过娱神来祈求“合境平安”；其二，通过“巡境”强化社区的边界。由于中国传统“人神共居”的自然观念的影响，社区的境域需要通过神的力量加以界定。王斯福和桑高仁的

① 郑振满. 神庙祭典与社区发展模式：莆田江口平原的例证［J］. 史林，1995（1）：33-47，111.

② 顾颉刚. 泉州的土地神（泉州风俗调查记之一）［J］. 厦门大学国学研究院周刊：季刊，1927（1）：37.

③ 兴化府志·卷一五·风俗志. 弘治版. 农历七月十五日为“中元节”，“中元”之名起于北魏，在民间又称“鬼节”，闽南民俗祭事繁多，俗称“月半”.

研究都表明，社区主神的庆典仪式通过对隐喻着社区外部陌生人的“鬼”的驱逐，达到对社区的净化，从而保证了社区的平安①。另一方面，“巡境”仪式的巡游路线描绘出区域内每一个家庭所在，对社区边界的象征性确认，创造出社区与其临近地方的分野。

在泉州、佛山及台湾等地的节庆庆典仪式中，极力强调的是地方自主性与一体性，这种民俗文化不仅在年复一年的庆典意识中不断确认社区的境域。美国人类学家桑高仁（Stephen Sangren）指出，地域崇拜仪式“使得社区成员作为一个整体聚集和行动。所以，虽然地域崇拜的祭坛和庙宇充当了仪式社区的永久象征，但是构成地域崇拜的不是祭坛和庙宇，而是仪式”②。这种仪式通过对社区成员的“包括力”和“内化力”的召唤，从而强化了社区成员对于居住境域的认同感。

（二）世俗之“域”

在中国传统文化中，“域”也表示区域，即一定疆界内的地方，但这种地域更多表达的是一种世俗性的权属范围。《说文》：“或，域，皆國字。”吴大澂《说文古籀补》指出：“或，古國字，从戈守口，象城外有垣。”段玉裁在《说文解字注》中说，“或”、“國”在周时为古今字。“國”初文作“或”，表示以武力占据的地方，后来分化出“域”字，指一片地域③，因而这种地域实际上蕴含着世俗权属的性质。《汉书·韦元成传》：“以保尔域”，注：“谓封邑也。”

土地财产私有制的产生，是这种世俗权属领域观念形成的基础。侯外庐先生认为，中国奴隶社会开始于殷末周初。氏族制度仍然保存在文明社会里，所谓“先王受命”的王制；土地财产是国有或氏族贵族专有，所谓“礼之专及”；国家是“宗子维城”的城市国家④。《诗·商颂·玄鸟》：“天命玄鸟，降而生商，宅殷土芒芒。古帝命武汤，正域彼四方。方命厥后，奄有九有。商之先后，受命不殆，在武丁孙子。武丁孙子，武王靡不胜。龙旂十乘，大糦是承。邦畿千里，维民所止，肇域彼四海。”这首诗是祭祀殷商高宗武丁的祭辞。《毛诗序》云：“《玄鸟》，祀高宗也。”从商汤灭夏建立商王朝开始，经历盘庚迁殷，政局稳定，发展兴旺，盘庚死后，传位弟小辛、小乙，经十余年，其时殷道又衰。小乙之子武丁立，用傅说为相，伐鬼方、大彭、豕韦，修政立德，终使国家大治。殷墟甲骨

① Sangren, P.S. A History and Magical Power in a Chinese Community [M]. Stanford: Stanford University Press, 1987; Feuchtwang, S. Boundary Maintenance: Territorial Altars and Areas in Rural China [J]. Cosmos, 1992(4): 93-109.

② (美) Stephen Sangren. History and Magical Power in a Chinese Community [M]. Stanford: Stanford University Press, 1987: 55.

③ 殷寄明.《说文解字》精读［M］. 上海：复旦大学出版社，2006：121.

④ 侯外庐. 中国古代社会史论［M］. 石家庄：河北教育出版社，2000：4.

文所包含的绝对年代，一般都认为武丁是商王朝前后分期的分水岭[①]。从《玄鸟》篇中可以看出殷人对“帝”与“天命”的推崇，也表达出对于武丁将殷商的权属领域从“四方”扩大到“四海”的讴歌。

“作邑”始见于殷代甲骨文卜辞，商代中后期出现了“分封制”的萌芽，但直至周代“分封制”的实行才促使各代城邑聚落的快速发展，也是“域”的权属观念得以实体化的阶段。朱骏声在《说文通训定声》中释“或”时说：“或者，封也；國者，邦也。天子、诸侯所守土为域，所建都为邦。”释“國”时说：“或者，竟内之封；國者，郊内之都也。”[②]“分封制”是周代初期实行将土地和臣民封给子弟、功臣以建立诸侯国的制度，并挖沟、植树以界之。《周礼·地官·大司徒》记载：“辨其邦国都鄙之数，制其畿疆而沟封之”，注云：“封，起土界也，土在沟上谓之封，封上树木以为国也。”“域”成为周天子及各诸侯权辖的具有明确边界的领域。这种领域因权属者的社会地位的差别而呈现不同的层级。中国至迟在龙山时代的酋邦制已经形成一种金字塔形的分层社会系统[③]，但是，只有到了商代中后期开始实施“分封制”以后，通过“作邑”、“肇国”，这种权属领域的观念才开始有了实质性的依托，并呈现出丰富的聚落层级（图3-27）。在宏观的国土规划上，商代有“方国制”逐渐向层层分封的“诸侯制”转化。周王直接统辖区为王畿，“方千里曰国畿”，王畿之外为外服，外服诸侯分为侯、甸、男、采、卫，以上六服为中国之九州，此外还有蛮、夷、镇、蕃，为夷狄之诸侯[④]。《吕氏春

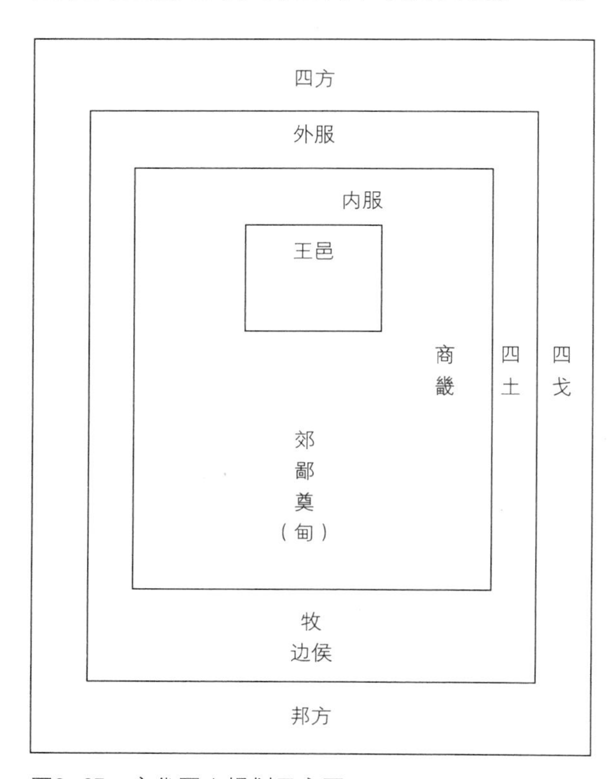

图3-27　商代国土规划示意图
（本图经笔者重绘。资料来源：陈梦家．殷虚卜辞综述，1992：325；宋镇豪．夏商社会生活史，1994：28）

① 中国通史（第三卷·上）。从武丁开始，直到商纣的灭亡，是商朝的后半段，或称商代后期，亦即晚商时期；这时期的考古学文化通常称之为商代后期文化或晚商文化。武丁以前，上溯至商汤，即所谓先王时期，是商朝的前半段，或称商代前期，亦即早商时期；这时期的考古学文化通常称之为商代前期文化或早商文化.

② 朱骏声．说文通训定声［M］．上海：世界书局，1936：182.

③ 韦庆远，柏桦．中国政治制度史［M］．第2版．北京：中国人民大学出版社，2005：53.

④ 周礼·夏官·大司马.

秋・观世》说："周封国四百余，服国八百。"在微观层面上，王畿内又以王都为中心，四周设流乡六遂，乡遂之间曰郊。四郊六乡称为"国"，"国"之外的六遂及都鄙称为"野"。"六乡"的乡党组织分为比、间、族、党、州、乡六级[①]，居民多采取聚族而居的方式。"六遂"的乡党组织分为邻、里、赞、鄙、县、遂六级[②]。外服的诸侯封地也基本参照分遂之制，依诸侯国之大小分为三乡三遂、二乡二遂或一乡一遂。

从现代行为心理学的角度来看，对空间的领域性（territoriality）的需求是"一种人我之间的规范机制"[③]，是个人或群体为满足某种需要，拥有或占有一个场所或一个区域，并对其加以人格化和防卫的行为模式。对于空间中的领域现象，其未必是靠空间实体所界定出来的现象，而是人在空间中的支配力与控制行为所显现出的一种现象。领域性是一种空间现象，它明确界定了空间的层级关系与空间的组织模式；而以人类实质的生存空间来看，它延伸了人类的生活意义与秩序。

在某些意义中，领域与"场所"是相吻合的，因为两者同样被组织它们的单元所封闭、亲近及相似性所界定。但是，领域在生存空间中有某种使生存空间一致的机能，它"充足"了意象，且使之成为一致的空间。而场所在生存空间中，是由路径、方向所构成，这也就是说，"人类存在的立足点"——中心。因此，领域的机能就如同人类活的潜能场所（Potential Places），而其对环境的占有暗示了运用路径及场所，以将环境构架成一区域形态[④]。

（三）在境域中诗意地栖居

在传统聚落中，神镇之"境"与世俗之"域"并不是二元对立的，而是通过"天"的观念获得连续性，达到"境"、"域"、人三者之间的相互通达，从而形成对聚落形态的境域性而不仅仅是"空间"性的意义，实现天、地、人、神四位一体的诗意栖居。世俗封域的划分是以"天"为指引的，再"以土圭之法"获得了在大地上的定向[⑤]，同时，也离不开"神"的戍守，并在节庆仪式中获得社区的认同。

首先，在中国古人的宇宙观念中，人的居住境域是与天象星宿相对应的。

①《周礼・地官・大司徒》："令五家为比，使之相保；五比为闾，使之相受；四闾为族，使之相葬；五族为党，使之相救；五党为州，使之相赒；五州为乡，使之相宾。"

②《周礼・地官・遂人》："五家为邻，五邻为里，四里为酂，五酂为鄙，五鄙为县，五县为遂，皆有地域，沟树之。"

③ Irwin Altman. The Environment and Social Behavior: Privacy, Personal Space [M]. Territory, Crowding, 1975.

④（挪）诺伯舒兹. 实存・空间・建筑［M］. 王淳隆译. 台北：台隆书店出版，1994：23-24.

⑤《周礼・地官・大司徒》："以土圭之法测土深，正日景，以求地中。""凡建邦国，以土圭土其地而制其域。"

《周礼·春官·丧祝》:"以星土辨九州之地，所封封域，皆有分星，以观妖祥。"注曰:"玄谓大界则曰九州，州中诸国中之封域，於星亦有分焉。"疏曰:"云'所封封域'者，据二十八星而说。"正是在这种"天地相参"的宇宙观念的指引下，天下作为一个境域，对应着地上，因而，所谓天下其实也就是一个上下通达的区域，这个区域开启了天地的"之间"地带，在这个意义上，天下也就是"天地之间"。"天地之间"，已经不再是一个离人而自存的"自在"世界，因为"之间"这个维度只有在人那里才得以敞开①。"天地之化，生生不穷，特以气机阖辟，有通有塞。"②清代大儒王船山对于"天地之间"这个表达做出了如下的分析:"所谓'天地之间'者，只是有人物的去处。上而碧落，下而黄泉，原不在君子分内。圣贤下语，尽大说，也有着落，不似异端，便说向那高深无极，广大无边去。'间'字古与'闲空'、'闲'字通。天地之化相入，而其际至密无分段，那得有闲空处来? 只是有人物底去处，则天地之化已属于人物，便不尽由天地，故曰'间'。所谓"塞乎天地之间"，也只是尽天下之人，尽天下之物，尽天下之事，要担当便与担当，要宰制便与宰制，险者使之易，阻者使之简，无有畏难而葸怯者。但以此在未尝有所作为处说，故且云"塞乎天地之间"。天地之间，皆理之所至也。理之所至，此气无不可至。言乎其体而无理不可胜者，言乎其用而无事不可任矣。③

其次，人的居住境域在"天地之间"需要通过祀神的仪式而获得沟通。《周易·系辞》曰:"神也者，妙万物而为言者也。"神在本质上乃是"阴阳不测"④，也就是天地之间的不可测度的往来屈伸。正是在这往来屈伸中，事物得以作为事物而呈现自身。事实上，《说文解字》业已提示我们:"神"与"祇"的经验与事物作为自身得以显现的经验之间具有某种原初的关联。按照《说文解字》:"神，天神，引出万物者也。"⑤在神("天神"与"地祇")的经验中，事物得以被引出、提出，得以各自作为它们自身而与我们照面⑥。

国学大师钱穆通过对"方"的本意的考证，认为"方"在其更原始的意义上是与居住相关的。他指出:"《诗·大雅·云汉》:'方社不莫。'《墨子·明鬼下》:'祝社方。'社、方连言，皆指祭，所祭皆地祇，惟社祭'耕作神'，故以社为田主、田祖。考之甲骨卜辞，殷人有'社'无'稷'，盖社神已包其义矣。方祭'居住神'，如祭山川四方皆谓之方祀，凡地皆居住有神也。"⑦《诗经·小雅·甫田》也

① 陈赟. 回归真实的存在：王船山哲学的阐释［M］. 上海：复旦大学出版社，2002.
② 朱熹. 中庸或问.
③（清）王夫之. 读四书大全说［M］//船山全书·第六册. 长沙：岳麓书社，1996：928-929.
④《周易·系辞》云："阴阳不测之谓神。"
⑤ 臧克和，王平. 说文解字新订［M］. 北京：中华书局，2002：5. 案"祇"从"示"从"氏"，《史记·律书》云："氏者，言万物皆至也。"
⑥ 陈赟. 世界与地方：汉语思想语境中"政治"的本性.
⑦ 钱穆. 中国学术思想史论丛（一）［M］. 合肥：安徽教育出版社，2004：51-52.

说："以我齐明，与我牺羊，以社以方。我田既臧，农夫之庆。"《周礼·地官·大司徒》云："辨其邦国都鄙之数，制其畿疆而沟封之，设其社稷之壝而树之田主，各以其野之所宜木，遂以名其社与其野。"注曰："社稷，后土及田正之神。壝，坛与塯埒也。田主，田神后土田正之所依也，诗人谓之田祖。"疏曰："社者，五土之总神……稷是原隰之神，宜五谷。"由于社神是聚落共同体的保护神，春秋战国以前，聚落共同体有时也称为"社"，国家也以"社稷"代称，这和西周实行的土地氏族贵族所有制形式的"分封制"是息息相关的①。秦汉时代，虽然农村公社已经瓦解，但社祭作为民间社区的一项重要公共活动，仍然保存下来，这也是民间信仰的重要源头。

其三，从作为聚落主体的人来看，由于人类的生命有限性引发的人对于终极追问的需要。人类既不能完全回答超越死亡之后的诸种超验问题，更不能回避这类问题。中国传统社会，在意识形态上有自己的"多元"对立形态，不论是意识形态还是现实政治，似乎都难以归纳到"入世的神秘主义"这样一个含糊的定义中去。但是，中国传统文化并没有把终极追问放在形而上学层面，从而导致"一神教"信仰，而是在信仰上有自己终极追问的理路，最终形成"天"、"道"的构成境域。海德格尔认为，作为"缘在"（Dasein）的人是由存在的缘发域（Da, Er-eignen）造就，因而天然地能领会境域本身的非现成消息。这既不是范畴先验论，也不是经验感知论，而是境域构成论。中国先哲们也都视"天"和"道"本身至诚如神、有情有信，都在一切区别之先认同一个混成发生的中道域，以及天然地就属于这境域的良知和道性②。《周易·文言传》说："夫大人者，与天地合其德，与日月合其明，与四时合其序，与鬼神合其吉凶，先天而天弗违，后天而奉天时。天且弗违，而况于人乎，况于鬼神乎？""终极对于海德格尔和天道思想家不能被任何意义上现成化，因而只能活生生地呈现于人的世间生存之中。所以，真终极就只是人与世界相互构成的缘发生境域。"③

在中国传统宇宙观中，宇宙图案以一种向心性的空间框架呈现，它体现为一个天地同构的境域，有着自身的中心、方向和领域。传统聚落形态从整体到局部都体现了这种宇宙图式，体现为一个个层级分明的境域。汉语语境对天、地、人、神及其之间关系的理解，在海德格尔那里也获得了明确的表达："人也得以在此（一味劳累的）区域，从此区域而来，通过此区域，去仰望天空。这种仰望向上直抵天空，而根基还留在大地上。这种仰望贯通天空与大地之间。这一'之间'（das Zwischen）被分配给人，构成人的栖居之所。我们现在把这种

① 侯外庐．中国古代社会史论［M］．石家庄：河北教育出版社，2000：62.
② 张祥龙．海德格尔思想与中国天道：终极视域的开启与交融［M］．北京：生活·读书·新知三联书店，1996：363.
③ 张祥龙．海德格尔思想与中国天道：终极视域的开启与交融［M］．北京：生活·读书·新知三联书店，1996：354.

被分配的贯通——天空与大地的‘之间’由此贯通而敞开——称为维度（die Dimension）。此维度之出现并非由于天空与大地的相互转向。毋宁说，转向本身居于维度之中。维度亦非通常所见的空间的延展；因为一切空间因素作为被设置的空间的东西，本身就需要维度，也即需要它得以进入其中的那个东西。维度之本质乃是那个‘之间’——即直抵天空的向上与归于大地的向下——被照亮的、从而可以贯通的分配。”①

在聚落营造中，古人认为人居天地之间，视“穴”为自然之气与人之气聚集交会，天人相交的结合点，“人生天地间，原与天地为一气”②。“穴”往往成为构建空间的核心，并以此为中心向外以同心圆或放射状呈均衡或非均衡的方式向外拓展延伸构建空间体系③。人在天地之间的相互贯通中敞开自己的存在，其当下之视听言动、行为举止等，便是在“穴”的“气机”当中打开这一“之间”的维度（图3-28）。

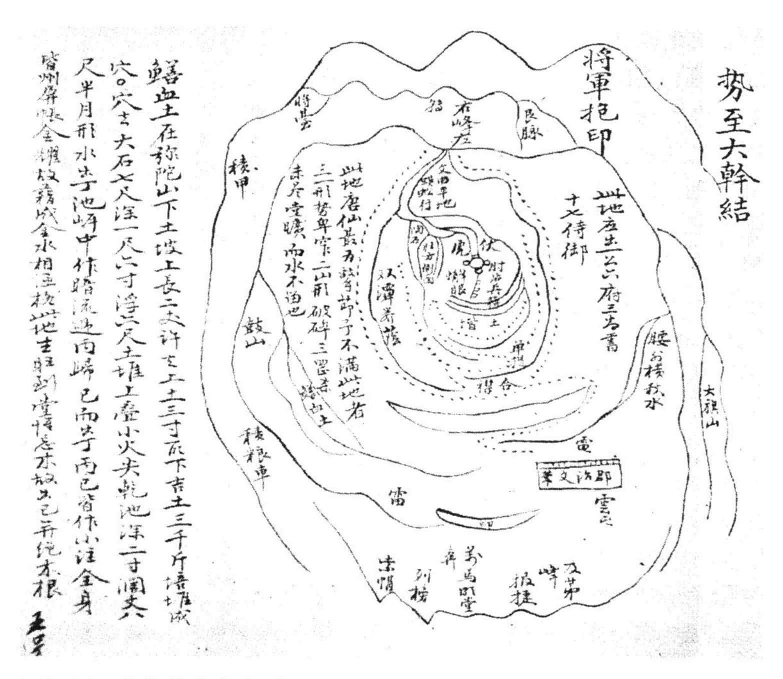

图3-28 将军抱印穴心图

〔资料来源：（明）淮右禅师. 清源钟秀记（清抄本）[M]//转自陈进国. 信仰、仪式与乡土社会. 北京：中国社会科学出版社，2005：174.〕

①（德）海德格尔. 海德格尔选集[M]. 上海：生活·读书·新知三联书店，1996：470-471.

② 何晓昕. 东南风水初探[M]//南京博物院. 东南文化，1988.

③ 业祖润. 中国传统聚落环境空间结构研究[J]. 北京建筑工程学院学报，2001（01）：70-75.

因而，在“天地之间”发生的任何一个行动，都不仅仅是其自身，而是把彼此不相与、不相知、不相通的“事一物”沟通起来，从而开通“天下”这个境域总体的方式。在这种贯通中，天地亦以天地而敞开自身。在这个意义上，《说文》云：“人，天地之性最贵者也。”[①]海德格尔也指出：“神性乃是人借以度量他在大地之上、天空之下的栖居的‘尺度’。唯当人以此方式测度他的栖居，他才能够按其本质而存在。人之栖居基于对天空与大地所共属的、那个维度的、仰望着的测度。”[②]正是天、地、人、神之间的相互贯通、彼此通达，构成了汉语思想语境中日常生活的根本指向，也构建了中国传统聚落的境域观。

本章小结

自从人类定居开始，信仰与仪式便伴随着聚落的发展。存留于中国广大民众中的民间信仰和仪式行为是古老的信仰遗存，它们源远流长、根深蒂固，在中国社会历史上有着深刻和广泛的影响。一方面，民间信仰作为中国社会的象征符号，对各族群传统文化的深层意义做出质朴通俗的实际表达，并借助社群生活的体验，维持了伦理规范、人际关系与天人之间的和谐，在很大程度上起到社区整合的作用。另一方面，民间信仰通过仪式行为对传统聚落的领域进行象征性的界定，这种聚落边界的限定也是人们对居住环境的防卫需求的体现。

民间信仰在中国传统商业城镇的聚落形态中有着明显而深刻的影响。传统商业城镇根据城镇发展起源及发展过程的差异可以分为市镇型商业城镇和城郡型商业城镇，本章分别以广东佛山和福建泉州为例，剖析民间信仰在传统商业城镇中对社区空间结构的影响。

传统市镇型商业城镇由于多由农村聚落经过市镇化发展而来，空间结构在一定程度上保留了农村聚落形态自由生长的痕迹，社区在很长一段时间内保持宗族聚落的形态，呈现为多中心的斑块。随着商业经济的发展，宗族组织的社区功能逐渐减弱，民间信仰的社区功能日益显现。民间信仰的祭祀圈的层级性在市镇型商业城镇的社区层级与规模中具有重要的指标性作用。佛山市镇社区的发展过程是一个社区聚集和分衍的过程。社区居民通过设立新的社庙或街庙的方式，进行社区的分化与整合，形成铺庙—社庙—街庙的祭祀圈层级，从而保持合理的社区规模。从佛山不同层级的祭祀圈的平均户数与人口规模的量化分析可以看出，不同的社区层级具有明显的互补性，并与城镇等级序列“倍数原则”的理论相耦合。

传统城郡型商业城镇具有相对完整的总体规划，但是，在市镇化过程中呈现

① 臧克和，王平．说文解字新订［M］．北京：中华书局，2002：517.
②（德）海德格尔．海德格尔选集［M］．上海：生活·读书·新知三联书店，1996：471.

出“商业溢出城市”的态势。明清时期，地方政府为加强基层社会的管理，在“保甲制”的基础上推行的一套完整的行政空间区划制度。民间则在里社制度的启发下，通过仪式挪用和故事讲述的方式，对行政空间区划单元加以改造，使其转化成一种地方节庆的空间和时间组织。这是社区空间通过“巡境”的祭祀仪式得以强化，形成了不同于一般的以坊巷划分棋盘式斑块为单位的社区形态，而是以祭祀空间为核心，以共同的神明信仰为依托，以街巷为骨架的社区空间单元。

传统聚落形态既不独立于自身的空间组织和演化规律，也不是社区组织与结构的简单空间表征，它具有社会——空间统一体的特征与属性。中国传统聚落通过神镇之“境”与世俗之“域”的融合，构成了汉语语境中日常生活的根本指向，也构建了中国传统聚落的境域观。聚落空间的境域本质是先存的，但其澄明和显现却需要通过人类的聚落营造、栖居体验和仪式转化的亲身体验。

第四章 中国社区传统的重建

中国有着历史悠久而影响深远的社区传统。在社区整合方面，祖灵在有血缘关系的族群中发挥重要作用，而神缘则更多地作用于异姓人群，有时还与商业经济发生联系。由于宗族是中国传统社会的基本单位，传统社区在这个基础上产生、滋长、成形，因此，我们有理由认为，作为一种生存策略，血缘与宗族是农耕文明中最为基本的社区纽带之一。而在商业城镇中，这种血缘关系显现出它的局限性，取而代之的是神缘与祭祀圈，并在更广泛的阶层内实现社区整合。血缘纽带或神缘纽带都是人们为了生存而采取的精神统合手段和生存策略。它们都曾在特定历史时期产生过非常重要的社区整合功能，但两者都是具有历史性的。

现代社会关系随着生产关系的转变而发生巨大的变化，社区人群的异质性突出，单纯依靠血缘或神缘纽带统合社会关系已经成为历史。现代社区的建设不可能简单地依靠恢复宗族或祭祀圈来实现。但是，只有正确认识中国的社区传统，并立足于当代的社会条件，才能找到具有现实意义的社区传统重建之路。

第一节 当代社会结构的空间转化

一、正确认识中国的社区传统

尽管“社区”的概念源于西方社会学的研究，但并不意味着中国传统社会不存在社区。在这个概念形成以前，人类大部分时间是以社区这样的一种生活形态存在着的。美国文化人类学家基辛（R. M. Keesing）已经指出：“人类存在于地球上的99.9%的历史是以小型社区生活为特点的，而亲属、朋友及邻里的亲密关系又是小型社区社会生活的主体。”[①]一个术语的产生，必然有它的历史渊源和演变过程。中国历史上存在的“里社”、“里坊”，包括华北广泛使用“屯”、“堡”，南方常用的“铺”、“境”等，都可以看作是社区的渊薮。“社区”概念的演变反映了社会自身的变化和人们对“社区”认识的深化过程。从费孝通等学术先辈在翻译“community”时使用“社区”一词，就已经可以看出它的中国传统文化的历史根基。实际上，费孝通等第一代中国社会学家对于“社区”的研究就已经扎根于中国本土的社区传统，并呈现了与西方社会学研究的社区所不同的景象。

谈到社区传统，首先必须对“传统”有清晰的认识。按照美国社会学家希尔斯（Edward Shils）的观点，传统的涵义是指世代相传的东西（traditum），包括物质实体，包括人们对各种事物的信仰，关于人和事件的形象，也包括惯例和制

---

①（美）基辛. 文化·社会·个人［M］. 甘华鸣等译. 沈阳：辽宁人民出版社，1988：561.

度。他特别探讨的是“实质性传统”，即崇尚过去的成就和智慧，崇尚蕴涵传统的制度，并把从过去继承下来的行为模式视为有效指南的思想倾向[①]。张立文曾对“传统”一词做了辞源学上的考释，所谓“传统”就是“传”而“统”之，那些过去有的，现在仍然在起作用的东西。“传”是指时间上的延续性，“统”是指其权威性。他认为，“传统是一个开放的动态系统，它在时空中延续和发展。它作为价值观念、精神心态、知识的系统、场、方式，是一种意识之流或趋势，它既是过去的，又包含着现在，且开拓着未来。”[②]这为“传统”的生命力作了一个很好的注脚。“传统”之所以能在不同的时代背景下“传”而“统”之，就是因为它自身有着某种永不枯竭的涌泉，具有独立生命力。最能体现“传统”的“继往开来”特征的还有李鹏程的观点。他认为传统“都不是以‘过去’的方式存在着，而是以现时态的方式存在着。它们不是存在于过去，而是存在于现时代之中，存在于现代人们的行为方式、思想方式之中，存在于我们的实践状态和精神之中”[③]。换言之，传统是过去时代的思想、规范仍然通过各种形式保留在今天社会生活中的活的东西。

社区传统存在于传统社区文化之中，它更多地是指这些文化现象所隐含的规则、理念、秩序和所包含的信仰。传统社区背后隐含的精神纽带，集中地体现了具有同一性的规则、理念、秩序和信仰等社区文化现象，这是社区传统的深层涵义。当我们看到一座祠堂、一条老街、一个古村落或一座古城，人们有时也说看到了社区的传统，其实这样说并不准确。因为我们看到的是传统的遗存物，这些遗存物所蕴含的历史信息和生命精神，才是传统。但能够留存至今的遗存物本身同时也是一种文化典范，里面藏有社区传统的一系列密码。

自西周以降，中国城邑内部逐渐形成以方格网道路划分、以坊墙进行界定的里坊（闾里）制度，并在各个帝国权力的更迭中不断地发展、变迁。“唐宋变革”之后，这种封闭状态由于无法适应新兴经济发展的需要而被打破，但是，坊墙的拆除并没有彻底瓦解传统的基层管理制度和社区形态。明清时期，由坊、街、巷组合而成的城市地域空间仍保持着其古老的样态，只是坊的行政区划作用已大不如前，加上基层民众的改造与参与，里坊体系日渐转化为接近日常生活的社区体系。这一历经长期演变的社会—空间过程，形成了以血缘和神缘为主要纽带的中国社区传统。

新中国成立以来，随着土地制度改革和计划经济的“单位制”的推行，中国社会不论农村还是城市都发生了重大的变革，城市中形成了以业缘为纽带的“单位社区”。改革开放以来，“单位制”又朝向“居委会”与“小区制”转型，这是

① （美）E· 希尔斯．论传统［M］．傅铿，吕乐译．上海：上海人民出版社，1991：15-16.
② 张立文．中国传统文化及其形成和演变［M］//许启贤．传统文化与现代化．北京：中国人民大学出版社，1987：28.
③ 李鹏程．当代文化哲学沉思［M］．北京：人民出版社，1994：383.

当前社区重建所面临的另一个重要历史背景。“单位社区”一般将生产区和生活区相邻布置，各种配套设施齐全。这种模式虽然在区域功能上具有一定的混合性，每个单位内的业缘关系紧密，但是却造成不同单位之间的相互隔绝，社区结构单一，市民公共意识缺乏。由于居民的生产、生活、教育等需求均在同一单位内得到满足，个体对单位形成了严重的依赖性，其主体意识无法形成，社区组织极不发达，一旦单位解体，这种业缘关系也随之瓦解，因此，这种“单位社区”具有很大的不稳定性。改革开放以后，随着市场经济体制的确立和社会结构的逐步转型，住宅商品化的实施，“单位制”的功能迅速弱化，“小区制”继而扮演重新整合社会的角色，小区治理主体由政府单一主体向多元主体发展。

过去的社区研究一般认为，汉人社会的都市社区受行业和行政空间的制约较大，而农村社区则以亲族和地域的结合形态为主要形式①。对于大部分作为治所的“城郡”和广大乡土社会来说，这个判断大致是准确的，但是如果考虑中国近世市镇化道路的特性，我们可以看出，不管是由村落发展而来的佛山，还是作为府治的泉州，行业和行政空间的制约都远不如民间信仰对于传统社区的影响来得深刻。费孝通在20世纪80年代已经指出，在社区研究中，我们应该“采用人类学者实地调查之方法，以中国境内各种社区类型为对象，根据功能观点，阐明本国生活之实况，发展比较社会学之理论，最终希冀对于现代中国社会之创造过程，能有具体切实之设计。”②当代社区已呈现多元化的发展，无法简单以功能和结构的观点作为唯一的分析途径，但对于社区传统的继承应立足于地方的具体情况仍是不变的原则。

二、直面当代社区传统的迷失

晚清至民国初期是中国历史、文化与社会的大转变时期，是东方文化和西方文化的撞击点和交汇点，中华民族的文化传统和固有的社会结构遇到了前所未有的挑战。这一百年来，是中国固有的文化传统发生危机并逐渐解体，现代文明体系逐步建构的过程，也是一个混合着血和泪的极端痛苦的过程。特别是在“五四运动”中，当时的社会精英以西方文化作为参照系，对中国传统文化进行一次彻底的检讨、反思、批判。他们全面系统地攻击中国文化传统的一切规则、理念、秩序和信仰，包括力图摧毁集中藏有传统文化密码的一些文化典范，为了矫枉，不惜过正。“五四”之后的20世纪中后期，科学主义形成一种新的思潮，在中国的日常生活和学术领域有压倒之势，这当然是一种社会进步。但是，科学是一把双刃剑，一方面对引导人们走向现代文明可赋予理性和方法，另一方面虽不

① 王铭铭．社会人类学与中国研究［M］．桂林：广西师范大学出版社，2005：50.
② 费孝通.《文化论》译序［M］//（英）马林诺斯基．文化论．费孝通译．北京：中国民间文艺出版社，1987.

一定割断传统，却足以让人们失去对传统的温情。以西方文化为主要参照系的“五四”的反传统和后“五四”时期的科学主义的盛行，使得本民族的文化传统大面积流失，中国的社区传统也受到严重的破坏，最直接的莫过于对作为传统文化形态核心的家庭和家族的彻底否定，“家”被作为“万恶之源”进行批判[①]。当然，这种学理上的反思并没有彻底撼动中国传统的根基，在此后的很长时期，“孝悌”这种家庭伦理的核心道德，仍然是维系家庭血缘纽带的基本规范。

如果说“五四运动”主要是社会精英对传统文化的核心价值——即儒家伦理的“大传统”的理性批判和反思，那么，发生在20世纪60~70年代的“文化大革命”则是对“小传统”的非理性地摧残，其结果是民间文化、民间习俗和民间信仰等受到了极大地破坏。“‘五四’时期的反传统，是学问与知识的清理，纵使批判得过了头，也是有识之士的愤激；六七十年代的反传统，是无知者对传统的毁坏。”[②]对“小传统”的破坏，直接导致了中国社区传统的迷失。

改革开放以来，中国正经历一个快速城市化的进程。随着国家经济实力的增强，在现代化建设过程中，实际上并行一个恢复记忆、连接传统、重建传统的过程。然而，由于长期与传统文化脱节，人们缺乏对传统社区的正确认识，中国目前的社区的发展并没有因为快速城市化进程而得到相应的发展，相反却因为国家控制与技术理性对于文化的不断侵袭而在逐渐丧失。

20世纪80年代以来，中国城市化进程进入了一个以每年1%左右的速度递增的快速发展的时期，中国城市正在经历着广泛而深刻的变革。1996年至2003年，我国人口城镇化一直保持快速发展的态势，城镇人口比例由1995年的29.04%提高至2003年的40.53%，八年中提高了11.49%。从2004年开始，我国人口城镇化速度有所减缓。截至2008年底，全国城镇人口已突破6亿，占总人口的比例为45.68%，比2007年提高了0.74个百分点，城镇人口比例继续提高，但人口城镇化速度减缓[③]。根据美国经济地理学家诺瑟姆（Ray. M. Northam）的研究发现，城市化过程一般经过发生、发展和成熟三个阶段。城市人口增长的轨迹随之呈“S”形曲线运动：第一阶段为城市化初期，城市人口增长较为缓慢。城市化水平超过10%以后逐渐加快。当城市化水平超过20%时，进入第二阶段，即城市化的加速发展阶段。这种趋势一直要持续到城市化水平超过70%以后，才会减慢，即第三阶

① 辛亥革命前十年已有革命者力主摧毁家庭，并提出“盖家也者，为万恶之首”的论断，不过这些政论文字影响有限，并没有延续到“五四”时代，参见李文海，刘仰东. 近代“孝”的观念的变化［M］//中华文化的过去、现在和未来：中华书局成立八十周年纪念论文集. 北京：中华书局，1992：222～223；1919年，傅斯年在《新潮》创刊号发表的《万恶之原》，把传统的中国家庭称为“万恶之原”；同年7月13日，李大钊在《每周评论》上写了一篇《万恶之原》的短评，也认为“中国现在的社会，万恶之原，都在家族制度”，详见李大钊. 李大钊选集［M］. 北京：人民出版社，1959：227.

② 刘梦溪. 百年中国：文化传统的流失与重建［J］. 南京师范大学文学院学报，2004（1）：1-10.

③ 根据中国广播网2009年2月15日报道，详见（http://www.cnr.cn/news/）。

段。此后，城市化进程将出现停滞或略有下降的趋势。每一个国家都有自己的国情，诺瑟姆的“S”形曲线是否适用于中国的城市化过程，诸多学者已经做出探讨①。中国快速城市化的过程是否会一直持续到70％水平以及是否应该达到这样的水平值得商榷，但是改革开放几十年来中国城市化的成就和不足的确是有目共睹的。

中国快速城市化的动力，来源于城市对于农村劳动力的吸附和消化能力，大量的城乡移民正改变着中国社会结构，使其向多元化、多层次、社会化和市场化转变，城市的职能也由生产和生活等简单职能向金融、贸易、房地产、旅游、信息咨询和服务等复合职能转变。在这个过程中，随着住宅商品化的全面展开，城市基层管理正努力由“单位型管理”向“社区型管理”转化，原来由企业单位承担的社会职责将转移到社区②。

现代社区重建的关键在于居民共有生活空间与共有价值理念的重建。在快速城市化的背景下，中国城市迅速出现了诸多居住小区，尽管这些小区，特别是封闭式小区具有明确的地域限制，也有相对稳定的居住人群，然而，调研表明，很多小区并没有形成共同的价值观和认同感，也就称不上社区。市场体制作用下的居住小区虽然依据价格门槛，将处于同一收入水平的城市居民在社区空间集聚起来，但与传统体制下形成的社区相比，社区内部具有更大的异质性。人们除了具有接近的住房支付水平，或接近的收入水平外，在职业、文化程度、生活方式、思想价值观上很难找到更多的相似之处，这也就造成了我国社区从单位制转向社区社会化、同质化的同时，社区内部的社会构成从某种程度上可以说出现了新的异质化倾向。现代社区中异质性的加强，需要人们探索建立团结和睦的社区人际关系的新思路③。

与此同时，现代通信技术和网络技术的快速发展，虚拟社区（Virtual community）正悄然兴起。人类的生活空间不再仅仅是可以感受到的现实实体，而是扩展到由数字符号、通信技术、计算机技术等一系列电子技术所构成的虚拟网络空间。这种虚拟社区的人际交往互动也不再依赖于肢体动作、面部表情、语言语调等现实社会的交往条件，而是通过文本、数字、符号来互动交流，并且具有明显的超时空性、虚拟性等特性④。尽管虚拟社区与实体空间没有直接关联，但是，由于虚拟社区对人类的个体行为、意志表达、生活方式及社会意识产

---

① 饶会林. 城市经济学［M］. 大连：东北财经大学出版社，1999；周立彩，陈鸿宇. 城市化进程模型新探［J］. 岭南学刊，2001（05）；屈晓杰，王理平. 我国城市化进程的模型分析［J］. 安徽农业科学，2005（10）；张佰瑞. 城市化水平预测模型的比较研究：对我国2020年城市化水平的预测［J］. 理论界，2007（04）；朱铁臻. 中国特色的新型城市化道路［J］. 北京规划建设，2008（05）.

② 张鸿雁. 侵入与接替——城市社会结构变迁新论［M］. 南京：东南大学出版社，2000：306.

③ 王颖. 城市社区的社会构成机制变迁及其影响［J］. 规划师，2000（1）：24.

④ 黄少华. 论网络空间的社会特性［J］. 兰州大学学报：社会科学版，2003（3）：62-68.

生重大影响，从而对现实社区产生影响和反作用，因此在未来社区研究中成为不可忽视的因素，二者是互补而非取代的关系。网络社区是一种对现有生活方式的冲击，同时，它也是对现实社区概念的拓展[①]。正如M·卡斯特指出："空间转化（spatial transformation）必须被摆在一个更广的社会转化的脉络下来理解：空间不只是反映（reflect）了社会，同时也表现（express）了社会，也是社会的基本向度之一，空间无法从社会组织及社会变迁的整体过程中被分离出来……社会关系的特色则是同时被个体性（individuation）与社区共同性（communalism）影响[②]。虚拟社区与实质存在社区（physical communities）因密切互动而发展，在集合过程中，这两者备受那些快速成长的个体化的工作、社会关系以及居住习性的挑战。"[③]

目前城市居住空间的现实状态与社会结构转变的客观需求之间差距甚远，原有的居民活动模式趋于瓦解，而适应新需要的居住空间、环境设施、社区管理服务体制以及居民的社区归属感尚未形成。原因在于，当代的城市居住小区既没有共同的血缘基础，也缺乏共同的精神纽带。即使是计划经济时代的单位大院，虽存在着业缘关系，在共事的过程中培养了一定的感情，在单位管理机构，如工会等的组织下，形成业缘社区，但是，一旦单位解体，这种业缘社区也会迅速瓦解。原因在于这种建立在业缘之上的小区，缺乏深层次的维系纽带和共同价值取向。

第二节　中国社区传统的重建

社区作为社会整体的子系统，其发展状态对于社会的良性运行与协调发展具有重要的影响作用。社区自身的协调与发展和社区间的相互协调与发展，是维系社会动态平衡的关键要素。习近平同志在党的十九大报告中提出："加强社区治理体系建设，推动社会治理重心向基层下移，发挥社会组织作用，实现政府治理和社会调节、居民自治良性互动。"

回顾中国近代社会发展，20世纪初的"乡村建设"运动是对"五四运动"以来对中国传统的批判与反思后做出的对社区传统重建的初步探索。20世纪80年代以来，西方发达社会形成一股向社区回归的潮流。如果说这是西方社会经历工业现代化之后，对"技术理性"导致"人的异化"等社会问题的一种物极必反的被动反应，那么当代中国社区重建则是在认清西方发达社会的发展弊病后的自觉选

① 周德民，吕耀怀. 虚拟社区：传统社区概念的拓展［J］. 湖湘论坛，2003（1）：68.

② 此处的个体性指赋予个性，而社区共同性指涉地方自治体、社区共同体与公共的、共享的、共有的意涵。

③（美）曼纽尔·卡斯特.21世纪的都市社会学［J］. 刘益诚译. 国外城市规划，2006（05）：93-100.

择。改革开放以来，随着计划经济向市场经济转型，社区重建以及由此所带动的社区理念和人文精神的复兴，不仅可以弥补当前社会功能制度的空缺，也是“打造共建共治共享的社会治理格局”的必要途径。社区传统的重建关键在于社区共同信仰价值观的重新建立。

一、20世纪初“乡村建设”的探索

对于内忧外患的清末民初而言，儒家伦理统治下典型的农业型经济和农村性社会是中国问题的根本之所在，当时的社会有识之士纷纷以农村为突破口寻求国家出路。以开展乡村自治、合作社和平民教育活动为主要内容的乡村建设，最初萌芽于1904年河北省定县翟城村米春明、米迪刚父子的“村治”活动，掀开了“中国近代乡村自治之先河”①，其后的重要发动者尚有王鸿一、杨天竞等。米迪刚于1901年留学日本，学成归来后，借鉴日本乡村自治建设的经验，为翟城的乡村自治实验注入更多的现代因素。米迪刚认为，地方自治是全国农村复兴的根本，而乡村则是地方自治的根基，村级社区的机构（特别是在强迫教育和农业信贷方面）足以形成一个乡村社会的新基础。他以儒家“大学”之“三纲”（明德、亲民、止善）“八目”（格物、致知，正心、诚意，修身、齐家，治国、平天下）为学理根据，以宋代蓝田吕大忠《吕氏乡约》为范式，同时，吸取了日本乡村的自治思想，提出了一系列新的乡村改造方案：村治应该以2000～4000人为标准，每村选举村长一人，兼充村学师，负责村务管理、卫生、教育、乡约等事务②。此后，斐以礼（Joseph Baillie）创立的金陵大学农学院所进行的农村活动开始了真正意义上的乡村建设，并引起了中国某些知识分子与美国康乃尔大学等某些团体和个人的合作，开始从事中国农村的建设活动③。王鸿一等人于1929年在河南设立了村治学院，形成所谓村治派，提出了实行乡村自治的理念。他们明确表示，成立村治学院的目的在于：“研究乡村自治及一切乡村问题，并培养乡村自治及其他服务人才，以期指导本省乡村自治之完成。”④

以梁漱溟为代表的“乡村建设派”受到米迪刚、王鸿一等人的影响，于1931年6月在山东邹平组建“山东乡村建设研究院”，开展乡村建设运动。梁氏的“乡村建设”是基于他对当时中国乡村社会现状的认识。通过比较中西文化，梁氏认为中国旧时社会不同于西方个人本位及阶级对立型之社会，应该属于伦理本位社会、职业分立之社会。因为是伦理型社会，重视社会关系，重视情谊，亲

①（美）费正清．美国与中国［M］．张理京译．北京：世界知识出版社，2001：53.
② 罗丹妮．翟城米氏父子的乡村自治之梦［J］．中国改革，2008（08）.
③ 泰勒（J·R·Tayler）论中国的乡村运动［J］．乡村建设，1934，4（7，8）：35.
④《河南村治学院组织大纲》，《河南省政府公报》第852号。转引自郑大华．民国乡村建设运动［M］．北京：社会科学文献出版社，2000：93.

亲尚礼，故而不以个人权利为先，彼此互以对方为重，置身一国之中，则将一家之伦大而化之，但有君臣、官民之义，而无所谓国家团体等集体概念。在他看来，这正是社会文化在中西碰撞中失败的原因之一。“五四运动”之后，西方文化的输入不仅没有使中国的状况变得更好，反而造成了一个东不成西不就的尴尬局面：“在此刻的中国社会，就是东不成、西不就，一面往那里变，一面又往这里变，老没个一定方向。社会如此，个人也是如此；每一个人都在来回矛盾中，有时讲这个道理，有时讲那个理。在这样的一个社会中，大家彼此之间，顶容易互相怪责。”[①]他认为：“今日中国问题在其千年相袭之社会构造既已崩溃，而新者未立；或说是文化失调。”又说：“中国问题并不是什么旁的问题，就是文化失调——严重的文化失调，其表现出来的就是社会构造的崩溃，政治上的无办法。”[②]造成如此局面的主要问题并不在外部，而是来自内部。正是基于这样的思维方式，梁漱溟希望能以儒家传统为“根本精神”，重新创建平稳的社会秩序。此社会秩序是“从理性上慢慢造成的一个秩序，仿佛是社会自有的一种秩序，而非从外面强加上去的”[③]，此秩序即其所谓的“新礼俗”。“所谓建设，不是建设旁的，是建设一个新的社会组织构造，即建设新的礼俗。为什么？因为我们过去的社会组织构造，是形著于社会礼俗，不形著于国家的法律，中国的一切一切，都是用一种有社会演习成的礼俗，靠此习俗作为大家所走之路（就是秩序）。”[④]

在具体措施上，梁漱溟将解决问题分为四大段：一乡村组织，二政治问题，三经济建设，四最后建成的社会，乡村自治仍是其中心任务之一。他指出：“我们说到地方自治，必须注意而不可忘记的是：‘地方自治’为一个‘团体组织’，要过‘团体生活’，实行地方自治，就是实行组织团体来过团体生活。”[⑤]梁漱溟先生所建构的乡村组织涉及乡约与乡农学校两个重要概念。他借鉴中国传统的“乡约”文化来设计农村社会的基层组织——乡农学校，既走标准的儒家路线，又化其消极彼此顾恤为积极有所作为。邹平推行地方自治的具体办法是以“村学”、“乡学”作为乡村的自治组织，实行“政教合一”的自治制度。这样的“乡学”有两个功能，即有教育的功能及基层组织的功能。在理念上，梁漱溟并不认为自己所建构的社会组织和政治制度有多大的冲突和对立，反而要用学校的方式来统摄行政组织，把它们设计为乡村自治组织的核心。这种思路把明清时期用政

① 梁漱溟. 乡村建设理论（《梁漱溟全集》第二卷）[M]. 济南：山东人民出版社，1990：207.

② 梁漱溟. 乡村建设理论（《梁漱溟全集》第二卷）[M]. 济南：山东人民出版社，1990：150.

③ 梁漱溟. 乡村建设理论（《梁漱溟全集》第二卷）[M]. 济南：山东人民出版社，1990：495.

④ 梁漱溟. 乡村建设理论（《梁漱溟全集》第二卷）[M]. 济南：山东人民出版社，1990：276.

⑤ 梁漱溟. 中国之地方自治问题[M]//梁漱溟. 乡村建设论文集. 山东乡村建设研究院，1934：109-110.

府统摄乡约的基本结构完全反转了过来，是用社会来统摄政治。梁漱溟强调，他的这套乡约与明清时期政府强制推行的乡约不同，不附属于政治，而是完全从民间发起，甚至可以乡约这种社区组织为基础建立各级政府。

乡村建设运动在20世纪30年代逐渐汇聚成为波澜壮阔的时代潮流。随着工作的进展，乡村建设运动对农村问题的关注由点到面，涉及“政、教、富、卫”等方面。1933年7月、1934年10月、1935年10月，从事乡村建设的主要团体代表分别在山东邹平、河北定县和江苏无锡召开乡村工作讨论会，参加会议的团体由35个增加到76个、99个，出席会议的代表由60余人增加到150人、170余人，可谓规模盛大，乡建运动已经蔚为大观。

尽管当时社区理论在西方国家方兴未艾，在中国却刚刚进入理论界的视野，但是，他们这种根植于本土的寻求乡村自治的实践，其实质与社区理论是相耦合的。作为20世纪30年代中国救国之路的一种探索，“乡村建设运动”的失败已是不争的事实，梁漱溟也坦承：“我诚然错了。”[①]的确，中国当代社会的转型应归功于与“乡村建设”截然不同的革命路线，但是，“乡村建设运动”结束八十年后，中国社会仍然缺乏“团体组织”的根基，中国社区建设问题到今天仍然没有得到很好的解决。在现代社区中，如何塑造共同信仰的载体，仍是当代社区建设中亟待破解的难题。

二、社区传统对当代社区重建的启示

在唯物至上充斥日常生活的每一个角落的现代社会，以理性引导的“祛魅”（Disenchantment）过程使传统社区纽带也渐渐失去存在的空间。当我们在复杂庞大处处充满着技术魅力的社会中寻找这种社区状态时，只能将目光投向那些传统社区，回味那温情脉脉的生活情致：人们关系密切，出入相友、守望相助、疾病相抚，有着浓郁的生活气息，人与人之间以及人与生活环境中的一草一木都具有强烈的认同感。另一方面，在当代社会之工具理性价值观的引导下，原本已生活于都市中心的居民与传统街区，由于自身所衍生之独特小区文化与所展现的地方活力，似乎正逐渐脱离原先传统的生活价值观，或者在现代社会的排斥与忽视社区文化的主体性之下，其生活更显封闭与自主。这种城市旧区往往房屋破旧，基础设施落后，环境恶劣，生活物质质量低下而沦落为城市改造的对象。

对于社区传统来说，共同信仰是最重要的因素。因为传统之所以被称为传统，往往由于这些传统有一种神圣的感召力，希尔斯把这现象叫作传统的克里斯玛（Charisma）特质，即传统所具有的某种权威性和神圣性。他指出：“无论

① 梁漱溟. 我致力乡村运动的会议和反省［M］//梁漱溟. 梁漱溟全集（第七卷）. 济南:山东人民出版社，1993：428.

其实质内容和制度背景是什么，传统就是历经延传而持久存在或一再出现的东西，它包括了人们口头和用文字延传的信仰，它包括世俗的和宗教的信仰，它包括人们用推理的方法，用井井有条的和理论控制的知识程序获得的信仰，以及人们不加思索就接受下来的信仰；它包括人们视为神示的信仰，以及对这些信仰的解释；它包括由经验形成的信仰和通过逻辑演绎形成的信仰。”[①]如果没有共同信仰的因素掺入，能否形成真正的社区，是值得人们存疑的。即使缺少信仰的成分，也必须融进崇拜的精神，才能凝结为传统。中国传统社区中的祖先崇拜和民间信仰，用儒家思想编织起来的纲常伦理，对社区结构和文化传承来说就是一种具有权威性的传统，但是，由于缺乏对道德本原作哲学性探讨，它里面的崇拜的成分大大超过信仰。因此，对于社区传统的继承，要“有鉴别地加以对待，有扬弃地予以继承”，正如习近平总书记在在纪念孔子诞辰2565周年国际学术研讨会暨国际儒学联合会第五届会员大会开幕会上的讲话中提出的：“传统文化在其形成和发展过程中，不可避免会受到当时人们的认识水平、时代条件、社会制度的局限性的制约和影响，因而也不可避免会存在陈旧过时或已成为糟粕性的东西。这就要求人们在学习、研究、应用传统文化时坚持古为今用、推陈出新，结合新的实践和时代要求进行正确取舍，而不能一股脑儿都拿到今天来照套照用。要坚持古为今用、以古鉴今，坚持有鉴别地对待、有扬弃地继承，而不能搞厚古薄今、以古非今，努力实现传统文化的创造性转化、创新性发展，使之与现实文化相融相通，共同服务以文化人的时代任务。”

（一）传统宗族社区的现代转型

尽管宗族组织在近代受到了强烈的冲击，但是这种基于人类最基本的生物结构的社区纽带却是难以割裂的。改革开放以来，宗族组织在乡村社会的重建已成为客观事实。但就其内部结构的发展水平而言，无论哪一地区的宗族都远不能与传统宗族相比。因此，有学者将这一重建过程称为传统宗族发展史的一个“后宗族”阶段或转型阶段[②]。总体而言，这个阶段的宗族发展呈现以下几个特征：

1．宗族功能的日渐萎缩

在传统中国社会，宗族组织不仅直接限制着族人的行为，也主宰着乡村的政治，村社的主事与宗族领袖的重叠是宗族村落的共相。然而，近几十年来，教育的平民化以及国家行政力量对民间生活的严密控制，加之都市生活观念的濡化，使民间权威人物失去了活动的舞台。此外，在村民的日常生活中，由于经济结构的根本改变和民主制度的推行，从村社领导的选举到公共事务的决策，乃至家庭

① （美）E·希尔斯．论传统［M］．傅铿，吕乐译．上海:上海人民出版社，1991：21-22.
② 钱杭，谢维扬．传统与转型：江西泰和农村宗族形态［M］．上海：上海社会科学院出版社，1995：46.

纠纷的解决，民主平等和法律意识逐渐在宗族社会中为民众所接受。

2．宗族意识的趋于淡化

传统宗族功能的萎缩、整合人际关系权力的丧失，使都市村民的宗族意识日趋淡化。传统祭祀仪式等一系列宗族活动为宗族的凝聚提供了一种集体的象征。共同的崇拜、共同的仪式凝聚了村民的共同信仰和共同利益。而今，虽然在20世纪80年代以来很多地方恢复了以祭祀祖先为核心的宗族生活，或修撰族谱，或重建祠堂，神龛、祭品也再度遍布家居厅堂，门口土地和门官土地安置处还终日有香火相伴，但是，功利与精神的需求更多的是在私人空间加以传达。特别是在城市边沿的村庄或城中村，宗族生活必将化作一个都市观念改造下的文化躯壳，从而远离其传统的载体，成为乡村都市化进程中此类社区特有的过渡性文化现象①。

3．宗族结构的文化转型

随着当代宗族社会功能的萎缩和宗族意识的淡化，宗族更多地以一种文化的形态存续下来。这不仅仅是因为从总体上说宗族已退景成乡村社会制度的“底色”之存在，即使今日那里的“宗族”组织得以重新确立，它的存在和作用至多也只是准制度性的；更重要的是，这种乡村制度变迁并不是一时性的、非社会结构性变动的“台景”式变迁，也就是说，这种变迁是与清末以来日益膨胀的近代“世界体系”射程内的中国社会结构性变动相伴生的。“无论它是否具有组织形态、是否在一定时期的特定条件下还具有显功能（甚至可以是综合性的），但它都已经是后制度性的、主要存在于传统文化中的‘宗族’了。”②作为宗族要素之一的族谱，成为人民保存记忆的一种方式，当下仍被推崇，但是一些宗族在重修族谱中已经将女性后裔及儿媳纳入谱系③，这不仅是对当下人口政策的应对，更是对传统宗族文化的开放性革新。无论是“制度性的宗族”时期，还是“后制度性的‘宗族’”时期，“政治、经济的外力作用并没有能够真正改变祭祖仪式中内化了的理念，中国人祭祖和内心之慎终追远的缘由本质上已是理念的、意识的和无意识的。”④这是宗族社区得以在社会结构变迁中成功文化转型的深层原因。美国汉学家孔迈隆（Myron L. Cohen）在讨论中国家庭和现代化时，把家庭的理想、观念和价值等进行分类，其中一种为“终极期望”，如家庭的大小及其延续；一种为“生活经营”，紧密连接着传统社会秩序和实际生产组织的。他认

① 孙庆忠．乡村都市化与都市村民的宗族生活：广州城中三村研究［J］．当代中国史研究，2003（10）．

② 阮云星．义序调查的学术心路［J］．广西民族学院学报：哲学社会科学版，2004（01）．

③ 据《孔子世家谱》续修工作协会介绍，孔子后裔中的女性首次被允许进入家谱。详见董学清，何柳．孔子女性后裔首次入家谱［N］．人民日报（海外版），2006-07-24（04）．

④ 庄孔韶．银翅［M］．北京：生活·读书·新知三联书店，2000：250.

为“现代化不是全盘否定传统模式……‘生活经营’和‘终极期望’都表示广泛的价值观和行动的安排；至少在某些方面两者都含有不但与现代化相符合，甚至有帮助的因素。现代化会引起两者大小不同的变化，但文化变迁是新旧的混合，所以结果仍是具有特殊的文化色彩。”①家庭的“终极期望”契合了社区的延续性，而“生活经营”则直接与个人及社会的发展紧密关联。

（二）民间信仰在社区重建中的合理性地位

民间信仰在社区重建中的问题远比宗族社区来得复杂，首先面临的就是民间信仰存在的合理性问题。由于历史的原因，民间信仰在现代社会中处于尴尬的地位。20世纪初期，中国社会精英为了国家的“救亡图存”而借助西学的学术权威改造中国的基层社会，把包括民间信仰在内的基层文化和价值观界定为愚昧落后的迷信，把民间信仰视为应该从中国社会清除的对象。这些政治批判和意识形态批判的话语在当时有利于迫使民众改变文化结构、接受新文化，在总体上推动中国从传统向现代的转型，但是它也造成了对民间“小传统”的严重破坏。今天，我们有必要反思关于“民间信仰”的学术所承载的正反面意义，反省通过贬低、压制而维护文化和政治秩序的知识生产机制，创造民众之间通过交流和沟通而达致相互理解、相互适应的公民社会机制。

所幸社会学界已有学者将民间信仰置于非物质文化遗产的话语中加以理性考察与研究②。他们洞察民间信仰与非物质文化遗产水乳交融的关系，以广义的社会理论为依据梳理中国民间信仰的历史演变，调查民间信仰的当前状态，反思关于“民间信仰”的表述与现代学术和政治的关系，探讨把它转变为建构民族国家内部正面的社会关系的文化资源的可能性和方式。研究民间信仰，在经验的层次，是调查、描述、理解民众在日常生活中的仪式活动及其相关的组织和观念；在理论的层次，是要换一个角度认识中国近现代以来的社会史、思想史、政治史和学术史；在实践的层次，是要厘清民间信仰与国家的文化认同和公民社会（社区）建设之间的密切关系③。这个视角不仅拓展了民间信仰研究的思路，或许还可以为民间信仰在社区重建中重新获得合理性地位提供必要的理论依托。

① 孔迈隆．中国家庭与现代化：传统与适应的结合［M］//乔健．中国家庭及其变迁．香港：香港中文大学社会科学院暨香港亚太研究所，1991：15-23.

② 刘锡诚．非物质文化遗产的文化性质问题［J］．西北民族研究，2005（1）:131-139；高丙中．作为非物质文化遗产研究课题的民间信仰［J］．江西社会科学，2007（03）：146-154；向柏松．民间信仰与非物质文化遗产保护［J］．中南民族大学学报：人文社会科学版，2006（05）：66-70.

③ 高丙中．作为非物质文化遗产研究课题的民间信仰［J］．江西社会科学，2007（03）：146-154.

三、重建有“神”的社区传统

一个具有活力的社区需要具有共同的社区之“神”。按迪尔凯姆的说法，社区共同体的“神”就是它的集体仪式和由这种仪式产生的集体意识（collective consciousness）或集体良知（collective conscience）①。他认为“集体意识”是社群中比较一致的信仰和情感，而且他也强调指出，如果“一种现象具有集体性，它或多或少是带有强制性的。”②迪尔凯姆的学生哈布瓦赫（Maurice Halbwachs，亦译哈布瓦奇）秉承了他的思想，认为亲属关系、宗教和政治组织、社会制度都是构建集体记忆过程的一部分，集体记忆就不仅仅是对过去事件的回顾和描述，而是对过去的“重构”③。对于这样的社区之“神”，我们很容易联想到西方的宗教。在西方的生活世界里，宗教是很重要的一部分，教堂自然而然地成为社区中的重要元素之一。

（一）对制度性宗教社区再认识

在技术理性的奴役下，西方社会由于存在“物化”结构，人被“物”牢牢控制，从而丧失了主体意识，在“技术理性”的压抑下沦落为生活于其中的人，成为只有物质生活、没有创造性的，丧失否定、批判和超越能力的“单向度”的人④，并破坏了人与人、人与自然的和谐关系，产生了社会危机和生态危机。美国是发达国家中宗教色彩最为浓厚的国家⑤，面对这样的危机，美国社会试图从宗教信仰寻求应对之道。20世纪90年代以来，随着世俗选择的崩溃和“婴儿潮”一代向宗教回归，一个影响深远的再觉醒运动在美国兴起，《华盛顿邮报》记者查尔斯·特鲁哈特（Charles Trueheart）称之为“新教堂”运动。“新教堂”从5个基本方面重新定义了社区的性质和作用：对领导力和领导力发展的强调、同伴学习网络、文化关联、强调在社区范围内满足个人的需要，以及努力争取外人的加入⑥。特鲁哈特认为，“新教堂”是“这个冷漠透明的国家里，整个一代人可

---

① Durkheim E. The Elementary Forms of the Religious Life [M]. Trans. by J.W. Swain. N.Y.: Free Press, 1965: 492.

②（法）迪尔凯姆. 社会学方法的规则［M］. 胡伟译. 北京：华夏出版社，1999：9.

③（法）莫里斯·哈布瓦赫. 论集体记忆［M］. 毕然，郭金华译. 上海：上海人民出版社，2002：95-280.

④（美）马尔库塞. 单向度的人：发达工业社会意识形态研究［M］. 刘继译. 上海：上海译文出版社，1989：32.

⑤ 1990~1993年间进行的一项国际性调查显示，在受访者中，82%的美国人认为自己是“信仰宗教的人”，而英国、德国和法国，比例分别是55%、54%和48%。尽管这个比例可能没有这么高，因为受访者在回答民意调查员的问题时总想表现得比平时更信仰宗教。即便如此，美国信仰宗教的人数比例与其他发达国家相比，仍然处在一个很高的水平上。详见The Counter attack of God [J]. The Economist, 1995(7): 19.

⑥（美）德鲁克基金会. 未来的社区［M］. 魏青江等译. 北京：中国人民大学出版社，2006：37.

能知道或者可能找到的、最接近社区并且可能是最重要的民间机构。”[1]美国城市复兴委员会的高尔斯顿（William A. Galston）和彼得·莱文（Peter Levine）指出：“在美国，以教堂为纽带的团体是公民社会的支柱，有半数的美国人卷入其中（其他工业化民主国家，这一数字平均仅为13%）。宗教社团给人们捐款、接受援助、举行会议、为其他协会招收会员、为获悉公共事务的信息提供了渠道……民意调查显示，这类组织的成员往往与选举、志愿活动、慈善事业及政治活动相关联。”[2]

那么，美国的“新教堂”运动是否可以成为中国当代社区建设的借鉴呢？早在1872年，美国传教士明恩溥（Arthur Henderson Smith）来华传教，他认识到，要接触中国社会的各个阶层，才能了解中国，扩大基督教的影响。在他的视野中，当时的中国村落社会生活的缺陷是全面、严重同时又是显而易见的，对这些问题的解决“或许有多种改进的力量能够获得不同程度的成功，但在事实上，就眼前所知，唯有一种力量一直在发生作用，这就是基督教”[3]。在他的不断努力下，在华北地区发展了相当数量的教徒。

但是，基督教在中国社会并没有取得更广泛的成功，其原因在于，不同民族都生活在自己的特定的地理环境与文化传统之中，有自己独特的语言、思维、观念、习俗、制度和规范，会形成本民族独特的集体意识与文化传统。明恩溥以西方的准则和标准来衡量和观察中国的社会现象，在对中国村落社会生活的观察上，他的观点和看法具有较大的片面性，他所观察到的事实本身与其所形成的结论严重背离，这种背离一定程度上反映了中西文化的差异，从而产生了由于一种带有偏见的观察而得出的具有明显倾向性的结论。他的观点和看法的偏见实质上是文化以至种族的偏见，反映了西方主流社会的价值观，企图通过在中国乡村社会的传教促使中国基督教化，体现了西方列强殖民主义的价值取向[4]。

回顾更早之前也曾经高举“上帝”大旗的太平天国运动的失败，似乎也已经验证了这一点。以洪秀全为代表的太平天国站在西方基督教的立场上，否定和反对以儒、佛、道为代表的中国传统文化，著名的维新派梁启超在总结太平军失败的原因时认为：“洪秀全之失败，原因虽多，最重要的就是他拿那种四不像的天主教作招牌，因为这是和国民心理最相反的。”[5]这里的“国民心理”，也就是中华民族的“集体意识”。

① Charles Trueheart. *Welcome to The Next Church* [J]. The Atlantic Monthly, 1996(8).
② William A. Galston & Peter Levine. *American's Civic Condition: A Glance at the Evidence*. The Brookings Review, 1997: 25.
③（美）明恩溥. 中国乡村生活［M］. 午晴，唐军译. 北京：时事出版社，1998：335.
④ 李颜伟.《中国乡村生活》解读［J］. 天津大学学报：社会科学版，2003，5（1）：63-67.
⑤ 梁启超. 中国近三百年学术史［M］. 北京：东方出版社，1996：122.

（二）重建具有“集体意识”的新社区

对于社区来说，不同层面的社区具有不同层次的“集体意识”。现代中国的社区不外乎三个范畴：对于整个中华民族来说有历史文化“大传统”；对于各个民族也有自己的民族文化传统；具体到各个地域则是社区文化“小传统”。三者之间既有包容性，又有互补性。在传统聚落中，社区之“神”更直接表现在“小传统”之中，同时它也是最古老、最接近“集体无意识”的原型。人类生活在地球上的时间至少已经有3.5万年，而所有的制度化宗教没有超过3500年的。人们在大部分的时段里靠这种“原始”的仪式或信仰支撑着精神和道德生活。这一点从前文对“前聚落时代”及聚落的形成与发展过程的追溯业已得到证实。

当代社会呈现价值观多元化的倾向，人们一方面追求自我价值的实现，另一方面，人们的行为又受到“集体意识”的潜在指引。动机是产生行为的内部驱动力，而驱动力的产生则基于人的多层次需求。20世纪30年代以来，心理学研究提出了一系列关于人的需求的理论，其中以美国著名人本主义心理学家马斯洛（Abraham Maslow）的“需求层次”（hierarchy of human needs）理论最具代表性①。马斯洛把人的需求划分为五个层次：生理的需求、安全的需求、归属与爱的需求、尊重的需求以及自我实现的需求（图4-1）。根据马斯洛的需求五层次理论，人在生理需求得到基本满足以后就将逐级出现更高层次的安全需求、归属与爱的需求、尊重的需求以及自我实现的需求。马斯洛的需求层次理论具有直观逻辑性和易于理解的特点，因而得到了普遍认可。遗憾的是，该理论还缺乏任何实证材料的支撑，一些试图寻求该理论有效性的研究也无功而返。

总体而言，马斯洛的需求理论是以个人价值追求为基本前提的，这是人类追求现代性的一面，然而，我们也应当看到，人类也一直有持守传统，“克己复礼”的一面。用中国传统的阴阳理念审视这两股潮流，前者就是“天行健，君子以自强不息”，后者则是“地势坤，君子以厚德载物”。前者是主流社会的时代精神，后者则是民间社区的传统价值。从现代性的角度看，社会满足人对功名利禄和发展创新的追求；社区满足人们对于安全稳定和永恒不朽的追求。人类既有个体性也有社会性。从个体角度看，生命

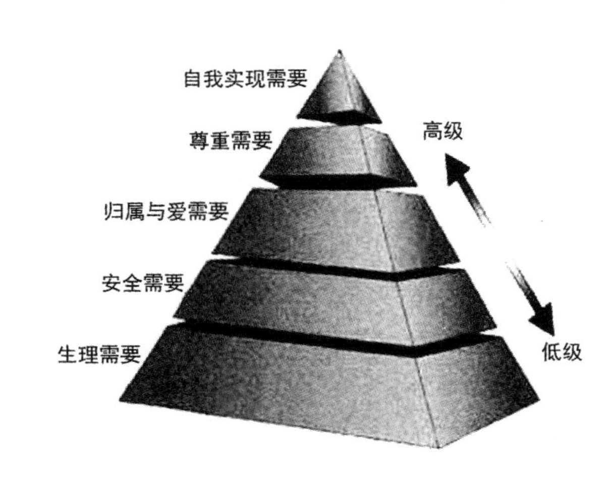

图4-1　马斯洛的需求层次示意图

①（美）马斯洛. 动机与人格［M］. 北京：华夏出版社，1987.

有限，时光如箭。它如同我们用的公历，每一天都一去不返。在这种时间观下，个体要用最好的时光去建功立业，追求最好的东西，“莫等闲、白了少年头，空悲切”。大家都这样做，社会就有了现代性。但社区共同体（包括家族、民族或地方群体）不是生物体而是超有机体。它的生命是无限的人文关怀。它讲究的是绵延永续、承先启后和继往开来。它的时间观不是线性的而是循环往复的。中国的农历和藏历所用的干支纪年，就是这样的循环时间观[①]。个人欲望与社会规范之间存在着冲突的一面，两者必须在社区中找到平衡。只有这样，人的两种追求才能得到最好地满足。

一个人对自身的居住环境必须拥有社区的认同和母爱般的关怀，才可能形成自身强大的活力和爱抚养育的功能，也正是在这样的基础上，人类的进一步发展才成为可能。新人文主义者埃莫森（Ralph Waldo Emerson）说：“有两条法则并立而行且不可调和，这就是人的法则和物的法则。后者建立城镇和舰队，但它野蛮疯跑，并且对人极不友好。”[②]物的法则就是理性法则、“社会”法则，人的法则就是人文法则、“社区”法则。现在整个人类要从物的法则回到人的法则，从理性法则回到人文法则，即从社会回到社区。L·芒福德也指出：“我们如今称为道德的东西即发端于古代村民们的民德和爱抚生灵的习俗。当这些首属联系纽带松懈消失，当这种亲切、明显的社区，不再是一个警醒的、有自身特点同时又有共同忧虑的团体时，‘我们’这一概念就将变成为由无数个‘我’构成的乌合之众。”[③]只有通过重建社区“集体良知”，恢复人与人之间及人与环境之间的平衡互惠的意识，使人们基于文化或地域认同，或出于对祖先和自然的感戴而做的超越眼前功利的活动及其结果。它是一种群体责任感和回报恩惠的道德义务感。个人出于对共同体的责任感而投身于它的活动，表达自己的认同，那样的社区就算是有“神”的[④]。

第三节　境域营造：中国聚落形态的传承策略

居住不仅仅意味着一个遮风避雨的庇护所，它还意味着人在特定的环境中寻求“定居”的过程。这个特定的环境不仅仅指物质环境（即自然与人工环境），还包括社会环境。而构成这种环境意义的，即居住的精神要求的方式，不仅包括对物质环境的定向，同时也包含有对社会环境的认同。社区的概念所反映的人们

① 张海洋．中国社会转型期的民间文化研究［J］．民间文化论坛，2007（02）：11-15.

② J. David Hoeveler. *The New Humanism: a Critique of Modern America, 1990-1940* [M]. Charlottesville: University Press of Virginia, 1977: Pix.

③（美）刘易斯·芒福德．城市发展史：起源、演变和前景［M］．宋俊岭，倪文彦译．北京：中国建筑工业出版社，2005.

④ 张海洋．构建和谐社会与重建有“神”的社区［EB/OL］．http://blog.sina.com.cn/zhanghaiyangblog.

对特定的地域的感情和归属，正是这种认同和定向的具体表现。社区就是在一定地域范围内具有共同“集体意识”的群体的相互交往，相互影响，并形成具有共同的利害关系的价值准则。在社会学上，社区强调作为社会进步意义的基本单元对人类心智成长的影响；在心理上，社区要求居民具有共同的归属感，共同的利益关系及共同的心理认同，建立普遍意义的行为规范和道德准则；在居住环境上，社区应该具有丰富的层级性（hierarchy）、空间的多义性（diversity）和明显的领域性（domain），从而营造出具有可识别性的境域空间。

一、延续社区空间的层级性

社区是我们的情感和行为归属的场所，传统与现代跨时空的耦合就在于城市更新回到人的尺度，人们的居住空间为满足综合性需求而富于层次。传统聚落形态表现出丰富的空间层级，从公共空间到半公共空间再到私密空间，层级分明，层次丰富。未来社区的硬件将摒弃集约化生产造成的城市空间机械分裂格局，进一步探寻城市公共空间—社区公共空间—街巷空间—宅院空间等新的符合新时代需求的层级空间。

城市街巷对城市空间进行形态上的划分，是居民体验城市的直接要素，也是城市肌理的物化表征。前文的分析可以看出，泉州城区蕴含“城池—隅图—铺境—宅院”的层级结构。各层级空间又存在“中心—路径—领域”的水平结构，并受到中国传统的“井图式”宇宙观“同构现象”的影响形成城市住区的层级结构。

在官式大厝与手巾寮夹峙而成的街巷中，官式大厝南向而坐，数座手巾寮与之隔街相对。“这种大小悬殊而混杂布置在一条街巷的布局形式成为泉州老城的特殊肌理，与福州的三坊七巷布局存着显著差别。”[①]这种特殊的组合构成街巷丰富的界面，也构成城市鲜明的肌理。它反映了封建社会阶级差异对城市肌理的影响。相对而言，虽然官式大厝与手巾寮的尊卑位序依然分明，却可以出入相同，有无相济，在城市中已消除了贫民窟的意义，这在等级森严的古代社会，是很难得的。正如梁启超所指出的：“探玄理，出世界，齐物我，平阶级，轻私爱，厌繁文，明自然，顺本性，此南学之精神也。”[②]特殊的城市肌理蕴含着深刻的文化内涵，应引发我们对城市肌理延续性的思考。

在旧城更新过程中，完全沿用原有街巷的空间结构不太可能，也不能适应新的生活方式，但我们可以通过保留主要巷道的名称、走向和位置，合理保留次要巷道的手法来达到延续历史的目的，使人们对改造后的街坊保留原有的认知感，

① 福建省泉州市建设委员会. 泉州民居［M］. 福州：海风出版社，1996.
② 梁启超. 论中国学术思想变迁之大势［M］. 上海：上海古籍出版社，2006.

图4-2　泉州城南片区改造后社区空间

实现生活肌理的延续。在泉州城南片区的改造中，由于保留了原有巷道，一方面使得街坊的肌理得以存留，另一方面也体现了古城保护的真实性原则，实践证明这是成功的（图4-2）。

中国传统的民俗，也可以经过调整与现代化的进程相契合，并且其持续的内在力量在于其对传统的本体性需要，即历史感、道德感和归属感等的心理需求。从文化人类学角度看，人文环境景观对地方性和认同感具有至关重要的意义。建筑、民居、聚落和城市不能失去对传统社会心理的把握。因为失去对传统文化、生活方式和生存价值的体验、把握和理解，人类社会生活的延续性必将遭到破坏。文化人类学为建筑学科的发展和建筑目标的实现，提供了良好的启示和全新的视角。在面对自己的文化传统问题上，既要认识到传统的迟滞作用，即那些“帮助我们生活同时禁锢着我们而我们竟不知晓的东西”；也要充分关注各种创造与更新的行动和结果。

二、保持社区空间的多义性

传统社区空间为人们日常生活提供了多样的活动场所，根据人们的行为倾向大致可归纳为防卫空间、交往空间及礼仪空间等，分别从不同程度上满足了人们的生理需求、社会需求和精神需求。这些空间往往相互交叉重叠在一起，具有良好的空间多义性，它们之间以一种相当稳固的方式相互补充，包含丰富的空间层次。

在泉州铺境社区中，普遍存在着由官式大厝与手巾寮构成的社区，反映了泉州传统社区官民混居、市坊杂处的人居现象。[①]这种传统社区包含着丰富的空间多义性，并创造了丰富的空间层次，营造出生机勃勃的社区生活，它们是延续传统生活脉络的重要场所。如果这些生活场所一旦缺失，必将导致社区文化的失落、社区的稳定性和凝聚力的衰退，不利于城市结构的稳定和城市风貌的维持，

① 关瑞明．泉州多元文化与泉州传统民居［D］．天津：天津大学，2002.

所以在街坊的改造和更新过程中应尽量保持街坊空间的多义性。

简·雅各布对城市规划提出的观点颇有见地，她指出："（城市）规划迄今为止最主要的问题，是如何使城市足够的多样化。"她所指的多样化是指通过对多种功能活动的参与，从而使城市空间具有活力。她在《美国大城市的生与死》中说道："城市最基本的无处不在的原则，应是城市对错综交织使用多样化的需要，而这些使用之间始终在经济和社会方面互相支持，以一种相当稳固的方式相互补充。"①

空间的多义性首先必须关注对功能混合（multi-function）使用和密度的思考。经验表明，创造有活力和有效率的公共领域的关键因素之一，就是要在区域内实现不同土地用途的集中化和各种活动的重叠和交织。在这一方面，传统聚落空间提供了有效的经验。泉州的铺境空间主要通过保持街巷曲折且节点丰富的空间形态来获得。铺境空间综合了生活、生产和交往等多种功能，具有丰富的形态特征。继承传统社区的优秀品质，根据当今城市居民的生活需求，结合各种公共设施建立"生活街道"，是营造现代社区的重要途径之一②。

现代城市规划较多地采用直线的道路，这种去折取直的作法对于传统空间来说是致命的打击，所以新建的街巷也应选择走势大体为直而细部为曲的做法，达到空间多义性的目的。另外，对于铺境空间中原有节点，如水井、牌坊、水边空地、绿化小品的适当保留也会对丰富空间起到积极的作用。泉州东街原有大量的古树，它们是当地居民公共活动的中心，在改造过程中，这些古树得以保留下来，并结合街坊内的绿化步行系统，将这些历史地段、界面节点联系起来，将商业与居住类型结合起来，形成有机整体，为创造良好的空间环境起到积极的作用（图4-3，图4-4）。

图4-3　泉州东街改造中保留古树形成多义空间

图4-4　泉州东街下店上宅的街区形态

① 王建国．城市设计［M］．南京：东南大学出版社，1999：205.

② 王彦辉．走向新社区：城市居住社区整体营造理论与方法［M］．南京：东南大学出版社，2003：144.

位于廊坊市区西北部的万庄生态城，以可持续发展为目标，但并不是单一追求环境生态，而是以实现人文生态、环境生态、技术生态的整合为目的，使城市与乡村景观相辅相成，建造一个绿色环保、友好便捷、紧凑多样、生态节能的城市。在规划和开发中立足于环境生产、人的生产、物质生产，尤其是注重人的主体性存在，从而实现生产、生活、生态的和谐与平衡。

万庄生态城不是隔离农村的单一城市开发，也不是简单推倒重建式的新城开发，而是如建筑师齐欣所说的“城市中有农村，农村中有城市，城市不再是原来意义上的城市，农村也不再是原来意义上的农村”。开发中尊重原有地理、尊重原有文化、尊重原地历史，既将农村和城市作为一个统一体来考虑，区域中保留了大量基本农田，保留了万亩老梨树，保留了部分道路肌理，又充分考虑区域中的农业、农村、农民问题，统筹协调，和谐发展①。

廊坊万庄生态城传承了华北地区民居围合感与匀致性特点，通过空间的结构与重组，变化与复制，架构出了层次丰富的城市园林居住区域，使住宅建筑置于园林之中，自然形成各种公开、半公开、私密、半私密的空间组合，并以富于变化的街巷、道路、绿化网络贯穿连接，从而给居民提供了舒适、温馨，又不乏惊喜的居住环境。通过营造良好的步行与停留环境，使人们在其中真实地感知、体验城市，让公共场所成为社区生活发生器。在这种社区空间，传统的工作与休闲场所呈现了家庭的特征，用途、空间与本质相合并交织，提高了社区文化认同感②。

万庄生态城综合考虑了空间形态、产业发展和文化传承。空间形态以“混合－多元－生态”为目标，形成以村落为中心生长出来的城市组团。齐欣特别指出：“功能混用不仅是不同功能的混合，而且强调同一功能不同类型建筑的混合。”（图4-5）

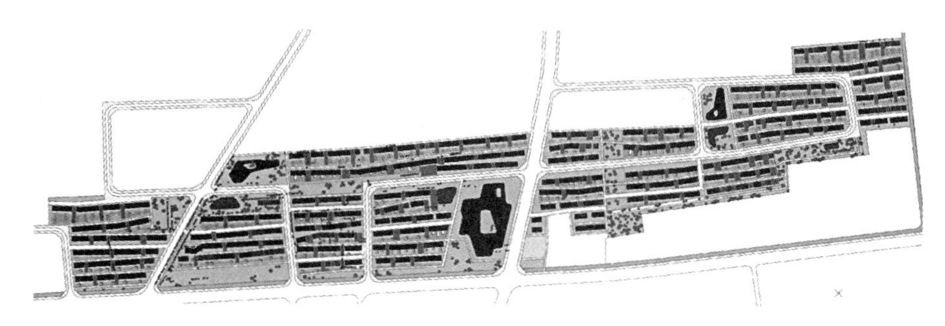

图4-5　廊坊万庄生态城2号地块城市设计平面图
（资料来源：齐欣建筑主页，http://www.qixinatelier.com.）

① 黄闽．城市的绿色概念：生态城市［J］．广西城镇建设，2008（09）：10-12.
② 杨林．三磊建筑：秉“可持续发展”更新城市［J］．城市住宅，2009（4）：100-102.

三、营造社区空间的领域性

社区交往空间领域的营造是城市居住社区整体营造的核心内容。这是因为，社区的本质在于“共同体”的形成与发展，而这有赖于共同的生活交往、共同的心理归属、相近的文化观念以及共同的地域基础。居住社区公共空间的建构过程是一个社会政治结构和社会文化生活的建构过程，其作用不仅是物质性的，更是社会性的。这种社会性的建构，应该是一个自下而上的过程。

“现代城市居住社区是市民社会的缩影，居住社区内公共空间营造的本质是社区市民社会的发展与完善的过程。”①这就决定了公共空间营造是一个政治关系、社会关系、文化关系和经济关系的整合及其在形态空间要素层面的反映过程。也就是说社区物质形态的公共空间是社区内社会、文化、政治、经济领域中“公共空间”的物化形态表象，诚如夏铸九所言：“……这里意味着：空间其实就是社会。”②因此，居住社区公共空间的建构过程是一个社会政治结构和社会文化生活的建构过程。其作用不仅是物质性的，更是社会性的。当今城市中的许多居住空间内所谓公共空间，它们通过高额收费或严格管理等手段只为少数“精英人士”开放，是非大众性，非共享性场所，因而是“伪公共空间”。它不仅没有促进社区内不同居民间的交往与社区整合，反而加剧了社会隔阂。

（一）空间层级的平衡渗透

实现居住社区公共空间的全部价值，一方面可以借鉴传统社区空间类型，对其进行积极合理的改造；另一方面，应该对社区公共空间进行科学持续的营造，使社区公共空间与私密空间之间达到相互平衡与相互渗透。

首先，公共空间与私密空间的平衡是实现社区居民主体间交往的基础，在此基础上才能形成社会网络及市民社会，而居民主体间交往的发生则以居民主体性的确立为前提。居民主体性的确立体现在居民居住私域（private field）的完善之中，它主要表现在两个方面：一是物质私域如居民居住空间面积、采光、通风、设备和能源等物质要求的满足；另一个是心理私域，主要指对居民隐私感、领域感和安全感等心理要求的满足。物质私域与心理私域在空间层面的体现，则是居民对私有空间的拥有与完善。私域（私有空间）的存在与完善是居民产生主体间交往，形成市民社会与公共空间的前提。正如克里斯托弗・亚历山大在《社区与隐私》中所言：“公共和私人空间一旦彼此分离，它们就在城市生活中开始扮演互补的角色：一个结构良好的城市需要二者兼备。”

然而，私域的过度扩张，同样会制约公共空间及其生活交往的形成与发展。

① 王彦辉. 走向新社区：城市居住社区整体营造理论与方法［M］. 南京：东南大学出版社，2003：137.

② 夏铸九. 公共空间［M］. 台北：艺术家出版社，1994.

这种现象在欧美发达国家尤为严重。由于自由市场经济的全方位渗透以及对物质消费、私有化的盲目追求，欧美发达国家城市越来越多的居民沉迷于物质私域的扩张，住房越来越火，公共交通被私人小汽车取代，公园中的身体锻炼被自家设施完善的健身房运动取代，公共场所的娱乐变成了家庭影院和电子设备的欣赏，土地被私人势力范围所划分等。公共空间不仅被挤压得支离破碎，而且也受到人们越来越明显的冷落。在这种背景下，“公共领域重新成为基本的关切点，以至寻找失落的各级公共空间几乎成了恢复城市活力的代名词”。[①]

其次，空间的层级性和领域感是实现社区居民主体间交往的必要条件。公共空间与私密空间是对一系列空间特质的两个极端的描述，从公共空间到私密空间的层级过渡，一系列具有中间性的、“灰色”的空间是创造完美的交往空间序列的必要媒介。基于人的心理需求的空间层次概念“私密空间—半私密空间—半公共空间—公共空间”被反复强调。日本建筑师对介于公共与私有空间之间的“缘侧”空间的强调，荷兰建筑师兼教育家赫茨伯格对于“中间领域”、“两者之间”概念的阐释与实践等，均有力地证明了公共空间与私有空间序列中的过渡与渗透关系。

公共空间与私有空间之间的过渡与渗透，有利于居民主体之间交往与对公共空间的充分利用或参与。泉州许多传统社区的空间，官式大厝前的“厝埕”空间，就具有这种可贵的品质（图4-6）。如泉州旧城东门的万正色故居的厝埕如今已演变为城市公共空间，成为人们日常交往的场所。在人们的空间意象中，这个交往空间渐渐成为这里的标志，这个地方也被称为“万厝埕”。一些有责任感的建筑师在今天的城市中进行着富有成效的实践。但在我国目前大多数的城市居住空间营造中，这种空间品质却受到了普遍忽视。而这正是我们的公共空间缺乏活力的根源之一。

图4-6　官式大厝前的厝埕

① 薄贵培，坦怀．变态（Mutations）[J]．建筑学报，1996（10）：12-19.

（二）生活街道与日常交往

美国社会学家威廉·怀特认为："街道存在的根本理由，就是它向人们提供了一个可以面对面接触的中心场所。"目前，越来越多的学者认识到，社区认同感和邻里社会网络的形成与居民之间在日常生活中偶然相遇，进而引发的日常交往的机会多少有着重要关系。当一个社区内的路径能够使居民在日常生活中偶遇的机会增多时，居民们就会在无意间相互熟识，进而发展成相互交往、相互帮助的邻里关系，从而促进社会网络的形成。因此，居住社区街道系统的结构形态、道路系统等，对居民交往的形成均有重要影响。

传统社区空间综合了生活、生产和交往等多种功能，具有丰富的形态特征。继承传统社区的优秀品质，根据当今城市居民的生活需求，结合各种公共设施建立"生活街道"，是营造现代社区的重要途径之一。[①]将较大规模的公共空间、生活服务设施从封闭的空间中抽取出来，将这种街道建成步行街或限制过境车辆通行、符合人性尺度的人车混行街道。从而促使在街道空间上交往、购物、休闲、饮食、工作和嬉戏等多样化活动的发生，强化居住社区的生活气息。

"生活街道"上的多功能混合空间及其与公共交通车站、社区步行系统的方便联系，有利于人流汇集，将居民的上班下班、出入或步行活动与"顺路做"的事情及与邻里"偶遇"的机会等最大限度而又自然地联系在一起，而这正是促进居民间交往，形成富有活力的人文环境及社会网络的重要媒介，从而使该社区融入到整个城市大系统网络之中，缓解社会隔离与封闭现象，促进本社区与城市社会生活的持续发展。

居住环境应将丰富的城市生活有机地组织在一起，使它们彼此促进。它通过多功能的共生使居民生活方便而丰富，同时也使城市富有了浓厚的生活气息。"人与环境的交往……是一个编码与解码的过程。一方面需要潜力极大的分析对环境解码，另一方面环境设计者拥有一套恰如其分的编码方法以便环境被人所理解。"[②]人及其活动是最能引起人们关注和感兴趣的因素，甚至仅以视听方式感受或接近他人这类轻度接触形式，也是城市空间和住宅区内引人入胜的富有价值的因素，人们对此有着迫切的要求。因此，对城市生活的强调同样是创造居住社区状态的必要环节。朱文一主持设计的"绿野·里弄"方案，获上海住宅设计国际竞赛金奖，该方案通过"尽可能多设置可供交往的平台，并且结合'绿野'及无障碍设计形成了一张立体交往网络"[③]，是对"生活街道"创造一种有益探索。该方案吸收上海近代里弄为邻里交往模式，延续并发展了里弄空间的住区模式，

---

① 王彦辉. 走向新社区：城市居住社区整体营造理论与方法［M］. 南京：东南大学出版社，2003：144.

② 董鉴泓，阮仪三. 名城文化鉴赏与保护［M］. 上海：同济大学出版社，1993：14.

③ 朱文一. 一种新的设计理念：1996上海住宅设计国际竞赛金奖方案构想［J］. 建筑学报. 1997（3）：12-16.

让里弄与“绿野”水乳交融，创造出具有诗一般田园景色的、体现地方特色的居住小区新形式（图4-7）。

图4-7 朱文一先生主持设计的“绿野·里弄”方案
〔资料来源：朱文一.一种新的设计理念［J］.建筑学报.1997（3）：12-16.〕

四、重建社区的仪式空间（sphere of ritual ceremony）

仪式作为具有象征性和表演性的民间传统行为方式，体现了人类群体思维和行动的本质。王铭铭指出：“人类学者常把乡土社会的仪式看成是‘隐秘的文本’，这个观点看来不无道理。文本固然值得‘解读’，而仪式同样也值得我们去分析……文本只能给予我们了解思想史的素材，而作为‘隐秘的文本’的仪式却是活着的‘社会文本’，它能提供我们了解、参与社会实践的‘引论’。”①仪式作为一个社会或族群最基本的生存模式，存在于人们的日常生活和社会政治生活之中，并物化在传统聚落当中。

（一）仪式的需求与仪式空间的缺位

早期人类学研究中，仪式一直被视为特定的宗教行为和社会实践。与纯粹的宗教学研究不同，文化人类学的仪式研究趋向于把仪式作为具体的社会行为来分析，考察其在整个社会结构中的位置、作用和地位。对现代人类学的仪式研究给

① 王铭铭.象征的秩序［J］.读书，1998（2）.

予直接推进的，是对仪式内部意义和社会关系的研究。其中贡献最为突出的是法国的迪尔凯姆与英国的马林诺夫斯基（Bronislaw K. Malinowski）。迪尔凯姆对仪式研究的贡献，主要来自于他对世界的“神圣—世俗”类型的划分。他在《宗教生活的基本形式》一书中指出，宗教可以分解为两个基本范畴：信仰和仪式。仪式属于信仰的物质形式和行为模式，信仰则属于主张和见解。他还认为，由信仰与仪式支撑的世界是神圣的，而相对平凡的日常生活则是世俗的，由之将世界划分为两大领域，神圣的与世俗的[①]。马林诺夫斯基对仪式的研究遵循了其“功能主义”的分析范式，他宣称：从根本上说，所有的巫术和仪式等，都是为了满足人们的基本需要。人们为了面对那些无法预知的不幸情形和境地，不可避免地会与巫术发生关系。巫术则需要仪式行为的表演来帮助实现现实生活中人们所办不到的和无法取得的结果[②]。简言之，巫术具有“功能主义”意义：巫术可以帮助人们实现自身所不能达到的目的；仪式——一种族群的、社区的、具有地方价值的功能性表演，则成了实现这一逻辑关联的具体行为。

典型社会冲突论者格拉克曼认为仪式能将社会凝聚力、价值观、感情输给人们，也能对冲突社会的一致性加以重构。结构人类学代表列维·斯特劳斯认为通过仪式的表演，可以深入人类的心灵去体察人类文化的深层结构。解释人类学大师克利福德·格尔茨（Clifford Geertz）把仪式称作是一种“文化表演”。这种文化表演中富含符号的表述，仪式的功能就是使文化表演者确认符号所承载的“意义”的真实性并使之成为信念或信仰。

人类学家对仪式的研究可谓情有独钟，洋洋大观。不过最早系统探讨仪式这一研究领域的是法国人类学家范·根内普（Arnold van Gennep），在其著作《通过仪式》（Les Rites de Passage）一书中，他将所有仪式概括为“个人生命转折仪式”（individual life-crisis ceremonials，包括出生、成年、结婚、死亡）和“历年再现仪式”（recurrent cylindrical ceremonials，如生日、新年年节），并将这些仪式统称为“过渡仪式”或“通过仪式”。通过对所有生命仪式程序与内涵的发掘，范·根内普发现过渡仪式都包含三个主要阶段：分离（separation）、阈限（liminal）或转换（transition）、重整（reintegration）。分离仪式是象征与过去状态分离的礼仪。转换仪式中要经过一种既非原有状态也非新状态的具“阈限”性质的无限定状态，象征过去与紧接着的未来之间的转换。聚合仪式象征经过分离、过渡仪式的个人进入新状态，重新又为社会所接纳。范·根内普认为，仪式的研究价值在于其常被人们用于在一个社会结构中确立起新的角色和新

①（法）涂尔干．宗教生活的基本形式［M］．渠东译．上海：上海人民出版社，1999：42-43.

②（英）马林诺夫斯基．巫术与宗教的作用［M］．金泽等译//史宗．20世纪西方总结人类学文选．上海：生活·读书·新知三联书店，1995：91．马林诺夫斯基在《文化论》（2002版，费孝通译，北京：华夏出版社）中也明确表达过类似的文化的“功能”的观点。

的身份地位[①]。

20世纪70年代，特纳继承了范·根内普及其老师格拉克曼对仪式的研究策略，继续就仪式内部过程进行分析，并于1969年出版了著名的《仪式的过程：结构与反结构》（The Ritual Process：Structure and Anti-Structure）一书。他在全盘接受范·根内普关于过渡仪式三阶段划分的基础上，着重分析了三阶段中的中间阶段——转换阶段。他认为过渡仪式不仅可以在受文化规定的人生转折点上举行，也可以用于部落出征、年度性的节庆、政治职位的获得等社会性活动上。特纳是在社会冲突论的背景下研究仪式对社会结构的重塑意义。他将人的社会关系状态分为两种类型：日常状态和仪式状态。在日常状态中，人们的社会关系保持相对固定或稳定的结构模式，即关系中的每个人都处于一定的"位置结构"（structure of status）。"位置"既包括与个人有关的权利地位、职业、职务等社会常数，也包括个人为社会所认可的成熟度，以及在特定情境中的生理、心理、情感状态等。也就是说，日常状态是与"位置"有关的一种稳定结构的状态。仪式状态与日常状态相反，是一种处于稳定结构之间的"反结构"现象，它是仪式前后两个稳定状态的转换过程。特纳把仪式过程的这一阶段称作"阈限期"（liminal phase）。处于这个暂时阶段的人是一个属于"暧昧状态"的人，无视所有世俗生活的各种分类，无规范和义务，进入一种神圣的时空状态。由此特纳认为，围绕着仪式而展开的日常状态—仪式状态—日常状态这一过渡过程，是一个"结构—反结构—结构"的过程，它通过仪式过程中不平等的暂时消除，来重新构筑和强化社会地位的差异结构[②]。

仪式对城市、建筑的塑造可以从仪式化的和娱乐性的不同人类交往层面来考虑。关于仪式场所，其中贯穿着权力对空间的支配与渗透。法国哲学家米歇尔·福柯认为，空间正是权力、知识等论述转化为实际权力的场所。仪式是先于建筑而存在的。古今中外无论是那些经过精心设计的纪念性建筑和仪式化广场，还是承载着日常生活的草庐民舍，无不表达着仪式的需求。北京故宫建筑群，采用轴线对称，多进院落与建筑的多层纵深布局，室内外空间的交替，空间节奏抑扬顿挫，这不仅是塑造空间艺术的需要，更是仪式行为的诉求（图4-8）。

现代社区规划的简单化与单义性导致传统仪式空间的缺失，然而，人类对仪式的基本需求不会消失。这种矛盾的存在导致了市民在生活中遭遇种种不便和尴尬（图4-9，图4-10）。微者如门口的对联，居住在单元楼的人们，当他们沐浴在春节来临的喜庆之中时，却不免为找不到贴对春联的位置而感到遗憾；大者如祭礼、婚礼、丧礼等，都有一套传统的仪式以象征"个人生命转折仪式"。近年

---

① 彭兆荣．人类学仪式研究评述［J］．民族研究，2002（2）：88-96．

② 特纳关于仪式过程的研究，参考夏建中．文化人类学理论学派［M］．北京：中国人民大学出版社，1997：314-319．"结构—反结构—结构"讨论部分，参考薛艺兵．对仪式现象的人类学解释［J］．广西民族研究，2003（2）．

图4-8　1889年光绪皇帝大婚图
（资料来源：光绪皇帝“大婚图”. 北京：紫禁城出版社，1986.）

来对精神文明建设的重视引起人们对传统节日的关注。如清明节作为中国重要的传统民俗节日之一，也是最重要的祭扫节日，2006年被列入第一批国家级非物质文化遗产名录。《礼记》云：“礼有五经，莫重于祭”，并从“祭法”、“祭义”、“祭统”等方面，专门论述了丧葬祭祀之礼。“尊祖敬宗、慎终追远”的祭祀文化反映了古往今来中华民族的历史文化认同心理，具有丰富的人文精神和文化内涵，蕴含着不可低估的历史意义和现实意义。但是，由于社区中仪式空间的缺失，清明祭扫仪式也面临种种困难。一方面，在缺乏仪式空间的当代社区中生活的人们，对于先祖的哀思也无所寄托，因而出现在马路边焚烧纸钱的现象仍屡禁不止；另一方面，现代殡葬制度改革竭力矫正传统丧葬陋习，但是，城市周边的公墓区不仅成为高收入人群的特权[①]，在清明节期间的祭扫活动也给交通带来巨大的压力。2009年清明节首次实行三天小长假。据报道，清明节当天全国群众祭扫总数超过1.2亿人[②]，仅北京八宝山地区就接待前来祭扫的市民12.1万，机动车1.3万辆[③]。这种现象反映了当代市民对于传统节日和祭扫仪式的回归，但这种大规模、短时段的活动也反映出当代社区仪式空间的缺失。

---

① “天价墓地”的报道近年来屡见报端。2009年4月4日《法制晚报》发表题为《天价墓地引热议：多推经适墓缓解“死不起”》的文章指出：“哈尔滨豪华墓地平均每平方米价格约为3万元，远高出该市售价最高的高档小区住宅的价格。杭州、广州等地媒体也纷纷报道当地的天价墓地，很多人面临‘生前买不起房、死后买不起墓地’的困境。”在一些推行殡葬改革的农村，由于缺乏相应的殡葬设施，缺乏吊唁场所、公墓及骨灰堂等，导致死者家属的感情受到伤害，也达不到殡葬改革的目的。

② 卫敏丽. 民政部:清明节当天全国祭扫群众总数超过1.2亿人[EB/OL].[2009-4-5]. http://www.gov.cn.

③ 温薷. 清明节京城祭扫市民达72.8万［N］. 新京报，2009-4-5.

图4-9　位于繁华商铺顶层的寺庙（厦门）

图4-10　位于住宅楼底部的寺庙（厦门）

（二）传统聚落中的仪式空间

人类学研究基于时间的过程分析，将仪式的过程分为分离—转换—重整三个阶段。在聚落环境当中，这种不同阶段的仪式则在不同的空间位置表现为不同的空间类型。从聚落到住宅的各个层次，存在着空间的分离与转换的过程。

聚落的边界作为社区的内外空间分离的载体，一些特殊位置往往成为仪式空间的节点。如在农村聚落中，村口处设有土地庙；在南方滨水村落中，村口则设置水神庙；在金门的聚落中，则往往以风狮爷界定聚落的边界。在福州林浦村入口，树立着一座“尚书里”石牌坊，造访者到此“文官下轿，武官下马”（图4-11，图4-12）。这些庙宇或者其他仪式配置的设置，一方面起到精神防卫的作用①，另一方面，也是聚落空间的内外分离的仪式象征。

图4-11　金门风狮爷
（资料来源：www.hkw.dnip.net.）

图4-12　福州林浦村口“尚书里”石牌坊

① 张玉坤. 聚落·住宅：居住空间论［D］. 天津：天津大学，1996：142.

在聚落内部结构中，道路的交叉与转折处也是仪式空间的重要节点，特别是在丁字路口或支路的对冲处，一般都设有石敢当①或风狮爷（图4-13~图4-15）。据清代冯登府所撰《闽中金石志》记载，宋庆历五年（1045年）张纬在莆田当知府时曾出土一方唐大历五年（公元770年）的石碑，“再新县中堂，治地得石，铭文曰：‘石敢当，镇百鬼，压灾殃；官吏福，百姓康；风教盛，礼乐张。大历五年（公元770年）四月十日也。’”如果碑文属实，“石敢当”民俗的流传已经有一千多年的历史。在泉州古城中，丁字路口也常常是铺境庙的所在。一方面有利于庙前形成较为开阔的空间，另一方面也增强了空间的精神防卫性。慈济铺通津境（俗称三堡）位于通津门（即南熏门，俗称水门）外，境辖三堡街全段、桥头仔、三堡后巷。境庙通津宫位于通津门城壕桥上，面临壕沟，庙前形成一个“T”字形空间。永潮境（俗称四堡）辖四堡街全段、后尾城边、钱宅、砌仔下。境庙永潮宫位于四堡街中段拐角处，铺庙位于四堡街之冲（图4-16，图4-17）。铺境庆典和普度等各种仪式在社区范围内举行，铺境庙及其相关空间成为专门的仪式场所。这些空间的营造，主观上具有明确的目的，空间形式也根据仪式的需求而进行建设。

在建筑单体及其配置层面，建筑入口作为内部空间与外部环境的联系节点，是内外空间的转换过程的物化载体，因此，建筑入口也常常成为仪式空间的重要节点。在传统聚落中，重要的公共建筑门口往往配置石狮；在住宅中，门前的照壁、门楹上的对联、门头的堂号、前厅的影壁等，都蕴含着仪式的象征意义。

图4-13　福州林浦村林瀚故居前的石敢当

图4-14　林瀚故居前的石敢当所处丁字路口

图4-15　泉州小巷中的石敢当神龛

①《太原县志》载：“太原人修屋于路巷，所冲之壁多嵌石镌‘太山石敢当’五字，然多习而不察，莫之所谓。按：五代史汉高祖刘知远为留守时，将举大事，募膂力之士，的太山勇士石敢当，袖四十斤铁锥，人莫能敌。后人借其勇以辟邪也。”

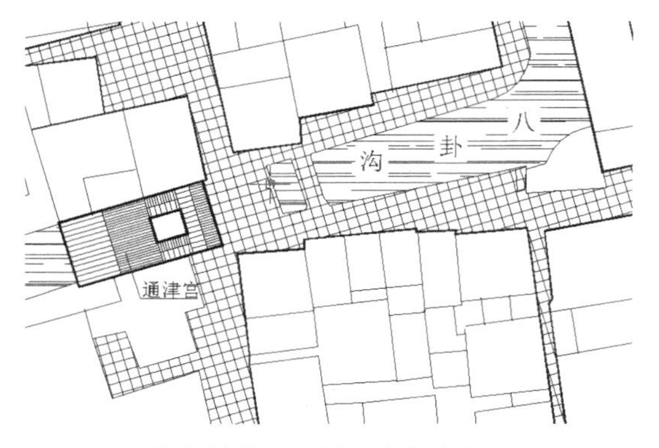

图4-16 慈济铺通津宫前丁字街空间

图4-17 位于丁字街口的聚津铺永潮宫

（三）重建社区的仪式空间

随着社会服务体系的不断分化和人们生活方式的改变，多数曾经在社区中举行的仪式活动（如婚礼、出生及葬礼等）已经转移到专门场所（酒店、医院、殡仪馆等），但是，社区的仪式活动并没有消失，而是发生了重组和转型。因此，社区仪式空间的重建不可能是传统社区仪式空间简单模仿，而是需要经过对传统社区仪式空间的分析及提炼，从而创造出适应当代生活需要的仪式空间。

从空间位置分析来看，传统聚落仪式空间大都分布在聚落各个层次的转换之处。这些位置不仅标示了聚落空间层次的节点，也象征着仪式行为的转换过程。张玉坤曾经从精神防卫的角度对平遥古城沙巷街14号侯宅进行分析，指出这些精神构件在居住空间的位置的重要性①（图4-18，图4-19）。这些精神构件的配置，也是仪式空间的重要节点。现代居住社区空间同样需要丰富的聚落层级，在社区规划与营造过程中，通过对这些节点的精心细致的处理，可以营造出良好的空间氛围，也使生活其中的人们在日常的进进出出的过程中满足了的转换仪式的精神需求。

从仪式空间的层级看，在传统聚落中，仪式行为所包容的社会空间大致可以分为三个层次：①家庭；②地缘性的社区单元（如铺境）；③城市整体空间。由于仪式包容的参与者群体有大小的差别，因此其“反结构”效力也只能在大小不一的群体中得到发挥。泉州旧城区的铺境主神的祭祀，正是在地缘性社区和城市整体空间中构造其共同体的意识。通过考察我们可以发现，泉州旧城所有的社会空间层级都有各自对应的信仰“核心区位”（central places），如家庭有中厅堂，社区有铺境庙，而城市也同样有核心级大庙，如元妙观、关帝庙等。

从仪式空间的类型看，人类学家认为社会生活是由结构和反结构的二元对立构成的，社会结构的特征是异质、不平等、世俗、复杂、等级分明，反结构的特

① 张玉坤. 聚落·住宅：居住空间论［D］. 天津：天津大学，1996：142-144.

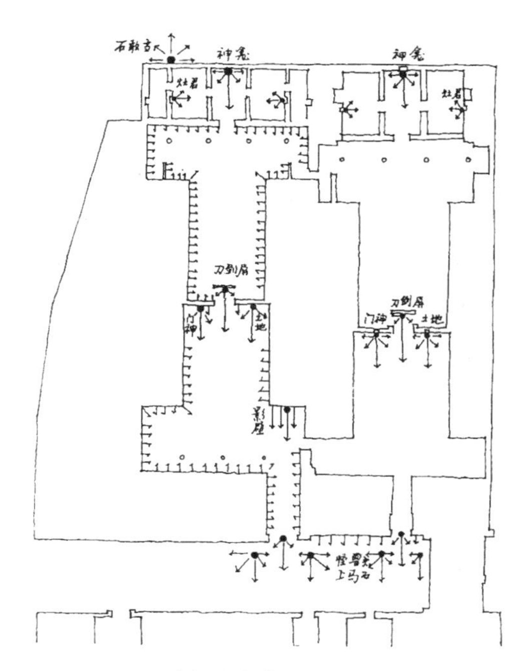

图4-18　平遥古城沙巷街14号侯宅精神防卫节点分析

（资料来源：张玉坤．聚落·住宅：居住空间论．1997：160）

图4-19　平遥古城沙巷街14号侯宅拴马桩与上马石

（资料来源：宋昆．平遥古城与民居．2000：彩33）

征则是同质、平等、信仰、简单、一视同仁①。

在日常生活中，家庭和家庭之间、社会阶层和社会阶层之间，甚至个人和个人之间，形成一种“分”的局面，不同的家庭、社会阶层和个人各自以不同的方式来追求各自的利益，而由于社会阶层的属性不同，个人和家庭的“成就感”也就受到不同程度的制约。相比之下，当岁时节庆来临，社会的现实状况就发生了一种逆转，即所谓的“反结构”。这时，日常生活“常态”中的家庭、社会阶层和个人差异被节庆的仪式凝聚力所吸引，造成了一种社会结构差异的“空白期”。例如，在迎神赛会中，社会中的士绅阶层被要求出面、出钱组织，要求暂时驱除他们平日在民众面前维持的士绅面子，“与民同乐”。在家庭的仪式中，长辈也需要与晚辈展开较之日常多得多的沟通，甚至家中当官的老爷，也要与其他家庭成员密切互动。泉州的岁时节庆、铺境庆典之所以与人们的日常生活形成一定的区别，是因为它们与非日常的“反结构”一样，具有把“常态”的社会结构颠倒过来的作用。因此，大致可以把仪式空间分为节庆仪式空间和日常交往空间。

① 王铭铭．走在乡土上：历史人类学札记［M］．北京：中国人民大学出版社，2003：198.

1．日常交往空间

在传统社会，社区的人际关系是一种温情脉脉的邻里亲情，日常交往内化在每个社区居民的意识当中，但到了现代社会，人际关系被冷漠的生产关系所取代。“法兰克福学派”第二代的主要代表人物哈贝马斯（Juergen Habermas）认为，在“晚期资本主义”社会里，“自主化的工具理性的扩张”导致“生活世界的殖民化”，虽然存在着大量人与人之间的交往行为，但常常处于不合理状况。因此，他提出“交往行为的合理性”（communicative rationality）的命题。“交往合理性概念包含三个层面：第一，认识主体与事件的或事实的世界的关系；第二，在一个行为社会世界中，处于互动中的实践主体与其他主体的关系；第三，一个成熟而痛苦的主体（费尔巴哈意义上的）与其自身的内在本质、自身的主体性、他者的主体性的关系。从参与者的角度来分析交往过程，这三个层面便呈现出来了。”①

哈贝马斯把人的行为分为“工具行为”和“交往行为”。“工具行为”就是通常所说的劳动生产，遵循的是建立在分析知识之上的技术规则，涉及的是人与自然的关系；“交往行为”指的是人与人之间的相互作用，它以语言为媒介，通过对话，达到人与人之间的相互“理解”和“一致”。他认为，人类的奋斗目标不是使“工具行为”合理化而是使“交往行为”合理化。因为“交往行为”的合理化意味着人的解放，而“工具行为”的合理化则意味着“技术控制力的扩大”②。按照他对“交往行为”概念的基本规定，大致包括以下几层含义：第一，“交往行为”两个以上的主体之间产生的涉及人与人关系的行为；第二，“交往行为”是以符号或语言为媒介的，并通过这一媒介来协调的，因而语言是交往的根本手段；第三，“交往行为”必须以社会规范来作为自己的规则，这种规则是主体行之有效的并以一定的仪式巩固下来的行为规范；第四，交往的主要形式是对话，是通过对话以求达到人们之间的相互理解和一致，因此交往行为是以理解为目的的行为。

交往行为强调礼仪，这一点在古今中外的任何场合同样重要，这也是保证“交往行为”合理性的基本前提。礼仪是指人们在社会交往中由于受历史传统、风俗习惯、宗教信仰、时代潮流等因素而形成，既为人们所认同，又为人们所遵守，是以建立和谐关系为目的的各种符合交往要求的行为准则和规范的总和。礼，即知礼、讲礼，尊敬别人；仪，即仪容、仪表，更重要的是仪式，表现形式。因此，日常生活中的交往也需要特定的仪式空间。近年来，包括居住小区、高校社区等的规划曾经一味强调几何学上的构图，追求视觉效果的冲击，设置

---

①（德）哈贝马斯. 现代性的地平线：哈贝马斯访谈录［M］. 李安东，段怀清译. 上海：上海人民出版社，1997：57.

②（德）哈贝马斯. 交往行动理论：论功能主义理性批判（第二卷）［M］. 洪佩郁，蔺菁译. 重庆：重庆出版社，1994：224.

“大而空”的中心广场的设计，美其名曰“开放空间”，但是，由于这种广场缺乏宜人的尺度，更重要的是缺乏适合交往仪式的空间层级，导致所谓“广场”成为人迹罕至的荒原。

扬·盖尔在他的代表作《交往与空间》中，将居住社区内居民的交往活动分为三类：必要性活动、自发性活动和社会性活动。通过大量地实证调查和统计分析，他总结大量居民不同的交往活动对空间环境的“特殊要求”，并提出一些有利于促进居民交往活动、“充满活力并富有人情味”的社区户外公共空间的设计方法。扬·盖尔认为，有利于居民交往的居住空间应符合如下三个要求：第一，居住空间社会结构与形态空间结构应相一致；第二，提供各级私密性的环境（如私密的、半私密的、半公共的及公共的空间），并且各级之间应有平缓的过渡；第三，造成各级适当的领域感从而形成居民的认同感，并提供预防犯罪的空间[①]。其中的关键因素是为社区居民提供交往的机会（图4-20）。

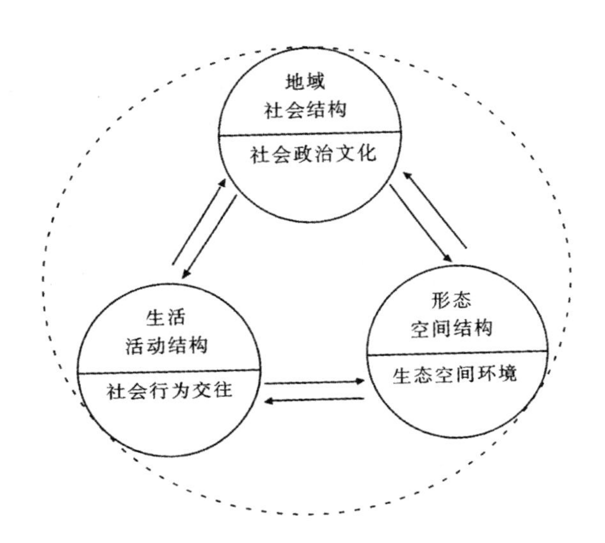

图4-20　邻里交往的社会-空间结构

（资料来源：杨贵庆. 城市社会心理学［M］.）

扬·盖尔“交往与空间”研究的意义主要在于，它使我们认识到居民日常生活、交往活动的性质与特点，并主张在物质空间环境设计中给予针对性的自觉营造。另外，它使空间环境与居民的交往活动之间的关系具体化，指出了交往行为与环境之间相互制约的辩证关系，同时发现了一些极有价值的细微的行为空间规律（如人与人之间的互相看、听的机会是公共空间具有吸引力的重要因素之一等），为居住空间环境的设计提供了很多具体依据。交往空间的场所特征表现为领域属性、人的定向与认同，以及空间对交往行为的支持。

从广义上讲，交往还包括人与自然之间的交往。在传统社会中，这种交往更多表现为向神明表达敬意并且力图与神明沟通的一种宗教仪式，即祭祀仪式。而这种祭祀仪式并不是“常态”的生活内容，更多的是在节庆期间的一种“反结构”的仪式行为。这说明传统的社会生活也并非完全是社会学家所说的由“结构”和“反结构”的二元对立，而是通过“交往”的仪式获得了一种连续状态。

①（丹麦）扬·盖尔. 交往与空间（第IV版）［M］. 何人可译. 北京：中国建筑工业出版社，2002：13-18.

2．节庆仪式空间

节庆仪式空间的表象意义在于提供了举行各种仪式的场所，而其指涉意义从社会层面上看有以下几种：首先，这一类的仪式是一种集体行为，它们把平时分立的家户和不同的社会群体联合起来，促进社会交往，并不局限于同一家族，强调的是一种社区的团结和认同，起到了整合的作用。其次，仪式过程一方面强调个人和家庭服从于社区的集体操作，另一方面在象征上给予个人和家一定的社会位置和宗教式的保障，通过辩证地处理界定个人与社会的关系，赋予庆典一定的社会生活的阐释。第三，从某种意义上讲，仪式信仰的演绎一定程度上解释了人们对于终极意义的困惑，提供对人生、宇宙、存在和道德等根本问题的解答。其四，空间通过提供地方文艺、戏曲表演的机会，促进区域文化的传承。

应该强调的是，节庆仪式空间并不是为“神”而设计的，它是为了满足生活在社区中的人们的仪式活动的需求而设计的。不管是男女老少，还是鳏寡病残，他们才是仪式空间的主体，这些人都应该在仪式空间的设计和营造中得到关怀。

本章小结

在以技术理性主导现代社会的“祛魅”过程中，传统的社区纽带趋于瓦解，传统的居住模式发生转型，而适应新需要的居住空间、环境设施、社区管理服务体制以及居民的社区归属感尚未形成，社区传统在现代居住空间中走向迷失。社区传统的重建迫在眉睫。

传统聚落所保留的丰富的居住文化传统和聚落规划经验，对当代人居环境的营造及村镇建设都有很重要的参考价值和借鉴意义。通过挖掘和整理传统社区中沉淀的宝贵经验，把传统社区空间建立在“社会化空间—日常生活”的构架下加以剖析，总结出可供借鉴的社区空间要素，可以作为当代城市和谐社区营造的有益借鉴。从都市人类学的角度看，人类的仪式行为对社区空间与建筑形式的发展演变，起着潜移默化的影响作用。在传统社区中，民俗和礼仪的影响特别突出。它们是延续传统生活脉络的重要场所，营造出生机勃勃的社区生活，为我们在当代城乡社区中创造有活力和有效率的公共领域提供了极富借鉴意义的启示。

本章在此基础上，提出通过延续传统聚落空间的层级性，保持社区空间的多义性，营造社区空间的领域性，重建社区的仪式空间等策略，以传承传统聚落形态，营造现代居住空间新境域。在这一方面我们的探索还远远不够，同时，跨学科的视野还没有得到很好的整合，但我们深信，学科的交融不仅可以拓展传统社区研究的视野，也提供了有效的途径和方法，从而为重建有“神”的社区提供理论支撑。

附 录

附录一 乾隆版与民国版《佛山忠义乡志》所载的铺屋、街巷与人口一览表

序号	铺名	铺庙	《民国志》公庙、街庙及其他庙宇	《道光志》所录社	《民国志》所录社	《乾隆志》街道数量	《民国志》街道数量	《民国志》记载的铺屋户数	《民国志》记载的人口（含大小男女）	备注
1	栅下铺	龙母庙	文昌阁、天后庙、三圣庙、吕仙庙、帅府庙（3）、太尉庙、华光庙、财神庙、先锋庙、金花庙	义榕社 青龙社 会源社	义榕社 青龙社 会源社 聚源社 庇民社 忠义第六社	10	64	2115	9206	
2	东头铺	关帝庙	二帝庙、张仙庙、白马将军庙	东头社 忠义第四社 万寿社	东头社 忠义第四社 万寿社	4	12	834	3415	
3	明照铺	盘古庙	文武庙、北帝庙、元坛庙	清洲社	清洲社 洪圣社	4	26	549	4834	
4	桥亭铺	南济观音庙	观音庙（2）、张王爷庙、北帝庙、石公太尉庙	宝贤社 通云社 保安社	宝贤社 通云社 保安社 保丰社	7	43	863	3325	
5	医灵铺	医灵庙	洪圣庙、医灵庙、华光庙、北帝庙、元坛庙		万寿社	5	34	567	4325	
6	彩阳堂铺	—	真君庙、元坛庙	登阁社	登阁社	4	18	495	3765	
7	突岐铺	金花庙	龙王庙、柳式夫人庙	癸向社 巷心社 中正社 乐平社 细巷社	癸向社 巷心社 中正社 乐平社 细巷社	8	36	657	4856	
8	耆老铺	老岳庙（普君庙）	观音庙、真君庙、华光庙、先锋庙、主帅庙	朝南社 朝北社	朝南社 朝北社	8	32	815	5436	

续表

序号	铺名	铺庙	《民国志》公庙、街庙及其他庙宇	《道光志》所录社	《民国志》所录社	《乾隆志》街道数量	《民国志》街道数量	《民国志》记载的铺屋户数	《民国志》记载的人口（含大小男女）	备注
9	锦澜铺	大土地庙	字祖庙、文武庙、关帝庙、天后庙、观音庙（2）、真君庙、金花庙、主帅庙	君臣社 会真社 报恩社	君臣社 会真社 报恩社（忠义第九社）	8	55	2114	8675	
10	仙涌铺	关帝庙	文武庙	仙涌社	仙涌社	5	46	956	7435	
11	社亭铺	药王庙	关帝庙、南禅观音庙、先锋庙	太平社 接龙社 大富社 石亭社	太平社 接龙社 大富社 石亭社	5	47	1356	7426	
12	真明铺	三圣宫	真君庙	洪灵社 青云社 白云社 真明社 平乐社	洪灵社 青云社 白云社 真明社 平乐社	10	45	765	3647	
13	明心铺	太上庙	文昌庙、东岳庙、三圣庙	明心社 明安社 宜兴社	明心社 明安社 宜兴社	5	25	573	3427	
14	石路铺	花王庙	三官庙	兴隆社 仁兴社	兴隆社 仁兴社	4	24	476	2653	又名“石路头铺”
15	纪纲铺			镇安社 繁露社	镇安社 繁露社	5	3	54	470	
16	丰宁铺	国公庙	字祖庙（2）、天后宫、城隍行台、四圣庙、医灵庙、华光庙	坐地社 沐恩社 新安社	坐地社 沐恩社 新安社	7	62	2564	9686	
17	黄伞铺	孖庙（天后华光）	—	富里社	富里社	8	40	842	5216	
18	祖庙铺	桂香宫	关帝庙、观音庙、龙王庙、列圣古庙（2）、斗姥庙、帅府庙、太尉庙、金花庙	古洛社 麒麟社	古洛社 麒麟社（即忠义第一社）	17	84	3854	12652	

续表

序号	铺名	铺庙	《民国志》公庙、街庙及其他庙宇	《道光志》所录社	《民国志》所录社	《乾隆志》街道数量	《民国志》街道数量	《民国志》记载的铺屋户数	《民国志》记载的人口（含大小男女）	备注
19	山紫铺	南泉观音庙	天后庙、观音庙（2）、圣亲宫、东岳庙、普庵庙、鹊歌庙、地藏庙、谭仙庙、华光庙、雷公庙、二仙庙、将军庙、华佗庙、痘母庙、花王庙、元坛庙	东边社 北约社 宝山社	东边社 北约社 宝山社 中正社 南约社	10	64	2267	11558	又名“山子铺”
20	岳庙铺	关帝庙	顺德惜字社学、南荫观音庙、洪圣庙（2）、财神庙、花王庙（2）	禄丰社 弼头社 六村社	禄丰社 弼头社 六村社	8	94	3465	16785	
21	福德铺	舍人庙	关帝庙、铁佛铺、天后庙、绥靖伯庙、列圣古庙、华光庙	福安社 乐霖社 福德社	福安社 乐霖社 福德社 乐涌社	16	111	4157	21325	
22	潘涌铺	—	先锋庙、将军庙			14	43	850	4768	
23	鹤园铺	洪圣庙	先锋庙	鹤园社	鹤园社		29	846	3684	道光增设
24	观音堂铺	南善观音庙	天后庙、南涧观音庙、三官庙、医灵庙（2）、华光庙、将军庙、花王庙	边社	边社 新安社	11	190	4756	28456	
25	大基铺	帅府庙	惜字社学、三界圣庙、三圣庙、真君庙（2）、大王庙	到向社 兴民社 振安社 琼芝社	到向社 兴民社 振安社 琼芝社	14	99	3256	21436	又名“大基头铺”，乾隆增设
26	汾水铺	太上庙	关帝庙（2）、南磬观音庙、圣欢庙、华光庙（3）、先锋庙、北帝庙（3）	聚龙社 东胜社 安宁社 显应社	聚龙社 东胜社 安宁社 显应社	37	84	4794	42876	

续表

序号	铺名	铺庙	《民国志》公庙、街庙及其他庙宇	《道光志》所录社	《民国志》所录社	《乾隆志》街道数量	《民国志》街道数量	《民国志》记载的铺屋户数	《民国志》记载的人口（含大小男女）	备注
27	富文铺	洪圣庙	盘古庙、南胜观音庙、三界圣庙、鬼古庙	朝阳社 灵应社 富文社 西胜社 北胜社	朝阳社 灵应社 富文社 西胜社 北胜社		129	6758	47680	又名"富民铺"，道光增设
28	沙洛铺	将军庙	—		沙洛社		32	783	5643	清末增设
总计	28铺	25座	133座	68社	79社	234	1571	52381	307660	
佛镇四沙	鹰嘴沙	临海庙	关帝庙、三圣庙、华佗庙、国公庙、飞云庙、乌利庙				25	1128	7756	蓝色为古九社红色为乾隆新增社
	太平沙	—					32	1305	9035	
	文昌沙	关帝庙	—				55	2145	14364	
	聚龙沙	—	伏波庙、三官庙				11	556	3892	
	小计						123	5134	35047	
总计							1694	57515	342707	

注：1. 本表依据以下资料整理：乾隆版《佛山忠义乡志》(简称《乾隆志》)；道光版《佛山忠义乡志》(简称《道光志》)；民国版《佛山忠义乡志》(简称《民国志》)；罗一星：432-433；周毅刚：182-183。

2. 民国版《佛山忠义乡志》注：铺份以南部—中部—北部为次，本表依之；街巷据民国版《佛山忠义乡志·卷一》，舆地志：街道，《民国志》按：纪纲铺旧志有街巷八条，今据团保局调查册仅有一街二巷，余拨入黄伞、丰宁铺。

3. 本表所载铺庙及其他庙宇据《民国志·卷八》，祠祀志：群庙及罗一星.明清佛山经济发展与社会变迁.广州：广东人民出版社，1994：428-442；"其他庙宇"一栏中庙名后括弧中数字表示该铺中同名庙宇数量；社分别据《道光志·卷一》，乡域志：铺社与《民国志·卷八》，祠祀志：里社。

4. 民国版《佛山忠义乡志》注："鹰嘴沙基围以内属佛山，不名铺，基围外文昌、太平、聚龙三沙为佛山之辅地，属邻堡，亦不名铺。"另按："四沙俱在大河以北……四沙屏列，实佛山北路之保障。而四沙有事亦倚佛山为声援。故称佛镇四沙"。

5. 本表户口及铺屋数量根据民国版《佛山忠义乡志·卷一》，舆地志：街道统计。民国版《佛山忠义乡志》注："街巷据测绘局佛山街道图及采访册；户口据民国十年保卫团局调查清册。"

附录二 泉州旧城区各隅的铺、境明细表

东隅四铺十三境（一境不明） 表1

隅名	铺名	境名	境庙	所祀境主	备注
东隅	中华铺	壶中境	壶中庙	祀康王爷	一说祀关帝，境庙已废；境名取仙家“壶中日月长”之意
		中和境	梨衆庙（俗称中和宫）	祀护国圣王李宽	境庙今已废
		妙华境	妙华宫	祀赵天君	境内有元妙观，境庙已废
	行春铺	行春境	行春宫	祀广平尊王	境庙位于行春门楼上，已废
		桂香境	桂香宫	主祀紫微星君、相公爷	东街改造时重建
	衮秀铺	广灵境	广灵宫	祀万仙妃（俗称万氏妈）	
		忠义境	忠义庙	祀关帝及历代忠义之士	境庙已废
		通天境	通天宫	祀文武尊王张巡、许远	
		通源境	通源宫	祀赵天君	
		圣公境	圣公宫	祀昭福侯	
	胜果铺	二郎境	二郎庙	祀水神妙道真君（又称二郎神）	新中国成立前设有慈善机构救济院
		执节境	执节宫	祀相公爷	境内有崇福寺、慕西寺、同莲寺等

西隅十铺二十二境　　　　表2

<table>
<tr><th>隅名</th><th>铺名</th><th>境名</th><th>境庙</th><th>所祀境主</th><th>备注</th></tr>
<tr><td rowspan="22">西隅</td><td rowspan="2">清平铺</td><td>五显境</td><td>五显宫</td><td>祀火神五显灵官大帝</td><td></td></tr>
<tr><td>紫云境</td><td>紫云宫</td><td>祀吴大帝</td><td>境内有开元寺</td></tr>
<tr><td rowspan="3">文锦铺</td><td>联魁境</td><td>联魁宫</td><td>祀相公爷</td><td>境内原有虎夫人宫</td></tr>
<tr><td>甲第境</td><td>甲第宫（又称甲第真人庙）</td><td>祀保生大帝吴真人</td><td>境内有欧阳詹故宅</td></tr>
<tr><td>定应境</td><td>定应宫</td><td>祀魁星君</td><td></td></tr>
<tr><td>曾井铺</td><td>妙因境</td><td>妙因宫</td><td>祀保生大帝</td><td>境内原有宋代进士曾从龙故宅，铺名因之。</td></tr>
<tr><td rowspan="2">奉圣铺</td><td>奉圣境</td><td>奉圣宫</td><td>祀关帝及相公爷</td><td>范围：甘棠巷口至西城门的西街两边</td></tr>
<tr><td>进贤境</td><td>三官宫</td><td>祀道教三官大帝</td><td></td></tr>
<tr><td rowspan="4">铁炉铺</td><td>铁炉境</td><td>铁炉庙</td><td>原祀应魁圣王，后祀孚佑帝君（俗称吕仙公），为文章司命</td><td></td></tr>
<tr><td>芦荻境</td><td>芦荻庙</td><td>祀文昌夫子</td><td></td></tr>
<tr><td>五魁境</td><td>五魁宫</td><td>祀相公爷</td><td>“五魁”即五经魁首</td></tr>
<tr><td>应魁境</td><td>应魁庙</td><td>祀水神福佑帝君</td><td></td></tr>
<tr><td rowspan="2">三朝铺</td><td>三朝境</td><td>三朝宫</td><td>祀玄天上帝</td><td>宋称上枋坊，为南宋孝宗、光宗、宁宗三朝宰相留正故居地，境名因之</td></tr>
<tr><td>宏博境</td><td>宏博宫</td><td>祀相公爷</td><td></td></tr>
<tr><td rowspan="2">万厚铺</td><td>古榕境</td><td>古榕宫</td><td>祀赵天君</td><td>南宋为南外宗正司驻地</td></tr>
<tr><td>高桂境</td><td>高桂宫</td><td>祀相公爷</td><td>南宋之高桂坊，有城心塔及玉泉井</td></tr>
<tr><td rowspan="2">华仕铺</td><td>奇仕境</td><td>奇仕宫</td><td>祀临水夫人陈靖姑（奇仕妈）</td><td></td></tr>
<tr><td>华仕境</td><td>华仕宫</td><td>祀保生大帝</td><td></td></tr>
<tr><td>节孝铺</td><td>会通境</td><td>会通宫</td><td>祀广平尊王</td><td>宋之阛阓坊，取商贾汇聚通商之意</td></tr>
<tr><td rowspan="3">锦墩铺（乌墩铺）</td><td>乌墩境</td><td></td><td></td><td></td></tr>
<tr><td>中堡境</td><td>中堡宫</td><td>主祀观音佛祖、相公爷</td><td></td></tr>
<tr><td>白水营境</td><td>白水营宫</td><td>主祀福佑帝君</td><td></td></tr>
</table>

南隅十五铺三十六境（一境不明） 表3

隅名	铺名	境名	境庙	所祀境主	备注
南隅	阳义铺	熙春境	熙春宫	祀赵天君	
	崇名铺	崇阳境	广平宫	主祀广平尊王	唐子城南门崇阳门楼所在地，境名因之
		凤春境		祀赵天君	
		凤阁境	凤阁境		境域仅中山中路西侧，有“凤阁半境”之说
	大门铺	南岳境	南岳宫	原祀陈洪进，后改祀赵天君	
	溪亭铺	义全境	义全宫	祀相公爷	铺庙温王宫，祀温王爷。境内有天后宫，德济门，文相宫。境内待礼巷为宋“番坊”
	登贤铺	小泉涧境	登贤宫		宋之登贤坊，境庙兼作铺庙，境内有承天寺
	集贤铺	大泉涧境	溥泉宫（俗称太子宫）	祀太乙真人和哪吒三太子	
		桂坛境	桂坛宫	主祀保生大帝	
	三教铺	文兴境	文兴宫	祀文武尊王	
		后城境			境庙不存
		百源境			境内有铜佛寺，百源庵
		龙宫境	龙宫庙	原祀龙王，后改祀城隍爷，神号“昭威侯”	
		广孝境			境庙不详
		宜春境	宜春宫	主祀相公爷	
		玉宵境	玉宵宫	祀平天圣母	礼让巷传邻里礼让美谈
		上帝境	上帝宫	祀玄天上帝	
		凤池境	凤池宫	祀相公爷	
	宽仁铺	奏魁境	奏魁宫	祀郑大帝	为北宋时通远坊，境内有清真寺，境庙已废
	惠义铺	龙会境	龙会宫	祀相公爷	境内有关岳庙、武帝庙、番佛寺、释迦寺及锡兰王子后裔民居和棋盘园，境庙已废
		灵兹境	灵兹宫	祀妈祖	境庙已废
	文山铺	文山境	境庙不详		境内有上帝宫

续表

隅名	铺名	境名	境庙	所祀境主	备注
南隅	胜得铺	昭惠境	昭惠庙（俗称崎头庙）	祀福佑帝君、相公爷	
		佑圣境	佑圣宫	祀杨大帝，同祀刘星主	
		文胜境	文胜宫	祀文武尊王	境内旧时有武安王庙，又称睢阳庙，祀武安王张巡
		仕公境	崇正宫	祀杨五郎	境内有通津桥
		松里境			境庙不详
	善济铺	水仙境	水仙宫	祀相公爷、文昌夫子，同祀观音菩萨	境内有花桥宫，又称花桥慈济宫，祀吴真人，清光绪四年设泉郡施药局。境内有北宋市舶司遗址。令有上帝宫，祀玄天上帝
		蓝桥境	蓝桥宫	祀昭国公	
	育才铺	真济境	真济宫	原祀南宋郡守真德秀，后祀赵天君	境内有天主教堂，花巷为旧时制作纸花的作坊
	慈济铺	浦西境（一堡）	浦西宫（一堡宫）	祀英烈侯	
		浦东境	浦东宫	祀吴大帝	
		通津境（三堡）	通津宫	祀文武尊王	竹街为旧时竹木交易街市
		永潮境（四堡）	永潮宫	原祀晏爷，后改祀康王爷、刘星主	
		紫江境（五堡）	真君宫	祀铺主保生大帝，境主武德英侯	故址已拆建紫江小学
	浯渡铺	浯江境	浯江宫	祀土地公（中央大帝）	

北隅四铺十五境（一境不明） 表4

隅名	铺名	境名	境庙	所祀境主	备注
北隅	云山铺	生韩境	生韩庙	祀秦大帝	北宋大臣韩琦出生地
		联墀境	联墀宫	祀英烈侯	
	萼辉铺	白耇庙境	白耇庙	锡兰山神毗舍耶	锡兰王子后裔世氏家族
	清源铺	约所境	关帝庙	祀关帝爷	
		文胜境	文胜宫	祀相公爷	境庙已废
		小希夷境	小希夷庙		境庙已废，近年重建
		大希夷境	大希夷庙		境内唐代建紫泽宫，宋代改为净真寺，祀希夷先生陈抟。境内有梅石书院
		上乘境	上乘宫		
		通天境	通天宫（义泉古地）	主祀武安王张巡	宋之义泉坊，境内有六孔井
		孝悌境	孝悌宫		宋孝悌坊。境内原有示现庵
	盛贤铺	彩华境	彩华宫		宋之彩华坊。境内有平水庙，祀禹王
		河岭境	河岭宫		境庙已废
		北山境	北山宫	祀吴真人	境庙左有敬文亭
		孝友境	孝友宫	祀文武尊王	旧时文武大帝分祀，今境庙有境人李亦园撰志

附郭三铺十境　　表5

隅名	铺名	境名	境庙	所祀境主	备注
附郭	东门驿路铺	仁风境	仁风古地	祀田都元帅	北宋大臣韩琦出生地
		东禅境			境内有东禅寺
		岳口境			境内有东岳庙，宋达七进
	南门聚津铺	浯浦境（水仙境）	水仙宫		境内有天王宫
		富美境	富美宫	主祀萧太傅，同祀文武尊王及二十四司王爷	
		聚宝境			
		青龙境	青龙宫	祀保生大帝	
	新门柳通铺	三仙坛境	三仙坛宫	祀相公爷	境内有“石笋”古迹
		鲤洲境（俗称菜公洲或菜洲）			
		黄甲街境	观音宫	祀观音大士	

资料来源：本表根据王铭铭《走在乡土上——历史人类学札记》和陈垂成《泉州习俗》整理。

参考文献

古典原籍及注疏

[1] 礼记·经解[M].

[2] 周易·系辞[M].

[3]（汉）董仲舒. 春秋繁露[M].

[4]（汉）班固. 白虎通义[M].（清）陈立疏证. 上海：商务印书馆，1937.

[5]（汉）许慎. 说文解字[M].（清）段玉裁注. 上海：上海古籍出版社，1956.

[6]（唐）丘光庭. 兼明书[DB]. 文渊阁四库全书电子版. 迪志文化出版有限公司，2005.

[7]（宋）范仲淹. 范文正公集[M].

[8]（宋）朱熹. 中庸或问[M].

[9]（宋）乐史. 太平寰宇记[M]. 刘伟初校，郭声波初审. 光绪八年金陵书局底本，1882.

[10]（明）陈邦瞻. 宋史纪事本末·平北汉[M]. 北京：中华书局，1977.

[11]（明）明世宗实录[M]. 台北：台湾研究院历史语言研究所校印本.

[12]（明）洪武礼制·卷七[M].

[13]（明）夏言. 夏桂州先生文集[M]. 北京大学藏，明崇祯十一年吴一璘刻本.

[14]（明）余继登. 典故纪闻[M]. 北京：中华书局，1981.

[15]（明）明会典·卷二十一[DB]. 文渊阁四库全书电子版. 迪志文化出版有限公司，2005.

[16]（明）霍韬. 霍文敏公全集[M].

[17]（明）沈榜. 宛署杂记·卷五[M]. 北京：北京古籍出版社，1982.

[18]（清）张廷玉，等. 明史[M].

[19]（清）刘献廷. 广阳杂记[M].

[20]（清）孙家鼐，等. 钦定书经图说[M]. 光绪三十一年版，1905.

[21]（清）王夫之. 读四书大全说[M]//船山全书·第六册. 长沙：岳麓书社，1996.

[22]（清）朱骏声. 说文通训定声[M]. 上海：世界书局，1936.

[23]（清）龚炜. 巢林笔谈·卷二·赛会奇观[M]. 北京：中华书局，1981.

[24]（清）余启昌. 故都变迁记略·卷一[M]. 北京：北京燕山出版社，2000.

[25] 李学勤. 十三经注疏·礼记正义·卷第二十五[M]. 北京：北京大学出版社，1999.

[26] 臧克和，王平. 说文解字新订[M]. 北京：中华书局，2002.

[27] 殷寄明.《说文解字》精读[M]. 上海：复旦大学出版社，2006.

[28] 袁珂. 山海经校注[M]. 上海：上海古籍出版社，1980.

[29] 林尹. 周礼今注今译[M]. 北京：书目文献出版社，1985.

[30] 陈植. 园冶注释[M]. 第二版. 北京：中国建筑工业出版社，1988.

地方史志及族谱

[31]（元）南海志[M]. 大德版.

[32]（明）同安县志[M]. 隆庆版.
[33]（明）陈润.（清）白花洲渔·螺洲志[M]. 上海：上海书店，1992.
[34]（清）郑祖庚. 闽县乡土志（二）[M]. 台北：台湾成文出版社，1974.
[35]（清）浮梁县志[M]. 道光版.
[36]（清）郭柏苍. 竹间十日话[M]. 福州：海风出版社，2001.
[37]（清）林枫. 榕城考古略[M]. 师大馆抄本，1958.
[38]（清）周亮工. 闽小记[M]. 上海：上海古籍出版社，1985.
[39]（清）何秋涛. 津门客话·螺洲沙合[M]//陈宝琛. 螺江陈氏家谱（3修）. 1932.
[40] 福州市盖山镇志编写组. 福州市盖山镇志·概述[M]. 福州：福建科学技术出版社，1997.
[41] 张天禄. 福州姓氏志[M]. 福州：海潮摄影艺术出版社，2005.
[42]（清）佛山忠义乡志[M]. 乾隆版.
[43]（清）佛山忠义乡志[M]. 道光版.
[44] 汪宗準，冼宝干. 佛山忠义乡志[M]//地方志集成：乡镇志专辑30. 南京：江苏古籍出版社，1992.
[45] 佛山市地方志办公室，佛山市计划生育办公室. 佛山市人口志[M]. 广州：广东科技出版社，1990.
[46] 嘉定县镇志[M]. 民国版.
[47] 金坛县志·卷三[M]. 民国版.
[48]（清）泉州府志[M]. 乾隆版
[49]（清）周学曾，等. 晋江县志[M]. 福州：福建人民出版社，1990.
[50] 泉州志编纂委员会. 泉州方舆辑要[M]. 泉州：泉州市教育印刷厂，1985.
[51] 泉州历史文化中心. 泉州古建筑[M]. 天津：天津科学技术出版社，1991.
[52] 傅金星. 泉山采璞[M]. 香港：华星出版社，1992.
[53] 泉州建委修志办. 泉州市城乡建设志[M]. 北京：中国城市出版社，1998.
[54] 泉州市修志办. 泉州市志[M]. 1999.
[55] 泉州市修志办. 鲤城区志[M]. 1999.
[56] 福建省地方志编纂委员会. 福州市历史文化名城、名镇、名村志[M]. 福州：海潮摄影艺术出版社，2004.
[57] 安溪县地方志编纂委员会. 安溪姓氏志[M]. 北京：方志出版社，2006.
[58] 王张清. 石桥张姓渊源及其支系繁衍概况[EB/OL]. 南靖县档案馆网. http：//zznj. fj-archives. org. cn.
[59] 同安文史资料编委会. 同安文史资料·第十六辑[Z]. 内部发行，1996.
[60] 江苏省博物馆. 江苏省明清以来碑刻资料选集[M]. 上海：生活·读书·新知三联书店，1959.
[61] 王国平，唐力行. 明清以来苏州社会史碑刻集[M]. 苏州：苏州大学出版社，1998.
[62] 郑振满，（美）丁荷生. 福建宗教碑铭汇编·兴化府分册[M]. 福州：福建人民出版社，1995.
[63]（明）黄尧臣. 江夏黄氏族谱[M].
[64]（清）冼宝干. 岭南冼氏宗谱[M].
[65]（郡马）梁氏家谱[M].
[66] 虎邱义序黄氏世谱[M].
[67] 陈宝琛. 螺江陈氏家谱（3修）[M]. 1932.

[68] 蔡世民，等．琼林蔡氏（前水头支派）族谱[Z]．未刊版．金门蔡氏宗亲会，1987.
[69] 福建文史资料编辑室．福建文史资料・第五辑[M]．福州：福建人民出版社，1981.
[70] 螺江林氏宗祠修祠理事会．螺江林氏宗祠修祠序[M]．1994.
[71] 旅港广东南海平地黄氏同乡会．南海平地黄氏家谱[M]．佛山：南海平地黄氏同乡会有限公司，1995.
[72] 南靖县石桥开基祖张念三郎派下族谱[Z]．未刊本，1994.

近当代学术论著

[73] 吴良镛．广义建筑学[M]．北京：清华大学出版社，1989.
[74] 吴良镛．人居环境科学导论[M]．北京：中国建筑工业出版社，2002.
[75] 彭一刚．传统村镇聚落景观分析[M]．北京：中国建筑工业出版社，1992.
[76] 董鉴泓．中国城市建设史[M]．北京：中国建筑工业出版社，1989.
[77] 董鉴泓，阮仪三．名城文化鉴赏与保护[M]．上海：同济大学出版社，1993.
[78] 贺业钜．考工记营国制度研究[M]．北京：中国建筑工业出版社，1985.
[79] 贺业钜．中国古代城市规划史[M]．北京：中国建筑工业出版社，1996.
[80] 中国科学院自然科学史所．中国古代建筑技术史[M]．北京：科学出版社，1986.
[81] 吴良镛．国际建协《北京宪章》：建筑学的未来[M]．第一版．北京：清华大学出版社，2002.
[82] 肖敦余，肖泉，于克俭．社区规划与设计[M]．天津：天津大学出版社，2003.
[83] 王彦辉．走向新社区：城市居住社区整体营造理论与方法[M]．南京：东南大学出版社，2003.
[84] 赵辰．“建筑立面”的误会：建筑・理论・历史[M]．北京：生活・读书・新知三联书店，2007.
[85] 武进．中国城市形态：结构、特征及其演变[M]．南京：江苏科学技术出版社，1990.
[86] 黄亚平．城市空间理论与空间分析[M]．南京：东南大学出版社，2002.
[87] 樊树志．明清江南市镇探微[M]．上海：复旦大学出版社，1990.
[88] 隗瀛涛．中国近代不同类型城市综合研究[M]．成都：四川大学出版社，1998.
[89] 赵冈．中国城市发展史论集[M]．北京：新星出版社，2006.
[90] 顾朝林．中国城镇体系：历史・现状・展望[M]．北京：商务印书馆，1992.
[91] 段进．城市空间发展论[M]．南京：江苏科技出版社，1999.
[92] 段进，季松，王海宁．城镇空间解析：太湖流域古镇空间结构与形态[M]．北京：中国建筑工业出版社，2002.
[93] 李晓峰．乡土建筑：跨学科研究理论与方法[M]．北京：中国建筑工业出版社，2005.
[94] 王其亨．风水理论研究[M]．天津：天津大学出版社，1992.
[95] 朱文一．空间・符号・城市：一种城市设计理论[M]．北京：中国建筑工业出版社，1995.
[96] 王鲁民．中国古典建筑文化探源[M]．上海：同济大学出版社，1997.
[97] 徐千里．创作与评价的人文尺度[M]．北京：中国建筑工业出版社，2000.
[98] 梁江，孙晖．模式与动因：中国城市中心区的形态演变[M]．北京：中国建筑工业出版社，2007.
[99] 萧默．中国建筑艺术史[M]．北京：文物出版社，1999.
[100] 吴必虎，刘筱娟．景观志[M]．上海：上海人民出版社，1998.
[101] 常青．建筑志[M]．上海：上海人民出版社，1998.

[102] 俞孔坚．理想景观探源：风水的文化意义[M]．北京：商务印书馆，1998.
[103] 李允鉌．华夏意匠[M]．天津：天津大学出版社，2005.
[104] 黄建军．中国古都选址与规划布局的本土思想研究[M]．厦门：厦门大学出版社，2004.
[105] 金经元．近现代西方人本主义城市规划思想家：霍华德、格迪斯、芒福德[M]．北京：中国城市出版社，1998.
[106] 陈秉钊．上海郊区小城镇人居环境可持续发展研究[M]．北京：科学出版社，2001.
[107] 赵冰．4！——生活世界史论[M]．长沙：湖南教育出版社，1989.
[108] 夏铸九．公共空间[M]．台北：艺术家出版社，1994.
[109] 李秋香．石桥村[M]．石家庄：河北教育出版社，2002.
[110] 黄汉民．客家土楼民居[M]．福州：福建教育出版社，1995.
[111] 黄汉民．福建土楼：中国传统民居的瑰宝[M]．北京：生活・读书・新知三联书店，2003.
[112] 陆元鼎．中国民居建筑[M]．广州：华南理工出版社，2003.
[113] 福建省泉州市建设委员会．泉州民居[M]．福州：海风出版社，1996.
[114] 余英．中国东南系建筑区系类型研究[M]．北京：中国建筑工业出版社，2001.
[115] 戴志坚．闽海民系民居建筑与文化研究[M]．北京：中国建筑工业出版社，2003.
[116] 戴志坚．闽台民居建筑的渊源与形态[M]．福州：福建人民出版社，2003.
[117] 李秋香．中国村居[M]．天津：百花文艺出版社，2002.
[118] 李立．乡村聚落：形态、类型与演变：以江南地区为例[M]．南京：东南大学出版社，2007.
[119] 杨树清．金门族群发展[M]．台北：稻田出版有限公司，1996.
[120] 吴培晖．金门澎湖聚落[M]．台北：稻田出版有限公司，1999.
[121] 郭肇立．聚落与社会[M]．台北：田园城市文化事业有限公司，1998.
[122] 梁漱溟．乡村建设理论（《梁漱溟全集》第二卷）[M]．济南：山东人民出版，1990.
[123] 林美容．乡土史与村庄史：人类学者看地方[M]．台北：台原出版社，2000.
[124] 费孝通．乡土中国・生育制度[M]．北京：北京大学出版社，1998.
[125] 林耀华．义序的宗族研究[M]．北京：生活・读书・新知三联书店，2000.
[126] 郑振满．明清福建家族组织与社会变迁[M]．长沙：湖南教育出版社，1992.
[127] 陈支平．近五百年来福建的家族社会与文化[M]．上海：生活・读书・新知三联书店，1991.
[128] 王晓毅．血缘与地缘[M]．杭州：浙江人民出版社，1993.
[129] 冯尔康．中国古代的宗族与祠堂[M]．北京：商务印书馆，1996.
[130] 陈其南．家族与社会[M]．台北：联经出版事业公司，1990.
[131] 黄宽重，刘增贵．家族与社会[M]．北京：中国大百科全书出版社，2005.
[132] 刘黎明．祠堂、灵牌、家谱：中国传统血缘亲族习俗[M]．成都：四川人民出版社，1993.
[133] 常建华．宗族志[M]．上海：上海人民出版社，1998.
[134] 杨彦杰．闽西客家宗族社会研究[M]．香港：法国远东学院、国际客家学会、香港中文大学海外华人研究会，1996.
[135] 罗一星．明清佛山经济发展与社会变迁[M]．广州：广东人民出版社，1994.
[136] 陈垂成．泉州习俗[M]．福州：福建人民出版社，2004.
[137] 陈垂成，林胜利．泉州旧铺境稽略[M]．泉州统战部，泉州方志办，1990.

[138] 陈泗东，庄炳章．中国历史文化名城——泉州[M]．北京：中国建筑工业出版社，1990.
[139]《泉州民居》编委会．泉州民居[M]．福州：海风出版社，1996.
[140] 陈泗东．幸园笔耕录[M]．厦门：鹭江出版社，2003.
[141] 赵国华．生殖崇拜文化论[M]．北京：中国社会科学出版社，1990.
[142] 宗力，刘群．中国民间诸神[M]．石家庄：河北人民出版社，1986.
[143] 蓝吉富，刘增贵．敬天与亲人[M]．北京：生活·读书·新知三联书店，1992.
[144] 林美容．从祭祀圈到信仰圈：台湾民间社会的地域构成与发展[M]//李筱峰，张炎宪，戴定林，等．台湾史论文精选（上）．台北：玉山社，1988.
[145] 刘锡诚．象征：对一种民间文化模式的考察[M]．北京：学苑出版社，2002.
[146] 林国平．闽台民间信仰源流[M]．福州：福建人民出版社，2003.
[147] 郑振满，陈春声．民间信仰与社会空间[M]．福州：福建人民出版社，2003.
[148] 林惠祥．文化人类学[M]．北京：商务印书馆，1996.
[149] 王铭铭．逝去的繁荣：一座老城的历史人类学考察[M]．杭州：浙江人民出版社，1999.
[150] 李亦园．李亦园自选集[M]．上海：上海教育出版社，2002.
[151] 王铭铭．走在乡土上：历史人类学札记[M]．北京：中国人民大学出版社，2003.
[152] 王铭铭．西学“中国化”的历史困境[M]．桂林：广西师范大学出版社，2005.
[153] 王铭铭．社会人类学与中国研究[M]．桂林：广西师范大学出版社，2005.
[154] 庄孔韶．人类学概论[M]．北京：中国人民大学出版社，2006.
[155] 张光直．考古学专题六讲[M]．北京：文物出版社，1992.
[156] 张光直．中国青铜器时代[M]．北京：生活·读书·新知三联书店，1983.
[157] 西安半坡博物馆主编．仰韶文化纵横谈[M]．北京：文物出版社，1988.
[158] 许宏．先秦城市考古学研究．北京：北京燕山出版社，2000.
[159] 马世之．中国史前古城．武汉：湖北教育出版社，2002.
[160] 曲英杰．古代城市．北京：文物出版社，2003.
[161] 中国社会科学院考古研究所．中国考古学：夏商卷[M]．北京：中国社会科学出版社，2003.
[162] 陈朝云．商代聚落体系及其社会功能研究[M]．北京：科学出版社，2006.
[163] 张继海．汉代城市社会[M]．北京：社会科学文献出版社，2006.
[164] 晁福林．先秦民俗史[M]．上海：上海人民出版社，2001.
[165] 李学勤．夏文化研究论集[M]．北京：中华书局，1996.
[166] 张光直．商代文明[M]．毛小雨译．北京：北京工艺美术出版社，1999.
[167] 许倬云．西周史[M]．台北：台北联经，1993.
[168] 侯外庐．中国古代社会史论[M]．石家庄：河北教育出版社，2000.
[169] 钱穆．中国学术思想史论丛（一）[M]．合肥：安徽教育出版社，2004.
[170] 周远廉、孙文良主编．中国通史·第二卷·远古时代[M]．上海：上海人民出版社，1996.
[171] 王威海、中国户籍制度：历史与政治的分析[M]．上海：上海文艺出版社，2005.
[172] 徐扬杰．中国家族制度史[M]．北京：人民出版社，1992.
[173] 韦庆远，柏桦．中国政治制度史[M]．第2版．北京：中国人民大学出版社，2005.
[174] 刑义田，林丽月．社会变迁[M]．北京：中国大百科全书出版社，2005.

[175] 方明，王颖．观察社会的新视角：社区新论[M]．北京：知识出版社，1991．
[176] 张鸿雁．侵入与接替：城市社会结构变迁新论[M]．南京：东南大学出版社，2000．
[177] 陈正祥．中国文化地理[M]．北京：生活・读书・新知三联书店，1983．
[178] 陈立旭．中国文化地理概论[M]．南京：东南大学出版社，2002．
[179] 周一星．城市地理学[M]．北京：商务印书馆，1995．
[180] 孙逊，杨剑龙．都市、帝国与先知[M]．上海：生活・读书・新知三联书店，2006．
[181] 孙逊，杨剑龙．阅读城市：作为一种生活方式的都市生活[M]．上海：生活・读书・新知三联书店，2007．
[182] 张岱年．文化与价值[M]．北京：新华出版社，2004．
[183] 孙隆基．中国文化的“深层结构”[M]．香港：一山出版社，1983．
[184] 周怡．解读社会：文化与结构的路径[M]．北京：社会科学文献出版社，2004．
[185] 陆杨，王毅．文化研究导论[M]．上海：复旦大学出版社，2006．
[186] 夏建中．文化人类学理论学派：文化研究的历史[M]．北京：中国人民大学出版社，1997．
[187] 葛兆光．中国思想史[M]．上海：复旦大学出版社，2004．
[188] 唐君毅．中国文化之精神价值[M]．桂林：广西师范大学出版社，2005．
[189] 张岱年，程宜山．中国文化论争[M]．北京：中国人民大学出版社，2006．
[190] 李泽厚．李泽厚哲学美学论文选[M]．长沙：湖南人民出版社，1985．
[191] 李泽厚，等．中国古代思想史论[M]．天津：天津社会科学院出版社，2003．
[192] 李泽厚．历史本体论・己卯五说[M]．北京：生活・读书・新知三联书店，2003．
[193] 冯天瑜，等．中华文化史（上）[M]．上海：上海人民出版社，1990．
[194] 王南湜．社会哲学：现代实践哲学视野中的社会生活[M]．昆明：云南人民出版社，2002．
[195] 郭湛．主体性哲学：人的存在及其意义[M]．昆明：云南人民出版社，2002．
[196] 衣俊卿．文化哲学十五讲[M]．北京：北京大学出版社，2004．
[197] 李楠明．价值主体性：主体性研究的新视野[M]．北京：社会科学文献出版社，2005．
[198] 高令印，陈其芳．福建朱子学[M]．福州：福建人民出版社，1986．
[199] 萧兵，叶舒宪．老子的文化解读[M]．湖北：湖北人民出版社，1994．
[200] 张祥龙．海德格尔思想与中国天道：终极视域的开启与交融[M]．北京：生活・读书・新知三联书店，1996．
[201] 陈赟．回归真实的存在：王船山哲学的阐释[M]．上海：复旦大学出版社，2002．

译著及外文论著

[202]（挪）诺伯舒兹（大陆译为诺伯格・舒尔兹）．场所精神：迈向建筑现象学[M]．施植明译．台北：田园城市出版，1995．
[203]（挪）诺伯格・舒尔兹．存在・空间・建筑[M]．尹培桐译．北京：中国建筑工业出版社，1990．
[204]（美）凯文・林奇．城市形态[M]．林庆怡，陈朝晖，邓华译．北京：华夏出版社，2001．
[205]（美）凯文・林奇．城市意象[M]．方益萍译．北京：华夏出版社，2001．
[206]（美）C・亚历山大．建筑的永恒之道[M]．赵兵译．北京：知识产权出版社，2001．
[207]（美）阿摩斯・拉普卜特．建成环境的意义：非言语表达方法[M]．黄兰谷等译．北京：中国建筑工

业出版社，2003.
[208]（美）阿摩斯·拉普卜特．宅形与文化[M]．常青等译．北京：中国建筑工业出版社，2007.
[209]（丹）扬·盖尔．交往与空间（第IV版）[M]．何人可译．北京：中国建筑工业出版社，2002.
[210]（日）中村圭尔，辛德勇．中日古代城市研究[M]．北京：中国社会科学出版社，2004.
[211]（日）藤井明．聚落探访[M]．宁晶译．北京：中国建筑工业出版社，2003.
[212]（美）约瑟夫·里克沃特．城之理念：有关罗马、意大利及古代世界的城市形态人类学[M]．刘东洋译．北京：中国建筑工业出版社，2006.
[213]（意）阿尔多·罗西．城市建筑学[M]．黄士钧译．北京：中国建筑工业出版社，2006
[214]（美）刘易斯·芒福德．城市发展史：起源、演变和前景[M]．宋俊岭，倪文彦译．北京：中国建筑工业出版社，2005.
[215]（美）肯尼思·弗兰普敦．建构文化研究论：19世纪和20世纪建筑中的建造诗学[M]．王骏阳译．北京：中国建筑工业出版社，2007.
[216]（西）伊格拉西·德索拉－莫拉莱斯．差异：当代建筑的地志[M]．施植明译．北京：中国水利水电出版社，2007.
[217]（美）简·雅各布．美国大城市生与死[M]．金衡山译．南京：译林出版社，2005.
[218]（美）朱克英．城市文化[M]．张廷佺，杨东霞，谈瀛洲译．上海：上海教育出版社，2006.
[219]（美）施坚雅．中华帝国晚期的城市[M]．叶光庭，等译．北京：中华书局，2000.
[220]《法国汉学》编委会．法国汉学·第九辑：人居环境建设史专号[M]．北京：中华书局，2004
[221]（美）明恩溥．中国乡村生活[M]．午晴，唐军译．北京：时事出版社，1998.
[222]（日）井上彻．中国的宗族与国家礼制：从宗法主义角度所作的分析[M]．钱杭译．上海：上海书店出版社，2008.
[223]（美）埃佛里特·M·罗吉斯，拉伯尔·J·伯德格．乡村社会变迁[M]．王晓毅，王地宁译．杭州：浙江人民出版社，1988.
[224]（美）孔迈隆．中国家庭与现代化：传统与适应的结合[M]//乔健．中国家庭及其变迁．香港：香港中文大学社会科学院暨香港亚太研究所，1991.
[225]（英）弗雷泽．金枝[M]．徐育新，等译．北京：大众文艺出版社，1998.
[226]（英）莫里斯·弗里德曼．中国东南的宗族组织[M]．刘晓春译．上海：上海人民出版社，2000.
[227]（美）杨庆堃．中国社会中的宗教：宗教的现代社会功能与其历史因素之研究[M]．范丽珠，等译．上海：上海人民出版社，2007.
[228]（美）马斯洛．动机与人格[M]．北京：华夏出版社，1987.
[229]（美）路易斯·亨利·摩尔根．美洲土著的房屋和家庭生活[M]．李培茱译．北京：中国社会科学出版社，1985.
[230]（英）安东尼·吉登斯．第三条道路：社会民主主义的复兴[M]．郑戈译．北京：北京大学出版社，2000.
[231]（英）A·R·拉德克利夫－布朗．原始社会结构与功能[M]．丁国勇译．北京：九州出版社，2007.
[232]（法）迪尔凯姆．社会学方法的规则[M]．胡伟译．北京：华夏出版社，1999.
[233]（法）R·E·帕克，等．城市社会学[M]．宋峻岭，等译．北京：华夏出版社，1987.
[234]（法）涂尔干．宗教生活的基本形式[M]．渠东译．上海：上海人民出版社，1999.

[235] (法) 莫里斯·哈布瓦赫. 论集体记忆[M]. 毕然，郭金华译. 上海：上海人民出版社，2002.
[236] (美) 德鲁克基金会. 未来的社区[M]. 魏青江，等译. 北京：中国人民大学出版社，2006.
[237] (美) H·J·德伯里. 人文地理：文化社会与空间[M]. 王民，等译. 北京：北京师范大学出版社，1988.
[238] (美) 克利福德·吉尔兹. 地方性知识[M]. 王海龙，张家瑄译. 北京：中央编译出版社，2004.
[239] (美) 黛安娜·克兰. 文化社会学[M]. 王小章，郑震译. 南京：南京大学出版社，2006.
[240] (美) 基辛. 文化·社会·个人[M]. 甘华鸣，等译. 沈阳：辽宁人民出版社，1988.
[241] (美) E·希尔斯. 论传统[M]. 傅铿，吕乐译. 上海：上海人民出版社，1991.
[242] (德) 卡西尔. 人文科学的逻辑[M]. 关子尹译. 上海：上海译文出版社，2004.
[243] (德) 海德格尔. 存在与时间[M]. 陈嘉映，王庆节译. 北京：生活·读书·新知三联书店，1987.
[244] (德) 海德格尔. 人，诗意地安居[M]. 郜元宝译. 上海：上海远东出版社，1995.
[245] (德) 海德格尔. 海德格尔选集[M]. 上海：生活·读书·新知三联书店，1996.
[246] (美) 马尔库塞. 单向度的人：发达工业社会意识形态研究[M]. 刘继译. 上海：上海译文出版社，1989.
[247] (美) 詹姆逊. 晚期资本主义的文化逻辑[M]. 北京：生活·读书·新知三联书店，1997.
[248] (法) 列斐伏尔. 空间政治学的反思 [M]. 王志弘译//包亚明. 现代性与空间的生产. 上海：上海教育出版社，2003.
[249] (法) M·福柯. 空间、知识、权力[M]//包亚明. 后现代性与地理学的政治. 上海：上海教育出版社，2001.
[250] 包亚明. 后大都市与文化研究[M]. 上海：上海教育出版社，2005.
[251] (德) 哈贝马斯. 交往行动理论：论功能主义理性批判·第二卷[M]. 洪佩郁,蔺菁译. 重庆：重庆出版社，1994.
[252] Spiro Kostof. The City Shaped: Urban Patterns and Meanings Through History[M]. Thames & Hudson Ltd., 1991.
[253] Alan Colquhoun. Essays in Architectural Criticism: Modern Architecture and Historical Change[M]. MA: The MIT Press, 1981.
[254] Kate Nesbitt, ed. Theorizing a New Agenda for Architecture：An Anthology of Architectural Theory 1965-1995[M].New York：Princeton Architectural Press, 1996.
[255] Rouse I. Settlement Pattern in Archaeology[M]//Ucko P.J., Tringham R., Dimbleby G. W., eds. Man, Settlement and Urbanism. Cambridge, London, Duckworth,1972.
[256] Susan Faninstein, Scott Campbell. Readings in Urban Theory[M].Malden：Blackwell Publishers, 1996.
[257] M. Castells.The City and the Grassroots: A Cross-Cultural Theory of Urban Social Movements[M].University of California Press, 1983.
[258] David G. Kohl.Chinese Architecture in the Straits Settlements and Western Malaya: Temples, Kongsis and Houses[M].Malaysia: Heinemann Educational Books, 1984.
[259] Steven Sangren. History and Magical Power in a Chinese Community[M]. Stanford: Stanford University Press, 1987.

[260] Myron L. Cohen. Kinship, Contract, Community, and State: Anthropological Perspectives on China[M]. Stanford: Stanford University Press, 2005.

[261] Myron L. Cohen. House United, House Divided: The Chinese Family in Taiwan[M]. New York: Columbia University Press, 1976.

[262] Ali Madanipour. Design of Urban Space: An Inquiry into A Social-spatial Process[M]. Chichester: John Wiley & Sons, 1996.

[263] Edward T. Hall.The Hidden Dimension[M].New York: Doubleday, 1972.

[264] Carl O. Sauer. Morphology of Landscape[M]//John Leighly, eds.Land and Life. 5th printing. Berkely: University of California Press, 1974.

[265] Marshall Sahlins. Culture and Practical Reason[M].Chicago: University Of Chicago Press, 1972.

[266] M. Mauss ,H. Beuchat. Ecology, Technology, Society: Seasonal Variations of Eskimo Morphology[M]. London: Routledge & Kegan Paul Books, 1979.

[267] David Harvey. Time-space Compression and the Postmodern Condition[M]//David Harvey. The Condition of Post-modernity.Oxford: Blackwell, 1989.

[268] Kellner, Douglas. The Postmodern Turn: Positions, Problems, and Prospects[M]//George Ritzer,eds.Frontiers of Social Theory: The New Synthesis.New York: Columbia University Press, 1990.

[269] Knapp, Ronald G.China's Living Houses: Folk Beliefs, Symbols, and Household Ornamentation[M]. Honolulu: University of Hawaii Press, 1999.

[270] Knapp, Ronald G..China's Old Dwellings[M].Honolulu: University of Hawaii Press, 2000.

[271] Knapp Ronald G., Lo Kai-Yin,eds. House, Home, Family: Living and Being Chinese[M]. Honolulu: University of Hawaii Press, 1999.

[272] James S. Duncan. The City as Text: the Politics of Landscape Interpretation in the Kandyan Kingdom[M]. Cambridge: Cambridge University Press, 2004.

[273] Charles W. McNett. A settlement pattern scale of cultural complexity[M]// R. Naroll , R. Cohen, eds. A Handbook of Method in Cultural Anthropology. New York: Natural History Press, 1970.

[274] Gideon S. Golany. Urban Design Ethics in Ancient China[M].The Edwin Mellen Press, 2001.

[275] Paul Wheatley. The Pivot of the Four Quarters: A Preliminary Enquiry into the Origins and Character of the Ancient Chinses City[M].Chicago, 1971.

[276] Sangren P. S. A History and Magiccal Power in a Chinese Community[M]. Stanford: Stanford University Press, 1987.

[277] Stephen Sangren. History and Magical Power in a Chinese Community[M].Stanford: Stanford University Press, 1987.

[278] Irwin Altman. The Environment and Social Behavior: Privacy, Personal Space, Territory, Crowding, 1975.

[279] Ahern, Emily (Martin). The Cult of the Dead in a Chinese Village[M].Standford: Standford University Press, 1973.

[280] C .K. Yang. Religion in Chinese Society: A Study of Contemporary Social Functions of Religion

and Some of Their Historical Factors[M].Berkeley and Los Angeles: University of California Press, 1961.

[281] William G. Flanagan. Urban Sociology: Images and Structure[M].4th ed. Boston, MA: Allyn & Bacon, 2002.

学术期刊

[282] 吴良镛．“人居二”与人居环境科学[J]．城市规划，1997（3）：4-9．

[283] 齐康．文脉与特色：城市形态的文化特色[J]．城市发展研究，1997（1）：20-24．

[284] 吴良镛．论中国建筑文化研究与创造的历史任务[J]．城市规划，2003（1）：12-16．

[285] 朱文一.一种新的设计理念：1996上海住宅设计国际竞赛金奖方案构想[J]．建筑学报，1997（3）：12-16．

[286] 林志森．传统聚落仪式空间及其当代社区适应性研究[J]．建筑学报，2016（12）：118-119．

[287] 张庭伟．城市分析的方法和次结构理论[J]．建筑师，1987（27）：82-94，106．

[288] 刘青昊．城市形态的生态机制[J]．城市规划，1995（2）：20-22．

[289] 唐子来．西方城市空间结构研究的理论和方法[J]．城市规划汇刊，1997（6）：1-11．

[290] 张毓峰，崔燕．建筑空间形式系统的基本构想[J]．建筑学报，2002（9）：55-57．

[291] 林志森，张玉坤．基于社区再造的仪式空间研究[J]．建筑学报，2011（2）：1-4．

[292] 周凌．空间之觉：一种建筑现象学[J]．建筑师，2003（5）：53-61．

[293] 张庆顺，胡恒．建筑史中的空间概念史．重庆大学学报：社会科学版，2003（2）：91-93．

[294] 王鲁民．空间还是行为支撑物体系：对建筑的另一种思考纲要[J]．建筑师，2004（05）：69-71．

[295] 段进．城市形态研究与空间战略规划[J]．城市规划，2003（2）：45-48．

[296] 谷凯．城市形态的理论与方法：探索全面与理性的研究框架[J]．城市规划，2001（12）：36-41．

[297] 郑莘，林琳．1990年以来国内城市形态研究评述[J]．城市规划，2002（07）：59-64，92．

[298] 谷凯．市镇规划分析：概念、方法与实践[J]．城市规划，2005（2）：27-32．

[299] 孔宇航．转型中的困惑：当代大连城市片断解读[J]．时代建筑，2007（6）：34-37．

[300] 林志森．厦金两地宗族聚落形态比较研究——以整饬规划型宗族聚落为例[J]．新建筑，2011（5）：126-129．

[301] 段炼，刘玉龙．城市用地形态的理论建构及方法研究[J]．城市发展研究，2006（02）：95-101．

[302] 周毅刚．明清佛山的城市空间形态初探[J]．华中建筑，2006（8）：159-162．

[303] 沈克宁．传统村镇聚落景观分析[J]．建筑学报，1992（2）：53-58．

[304] 李秋香．诸葛村聚落研究简述[J]．建筑师，1998（4）：50-65．

[305] 戴志坚．闽海系民居研究的进程与展望[J]．重庆建筑大学学报：社会科学版，2001（2）：22-26．

[306] 业祖润．中国传统聚落环境空间结构研究[J]．北京建筑工程学院学报，2001（1）：70-75．

[307] 黄昭璘．传统产业聚落之空间与社会组织原则研究：以矿业聚落——菁桐村为例[J]．环境与艺术学刊，2001（2）：175-192．

[308] 张玉坤，李贺楠．史前时代居住建筑形式中的原始时空观念[J]．建筑师，2004（6）：87-90．

[309] 林志森，张玉坤，陈力．基于民间信仰的传统聚落形态研究：以城郡型传统商业聚落为例[J]．建筑师，2012（01）：74-77．

[310] 王镇华．合院的格局与弹性：生命的变常与建筑之弹性格局[J]．新建筑，2006（1）：4-11．
[311] 李东，许铁铖．空间、制度、文化与历史叙述：新人文视野下传统聚落与民居建筑研究[J]．建筑师，2005（03）：8-17．
[312] 戴志坚．闽台传统建筑文化的特征：以闽台传统民居为例[J]．建筑师，2007（1）：65-71．
[313] 阎亚宁．中国地方城市形态研究的新思维[J]．重庆建筑大学学报：社科版，2001（6）：60-64，87．
[314] 王富臣．城市形态的维度：空间和时间[J]．同济大学学报：社会科学版，2002，13(1)：28-33．
[315] 林志森，张玉坤，陈力．泉州传统城市社区形态分析及其启示[J]．天津大学学报：社会科学版，2011(13)：334-338．
[316] 常青．人类学与当代建筑思潮[J]．新建筑．1993（3）：47-49．
[317] 王其钧．宗法、禁忌、习俗对民居形制的影响[J]．建筑学报，1996（10）：57-60．
[318] 王其钧．传统民居的人界观念[J]．华中建筑，1997（2）：107-109．
[319] 林志森，关瑞明．中国传统庭院空间的心理原型探析[J]．建筑师，2006（6）：83-87．
[320] 杨毅．我国古代聚落若干类型的探析[J]．同济大学学报：社会科学版，2006，17(1)：46-51．
[321] 田长青，柳肃．浅析家族制度对民居聚落格局之影响[J]．南方建筑，2006（2）：119-122．
[322] 刘晓星．中国传统聚落形态的有机演进途径及其启示[J]．城市规划学刊，2007（03）：55-60．
[323] 李凯生．栖居与场地[J]．时代建筑,1997（3）：54-57．
[324] 孔宇航，韩宇星．中国传统民居院落的分析与继承[J]．大连理工大学学报：社会科学版，2003（4）：92-96．
[325] 王鲁民，张帆．中国传统聚落极域研究[J]．华中建筑，2003（04）：98-99．
[326] 单军，王新征．传统乡土的当代解读：以阿尔贝罗贝洛的雏里聚落为例[J]．世界建筑,2004（12）：81-84．
[327] 郁枫．当代语境下传统聚落的嬗变：德中两处世界遗产聚落旅游转型的比较研究[J]．世界建筑，2006（5）：118-121．
[328] 陈捷，张昕．山西省静升崇祀建筑的缘起及其空间意义[J]．南方建筑，2006（6）：121-124．
[329] 张昕，陈捷．权力变迁与村落结构的演化：以静升村为例[J]．建筑师，2006（05）：75-79．
[330] 李凯生，彭怒．简单城市：现象方法和空间比兴——一个西部城镇整体重建中的方法研究[J]．时代建筑，2006（4）：70-77．
[331] 李凯生．乡村空间的清正[J]．时代建筑，2007（4）：10-15．
[332] 汪原．迈向新时期的乡土建筑[J]．建筑学报，2008（07）：20-22．
[333] 肖达．多元化居住社区的规划应对[J]．现代城市研究，2002（06）：13-16．
[334] 王宁．回归生活世界与提升人文精神：兼对当前城市规划技术化倾向的批评[J]．城市规划汇刊，2001（6）：8-11．
[335] 河南省博物馆，郑州市博物馆．郑州商代城址试掘简报[J]．文物，1977（1）：21-31，61，98．
[336] 郭大顺，张克举．辽宁省喀左县东山嘴红山文化建筑群址发掘简报[J]．文物，1984（11）：1-11，98-99．
[337] 陈嘉祥，曾晓敏．郑州商城外夯土墙基的调查与试掘[J]．中原文物，1991（1）：89-97．
[338] 高松凡，杨纯渊．关于我国早期城市起源的初步探讨[J]．文物世界，1993（3）：50-56．
[339] 张学海．试论山东地区的龙山文化城[J]．文物，1996（12）：40-52．

[340] 刘莉．龙山文化的酋邦与聚落形态[J]．华夏考古，1998（01）：88-105．
[341] 钱耀鹏．试论城的起源及其初步发展[J]．文物世界，1998（01）：71-81．
[342]（美）安·P·安德黑尔．中国北方地区龙山时代聚落的变迁[J]．陈淑卿译．华夏考古，2000（1）：80-97．
[343] 梁星彭．陶寺文化城址的发现及其意义[J]．文物世界，2000（06）：33-34．
[344] 王巍．聚落形态研究与文明探源[J]．郑州大学学报：哲学社会科学版，2003（03）：9-13．
[345] 张全民．考古学文化的理论与方法[J]．中国社会科学院研究生院学报，2004（01）：126-131．
[346] 中国社会科学院考古研究所山西工作队等．山西襄汾县陶寺城址祭祀区大型建筑基址发掘简报[J]．考古，2004，7：9-24．
[347] 钱耀鹏．资源开发与史前居住方式及建筑技术进步[J]．中国历史地理论丛，2004（03）：5-12．
[348] 许宏，陈国梁，赵海涛．二里头遗址聚落形态的初步考察[J]．考古，2004（11）：23-31．
[349] 张学海．聚落群再研究：兼说中国有无酋邦时期[J]．华夏考古，2006（2）：102-112．
[350] 杨毅．我国古代聚落若干类型的探析[J]．同济大学学报：社会科学版，2006，17(1)：46-51．
[351] 湖南省文物考古研究所．澧县城头山古城址1997-1998年年度发掘简报[J]．文物，1999（6）：4-17．
[352] 郭伟民．城头山城墙、壕沟的营造及其所反映的聚落变迁[J]．南方文物，2007（2）：76-88．
[353] 毕硕本，裴安平，闾国年．基于空间分析方法的姜寨史前聚落考古研究[J]．考古与文物，2008（01）：9-17．
[354] 许宏，刘莉．关于二里头遗址的省思[J]．文物，2008（1）：43-52．
[355] 牟发松．十六国时期地方行政机构的军镇化[J]．晋阳学刊，1985（6）：39-47．
[356] 何荣昌．明清时期江南市镇的发展[J]．苏州大学学报，1984（3）：96-101．
[357] 郭正忠．中国古代城市经济史研究的几个问题[N]．光明日报，1985-7-24．
[358] 王铭铭．二十五年来中国的人类学研究：成就与问题[J]．江西社会科学，2005（2）：7-13．
[359] 饶伟新．论土地革命时期赣南农村的社会矛盾：历史人类学视野下的中国土地革命史研究[J]．厦门大学学报：哲社版，2004（05）：121-128．
[360] 叶涯剑．空间社会学的缘起与发展[J]．河南社会科学，2005（5）：73-77．
[361] 高峰．空间的社会意义：一种社会学的理论探索[J]．江海学刊，2007（02）：44-48．
[362] 潘泽泉．空间化：一种新的叙事和理论转向[J]．国外社会科学，2007（04）：42-47．
[363] 陈桥驿．历史时期绍兴地区聚落的形成和发展[J]．地理学报，1980，35(1)：14-23．
[364] 李蕾蕾．当代西方“新文化地理学”知识谱系引论[J]．人文地理，2005（02）：77-83．
[365] 刘梦溪．百年中国：文化传统的流失与重建[J]．南京师范大学文学院学报，2004（1）：1-10．
[366] 张海洋．中国社会转型期的民间文化研究[J]．民间文化论坛，2007（02）：11-15．
[367] 黄少华．论网络空间的社会特性[J]．兰州大学学报：社会科学版，2003（3）：62-68．
[368] 左云鹏．祠堂族长族权的形成及其作用试说[J]．历史研究，1964（5）．
[369] Jams Watson．中国宗族再研究：历史研究中的人类学观点[J]．陈春生译．中国季刊，1982，12（92）：15-19．
[370] 常建华．明代宗族祠庙祭祖礼制及其演变[J]．南开学报，2001（3）：60-67．
[371] 陈其南．房与传统中国家族制度：兼论西方人类学的中国家族研究．汉学研究，1985，3（1）：127．

[372] 阮云星．义序调查的学术心路[J]．广西民族学院学报：哲学社会科学版，2004（01）：84-86．

[373] 阮云星．宗族风土的地域与心性：近世福建义序黄氏的历史人类学考察[J]．中国社会历史评论，2008（00）：1-33．

[374] 曾謇．殷周之际的农业的发达与宗法社会的产生[J]．食货，1935（2）．

[375] 曾謇．古代宗法社会当儒家思想的发展：中国宗法社会研究导论[J]．食货，1937（7）．

[376] 方凤玉，邱上嘉．台湾传统聚落"五营"之空间形式解析：以云林地区为例[J]．科技学刊：人文社会类，2005，14（1）：45-62．

[377] 王铭铭．空间阐释的人文精神[J]．读书，1997(05)：57-65．

[378] 林耀华．从人类学的观点考察中国宗族乡村[J]．社会学界，1936，9．

[379] 朱冬亮．中国社会学和人类学的百年发展与互动[J]．厦门大学学报：哲学社会科学版，2006（04）：92-99．

[380] 唐仲蔚．试论社神的起源、功用及其演变[J]．青海民族研究：社会科学版，2002，13（3）：86-88．

[381] 陈梦家．商代的说话与巫术[J]．燕京学报，1936（20）：535．

[382] 杨英．"礼"对原始宗教的改造考述[J]．中华文化论坛，2004（02）：55-62．

[383] 麻国庆．"会"与中国传统村落社会[J]．民族研究，1998（02）：8-11．

[384] 张禹东．试论中国闽南民间宗教文化的基本特点[J]．华侨大学学报：哲学社会科学版，1999（4）：97-103．

[385] 金耀基，范丽珠．研究中国宗教的社会学范式：杨庆堃眼中的中国社会宗教[J]．社会，2007（01）：1-13．

[386] 顾颉刚．泉州的土地神（泉州风俗调查记之一）[J]．厦门大学国学研究院周刊：季刊，1927（1）：37．

[387] 刘朝晖．乡土社会的民间信仰与族群互动：来自田野的调查与思考[J]．广西民族学院学报：哲学社会科学版，2001（03）：22-28．

[388] 赵世瑜．国家正祀与民间信仰的互动：以明清京师的"顶"与东岳庙为个案．北京师范大学学报，1998，6：18-26

[389] 董晓萍．民间信仰与巫术论纲[J]．民俗研究，1995（2）：79-85．

[390] 张新鹰．台湾"新兴民间宗教"存在意义片论[J]．世界宗教文化，1996（7）：4-9．

[391] 金泽．民间信仰的聚散现象初探[J]．西北民族研究，2002（2）：146-157．

[392] 李亦园．新兴宗教与传统仪式：一个人类学的考察[J]．思想战线，1997（3）：43-48．

[393] 常建华．明代福建兴化府宗族祠庙祭祖研究：兼论福建兴化府唐明间的宗族祠庙祭祖[J]．中国社会历史评论，2001，3：117-121．

[394] 孙庆忠．乡村都市化与都市村民的宗族生活：广州城中三村研究[J]．当代中国史研究，2003，3（10）：96-104．

[395] 陈梦家．高　郊社祖庙通考·附录：闻一多跋语[J]．清华学报，1937（03）：445-472．

[396] 刘凤云．明清传统城市中的寺观与祠庙[J]．故宫博物院院刊，2005（06）：75-91．

[397] 林会承．澎湖社里的领域[J]．民族学研究所集刊，1999（87）：41-96．

[398] 崔榕．民间信仰的文化意义解读：人类学的视野[J]．湖北民族学院学报：哲学社会科学版，2006（05）：77-82．

[399] 全汉升．中国庙市之史的考察[J]．食货，1934，1（2）：28-33．
[400] 赵世瑜．庙会与明清以来的城乡关系[J]．清史研究，1997（04）：12-21，62．
[401] 王铭铭，刘铁梁．村落研究二人谈[J]．民俗研究，2003（01）：24-37．
[402]（日）铃木岩弓．“民间信仰”概念在日本的形成及其演变[J]．何燕生译．民俗研究，1998（3）：20-27．
[403] 杨建宏．《吕氏乡约》与宋代民间社会控制[J]．湖南师范大学社会科学学报，2005，34（05）：126-129．
[404] 高丙中．作为非物质文化遗产研究课题的民间信仰[J]．江西社会科学，2007（03）：146-154．
[405] 李颜伟．《中国乡村生活》解读[J]．天津大学学报：社会科学版，2003，5(1)：63-67．
[406] 张研．试论清代的社区[J]．清史研究，1997（2）：1-11．
[407] 郑振满．神庙祭典与社区发展模式：莆田江口平原的例证[J]．史林，1994（4）：33-47，111．
[408] 沃野．论现象学方法论对社会科学研究的影响[J]．学术研究，1997（8）：42-45．
[409] 叶红．居住的人性回归：社区重构[J]．城市发展研究，2000（01）：24-27．
[410] 朱冬亮，吴文思．借鉴美国经验，搞好社区重建[J]．特区理论与实践，2000（05）：59-61．
[411] 夏学銮．中国社区建设的理论架构探讨[J]．北京大学学报：哲学社会科学版，2002（1）：127-134．
[412] 杨贵庆．社区人口合理规模的理论假说[J]．城市规划，2006，30（12）：49-56．
[413] 周德民，吕耀怀．虚拟社区：传统社区概念的拓展[J]．湖湘论坛，2003（1）：68-82．
[414] 冯婷．逸出结构的文化：文化社会学的新发展[J]．学术论坛，2001（4）：124-127．
[415] 周怡．文化社会学的转向：分层世界的另一种语境[J]．社会学研究，2003（04）：13-22．
[416] 何萍．美国“文化的唯物主义”及其理论走向[J]．武汉大学学报：哲学社会科学版，2004（02）：191-199．
[417]（美）欧文・劳斯．考古学中的聚落形态[J]．潘艳，陈洪波译．南方文物，2007（03）：94-98．
[418]（德）克劳斯・海尔德．海德格尔通向“实事本身”之路[J]．孙周兴译．浙江学刊，1999（2）：81-90．
[419]（美）曼纽尔・卡斯特．21世纪的都市社会学[J]．刘益诚译．国外城市规划，2006（05）：93-100．
[420] Pilwon Han. A Comparative Study of the spatial Structures of Korean Clan Villages and Chinese Water Villages[J].Journal of the Architectural Institute of Korea, 2000, 16（4）.
[421] Douglas Jeffrey, Georgina Reynolds. Planners, Architects, the Public and Analysis of Preferences for Infill Developments[J]. Journal of Architectural and Planning Reach, 1999, 16(4).
[422] Flannery K. V. The Origin of the Village Revisited: from Nuclear to Extended Households[J]. American Antiquity, 2002, 67(3).
[423] Smith M.L. The Archaeology of South Asian Cities[J]. Journal of Archaeological Research, 2006, 14(2).
[424] Cohen Myron. Lineage Organization in North China[J]. Journal of Asian Studies, 1990, 49(3): 509-534.
[425] Abramson, Daniel, Lynne Manzo, Jeffrey Hou. From Ethnic Enclave to Multi-ethnic Translocal

Community: Constructed Identities and Community Planning in Seattle' s 'Chinatown-International District[J]. Journal of Architecture and Planning Research, 2006, 23(4) .

[426] George A. Hillery. Definitions of community: Areas of agreement[J]. Rural Sociology, 1955, 6 (55): 111-123.

[427] Flannery, K. V.The origin of the village revisited: from nuclear to extended households[J]. American Antiquity, 2002, 67 (3): 417-433.

[428] Creamer W., Haas J. Tribe versus Chiefdom in Llower Central America[J]. American Antiquity, 1985, 50 (4): 738-754.

学位论文

[429] 张玉坤．聚落·住宅：居住空间论[D]．天津：天津大学，1996.

[430] 吴培晖．1911年以前金门与澎湖村落空间的比较[D]．台南：台湾成功大学，1996.

[431] 汪原．迈向过程与差异性—多维视野下的城市空间研究[D]．南京：东南大学，2002.

[432] 周毅刚．明清时期珠江三角洲的城镇发展及其形态研究[D]．广州：华南理工大学，2004.

[433] 杨小彦．等级空间初探：中国传统社会城市意识形态研究[D]．广州：华南理工大学，2004.

[434] 王纪武．地域文化视野的城市空间形态研究：以重庆、武汉、南京地区为例[D]．重庆：重庆大学，2005.

[435] 陈志宏．闽南侨乡近代地域性建筑研究[D]．天津：天津大学，2005.

[436] 杨毅．云南传统集市场所的建筑人类学分析：以大理“街子”为例[D]．上海：同济大学，2005.

[437] 陈力．古城泉州的铺境空间：中国传统居住社区实例研究[D]．天津：天津大学，2009.

[438] 关丽文．澎湖传统聚落形式发展研究[D]．台北：台湾大学，1984.

[439] 范为．居住释义：中国传统聚落研究[D]．天津：天津大学，1989.

[440] 王根生．明清时期福建螺洲社会生活运行机制研究[D]．福州：福建师范大学，2007.

[441] Gu Kai. Urban Morphology of the Chinese City: Case for Hainan. [D]. Ontario: University of Waterloo, 2002.

[442] Hwang, Jea-Hoon. The reciprocity between architectural typology and urban morphology [D]. Philadelphia: University of Pennsylvania, 1994.

[443] Shaw Justine Marie. The community settlement patterns and residential architecture of Yaxuna from A.D. 600-1400 [D]. Dallas: Southern Methodist University, 1998.

[444] James A. Cook. Bridges to Modernity: Xiamen, Overseas Chinese and Southeast Coastal Modernization, 1843-1937 [D].San Diego: University of California, San Diego, 1999.

其他文献

[445] [EB/OL]. [2009-4-5].中国中央政府门户网站,http://www.gov.cn.

[446] [EB/OL]. [2009-2-15].中国广播网，http://www.cnr.cn/news/.

[447] [EB/OL].张海洋博客，http://blog.sina.com.cn/zhanghaiyangblog.

[448] [EB/OL].刘东洋博客，http://dy1703.spaces.live.com/.